U0397562

华东师范大学

物理学科发展纪事 1951—2020

华东师范大学老教授协会物理分会◎组编

华东师范大学出版社
·上海·

图书在版编目（CIP）数据

华东师范大学物理学科发展纪事：1951—2020 / 华东师范大学老教授协会物理分会组编. —上海：华东师范大学出版社，2021

（传承）

ISBN 978-7-5760-1657-4

Ⅰ.①华… Ⅱ.①华… Ⅲ.①华东师范大学—物理学—学科发展—1951—2020 Ⅳ.①O4-12

中国版本图书馆CIP数据核字（2021）第128710号

传承

——华东师范大学物理学科发展纪事（1951—2020）

组　　编　华东师范大学老教授协会物理分会
封面题签　苏渊雷
责任编辑　王海玲
责任校对　范　薇　时东明
装帧设计　卢晓红

出版发行　华东师范大学出版社
社　　址　上海市中山北路3663号　邮编 200062
网　　址　www.ecnupress.com.cn
电　　话　021－60821666　行政传真 021－62572105
客服电话　021－62865537　门市（邮购）电话 021－62869887
地　　址　上海市中山北路3663号华东师范大学校内先锋路口
网　　店　http：//hdsdcbs.tmall.com/

印 刷 者　常熟高专印刷有限公司
开　　本　787×1092　16开
印　　张　27.5
字　　数　402千字
版　　次　2021年8月第1版
印　　次　2021年8月第1次
书　　号　ISBN 978－7－5760－1657－4
定　　价　87.00元

出 版 人　王　焰

（如发现本版图书有印订质量问题，请寄回本社客服中心调换或电话021—62865537联系）

《传承》丛书编委会

主　任　杜公卓

委　员（以姓氏笔画为序）

王祖赓　王麟生　朱小怡　许世远　杨伟民　吴　铎

吴稚倩　何敬业　张瑞琨　郑寅达　赵小平　钱　洪

钱景舫　黄　平　黄秀文

本书编委会

顾　问　张瑞琨

主　编　王祖赓　胡炳文

副主编　徐力平　杨燮龙

编委会（按拼音排序）

安同一　陈家森　陈树德　丁良恩　高建军　胡炳文　胡炳元

宦　强　蒋　旭　李　恺　钱振华　王向晖　王元力　王祖赓

徐力平　徐在新　许春芳　宣桂鑫　杨　光　杨燮龙　袁会敏

张瑞琨　章继敏　赵振杰　郑利娟

序　一

秉承前志，铸师魂，传文脉。

2021年是“十四五”开局之年，也是华东师大建校70周年，恰是一个历史交汇点。继《师魂》和《文脉》之后，师大“文脉丛书”再添《传承》系列。这部丛书回顾了华东师大70年学科建设、学校管理的奋斗历程，书写了一段多学科共创辉煌的发展历史。书中以学科发展、科学研究、人才培养等为线索，寻觅师大记忆，凝聚师大精神，充分开发了学校丰富的校史资源，传授学术真知，传承文脉与师魂。

非常幸运，我迄今为止的人生有三分之二的时光是在师大校园度过的，我在这里不停地接受着知识、文化、品格的丰富滋养，也亲身经历、亲眼见证了师大不平凡的建设历程，《传承》中叙述的不少事迹和人物仍然历历在目，颇为感怀。回首过去，华东师大奠基于新中国奋发图强的时代，从最初文史理工的全面学科布局开始不断成长、壮大，注重各学科的学术研究和人才培养，经过70年的积累形成了如今的崭新格局，不断朝着立足中国建设世界一流具有特色的综合性研究型大学的奋斗目标阔步前行。收获与希望，离不开不懈奋斗的师大师生，更离不开勇攀高峰的学科带头人。我想，所谓传承，既要铭记过往，用深厚的历史积淀筑牢理想信念，也要从先辈手中接过责任的担子，弘扬爱国荣校、自强不息的优良传统，努力将创获智慧、陶熔品性、服务民族和社会的理想精神薪火相传。

学校老教授协会的诸位先生远瞩高瞻、不辞辛劳地组织编辑出版的《传承》丛书是很好的枢纽，它将师者之魂融汇于隽永的文脉，通过文字、图片让先贤与后辈在书中相遇，以承前者与启后者的双重身份传承师大建校使命与社会责任，令人感动之余也深思不已。今天，引领新时代华东师大发展的火炬已经传到了我们这一代师大人的手中，我们又怎能不以建党百年华诞与70周年校庆为契机执笔挥毫新一页的华彩篇章呢？

抚今思昔，鉴往知来。在这里，我要向编撰《传承》丛书的参与者和组织者，特别是老教授协会的各位师者致以最深挚的敬意和由衷的感谢！你们对师大的拳拳深情和无私奉献，正是“传承”最美的注脚，也是激励一代又一代师大人破浪前行最动听的号角。

梅兵

2021年4月8日

序　二

《传承》是继《师魂》《文脉》之后，学校老教授协会为师大"文脉丛书"编撰的最新成果。2021年，不仅仅是学校建校70周年，更是学校启动"十四五"，开启新一轮"双一流"建设的新起点，在这个特别的时刻，《传承》系列丛书的付梓，有着特别的意义。

华东师大的学术传承，既光荣又厚重。作为新中国成立后组建的第一所社会主义师范大学，学校有着最为全面的学科布局，是一所真正意义上的"综合性大学"。在这里，文理基础学科有着深厚的学养，新型工科发展迅速，文体艺术交相辉映，形成了独具师大风格的学术文脉，走出了一位位享誉海内外的大师。这在《师魂》和《文脉》中都有具体的展现。

作为后继的《传承》，我想其重点更应该是对《师魂》和《文脉》的继承和发扬。在2018年进入华东师大之初，我受学校首任校长孟宪承先生所提大学使命——"智慧的创获、品性的陶熔、民族和社会的发展"的启迪，根据现时代的要求，提出了师大"育人""文明""发展"三大核心使命，希望能在治校过程中进一步发扬老一辈的师大精神，不辜负党和国家以及人民对师大的期盼。在2019年"不忘初心、牢记使命"的学习中，通过深挖师大精神内涵，我初步梳理提炼了"华东师大育人理想和担当"的核心内涵。在师大的三年多里，通过深入走访，了解学校各学科的基础、发展、特色，我深深地感到，华东师大有责任也有能力为中国的教育发展做出自己的贡献，也越来越感到传承师大建校使命，发扬师大优秀的学科文脉，对师大下一步的发展具有不可替代的核心作用。

当我们回望师大各学科的发展历史时，我们看到的不仅仅是一代代师大人奋斗的精神，一项项成果获得的自豪，更是一门学科在师大生根、发芽、成长的过程，这同时也是一门学科不断发展的过程。我们在传承精神、文脉的同时，更要关注学科发展的历史规律、内在逻辑和未来趋势，这是滋养学科生生不息、永续发展的源头活水，也是推动人类文明进步的根本动力。

当前，学校正在全面推动卓越育人改革，其中很重要的一项举措就是要建立“人类思维和学科史论”核心通识课程系列。学校各个学科的多位老师参与了这项工作，并取得了很好的成果。我们希望通过梳理学科发展历史，来传承发扬其中的思维内涵，实现学术真理的传授。这与老教授们编写《传承》丛书可谓是不谋而合。希望通过《传承》丛书，我们能够更加重视和发扬师大历史发展中的优秀举措和成果，为真正实现学校“育人”“文明”“发展”三大核心使命，践行创校校长孟宪承提出的大学使命而不懈努力。

最后，我要代表学校全体师生、校友，向组织、参与编撰《传承》系列丛书的老教授们，以及学校老教授协会的全体成员致以崇高的敬意和衷心的感谢，感谢他们一辈子对学校的关心和贡献。师大正是因为有了他们，才显得更加可敬、可爱。

钱旭红

2021年4月8日

丛书前言

华东师范大学老教授协会在2009年至2017年间，编撰了《师魂——华东师范大学老一辈名师》《文脉——华东师范大学学科建设回眸》两部大型图书[①]，总结学校的优良传统和学科发展的历史经验。这是举学校离退休老教授之力完成的两项重大校园文化建设工程，受到校内外的重视与好评。《文脉》编委会被评为上海市老教授协会先进集体。

华东师范大学的奠基者和开拓者们，面对艰苦的办学条件，敢于创新，敢为人先，培养了一大批优秀人才，在科学研究上不断取得突破，完成了学科的构建，为华东师大的发展奠定了重要基础。华东师大之所以能先后跻身“211”“985”和“双一流”高校建设行列，在很大程度上是因为我们的前辈们从建校之始就致力于实现“师范性”与“学术性”的统一，以及对教书育人和学术卓越的不懈追求。而今学校在不少学科领域承担着国家队的责任，并且将随着国家和社会的不断发展，力求在国内和国际范围内对人才培养和学科建设做出更大的贡献。

现在华东师范大学活跃在育人、教学、科研和管理一线的骨干，很多曾接受过这些前辈的教诲和扶持。把这些事迹记录下来，不仅是对前辈们的纪念，更是对华东师大文脉精神的传承和弘扬。在编撰《师魂》《文脉》的过程中，老教授协会各分会发挥了重要的组织、协调作用，离退休老教授积极性高涨。

① 华东师范大学老教授协会.师魂——华东师范大学老一辈名师[M].上海：华东师范大学出版社，2011. 华东师范大学老教授协会.文脉——华东师范大学学科建设回眸[M].上海：华东师范大学出版社，2017.

在完成《师魂》《文脉》编撰任务的过程中，一些分会提出编撰本分会专册的建议。社科部（现马克思主义学院）分会、数学分会还按《师魂》《文脉》的思路、原则，编撰了本单位人才培养和学科建设的专册。社科部专册题名《思想政治理论课传承与创新》①，已经出版；数学系专册则正式纳入了本丛书的系列。这显示了编撰《传承》丛书的坚实基础和巨大潜力。

为喜迎学校建校70周年，发挥离退休老教授巨大智力库优势，开发学校历史资源，学校老教授协会决定组织编撰华东师范大学《传承》丛书。这套丛书是兼具学术性、教育性、史实性的系列撰著，集中体现华东师范大学育才和治学的科学精神、人文精神和优秀文化传统。丛书编撰的宗旨是：回眸历史，总结经验，增强自信，激励士气，为实现建设世界一流大学目标添砖加瓦。丛书编撰的原则是：紧扣学校校园文化建设要求，回眸培养人才和学科建设优良传统；坚持求真务实，叙真人真事，杜绝虚构；力求具有可读性，文风朴实，文字生动活泼。丛书的出版，将根据书稿质量、完稿时间以及出版的规范和要求，统筹和有序安排。

“满眼生机转化钧，天工人巧日争新。”《传承》丛书将作为全校离退休老教授“老有所为”的一项集体成果，献给学校现在和未来的开拓者们！

杜公卓

2021年4月

① 顾雪生、卢娟.思想政治理论课传承与创新[M].上海：华东师范大学出版社，2016.

本书序言

古罗马著名政治家和哲学家西塞罗曾说:“历史是时代的见证,真理的火炬,记忆的生命,生活的老师和古人的使者。”对一所大学、一门学科而言,其历史承载着她的文明、学脉、过往和将来。

作为新中国第一所社会主义师范大学,华东师范大学成立于1951年10月16日,其基础是1924年建立的大夏大学和1925年建立的光华大学,以及其他一些高校的部分系科,其中包括1879年建立的上海圣约翰大学分解后的理学院和教育系。物理学科是华东师范大学最早建立和最先发展的学科之一,历经70年的岁月洗礼,经过几代物理学人的精心耕耘,构建了完备的课程体系和科学的人才培养模式;物理学科所在的实体单位由物理系发展为物理与材料科学学院,再发展为物理与电子科学学院,一直是学校最为重要的教学科研实体机构之一。

华东师范大学《传承》丛书之《传承——华东师范大学物理学科发展纪事(1951—2020)》忠实记录了华东师大物理学科70年立德树人与培育英才的办学历程,真实描绘了华东师大物理人在各个历史阶段求实创造、追求卓越的治学历程,充分展现了华东师大物理学科精神的重要侧面和形成过程。

凡是过往,皆为序章,本书生动地讲述了我们的前辈治学、研究、奋斗的人生历程,让作为后学的我们和我们的后代得以了解,华东师大物理人是怎样用科学点燃教育的光芒,用创造追寻真理与智慧,用卓越的学术追求构建和谐的学术共同体,从而培养德智体美劳全面发展的社会主义建设者和接班人。同时,它更激励着我们践行“智慧的创获、品性的陶熔、民族和社会的发展”的大学理想，在承担“文明、育人、发展”大学使命的道路上继续书写物理人“格物穷理、追光明志”的奋进篇章。

我们期待，《传承——华东师范大学物理学科发展纪事（1951—2020）》将不仅成为华东师大物理学人的共同记忆和自我认知，也将成为人们了解新中国高等教育物理学科发展历史的资料来源。我们也期待，通过丛书编辑，以物理学科的奋进历程，赓续华东师大历史文脉，传播华东师大优良学统，丰富华东师大精神内涵。

李恺　程亚

2020年11月

目　录

人物篇

教师回忆篇

学子回忆篇

概　述

华东师范大学物理学科的发展始于1951年物理学系（简称“物理系”）的建立。物理系是学校首批设置的系科之一，以大夏大学、光华大学两校的数理系为基础组建而成，具有悠久的历史和光荣的传统。1952年秋，全国高校院系调整期间，先后调入大同大学、同济大学、上海交通大学和圣约翰大学等校教师职工十余人。建系初期已汇聚张开圻、郑一善、许国保、姚启钧、陈涵奎、蔡宾牟、章元石等一批国内知名的物理学家，为学科的建设发展奠定了极为重要的人才基础。经过几代物理学人的苦心耕耘，物理学科已经构建了完备的课程体系和科学的人才培养模式，物理学科所在的实体单位由物理系发展为物理与材料科学学院，再发展为物理与电子科学学院。今日的物理与电子科学学院已成为历史底蕴深厚、学科方向多元、研究特色明显、在国内外具有一定影响力的研究型学院。

回首往事，华东师范大学物理学科经历过初创的艰难与发展，也有过十年的曲折和困惑，更有改革开放以来的跨越与腾飞。几代物理学人不懈努力，为争创一流的物理学科奠定了坚实的基础。按照发展脉络，物理学科的发展大致可分为四个阶段，即艰苦初创阶段（1951—1965年）、曲折发展阶段（1966—1976年）、恢复发展阶段（1977—1999年）以及跨越发展阶段（2000—2020年）。

一、筚路蓝缕——艰苦初创阶段（1951—1965年）

（一）1951—1957年：艰苦初创

1951年7月，华东师范大学筹备委员会成立，以华东教育部高教处处长陈琳瑚为主任委员。在大夏大学校址设立筹委会办事处，刘佛年为办事处主任。

1951年9月，华东师范大学物理系正式成立。建系之初，共有教工9名，分别是教授1名（蔡宾牟），讲师4名（徐士高、程齐贤、王济身、陆兆堃），助教2名（袁运开、田士慧），其他职工2名（方锡刚、许学明）。此外，物理系还接收了大夏大学的物理实验室（约200平方米），以及光华大学和暨南大学的部分仪器设备。物理系招收了第一届本科生，共30余名。至此，物理系初显雏形。

建校初期（1951—1957年），物理学专业的基本任务是培养中等学校的物理教师；物理系的工作重点是学习苏联的教学经验，改革旧的教育制度，改革教学内容和教学方法。1951—1953年，张开圻教授与交通大学的郑昌时教授共同主持开展了上海市高等学校普通物理教学的研究活动，针对当时物理专业、非物理专业以及工科专业的不同要求，分别拟定了不同类型的普通物理教学大纲，这对后来上海各高校普通物理教学工作的展开起到了重要的规范作用。

1952年，为加强物理系的建设，学校正式任命张开圻教授为系主任，郑一善教授为系副主任。学校党委在物理系与数学、化学两系的基础上成立联合党支部，焦鸣国为第一任支部书记。10月，姚启钧教授来到华东师大物理系任教。邬学文进入物理系的普通物理实验室工作。

院系调整后，先后建有理论物理教研室、理论力学教研室、普通物理教研室、物理教学法教研室、电工无线电教研室等。建系伊始，物理系就较为完善地开设了包括力学、热学、电磁学、光学等大学生基础课程，还开设了多门选修课，为物理系课程体系的完善奠定了扎实的基础。

1953年起，物理系根据高等教育部提出的"高校要在加强教学工作的基础上，密切结合教学，逐步开展科学研究工作"的要求开展科学研究工作。这一时期，物理系师资队伍迅速壮大，很快形成了在国内外具有影响力的传统学科，比如普通物理学、理论物理学、无线电物理学、光学与光谱学。

1953年，为了适应高等院校的快速发展，物理系开始招收普通物理二年制研究生班。研究生班的举办为当时全国高等师范院校物理学教学水平的提高做出了较大的贡献。

1954年，物理系成立独立党支部，张婉如调任支部书记。同年，陈涵奎来物理系任教并担任无线电教研组主任，他是我国著名的电子科学家，是物理系该学科的主要创建人之一。

1955年9月，物理系成立党总支。为了满足全国教育事业发展的需要，物理系应教育部要求开办普通物理研究生班（二年制）和无线电研究生班（二年制）。

1956年，开办普通物理和理论物理研究生班（二年制）。同年，张开圻教授和上海师范学院的杨逢挺先生一起主持、领导上海物理学会中学物理教学研究委员会，历时4年组织编写“高中物理教学参考资料”丛书共14册。丛书问世以来多次再版。同年，张开圻、郑一善、许国保和姚启钧被评定为二级教授。

（二）1958—1965年：向科学进军，教学科研协同发展

1958—1965年，学校开展教育改革，进行教育事业的全面调整，当时的主要任务是：总结学习苏联经验的得失，重点纠正学校教育脱离实际、脱离生产劳动和在一定程度上忽视政治思想教育、忽视党的领导的错误倾向。根据学校“减轻学生负担，实行劳逸结合，提高教学质量”的改革指导方针，物理系在减轻学生负担的同时，狠抓教学管理和教学质量的提高。同学们刻苦钻研，学习主动活泼，友好互助。当时，物理系对五年级学风进行了总结，后简称“物五学风”，在全校范围内进行推广。

1958年，物理系根据党中央提出的“向科学进军”等要求，逐步开展广泛的科学研究工作。物理系初步建立了教学、生产劳动、科学研究三结合的体制；组建了无线电物理专业，开始招收该专业本科生。无线电物理本科专业的目标是培养德、智、体全面发展的高等学校、中等学校无线电教师和科学研究人员。同年，上海市计委确定由亚美电器厂（当时主要生产高低频讯号发生器）和陈涵奎共同承担3厘米微波测量系统的研制任务。在陈涵奎的指导下，

1958年9月，亚美电器厂研制出我国第一套自制的3厘米微波测量系统，为我国微波技术的发展提供了必要的实验条件。

1958年，物理系创办《物理教学》杂志。杂志以中学物理教师为主要读者，兼顾大专、师范院校基础课教师、物理专业学生及其他物理学工作者。

1959年，物理系开始招收无线电专业（微波传输）的研究生，学制三年。根据学校学制变化，物理系1958级部分学生开始由四年制改为五年制。

1960年，全系教职工近100人。物理系作为上海市先进集体代表参加全市大会，受到表彰。在国民经济调整时期，物理系还是取得了较大的发展。姚启钧被评为上海市文教系统先进工作者。在郑一善的领导下，物理系筹建了恒温、恒湿、防震的光谱实验室，为开展红外、分子光谱研究创造了实验条件，这是当时全国高校唯一的红外光谱恒温实验室。波谱教研室成立，邬学文任主任。在此不久之前，他和黄永仁、章群、潘麟章等共同制造出我国第一台连续波宽谱线核磁共振波谱仪。

1960—1964年，物理系先后招收了实验核物理、波谱学和微波信息论专业三年制研究生。物理系设立这些研究生专业的目标，是为高等学校培养既能独立担任教学工作又有研究能力的师资。在此期间，物理系加强了实验室建设，由孙沩、徐静芳、王家晖等创建了物理系高等（中级）物理实验室。

1963年下半年，物理系1964届学风引起了华东师大常溪萍校长的注意。该学风被总结称为“物五学风”，在全校范围内推广，引起了全校师生的共鸣和盛赞。“物五学风”有以下几个特点：一是学习目的明确，同学们都有热爱祖国、热爱人民，准备将来当一名优秀人民教师的胸怀；二是攀登科学高峰的雄心；三是刻苦钻研、学得主动、学得活泼的学习精神；四是善于动脑、勤于动手、一丝不苟、严谨的实验操作态度；五是惊人的毅力，许多同学攻读两门外语，每天一小时早自修学外语，有持之以恒的决心。

1964年，物理系开设了数门大学生选修课，开创性地要求大四学生撰写和提交毕业论文。郑一善教授指导黄贡、徐志超、马龙生、夏慧荣等青年老师研制出国内第一台自制红外分光计，获得教育部省属高校科研成果三等奖。同年，邬学文主持的宽谱线核磁共振谱仪、自旋回波核磁共振波谱仪和纯四极共振谱仪，获得全国工业新产品展览会三等奖。

1965年，“普通物理（电磁学部分）”被学校作为改革试点课程，为全校教师举办了公开观摩课。

1966年“文革”前，物理学系已建立了包括普通物理、数学物理方法、理论力学、热力学和统计物理学、电动力学和量子力学在内的较完整的高校物理课程体系，教学内容和教学水平也有了较大提高。陈家森教授等主持研制成功8毫米波段的电子自旋共振波谱仪。

总之，20世纪50年代到60年代前期是物理系的初创时期，也是物理系发展迅速并取得辉煌成绩的时期，既为教育战线输送了师资，又为科研和工业战线输送了研究和应用人才，奠定了华东师范大学物理学科发展的重要基础，在全国范围内形成重要影响力。

自创建以来，物理系所有教师在认真执教的同时，积极从事科学研究。张开圻、姚启钧、郑一善、许国保、陈涵奎、蔡宾牟、章元石等教授在艰苦从事科学研究的同时，亲临教学第一线为学生授课。“两支粉笔老师”胡瑶光先生授课时，思路清晰，体系严密，他通过自己的理解、分析和思考，在头脑中形成系统性的思路。这种高质量的授课方式，受到学生的欢迎和同行的好评。

二、韬匮藏珠——曲折发展阶段（1966—1976年）

“文化大革命”时期（1966—1976年），在极为困难的形势下，物理系的一部分教学科研工作坚持进行，特别是有两个科研项目仍在推进：

一个是“651”和“701”科研项目，这是当时国防工业部下达的任务，主要涉及国家火箭和卫星发射速度测量所需要仪器（如相关仪、功率谱仪）。参加此项目的教职工可以避免许多干扰，有较多的时间开展科研工作。除了无线电教研组老师，其他教研组年轻骨干老师也积极参加（如普通物理组杨介信）。

另一个是激光大气传输项目。光学组的林远齐、郭增欣、潘佐棣、夏慧荣、马龙生等老师对激光大气传输大气污染项目进行了认真研究，受到有关国防部门和环保部门的重视。

1971—1972年，潘麟章和俞永勤两位老师承担了用核四极矩共振（NQR）探测塑胶地雷的课题。1975年下半年，俞永勤还完成了粮食测湿仪的数字显示项目。此项目经多位老师完善后，获得上海市科技二等奖。

复课期间，许多老师参与开门办学，一边为学生上课，一边参加工厂技术革新，如单机自动化、100兆数字频率计、电子清纱器等；在系内白手起家，新建半导体生产线等。这些老师发扬了艰苦奋斗、团结协作的精神，既出色地完成了光荣任务，又锻炼提高了业务水平，成为日后物理系教学与科研的骨干力量。

“文革”后期，物理系招收了多届工农兵大学生。广大教职工十分努力，在理论联系实际、下工厂下农村、促进技术革新等方面发挥了重要作用，全身心培养学生，其中不少优秀的学生成为未来的接班人。此外，从70年代起，先后派出黄学勤、杨伟民、沈耀民、岑育才、杨介信、徐力平、苏云荪、蔡佩佩等8名教师去非洲援助教学，受到国家教委的表扬。1974年第一批援藏教师陈家森、1976年第二批援藏教师刘必虎等为筹建西藏历史上第一所大学做出自己应有的贡献。

三、一元复始——恢复发展阶段（1977—1999年）

（一）1977—1990年：迅速恢复发展

党的十一届三中全会之后，学校进行了大量的拨乱反正工作，落实知识分子政策，调动了师生员工的积极性。物理系教工积极工作，添置仪器设备，重建实验室，在短时间内为提高教学质量创造了较好的条件。物理系自然科学研究工作迅速恢复和发展。据统计，1980至1996年，物理系在国内外共出版教材和参考书62部，发表论文600多篇，其中在国外刊物上发表200多篇。

自1977年起，全国恢复了高校统一招生考试制度。物理系按“文革”前的专业设置，恢复招收物理专业和无线电物理专业四年制本科生。随着改革开放的深入，学校专业建设有了很大的发展，学校着手改革专业设置结构，建立了一批与国家需要相适应的新专业与新学科。在这样的背景下，物理系在计算机科学系、教育信息技术系、电子科学技术系、分析测试中心等的建立过程中都调配人员参与创建。

1978年，《物理教学》杂志复刊，邬学文教授任主编。1980年起，《物理教学》杂志成为中国物理学会主办杂志，委托华东师大承办，许国保教授任第一届编委会主编。20世纪80年代中期，改由宓子宏教授任专职主编。该杂志与美国、英国、意大利、中国香港物理学会建立了联系，促进了国家及地区间的学术交流。杂志成绩卓然，得到广大读者的肯定，在中学物理教学领域具有一定的威信，曾被评为中国科协优秀期刊、中等教学类核心期刊。

1979年前后，物理系开始关注激光光谱学研究领域，先后把国际一流教授，如激光光谱学专家肖洛（A. L. Schawlow）、霍尔（John Hall）、亨斯（Theodor W. Hänsch）和分子光谱学专家拉姆塞（William Ramsey）等邀请到物理系讲学和指导科研。诺贝尔奖获得者肖洛、霍尔和亨斯先后被学校聘为名誉教授。同时，物理系先后派出中青年骨干教师10多人次到肖洛和霍尔等知名科学家的实验室学习进修，这一批进修教师学成归国后成为物理系光学教研室的业务骨干。1979年，袁运开担任副校长，1984年担任校长。

1981年，国家建立学位制度后，物理系先后被国务院学位委员会批准建立的硕士学位点有光学、无线电物理、无线电电子学、半导体物理与半导体器件物理、波谱学与量子电子学（在专业目录调整时，与无线电物理合并为一个硕士点）、理论物理、生物物理、学科教学论（物理）和凝聚态物理；先后被批准建立的博士点有无线电物理、光学、波谱学与量子电子学（在专业目录调整时，与无线电物理合并为一个博士点），其中无线电物理入选1981年全国首批博士学位授权点。

1982年，邬学文组织研发和生产了第二代高分辨核磁共振波谱仪。该谱仪先后获得国家教委优秀科技成果奖、国家经委优秀新产品奖等多个奖项。

1980级普通物理教学小组获得“上海市劳动模范集体”荣誉称号。

1984年，物理系一分为二，82位教职工划出组建电子科学技术系。同年，邬学文担任副校长。

1985年，经教育部批准，物理系设置二年制物理实验技术专修科并于次年秋季开始招生。物理实验技术专修科自1988级开始改为应用物理专修科，为国家培养了不少机械和电子技术方面的人才。

1985年，根据国家对本科物理学专业的要求，物理系对师资专科班增加了师范教育课程，重点培养教师的相关技能，为国家培养了一大批高等学校、中等学校物理教师和科学研究人才。

1985年，学校利用首次世界银行贷款购置了Bruker MSL-300超导宽腔固液两用核磁共振谱仪，由新成立的校分析测试中心负责管理。为支持谱仪安装维护及科研工作开展，波谱学教研室一小部分教师转至校分析测试中心工作。

1986年，物理系开办了物理学师资本科班并于当年开始招生，光学专业被定为博士点；同年，陈涵奎教授任华东师大微波研究所所长。

1989年年底，物理系与中科院光机所一起成立“中科院近代量子光学联合开放实验室”。80年代末90年代初，物理系光学教研室成为国内现代分子光谱与激光光谱的重要研究基地，先后完成了高分辨激光光谱、分子定量光谱、原子和分子光泵受激辐射的产生、位相调制光外差光谱、激光大气传输、大气污染的激光监制和色心激光等课题，在国内外重要杂志发表论文一百多篇，并有若干专著出版。

1989年，学校批准物理系开设物理学辅修专业，以更好地适应世界新技术革命的兴起和发展，增强毕业生的综合能力，促进就业。

1989年，物理系波谱教研室老师大部分转入分析测试中心，其后独立发展，陆续培养了李鲠颖、陈群、杨光等骨干教师。

1990年，成立国家教委量子光学开放实验室。同年，物理系在凝聚态物理研究室内设立纳米材料研究组，主要研究方向有纳米复合材料的制备及应用、功能薄膜的制备与物性、胶体与界面化学、材料设计与模拟、低维凝聚态物理等。

1990年，经国务院学位委员会批准，物理系建立生物物理专业硕士学位点。该学科主要带头人有陈家森、乔登江等。学科的主要研究方向有光与电磁辐射的生物效应及其应用、生物分子的光谱学、离子束表面改性技术、生物材料学等。其后该方向陆续承担“863”、国家自然科学基金等多项国家级科研项目及省部级科研项目，荣获上海市科技进步奖等奖项。

20世纪80—90年代，物理系出版了多部物理教学相关著作。袁运开教授主持编写了“中学生丛书”、《物理教育学》等著作，获得上海市（1979—1985年）哲学社会科学优秀成果奖之著作奖。徐在新和宓子宏参与了科普读物“物理学基础知识丛书”中《从法拉第到麦克斯韦》分册的编写，该丛书获得中国物理学会图书奖。宣桂鑫教授出版了《物理》《光学》《多媒体物理教学软件开发与应用》《物理学与高新技术》《创造性物理演示实验》《应用物理基础》等多部物理教学方面的著作，其“上海面向21世纪基础教育课程体系改革设想”项目获教育部1998年度优秀成果二等奖。马葭生教授出版了《大学物理实验》《大学物理实验50例》等著作，在我国的大学物理实验教学领域享有较高的声誉。

这一时期，磁共振技术研究方面处于国内领先水平，邬学文、王源身、黄永仁、陈家森、潘麟章、吴肖令、王东生等学者为该学科的发展做出了很大的贡献。他们主持的项目多次获得国家自然科学基金、国家部委项目等的资助，在核磁共振波谱学领域取得了一系列研究成果。与此同时，光学与光谱学科迅速发展壮大，在光学、激光物理学、激光光谱学、原子分子物理学、量子光学和非线性光学等研究领域取得了一大批国内国际领先的科研成果，骨干教师有王祖赓、马龙生、秦莉娟、夏慧荣、严光耀、丁良恩、陈扬骎等学者。这一时期，理论物理学科取得了较好的发展，该学科的带头人有胡瑶光、徐在新、朱伟等学者。其中胡瑶光编著的《量子场论》《规范场论》，徐在新编著的《高等量子力学》等著作，在理论物理学界有一定的影响力。

（二）1991—2000年：学科规模进一步扩大

进入20世纪90年代后，物理系的学科规模有了进一步扩大，陆续拥有6个教研室（普通物理教研室、普物实验教研室、理论物理教研室、光学教研室、凝聚态物理教研室、应用物理教研室），5个研究室（大学物理教学研究室、理论物理研究室、光学研究室、生物物理研究室、凝聚态物理研究室），10个实验室（基础物理演示实验室、普通物理实验室、国家教委华东师范大学量子光学开放实验室、近代物理实验室、凝聚态专业实验室、电工电子实验室、计算机实验室、生物物理实验室、家用电器实验室、单片微机实验室）。

1991年，赵玲玲因其教书育人和教学改革的成绩获得“全国普通高等学校优秀思想政治工作者”称号。

1992年，杨燮龙主持研究的“穆斯堡尔法拉第效应”获得国家教委科技进步奖二等奖。张瑞琨担任校长。

1993年，由王祖赓、夏慧荣、秦莉娟完成的《非线性分子激光光谱效应研究》获国家教委科技进步奖（甲类）一等奖。12月，凝聚态物理学科被国务院学位委员会批准为硕士学位点。该学科的主要带头人是郑志豪、杨燮龙等学者。杨燮龙教授研究的课题“穆斯堡尔极化效应及应用”在80年代中期就获得了国家自然科学基金的资助，他的项目“铁基纳米晶材料的巨磁阻抗效应研究”获得“八五”和“九五”攀登计划和横向课题等的支持。郑志豪教授的项目“金刚石膜的离子注入改性研究”获得国家部委基金项目支持，另外还申请多项横向项目和多项发明专利。

1995年，经国家教委批准，物理系建立光电子专业并开始招收本科生。该专业的目标是培养“具有光技术、电子技术和计算机技术的综合能力，能承担光电子技术工作和研究工作”的工程技术人员。

1998年，光学学科进入“211工程”重点学科建设。

1999年，分析测试中心的波谱部分划入物理系，成为光谱学与波谱学实验室的一部分。

20世纪90年代中后期，物理系的人才队伍面临着“青黄不接”的年龄结构断层问题。1997年至2001年，有30多位教师退休，其中具有高级职称的退休人数占高级职称教师总数一半以上，这对物理系科研工作的开展形成了较严重的制约。为此，物理系制订了人才培养与引进计划，着力引进知名专家学者、博士毕业生或博士后人员，在三到五年的时间内组建了一支以青年博士为主体的学术梯队。从90年代末起，物理系先后引进了乔登江院士、徐至展院士、曾和平、张卫平、孙卓、印建平、马学鸣等学者，人才队伍建设中的年龄结构断层问题逐步得到缓解。物理系还制订了学术研究计划，加强科研立项奖励及科研成果奖励的力度，打开横向科研渠道，加强系内外学术交流。

四、再创辉煌——跨越发展阶段（2000—2020年）

（一）2000—2010年：重大科研成果不断涌现

进入新世纪后，随着这些新生力量的加入，物理系的科研工作飞速发展，重大科研成果不断涌现。一些论文发表在诸如《科学》（*Science*）、《自然》（*Nature*）、《物理学报告》（*Physics Report*）、《物理评论快报》（*Physical Review Letters*）、《光学快报》（*Optics Letters*）等国际知名SCI期刊上，被引率也不断提高。科研经费快速增长，物理系依托这些科研项目取得了一大批优质研究成果。

2000年，物理系加强基础课和专业课程建设，开设双语物理教学和多媒体教学课程，组建多媒体课件开发工作室。

2000年后，凝聚态物理学科发展迅速，在计算凝聚态物理、纳米复合功能材料等学科研究领域取得了比较突出的成绩，承担了“973”“863”等多项国家级、省部级项目，获得过上海市自然科学奖、上海市科技进步奖等多个奖项。

2001年，光谱学与波谱学实验室通过了教育部重点实验室认定，光学成为上海市重点学科，纳米材料研究组升级为“纳米功能材料与器件应用研究中心”。

2001年8月，物理系实现了华东师大在《科学》杂志上发表论文零的突破。以马龙生教授为主的合作论文《两台飞秒激光器的相位相干光脉冲合成》，在国际顶尖杂志《科学》上发表（华东师范大学为第二单位），同期杂志发表的评论文章称“超短光脉冲的产生和合成开拓了崭新的研究领域，是超快物理研究的重大突破”。

2002年3月，经国家人事部、全国博士后管委会批准，设立物理学博士后科研流动站。2002年4月，物理系的“光谱学和量子信息学”子项目顺利通过“211工程”重点学科建设项目专家团验收。

2003年，建立物理学一级学科博士点。普通物理实验室、无线电物理实验室、教材教法实验室、演示物理实验室及光电子技术实验室等合并成立物理实验教学中心。中心现由五部分组成：基础物理实验室、近代物理实验室、现代电工技术实验室、光电子技术实验室和教师教育实验教学中心。同年，陈群担任副校长；自2012年起，担任校长。

2004年，理论物理研究所正式成立。其后学科发展势头良好。研究所在非线性科学、统计与凝聚态物理、粒子物理与场论等研究方向上取得一系列成果，这些工作成果在国际上具有一定的影响力。

2004年3月，马龙生、毕志毅教授等在《科学》上发表学术论文《以10^{-19}的不确定度实现光频合成与比对》（华东师范大学为第二单位）。该成果入选教育部2004年度中国高等学校十大科技进展，是我国科学家在该前沿科技领域中首次取得重大突破。

2005年，马龙生教授受邀参加了2005年度诺贝尔奖颁奖典礼。诺贝尔物理奖得主霍尔教授的获奖代表成果中有两项是与马龙生教授合作完成的。曾和平、张卫平获得国家杰出青年科学基金资助。同年10月，波谱学专业获科委资助开始筹建“上海市功能磁共振成像重点实验室”。从2005年起，第五批援疆干部屠坚敏在新疆连续服务6年，克服家庭及其他各方面的困难，圆满完成援疆任务，荣获市级三等功和优秀援疆干部的荣誉。

2006年，“纳米功能材料与器件应用研究中心”进一步升级为“纳光电集成与先进装备教育部工程研究中心”，中心在孙卓、赵振杰、黄素梅等学者的带领下，在平板显示、半导体照明、传感器、真空等离子体装备等领域的研究和应用方面掌握了一系列具有国际先进水平的核心技术，为中国纳米光电子领域的研发、产业化及人才培养做出了重要贡献。

2006年，物理系在闵行校区建立了学生自主实验室，并专门指派一位高学历青年教师承担管理与指导工作，在本科教学水平评估及“大夏杯”课题申请与实施中发挥了重要作用。

2007年，物理系在光谱学与波谱学教育部重点实验室基础上筹建精密光谱科学与技术国家重点实验室；物理实验教学中心荣获上海市实验教学示范中心称号，这标志着物理系首次建立了省部级教学基地。同年，极化材料与器件教育部重点实验室获教育部批准筹建。光学学科成为国家重点学科。

2007年，武愕的论文《“延迟-选择”假想实验的实验实现》（“Experimental Realization of Wheeler’s Delayed-Choice Gedanken Experiment”）发表在《科学》上（华东师范大学为第二单位），国际同行在《科学》《自然》等杂志上发表评论认为这项成果“将被看作一项里程碑性的工作”。

2007年，物理系开始招收物理免费师范生，首批招收100名；受国家自然科学基金委员会委托，物理系成功主办“冷原子分子物理与实验技术”暑期学校，邀请15位国外专家学者来校讲学，来自全国各地的300多名学生参加了这次暑期课程。

2007年，依托波谱学专业建立的上海市功能磁共振成像重点实验室正式运行，2008年更名为“上海市磁共振重点实验室”。实验室先后建立了“上海市磁共振成像技术平台”及“上海市核磁共振波谱技术服务平台”两个开放平台，在李鲠颖、陈群、余亦华、杨光等老师的带领下，在多个研究方向形成了自己的特色。

2008年，物理系新增物理基地班教学计划，顺利通过第五批“国家理科基础科学研究和教学人才培养基地”评审。物理实验教学中心获得上海高等教育学会高校实验室先进集体称号。设立物理学博士后流动站。

2009年，精密光谱科学与技术国家重点实验室通过建设验收，物理实验教学中心以“1+3”的模式与其他院系一同成功申报了国家级实验教学示范基地。

2010年6月，马龙生教授获得2010年度“拉比奖”。这是我国科学家第一次荣获该国际奖项，表彰他在发展光钟、飞秒激光光谱及使频率测量精度提高至19位数字的研究过程中做出的决定性贡献。

（二）2011—2020年：继往开来，跨越发展

2011年，物理系获批进入“精密光谱”创新引智平台基地建设。3月，极化材料与器件教育部重点实验室正式通过验收，进入教育部重点实验室序列。11月，通过教育部重点实验室评估。孙卓教授指导熊智淳等同学，在第十二届“挑战杯”全国大学生课外学术科技作品竞赛中荣获特等奖（作品名称为“绿色高效纳米碳基膜电容脱盐装置”）。

2012年，孙卓教授指导熊智淳等同学，在第八届“挑战杯”中国大学生创业计划竞赛中荣获金奖。同年，孙真荣担任副校长。

2014年，物理系成功承办上海市首届大学生物理学术竞赛，物理系代表队获得第二名。8月，赴华中科技大学参加第五届中国大学生物理学术竞赛，获得全国三等奖。李文雪获得国家优秀青年科学基金资助。

2015年，为整合全校教师教育资源，物理教学中心（学科教学论方向）与其他学科一起合并为教师教育学院；该学院的课程与教学论学科组主要承担普通物理教学工作和师范教育工作，学科带头人有胡炳元、潘苏东、陈刚等。张卫平教授等编著了“十二五”国家重点图书出版规划项目著作《量子光学研究前沿》。吴健获得国家杰出青年科学基金资助。胡炳文获得国家优秀青年科学基金资助。8月，上海市磁共振重点实验室承办的第十九届国际磁共振大会在上海举行。

2016年2月，学校在原物理学系、精密光谱科学与技术国家重点实验室的基础上成立物理与材料科学学院。同年，华东师大与中国科学院上海光学精密机械研究所签署合作协议，联合举办物理学专业菁英班，第一届物理学菁

英班由30名物理系优秀本科新生组成。武海斌教授在国际知名学术期刊《科学》发表论文一篇（主要内容为离散标度率不变的费米量子气体新奇的动力学膨胀行为观测），华东师范大学为该研究的第一完成单位。曾和平教授的"分子精密光谱与精密测量"团队获得国家自然科学基金创新群体1项，这是华东师范大学物理学科有史以来首次获得该类项目。

2017年，材料科学与工程专业正式获得教育部批准招生。余亦华教授入选全球2017高被引科学家，成为华东师大首位入选的科学家。武愕获得国家优秀青年科学基金资助。管曙光老师的"波动光学"课程入选首批国家精品在线开放课程。

2018年，著名物理学家、诺贝尔物理学奖获得者杨振宁和著名物理学家张首晟一行参观访问精密光谱科学与技术国家重点实验室，为"杨振宁工作室"揭牌并题词。蒋燕义获得国家优秀青年科学基金资助。管曙光老师的"光学"课程入选上海市精品课程。《物理教学》被上海市新闻出版局评为质量优秀期刊并入选北京大学图书馆编撰的《中文核心期刊要目总览》。

2019年7月，学校对原物理与材料科学学院、原信息科学技术学院电子工程系、原信息科学技术学院光电科学与工程系进行统一调整部署，组建物理与电子科学学院。在院系合并过程中，褚君浩院士及其研究团队加入凝聚态物理学二级学科。11月，受教育部高等教育教学评估中心委托，专家组进驻，对物理学类专业开展了为期三天的师范类专业第二级认证专家进校考查工作，物理学师范专业顺利通过专家进校考查。刘宗华教授领衔的《复杂网络上的动力学相变研究》获高等学校科学研究优秀成果奖（科学技术）自然科学奖二等奖。该成果完成人还有管曙光、邹勇、周杰三位老师，华东师范大学为该成果唯一完成单位。同年，武海斌获得国家杰出青年科学基金资助。

2020年3月起，由于疫情的缘故，学院教学活动转为线上教学。4月，物理学专业进入首批强基计划招生专业行列。吴健、张诗安、宫晓春、孙真荣主持的《分子超快行为精密测量与调控》研究获上海市自然科学一等奖。彭俊松、闫明获得国家优秀青年科学基金资助；张可烨入选青年拔尖人才计划。6月，上海市市级科技重大专项“超限制造”项目启动。组队参加第十一届中国大学生物理学术竞赛，获得全国一等奖（第九名）。管曙光教授主持的“光学”课程入选首批国家级一流本科课程建设名单。

建系以来，在一代代“物理人”的努力下，华东师大物理学经历了从无到有，从艰难初创到跨越腾飞，从曲折困惑到争创一流。物理学在教育、科研及人才培养等各方面均取得了突出成就，为国家培养了大批教育、科技等各行业建设人才。这些人才积极投身于各项建设事业中，为祖国的教育事业、经济建设及科技发展做出了应有的贡献。

（在撰写过程中，参考了张振廉撰写的《物理系志》，原物理系历年年报和年鉴，以及徐在新口述，并查阅学校档案馆的其他相关资料）

学科篇

光学学科：传承创新，扬帆奋进

郑利娟

精密光谱科学与技术是集科学前沿问题、科学实验与观测方法、技术和设备的创新研究于一身的重要研究领域，与信息科学、生命科学、材料科学、空间科学、环境科学等紧密相关，并为相关研究提供了崭新的物理思想、极端的物理条件及前所未有的高精度实验手段。一百年来，仅在诺贝尔奖中与光学直接或间接相关的获奖成果就超过40项。

"时来易失，赴机在速。"华东师大的光学学科建设发展以光谱学与波谱学教育部重点实验室为主体，于2007年获科技部批准筹建精密光谱科学与技术国家重点实验室。60多年来，光谱实验室始终瞄准学科最前沿和国家重大需求，科学定位，积极布局，不懈奋斗，留下了推动学科发展的历史足迹，并做出了重要贡献；历经原子分子光谱学到激光光谱学、再推进到精密光谱学三个发展阶段，实验室最终形成了鲜明特色的"三高"（即高分辨、高精度、高灵敏）精密光谱学国家重点实验室，实验室长期的研究工作多次被诺贝尔奖获得者在其诺贝尔奖获奖成果演讲或公告中引用。

"千淘万漉虽辛苦，吹尽狂沙始到金。"所有这些建设发展所取得的成绩，都离不开老前辈的长期坚守，离不开青年学者的传承创新，更离不开精密光谱学科一代又一代学人的不懈努力以及攻坚克难的执着和勇气。

一、长期坚持光谱学研究，筹建国家重点实验室

"逝者如斯夫，不舍昼夜"，光学学科肇始于建系初期，其后稳步推进，创

新发展。20世纪50年代末和60年代，在郑一善教授的带领下，潘佐棣、徐志超、林远齐、黄贡、王祖赓、马龙生、夏慧荣、郭增欣等一批年轻教师开展分子光谱学、激光大气传输等多方面的实验装置搭建和机理研究，他们是物理系半个多世纪中光学和光谱学方向建设和发展的先驱。在一段时期内，潘佐棣任教研室副主任，协助郑一善教授工作，目前她是物理系唯一健在的离休干部。

20世纪50年代，郑一善教授撰写了我国第一部《分子光谱学导论》。60年代，实验室率先成功研制我国第一台"双光束红外分光光度计"，获当时教育部直属高校科技成果三等奖。70年代，实验室成功研制我国第一台"激光长距离大气污染监测系统"，1981年获上海市重大科技成果奖。1991年，王祖赓、夏慧荣教授总结实验室激光高分辨光谱的成果，撰写了英文专著《分子光谱学和激光光谱学》(*Molecular and Laser Spectroscopy*)，在斯普林格-弗莱格出版社(Springer-Verlag)出版，这是该出版社第一次出版由中国学者撰写的物理学专著。1993年，王祖赓、夏慧荣、秦莉娟三位教授合作完成的《非线性激光光谱效应研究》获得国家教委科技进步奖(甲类)一等奖。

20世纪末，华东师大光学学科的发展进入了关键时期。当时，华东师大的光学研究与世界先进水平相比仍存在不少差距。在学校、理工学院和物理系领导的鼎力支持下，实验室招贤纳士，引进了工程院院士乔登江、中科院院士徐至展等学术大师。徐至展院士曾担任华东师大学术委员会副主任、"光谱学和波谱学"教育部重点实验室及随后的"精密光谱科学与技术"国家重点实验室学术委员会主任，为学科建设、国家重点实验室的建立和建设做出了极为重要的贡献。

老一辈科学家非常注重对年轻一代教师的培养和研究队伍的建设。实验室先后引进新一批学术带头人，包括曾和平、印建平、张卫平、徐信业等特聘教授，培养的优秀研究生毕志毅、孙真荣、杨晓华等毕业后留校工作。实验室队伍不断优化，逐步形成老中青结合的合理结构，开拓并发展了新的研究方向。在2000年前后，实验室相继获得"211工程"学科建设、上海市重点学科建设以及学校重大创新基地创新团队建设等一系列重大学科建设的资助。

步入21世纪，经由徐至展院士、乔登江院士、王祖赓教授等高屋建瓴地指导，新一批学术带头人带领当时的教育部重点实验室实现快速发展。实验室在2004年上海市重点学科验收评估、2006年教育部重点实验评估中均获得"优秀"的好成绩，并于2007年1月获批筹建数理领域的国家重点实验室；光学学科也进入了国家重点学科行列。

数理领域的国家重点实验室强手如林，大多集中在中科院所和北京大学、清华大学、南京大学、复旦大学、中科大等一流高校，我们在人才队伍、生源条件等方面差距明显的情况下，同样要做出一流的科研成果，建设一流的科研基地，所面对的挑战非同一般。在筹备和建立国家重点实验室过程中，徐至展院士、乔登江院士、王祖赓教授躬身科研路，甘为孺子牛，在实验室方向制定、重大攻坚目标确立、青年人才培养方面做出了重要贡献。

"星光不问赶路人"，无论面对的是赞誉还是挑战，实验室的科研骨干们一如既往地以自己"晨钟暮鼓""青灯黄卷"的拼搏精神，树立了攻坚科研一线的榜样。譬如曾和平教授，2000年加入实验室，担任实验室主任，从无到有搭建起超快激光物理研究平台、单光子测控研究平台。课题组成员上午9点之前就来到实验室，往往晚上11点之后才离开，大部分周末和假期都继续进行科研工作，勤勤恳恳、刻苦钻研。其他学术带头人，如马龙生教授、陈扬骎教授、张卫平教授、印建平教授、孙真荣教授等领衔的课题组，同样潜精研思，埋头苦干，以最严谨和最勤奋的科学态度，抓住时代赋予他们的使命，在科学的世界里探求真谛。"单丝不成线，独木不成林。""一燕难为春，百花竞凡尘。"他们或出谋划策，或敢为人先；他们精诚团结，紧密合作。2005年，实验室有机地融合学校现代光科技、微米纳米新技术、综合谱学测试技术、信息科学技术等多项优势，在光子操控与量子调控领域的前沿实验研究与理论探索方面开展联合科技攻关，团队获批建设教育部长江学者创新团队。

2006年1月，徐至展（右一）、孙真荣（右二）、王祖赓（右三）、马龙生（左一）、张卫平（左二）和曾和平（左三）在研讨光学学科的建设发展（郑利娟提供）

这一时期，实验室取得了一系列具有重要影响的成果。实验室首次成功研制了“世界上用于测量时间和频率的最好的光尺”的光学频率梳状发生器，证实光学频率合成与传递的不确定度可达到10^{-19}水平，成果文章发表在2004年《科学》上。国际著名研究机构高度评价道：“以前所未有的精度实现了光学分频和合成”，“为发展下一代基于光学频率的原子钟铺平了道路”。2005年，应诺贝尔物理学奖得主霍尔的邀请，马龙生夫妇出席了当年的颁奖典礼。同年，曾和平、张卫平二位教授的项目双双获得国家杰出青年基金资助，实现学校物理学科国家杰出青年基金资助项目零的突破。同时，由马龙生、毕志毅、陈扬骎、杨晓华四位教授合作完成的相关研究成果获得2006年国家自然科学二等奖。实验室研制的新型单光子探测仪具有自主创新技术，在诸多前沿科学实验和高新科技中有重要应用，且具有原创性，获得了“比以往最好结果提高了一个数量级”的单光子测量灵敏度。实验室提出并实现的单光子操控的《Sagnac型分时相位调制方案》，被国际权威的“量子保密通信路线图”引用为代表性方案。

“功成惠养随所致”，“坐看千里当霜蹄”。实验室在精密光谱科学前沿研究领域的进展以及技术创新与科研基地的发展，获得了国际同行的好评。2009年10月，诺贝尔奖获得者霍尔教授在访问实验室后的留言中提到："我没有预料到你们的实验室像上海这座城市一样，在过去的12年里得到了极大的发展。"（"I can't estimate the progress speed — my data is an infinite expansion and development of the labs in just 12 years. It is like the progress of this interesting city of Shanghai."）"我坚信你们的未来是美好的。"（"So I am absolutely sure your futures are in good hands."）

2009年，精密光谱科学与技术国家重点实验室完成筹建验收。经过多年的建设，实验室的研究条件、研究环境、科研队伍和科研实力都得到显著的提升。新生力量逐渐成为实验室新的建设和发展的中坚，并继续开拓和发展实验室的研究方向。实验室的优秀研究生培养也取得明显成效。例如实验室自行培养的优秀博士研究生张诗按、武愕、吴健、吴光、李文雪、蒋燕义等十数人毕业后留校工作。工作后，他们中多人获得国家杰出青年基金、国家优秀青年基金等资助，为实验室的持续发展打下了坚实的基础。

二、传帮带学，发展光场时频域精密控制

光场时频域精密控制技术在新一代光钟、精密测控等方面具有极为重要的应用价值。华东师大在该领域拥有的研究成果及影响地位融汇了实验室马龙生、陈扬骎、曾和平、毕志毅、徐信业、李文雪、蒋燕义等几代人的长期坚持和传承创新。

在这一领域，实验室科研人员深稽博考、废寝忘食，解决了众多技术难题，研制出光学分频器、光钟、飞秒光梳等先进装备，推动了精密光谱分析与国防安全重大应用的结合。例如，光学分频器是精密测量和精确导航的基础，但建立光学分频器却是一项挑战性很强的研究课题。实验室科研人员不畏艰难，成功研制出我国第一台飞秒光梳，证明了飞秒光梳能够以10^{-19}的不确定度实现光学分频。经过多年努力，在2017年，实现了任意数的光学分

频，分频不确定度达到10^{-21}，高精度光学分频器是开展光钟应用研究不可缺少的关键技术。实验室于2006年引进徐信业教授，结合光梳关键技术，开展冷镱原子光钟研制，承担了多项国家级重要项目及应用研究。光学频率梳由于在时频域均具有极高的分辨率和稳定性，被广泛应用于时频域高分辨、高精度科学研究。此外，经过长期的探索研究，研制成功百瓦量级国际最短脉宽大功率飞秒光梳。

在这一传帮带学式发展中，青年教师从老教师身上继承尊重科学、开放学习、目标长远的科研精神。而老教师更是做到了言传身教，起到表率作用。马龙生教授曾说："大家都是科研工作者，我和他们没有什么不同，学术的产生需要在争论中碰撞出火花，在争论中会突现出更多对科学充满激情的年轻科学工作者，而我们需要的不正是这些吗？"

三、定位准确，发展单光子灵敏测控及拓展应用

要在科研发展中取得成就，不仅需要埋头苦干，更要寻求准确的定位。单光子灵敏测控是量子信息与量子通信等研究领域不可缺失的关键技术。21世纪初，国内量子通信大力发展。实验室也开展了相关研究，但研究力量较为薄弱。根据实验室光谱灵敏测量的特色，我们适时地发展了单光子灵敏测控研究，由曾和平教授和吴光研究员（2007年实验室博士生毕业留校，师从曾和平教授）领衔。在随后的十多年里，实验室开发的单光子探测器前后发展了四代，其中30多台被提供给国内相关科研单位使用，包括清华大学、中国科学技术大学等，得到了很高的评价。中国人民解放军某部将其应用于国家信息安全和保密通信重大需求的核心装备验证，并评价"该单光子探测仪在关键技术指标达到国际领先水平，明显优于国际同类单光子探测仪所达到的最好水平"，"为确保我国保密通信领域率先发展出领先国际最高水准的高端技术和撒手锏信息对抗武器装备发挥了重要作用"。中科院国家授时中心也将其应用于量子时间同步实验研究，评价其"为推进国家授时中心所承担的国

家重大科学工程项目提供了非常重要的我国自主研发的超高灵敏度的量子探测设备”。

如今，由吴光研究员担任主任的光谱认知应用中心正在大力拓展相关应用，主要面向高灵敏探测技术与重大应用需求，发展高灵敏探测技术，研制大规模多光束单光子探测阵列等设备，以实现卫星激光测距、星地时频传输战略应用。实验室自主研发的高精度单光子探测器，时间抖动、稳定度、探测靶面综合指标达到同期报道的世界最好水平，满足了卫星激光测距和星地时间传递重大需求，解决了北斗系统在喀什和三亚地面站卫星激光测距系统核心部件国产化“卡脖子”问题；实验室自主研制的单光子探测器阵列以及同期国际上光束规模最大的单光子探测激光雷达系统，为我国星载激光三维成像雷达研究任务提供了关键组件。

四、创新发展，开展超快分子精密测控研究

超快分子精密测控研究方向主要由吴健教授负责。吴健教授于2007年获博士学位。在攻读研究生期间，师从曾和平教授，主要研究超快激光物理。在曾和平教授的严苛要求和细心指导下，他取得了非常优秀的成绩，博士毕业即以副教授身份留校任教。2010年，他以德国洪堡学者身份前往法兰克福大学从事两年合作研究。归国之后，在学校和实验室支持下，搭建了超快分子精密测控研究平台。研究主要面向超快精密光谱学国际学术前沿，利用时频域精密控制超快光场，以阿秒（10^{-18}秒）的时间精度和亚纳米（10^{-10}米）的空间分辨率，聚焦分子极端超快行为的测量和调控。在这个方向上，经过5年多的辛苦建设，取得了一系列成果。首次在实验上揭示分子多光子能量吸收过程中电子–核关联共享新机制，重新认识了分子吸收光子能量这一光与物质相互作用的首要过程；发展了强场四体符合测量和二维阿秒操控技术，实验证实了物理学家20多年前提出的分子隧穿增强的经典物理假设。由实验室培养成长的吴健教授于2014年获得国家杰出青年科学

基金资助，并于2016年开始担任国家重点实验室主任。该方向由吴健、孙真荣、张诗按、宫晓春四位教授合作的成果《分子超快行为精密测量与调控》荣获2019年度上海市自然科学一等奖。在十几年的实验室发展中，孙真荣教授自2005年起任校科技处处长，2012年以后任学校副校长，在承担繁忙的行政领导工作同时，继续积极开展复杂分子体系超快光场量子操控研究，承担并完成重要的研究任务，而且始终关心实验室的建设，并大力指导培养实验室青年一代的成长。

五、不断布局，发展超冷量子体系调控研究

20年来，实验室在量子光学、分子光学、冷原子分子光学、超冷量子体系调控研究方面不断布局与推进，成效显著。20世纪初，印建平教授加盟实验室，开展冷原子冷分子探索研究，取得了丰硕的成果，出版著作《原子光学》，相关研究成果获得2012年度教育部自然科学二等奖。其团队在冷分子研究基础上，继续开展电子电偶极矩等基本物理量的精密测量。2005年引进张卫平教授，他领衔建设实验室超冷量子调控研究，引进团队，搭建平台。他在2006年和2011年先后两次主持了国家重大科学研究计划量子调控计划项目。量子光源是发展量子通信的重要资源，实验室引进的青年教授荆杰泰，致力于研究发展高性能量子光源，相关系列研究成果得到国内外同行的广泛关注和正面评价。利用超冷原子分子不但极大地提高了光谱的测量精度，还能够用于量子体系的动力学行为研究；同时超冷量子气体原子分子相互作用的精密控制，可以实现新奇的物态，发现新的量子材料，研究高温超导超流、核物质等重要物理问题。实验室2013年引进的武海斌教授，入选中组部“青年千人计划”，2019年获国家自然科学基金委杰出青年基金资助。武海斌教授建立了超冷费米原子和玻色分子精密控制的研究平台，面向超冷量子气体国际学术前沿，研究新奇量子物态及其精密调控，探索量子精密测量的物理实现。平台通过突破超冷量子气体精密调控的多项关键技术，在目前相互作用最强的超冷费米

量子气体新机理研究方面取得了突破性进展，相关成果在2016年以实验室为第一单位发表于《科学》上。

六、团结合作，承担国家重大需求

解决国家科技发展中的重大需求，是当前重点实验室的担当和责任。实验室内部各课题组之间开展紧密合作，优势互补，共同申请应用基础研究重大项目，解决高科技发展中的重大基础技术和手段问题。2016年实验室凝聚了超快、超冷、光频梳、超灵敏测量方面的研究优势，曾和平教授领衔并再一次组建“分子精密光谱与精密测量”团队，结合“超快”“超冷”和“超强”研究多体物理的动力学行为，在超高时间、频率和空间分辨率开展分子量子操控和精密光谱测量等前沿科学研究。合作研究团队同心协力，获得了2016年国家基金委创新群体项目资助。

自精密光谱科学与技术实验室建设以来，获得了诸多国内外殊荣，包括国家自然科学二等奖，上海市自然科学一等奖，上海市科技进步奖一等奖，电气电子工程师学会–国际频率精密控制大会（IEEE-IFCS）颁发的拉比奖等。

实验室在传帮带式发展的同时，根据学科前沿新发展，在研究方向上做了部分调整，开展新布局。2016年，实验室引进国家青年杰出基金获得者程亚教授，开拓高效、快速的光学精密加工技术领域，创新激光高精度、跨尺度、多体系的超限制造技术，拓展在化工材料、生物制药、医疗器械、信息通讯等领域的重要应用。2019年双聘引进的中科院徐红星院士，开展聚焦微纳制造与智能传感研究，研制高灵敏、高精度、集成实用型器件，满足生态健康与经济发展产业需求。

2020年年底，实验室科研人才队伍建设迎来崭新的局面，实验室固定人员90余人，其中，科研人员80余人，拥有正高职称的49人，40岁以下青年研究骨干48人。科研团队中包括双聘院士2人，国家重大研发计划首席3人，国家杰青8人，其他国家级青年人才15人，入选省部级人才计划60余人次。特别是一批40岁以下青年骨干，已成为实验室的中坚力量。实验室在读研究生规模达300余人。

2020年，在学校的大力支持下，实验室整体搬迁至闵行校区光学大楼，面积达15 000平方米，超净实验室恒温恒湿控制，洁净度指标、减振等环境条件得到显著改善，并配备有集成电子实验室、计算中心、精密机械加工中心等5个支撑平台，确保了实验室的可持续快速发展。

未来，光谱实验室将继续聚焦国家战略需求、世界科技前沿、多学科交叉融合，发展光场时频域多维精密调控的新技术、提高光谱测量精度和分辨率的新方法，探索超灵敏光谱学的前沿和应用研究，推动我国在精密光谱前沿研究中的技术创新，为我国科学前沿领域的探索及多种尖端应用提供重要原理与核心技术支撑。

闵行校区光学大楼

磁共振学科

杨光　胡炳文

一、辉煌初创时期

1952年，邬学文先生于上海交通大学毕业后，进入华东师大物理系普物实验室。20世纪50年代后期，根据学科发展调研的结果，邬先生决定搭建核磁共振谱仪，开展核磁共振研究。为了尽快做出自己的谱仪，邬先生带领黄永仁、章群、潘麟章等每天在实验室加班加点，经常工作到深夜。经过长时间的努力，研制成功我国第一台连续波宽谱线核磁共振波谱仪，观察到了核磁共振现象。在此基础上，先后研制成功了宽谱线核磁共振谱仪、自旋回波核磁共振谱仪以及纯四极共振谱仪等仪器。以此为契机，物理系于1960年成立波谱教研组（305教研组），邬学文担任主任。1961年，北大毕业的王东生加盟，陈家森到苏联留学，专攻电子自旋共振，至此华东师大波谱学科初具规模，与厦门大学、北京大学以及武汉数学物理研究所等单位一起，成为国内核磁共振事业的发起单位。

随着波谱教研室谱仪技术的逐渐完善，邬学文产生了将科研成果转化成实用产品的想法。波谱组与校办厂合作生产“宽谱线核磁共振谱仪”等设备。产品甫一上市，迅速销售了50多台，为全国高等院校的近代物理实验创造了实验仪器条件。1964年，上述产品参加了教育部科研成果展览会、全国工业新产品展览会，展出历时一年。自旋回波谱仪与纯四极共振谱仪获得全国工业新产品展览会三等奖，获得了广泛的好评。1965年，成功研制出“边带振荡相对稳定核磁共振波谱仪”，大大提高了谱仪的分辨率，实现了对化学位移的观测。1965年，该谱仪参加全国仪器仪表展览会，获得新产品奖。同期，波谱学专业还针对这些产品的使用举办了多次培训班，华东师大的核磁共振在国内声名鹊起。此外，1966年，陈家森等研制出全国第一台8毫米顺磁共振仪。

1976年“文化大革命”结束后，波谱组会同校办厂和上海有机化学研究所，为全国高校举办了两届核磁共振培训班，培训基础理论、实验方法和应用，取得很好效果。1978年，全国科学大会召开，核磁共振被列为规划发展的重点。邬学文带领大家开展教学科研工作，编写翻译了《波谱学概论》《核磁共振波谱学》《实验核磁共振波谱学》等多本教材。同时，开始招收波谱专业本科生。1979—1984年，面向全国高校和科研院所，开办了5届核磁共振讲习班。当时受邀来讲习班讲课的，不仅有北京大学虞福春、上海医药工业研究院易大年这样的国内知名教授，还有恩斯特（R. Ernst，诺贝尔奖获得者）、沃夫（J. S. Waugh）、派恩斯（A. Pines）等国际核磁共振领域的大腕。国内磁共振领域的很多知名学者，如叶朝辉院士、施蕴渝院士等，曾是这些讲习班的学员。在这个阶段，华东师大的波谱专业为国内核磁共振事业的复兴做出了巨大的贡献。

1982年，邬先生组织研发和生产了第二代高分辨核磁共振波谱仪。这一代谱仪采用半导体和小规模集成电路技术，技术水平比第一代有明显提高。该谱仪先后获得国家教委优秀科技成果奖、国家经委优秀新产品奖等多个奖项。邬先生明确提出“科研成果产业化”的说法，与校办厂合作，生产与销售了80多台高分辨核磁共振波谱仪。

1985年，通过世界银行贷款引进了当时国际上最先进的MSL-300 MHz核磁共振谱仪。同时，从南京大学引进了从事高分子材料研究的王源身教授，专门从事核磁共振在高分子物理中的应用研究。为支持谱仪安装、维护及科研工作开展，波谱学教研室一部分教师转至校分析测试中心工作。黄永仁教授从恩斯特实验室学成归来之后，专门从事核磁共振理论方法研究，重要著作有《核磁共振理论原理》（1992年）；1991年诺贝尔化学奖得主恩斯特在诺贝尔奖演讲文章中引用了他们的研究成果。陈家森投入核磁共振在医学中的应用研究，和上海市肿瘤医院、瑞金医院、第三人民医院、上海市医学工业研究院等使用高分辨率核磁共振谱研究血清；与华东师范大学生物系组织胚胎教研室合作，对不同发育阶段的动物胚胎进行核磁弛豫的研究。当时重要的骨干还有王东生、吴肖令、潘麟章、颜振杰等，吴肖令、王东生主要从事核磁共振方法学的研究，潘麟章、颜振杰主要从事磁共振硬件的开发。

这一时期，华东师大的磁共振技术研究处于国内领先水平，这些学者为磁共振的发展做出了很大的贡献。他们主持的项目多次获得国家自然科学基金、国家部委项目等的资助，在核磁共振领域取得了一系列研究成果。1989年，物理系波谱教研室老师大部分转入分析测试中心，其后独立发展至1999年。

至此，波谱专业从以单一仪器技术为主，发展成为兼顾仪器技术、理论、实验方法与应用研究的综合团队。与此同时，实验室恢复招收研究生，并开始培养博士生。这个时期的很多学生，后来成为国内外一些知名公司、研究机构的技术与科研的骨干，其中有不少人，如陈群、李鲠颖、杨光、李建奇、蒋瑜等，后来成为实验室的中坚力量。

为了促进国内核磁共振事业的进一步发展，邬学文、王天眷、王义遒与王金山等人共同推动，成立了中国物理学会波谱学专业委员会。由于邬先生在波谱专业领域的突出贡献，他在1988年至1996年间担任中国物理学会波谱学专业委员会主任。

二、恢复发展时期

从90年代起，受出国潮以及外企优厚待遇的影响，波谱专业的教师队伍出现了明显的年龄断层。面对这样的局面，邬先生积极寻求对策，想尽办法挽留李鲠颖、陈群、杨光等学生留校工作，为实验室的后续发展奠定了基础。李鲠颖入选首届上海市青年科技启明星计划（1991年），陈群入选首届上海市曙光计划（1995年）。此后两人又相继获得了霍英东基金，入选教育部跨世纪人

1986年，邬学文与多功能核磁共振波谱仪（杨光提供）

才、上海市优秀学科带头人计划等人才计划。陈群还获得首届全国高校优秀青年教师奖（2001年）。实验室获得上海市新长征突击队荣誉。

1994年，陈群担任分析测试中心主任，从邬先生手中接过了波谱学科发展的重任。他利用自己的学科交叉优势，在固体核磁共振在高分子物理中的应用方面做出了富有特色的工作，先后担任波谱学专业委员会副主任、国际磁共振学会执委会委员、上海物理学会副理事长等职务。为了实验室的发展，陈群积极寻求机会，从各种渠道争取仪器技术研发的大项目，为实验室核磁共振软硬件技术的发展提供了宝贵的机会。1999年，分析测试中心的波谱部分回归物理系，成为光谱学与波谱学实验室的一部分。2001年前后，在实验室设备老化、经费不足的情况下，陈群以合作的方式，用低廉的价格引进布鲁克公司（Bruker）做Demo产品演示的500 MHz液体核磁共振波谱仪，使实验室的应用研究得以延续。2002年，他从中科院上海有机所请来余亦华，将实验室核磁共振应用与服务提升到了新的高度。余亦华主要从事液体核磁共振实验方法和应用方面的研究，擅长DOSY等技术研究分子间相互作用；入选全球2017年高被引科学家，是华东师大首位入选的科学家。

李鲠颖继承了实验室谱仪技术研发的传统，在20世纪90年代研发了国内第一代全数字核磁共振波谱仪，并在科技部的支持下，利用自行研发的谱仪，为国内部分科研机构老旧的进口核磁共振波谱仪进行升级换代。以此技术为基础，2003年实验室孵化的上海纽迈电子科技有限公司成立，专业从事各种低场磁共振仪器的研发与生产。2000年，实验室自行研制成功国内第一台具有完全自主知识产权的全数字磁共振成像谱仪，2003年研制成功0.3T低场磁共振成像系统。2005年，学校与民间资本合作成立上海卡勒幅磁共振技术有限公司（现为上海康达卡勒幅医疗科技有限公司），专业从事磁共振成像系统的研发与生产。李鲠颖带领自己的团队将实验室的仪器技术研发及产业化推向了新的高度，成为国内磁共振技术研发的代表人物。在设备研发的过程中，实验室积累了大量磁共振相关的核心技术，涵盖成像谱仪、成像序列、图像重建算法、系统软件、集成技术等，其中蒋瑜、宁瑞鹏等主要从事硬件开发，杨光、谢海滨等主要从事软件开发（包括图像重建），李建奇、吴东梅等主要从事脉冲序列开发。

三、万象更新时期

2005年，在上海市科委的支持下，以华东师大波谱实验室为基础筹建上海市功能磁共振成像重点实验室（2008年更名为上海市磁共振重点实验室），把实验室的发展推上了新台阶，李鲠颖担任实验室主任。实验室引进了当时最先进的西门子3T Trio TIM磁共振成像系统，吸引了长江学者郭秀艳、国际知名磁共振成像专家马克·哈克（Mark Haacke）的加盟，并引进杜小霞、范明霞等进行功能磁共振成像的应用研究。还引进了包括两台600 MHz宽腔固体核磁共振波谱仪、一台700 MHz液体核磁共振波谱仪等在内的多台先进的核磁共振设备，引进了知名固体核磁专家让-保罗·阿穆勒（Jean-Paul Amoureux），培养或引进了张善民、赵欣、徐敏、姚叶锋、胡炳文等一批学者。张善民曾在恩斯特实验室学习，后担任美国德克萨斯州大学医学院助理教授及核磁共振中心主任，回国后主要从事核磁共振方法学的研究。赵欣从日本大阪大学蛋白质研究所回国，主要从事膜蛋白结构生物学的固体核磁共振研究。徐敏主要从事高场和低场核磁共振技术研究及其在高分子材料中的应用。姚叶锋师从著名固体核磁专家施皮斯（H. W. Spiess）教授，回国后研发了一系列研究分子运动的固体^{2}H谱分析方法以及基于磁共振单态的分子波谱和成像方法，还研发了一系列可用于光电材料、异相光催化体系的原位核磁技术。胡炳文师从阿穆勒教授，回国后除了发展核磁共振新方法，还积极开拓新的研究方向，大力发展核磁共振、顺磁共振在电池中的应用（含原位技术），于2015年获得国家优秀青年科学基金资助。

2006年年底，自主研制的0.35T医用磁共振成像系统获得国家药监局颁发的产品注册证，产品获得2009年上海科学技术进步三等奖；2008年年底，自主研制的0.5T医用磁共振成像系统获得产品注册证；2011年，在上海市科委重大项目的支持下，作为牵头单位，联合上海市的6家企业和医院，研制成功1.5T超导磁共振成像系统，系统于2012年10月获得产品注册证。

2013年，余亦华接任代理主任。2015年8月，上海市磁共振重点实验室承办的第十九届国际磁共振大会在中国上海举行。国际磁共振学会（ISMAR）每两年举办一次国际磁共振大会，这是国际磁共振领域最重要、最高水平的全球性学术会议。会议首次在中国大陆召开，吸引了来自30多个国家的近700位科学家参会。2016年，姚叶锋接任实验室主任。2018年，生物物理教研室部分老师回归到无线电物理专业。2019年，实验室与卡勒幅、康达洲际合作研发的0.7T开放式超导磁共振成像系统获得产品注册证。2020年，实验室的波谱部分搬迁至闵行校区，并购置了新的顺磁共振谱仪。

实验室的技术、方法和应用研发成果斐然，为社会培养并输送了大批的磁共振人才，不仅在实验室孵化的纽迈、卡勒幅的核心团队中有大量的实验室校友，国内主要的磁共振设备供应商，如联影、东软、西门子、飞利浦、通用电气GE、布鲁克等，都录用了大量实验室的毕业生。此外，大量毕业生活跃在医院、科研院所、高校的影像与磁共振中心和分析测试中心。

抚今追昔，不难发现，实验室与核磁共振事业的发展，和祖国的发展与命运息息相关，正所谓“国运兴，则磁共振兴”。相信随着祖国的经济繁荣和各项事业的蒸蒸日上，今天振翅欲飞的实验室，明天一定会飞得更快，更高。

理论物理学科

徐在新

自1951年至今的近70年来，理论物理教研室的发展，除了“文化大革命”那段时期外，大致可分为三个阶段，即初创阶段（1951—1965年）、恢复发展阶段（1977年至20世纪末）以及新世纪进一步发展阶段（2000年至今）。

一、初创阶段（1951—1965年）

1951年9月，华东师范大学物理系正式成立，招收了第一届本科生30人。随着1952年下半年全国性的院系调整，物理系的教职工增至30名，理论物理教研室有教师4名，两名教授（许国保、章元石），两名青年教师（袁运开、胡瑶光）。

1956年，为了适应高等院校的快速发展，根据教育部的安排，举办了理论物理研究生班（学生约20名），由许国保教授讲授“四大力学”，为当时全国高等师范院校物理系教学水平的提高做出了较大的贡献。1931年，许国保教授由铁道部派遣赴德国，同时进修物理学，旁听了海森堡教授开设的课程。1933年回国后，历任上海交通大学等校教授，1951年调任华东师大教授，长期担任理论物理教研室主任。他知识广博，理论基础扎实，担任多门课程主讲，并出版多本著译作，如《热力学与统计物理学》（1989年）、《受控热核反应》（与周同庆、卢鹤绂等合编，1962年）、《原子核理论导论》（与袁运开、潘桢镛、戎象春合译，1966年）等。“文革”开始后，许教授依然每天乘坐公共汽车来学校上班，还带领教师翻译出版了多种物理教材或参考书。

建校初期的工作重点是改革旧的教育制度、教育内容和教育方法，学习苏联的教学经验，拟订了教学大纲，编写了教材。1958年以后，开展了教育改革，物理系理论物理课程的教学质量有了一定的提高。

至1966年“文革”之前，理论物理教研室成员10名左右，建立了较完整的大学生理论物理课程体系，包括数学物理方法、理论力学、热力学和统计物理学、电动力学和量子力学，教学内容和教学水平也有了较大提高。此外，在1964年还开设了数门大学生选修课，开创性地要求大四学生撰写和提交毕业论文。

随着我国的工业和科技水平的不断发展，大家逐步认识到作为高等学校高质量的教师，需要从事科学研究，以便具有高一层次的知识和能力，进一步提高教学质量。当时理论物理教研室的教师分别在粒子物理理论、凝聚态物理、核结构理论等较为基础和广泛的领域开展科研工作，例如：胡瑶光先生带领青年教师参加复旦大学物理系相应的研究生讨论班并开展理论物理的研究；张瑞琨先生1963年从前苏联学成归国后，促进了统计和凝聚态物理学的研究。

二、恢复发展阶段（1977年至20世纪末）

“文革”结束后，特别是十一届三中全会之后，学校进行了大量拨乱反正工作，调动了师生员工的积极性。在这段时间，理论物理教研室的教师与物理系的其他教师一样，积极备课，编写教材，认真上课。理论物理基础课，无论在教学内容上，还是在教学质量上，都有了极大提高。与此同时，教研室近十位教师在理论物理的多个基础领域开展了科学研究；建立和完善了硕士点研究生的基础课、选修课、讨论课以及论文指导工作，为21世纪的进一步的发展奠定了良好的基础。

（一）教学

1. 提高基础教学的质量

在“文革”前的初创阶段，理论物理教研室就较为完善地开设了包括数学物理方法以及四大力学在内的大学生基础课，还开设了数门选修课，这在当时国内师范院校中比较领先。“文革”十年，高校教学基本停滞，直到1977年“文革”结束、恢复高考后，高校教学才得到恢复。经过集体的努力，理论物理教研室恢复了这些课程的开设，并且无论在内容上，还是在教学质量上，均有了很大提高。

理论物理教研室教师所承担的课程通常质量较高，受到学生的欢迎和同行的好评。例如胡瑶光先生，他讲课思路清晰，在他的课堂上，学生不仅学习了课程内容，还学到了提出问题、分析问题和解决问题的思想方法。他被称为“两支粉笔老师”，他无论为大学生上课，还是为研究生上课，或者到兄弟院校讲学，常常只拿几支粉笔，随着精彩内容娓娓道来，黑板上出现了整齐的数学式子和重要结论。不过，他曾经告诫青年教师，在每堂课备课时要舍得花时间，要研究多种参考书，通过自己的理解、分析和思考，在头脑中形成系统性的思路。胡先生的授课风格即“理清自己头脑中的思路”，大大影响了教研室的青年教师。系统性、逻辑性和严密性是一切理论的特点，人类通过观察、实验建立起理论的目的，就是更好地认识和利用自然。胡先生的讲课风格沿袭了“系统性、逻辑性和严密性”的特点。

为了提高课程质量，理论物理教研室的教师在备课时常常参考多种教材，尤其是国外教材。通过对比、分析，更好地掌握教材内容，理清问题思路。

为了提高教学质量，教师们致力于从事科学研究，从更高的水平、更宽广的视角把握有关知识，提高自身的水平和能力。只有更深更广地掌握有关知识、具有更强能力的教师，才可能培养出高质量的人才。理论物理教研室的许多教师在这样的思想指导下，承担课程的质量通常较高，如瞿鸣荣、徐在新、钱振华、朱伟、黄国翔等，常常受到学生和同行的好评。

本阶段，在教学方面获奖情况如下：

1997年，获上海市育才奖（钱振华）。

1999年，获教育部曾宪梓教育基金会颁发的高等师范院校优秀教师三等奖（钱振华）。

2. 理论物理教师进修班

恢复高考之后，全国各省市众多师范院校的理论物理基础课程普遍缺乏师资，教学水平不高，不能适应教学之需，教师要求到层次较高的大学进修。在此情况下，学校决定由各系开办一些课程进修班，利用学校的优势为各省市的地区院校服务。物理系在20世纪80年代初期开办了4期学制为一年的理论物理教师进修班，主要开设数理方法、电动力学、量子力学和统计物理四门课程，受到了来校进修教师的欢迎与赞扬。进修学员大都提高很快，收获良多，学到了重要的知识，也学到了教学方法和良好的教学作风。许多进修教师后来成了当地院校的教学骨干，有些还考取了研究生，或者取得了出国学习的机会。这几期进修班人数众多，在全国的师范专科院校中影响较大。

1985年华东师范大学物理系理论物理进修班合影（徐在新提供）

3. CUSPEA考试

CUSPEA考试是“中美联合培养物理类研究生计划”(China-U.S. Physics Examination and Application)的英文简称，是1979—1989年国内选派学生到美国攻读物理专业研究生的一项选拔性考试。这是由李政道和中国物理学界合作创立，并得到国家教委同意和支持的一个重要项目，是当时高校领域改革开放的一项重大举措。从某个方面来说，考试的结果直接反映了考生所在学校本科教学的质量。

在这一项目中，物理系取得了较好成绩，在全国师范院校中录取的名额最多。这表明，20世纪80年代，物理系的基础课教学保持了较高水平。

(二) 科学研究

“文革”前，理论物理教研室的教师很少进行科学研究，较少在国内外学术刊物上发表论文。“文革”后，教研室的一些教师在努力做好教学工作的同时，在粒子物理理论、统计物理、核物理、广义相对论和宇宙学等物理学较为广泛的基础领域开展了科学研究。理论物理领域的研究对于提高物理系的教学水平、促进物理系其他学科的研究，具有非常重要的作用。在20世纪80年代初开始的大约20年间，理论物理教研室教师在国内外学术刊物上共发表论文180篇左右，承担了国家自然科学基金(1984年开始设立)以及其他基金项目十余项，参加出国中短期学术访问的教师有十余人次。此外，理论物理教研室的教师还编写或翻译出版教材、参考书近30种。这些成绩是在“文革”后物理系的恢复发展阶段，也是我国经济与各项工作的恢复发展阶段取得的，那时科研和教学经费不足，对外的学术交流才刚起步。

理论物理教研室在这一阶段的工作为学位点的建立和发展，为新世纪的进一步发展奠定了良好的基础。

(三) 研究生培养

1978年胡瑶光教授首次招收了3名粒子物理理论专业的硕士研究生。

1984年，批准成立理论物理硕士点，建立了较为完善的硕士学位课程体系，必修课有群论、高等量子力学、量子场论、量子统计；选修课有规范场理论、广义相对论和宇宙学；开设讨论班专题，如超引力、超对称和超弦等。编写出版了多本研究生教材，如《规范场论》(胡瑶光)、《量子场论》(胡瑶光)、《高等量子力学》(徐在新)、《暴胀宇宙和宇宙弦》(蒋元方、刘辽、钱振华)。这些著作是在多年科研和教学的基础上形成的，受到了好评。

胡瑶光先生的《规范场论》于1984年由华东师范大学出版社出版。规范场理论是当时粒子物理学研究的前沿领域，这本教材是当时国内该领域最早出版的研究生教材，也是有关科研工作的很好的参考书。胡先生由此应邀在全国十余所兄弟院校(包括复旦大学、南京大学、厦门大学、郑州大学、上海师大、新疆大学等)讲学，受到好评。

徐在新的《高等量子力学》以徐老师编写的讲义为基础，该讲义在出版前是物理系的研究生公共课教材，与此同时，还多次被中国科学院上海几家研究所的研究生院作为教材采用。该教材出版后受到好评，被誉为“讲解深入浅出，通俗易懂，行文流畅；尤其是第一章(量子力学的一般描述)讲得极好，可迅速掌握Dirac符号精髓”。该书出版后，被其他教材(如复旦大学倪光炯、陈苏卿著的《高等量子力学》)多处引用，被国内多所高校作为教材采用。

理论物理教研室硕士点的学位论文大都能在国内外学术刊物上发表，少数毕业生发表了多篇论文。一些研究生毕业后获得了出国进修和继续深造的机会，其中一些人后来成为教授和博士生导师(如朱本源、胡陈果、阮建红)。

三、新世纪进一步发展阶段(2000年至今)

自1996年起，学校先后进入“211工程”“985”等国家重点高校建设行列，学校一系列的变化为物理系和理论物理教研室的发展带来巨大机遇。在这一时期，教研室在师资队伍、教学科研等方面取得了非常大的进展。与全国高校各学科的发展情况一样，这些重大的进展是建立在两个基础之上的：一是人才基础。"文革"以后的恢复发展时期，大力提倡科学研究，通过广大教师的努力，教学内容和教学水平极大地提高，通过学位点的建设以及与国内外同行开展学术交流，青年学生在学习期间便能接近或达到学科领域的前沿，由此培养了一批有较强科研能力、熟悉与国内外同行交流、能立足于学科领域前沿的年轻一代。二是经济基础。随着国家经济的恢复和社会事业发展，国家不断加大对科技与教育事业的投入，使教学和科研经费有了很大增加。

（一）教研室成员学术化、年轻化

20世纪末，随着大批教师退休，理论物理教研室从国内外先后引进了多位拥有博士学位、具有较强教学科研能力的年轻学子，使教研室教师的年龄结构和学术结构有了很大改善。为了加强理论物理方面的研究，2004年成立了理论物理研究所，刘宗华担任所长。2005年引进柯学志博士（凝聚态理论方向），2006年引进王加祥博士（凝聚态理论与强场物理方向），2009年引进管曙光博士（非线性物理与复杂网络方向），2010年引进王焘博士（天体物理与宇宙学方向），2012年引进邹勇博士（非线性物理与复杂网络方向），2013年引进周杰博士（非线性物理与复杂网络方向），2015年引进周先荣教授（原子核理论方向），2017年引进程奕源博士（原子核理论方向）。目前，研究所共有教师14人，其中教授7人，副教授6人，讲师1人，均拥有博士学位，是一支以中青年教师为主、富有创造力、质量较高的研究与教学队伍。

（二）基础教学和研究生教学方面

研究所的教师承担了物理系的力学、光学、电磁学、量子力学、电动力学、热力学与统计物理、理论力学、数学物理方法、数字电路等本科生主干基础课的教学任务；同时承担了高等量子力学、量子统计、量子场论、规范场论、粒子物理、广义相对论、宇宙学、原子核物理等研究生核心课程的教学任务。

理论物理研究所的教师具有较为深厚的物理学基本知识，重视基础教学。他们备课认真，讲课时从基本物理观念出发，思路清晰、条理清楚，得到学生的欢迎与好评，并获得了包括上海市优秀博士论文奖、优秀研究生教学奖、华东师范大学教学成果奖等在内的多个奖项。

（三）科研方面成绩突出

目前理论物理研究室的主要研究方向有非线性物理、复杂网络、粒子物理与场论、原子核物理、量子信息、天体物理与宇宙学等。研究室先后承担或参加了国家自然科学基金项目（包括重点项目、面上项目、青年基金项目）、国家攀登计划项目、理论物理重大研究计划项目、国家重点应急计划项目等26项，研究室教师先后获得教育部跨世纪和新世纪人才计划、教育部骨干青年教师计划、上海市浦江人才计划、上海市曙光计划及上海市科技启明星计划等人才基金项目；在有关的研究方向上，取得了一系列科研成果，在国际一流物理学学术刊物上发表SCI论文200余篇（其中《物理评论快报》7篇，《物理学报告》2篇，《物理评论》系列100余篇），若干研究（如非线性物理与非线性光学、非线性物理与复杂网络）在国内外产生了较为重要的影响。与前一恢复发展阶段相比，理论物理研究所教师的科学研究无论从广度还是从深度来说，都有了很大的提高。

在这一时期，有几位教授的科研工作成绩较为突出：

朱伟教授，长期从事微扰量子色动力学（QCD）研究。主持完成国家自然科学基金项目6项，参加攀登计划1项、理论物理重大研究计划1项、重点应急计划1项。20世纪80年代，原子核中核子中的夸克、胶子运动受原子核环境影响（EMC效应），是当时粒子物理和原子核物理研究的热门课题。朱伟用组分夸克模型出色地描写了EMC效应，获得了1991年国家教委科学技术进步三等奖（第一作者）、中国科学院自然科学二等奖（第二作者）。此外，他还发展了经典时序微扰理论，建立了两个新的非线性QCD演化方程，在国际上首次预言了一种新的胶子凝聚现象，引起粒子物理、天体物理和非线性物理领域研究者的关注。

黄国翔教授，在流体与凝聚态体系中的非线性元激发、超冷量子气体的非线性物理特性、玻色–爱因斯坦凝聚等方面做出了系列科研成果。迄今为止，主持了10余项国家自然科学基金项目，发表SCI论文200余篇（其中《物理评论》系列90余篇），在国外出版合著学术专著1部（斯普林格–弗莱格出版社，2013年），在国际上产生了一定的影响。他1992年加入华东师大物理系，1994年破格晋升为教授，1997年获国家教委科技进步奖二等奖，1999年入选国家"教委跨世纪人才"，2002年入选"教育部骨干教师"。先后担任物理系副主任（2001—2004年）、物理系主任（2012—2015年）、精密光谱科学与技术国家重点实验室副主任（2011—2016年），上海市非线性科学学会副理事长、理事长（2008年至今），上海纽约大学–华东师范大学联合物理研究所中方所长（2014年至今），上海市科学技术协会第十届委员会委员（2018年至今）。

刘宗华教授，2004年加入物理系。他在非线性动力学、复杂网络上的动力学输运、大脑的认知与记忆等方面做出了系列科研成果。迄今为止，主持了8项国家自然科学基金项目（包括2项重点项目），发表SCI论文160余篇（其中《物理评论》系列近50篇，《物理学报告》1篇），在国际上产生了一定的影响。另外，他撰写并出版了《混沌动力学基础及其在大脑功能方面的应用》等教材及专著3部，获得华东师范大学教学成果奖一等奖和上海市教学成果奖二等奖，2005年入选国家"教育部新世纪人才"。2004年至今，担任理论物理研究所所长。

该阶段入选的人才计划有：

教育部跨世纪优秀人才支持计划1人（黄国翔）。

教育部新世纪优秀人才支持计划2人（刘宗华、周先荣）。

上海市曙光人才计划1人（刘宗华）。

上海市浦江人才计划2人（刘宗华、管曙光）。

（四）人才培养

理论物理专业于1984年获得硕士学位授予权，2012年开始招收博士生。历年来理论所培养的研究生质量较高，学位论文的研究成果在国内外重要的学术刊物上发表，且多次获奖；硕士毕业生就业率达100%，博士生90%以上获得出国深造的机会，不少研究生毕业后成为多所高校和科研机构的学术骨干。此外，在教师指导下，一些大学生能较快抵达科学研究领域的前沿，撰写出较高质量的论文。例如，王焘老师指导的2014级本科生王绍君、郭新璇的本科论文于2018年发表在著名的物理学学术刊物《物理评论D》上；邹勇老师指导的2013级学生王昶苏的本科毕业论文发表在著名的物理学学术刊物《新物理学杂志》(*New Journal of Physics*)上。

该阶段出版的研究生教材和专著有：

刘宗华:《混沌动力学基础及其应用》,高等教育出版社,2006年。

何大任,刘宗华,汪秉宏:《复杂系统与复杂网络》,高等教育出版社,2009年。

刘宗华:《混沌动力学基础及其在大脑功能方面的应用》,科学出版社,2018年。

该阶段教学方面获奖情况如下：

2008年,上海市优秀博士论文奖(杭超,黄国翔指导)。

2011年,上海市优秀博士论文奖(文文,黄国翔指导)。

2013年,华东师范大学优秀研究生指导教师奖(刘宗华)。

2015年,华东师范大学第一届优秀研究生教学奖(刘宗华)。

2015年,能达教学奖(管曙光)。

2016年,华东师范大学第二届优秀研究生教学奖(马雷)。

2017年,华东师范大学教学成果奖一等奖(刘宗华、管曙光、邹勇、周杰)。

2017年,上海市教学成果奖二等奖(刘宗华、管曙光、邹勇、周杰)。

2018年,“波动光学”入选首批国家精品在线开放课程(管曙光)。

2018年,“光学”课程入选上海市精品课程(管曙光)。

2018年,能达教学奖(王加祥)。

2018年,华东师范大学杰出教学贡献奖(管曙光)。

学科教学论

胡炳元

一、“学科教学论”初创时期

（一）“学科教学论”硕士点的设立

物理系的“学科教学论”专业于1984年设立，当时名为大学物理教育研究。随着20世纪80年代初期教育改革和基础教育的发展，各个学校迫切需要充实高校基础教育的师资力量。当时各高校从事基础物理教学的一批老先生如华东师大的宓子宏教授、北京师大的李平教授、东南大学的恽英教授、华南师大的廖华阳教授等感到基础物理师资队伍严重不足，意识到急需培养基础课教师，于是提出培养基础物理教育研究生的想法，该设想得到上级部门的支持。1984年国务院学位办授权在华东师大、北京师大、首都师大、东北师大、华南师大、西南师大、东南大学、湖南大学、合肥工大等12所高校设置“大学物理教育研究”方向硕士点。当时各高校设置的名称不完全相同，华东师大的名称是“大学物理教育研究”，其他高校的名称有“基础物理教育研究”“基础物理实验研究”“中学物理教材教法研究”“中学物理教育研究”等。1995年，教育部和国务院学位办统一将“大学物理教育研究专业”改为“学科教学论”。

华东师大物理系从1985年开始招收“大学物理教育研究”方向（后统称为“学科教学论”）的三年制研究生，第一届共招8人，研究方向除了基础物理教学研究，还包含教材教法研究、计算机辅助教学等研究方向。当年招收的学科教学论、理论物理、光学和波谱学等专业的研究生共有20多人，这些专业的基础学位课程完全相同，而学科教学论专业研究生在研一第二学期和研二第一学期补充与教育有关的专业课程，强化了学科教学论专业研究生的理论基础。研二第二学期准备学位论文选题和文献资料调研。

物理系“学科教学论”硕士点的指导老师是宓子宏、宣桂鑫和苏云荪三位。由于是首次带学科教学论研究生，各位导师都特别认真，投入了大量的精力来探索“学科教学论”研究生的培养方式与培养方案。针对当时计算机辅助教学开始兴起的情况，这些老师安排两位学生以计算机辅助教学为研究方向，撰写学位论文；还有学生结合物理学史与教育学、心理学展开研究，将教育学、心理学的有关理论与基础物理教学相结合，拓展了研究方向，获得了比较好的效果。

第一届招收的8名研究生毕业后有半数留在高校，从事基础物理教学和研究工作，充实了基础物理教学队伍。“学科教学论”专业一开始授予的是理学硕士学位；从2002年起学校统一归类到教育学口，之后毕业的硕士授予的是教育学硕士学位。

（二）“学科教学论”专业在全国协作发展

为了做好“学科教学论”研究生的培养工作，最初设有“学科教学论”硕士点的各高校成立了一个导师协作组，定期组织会议，共同商量研究生的培养方案，交流研究生指导的经验和体会，力争使“学科教学论”教学和研究生培养工作走上一个新的台阶。1987年5月，在北师大召开“学科教学论”硕士研究生毕业论文现场答辩会，参会师生分别聆听了北师大和首都师大第一届毕业学生的论文答辩全过程，答辩给参会师生留下了深刻的印象。之后分别组织了导师组和研究生组的交流会，加强了各校师生的联系，也为各高校的研究生如何正确选题和撰写论文提供了可参考的样板。

在此会议的基础上，1987年8月，在四川师大召开第一届全国高等物理教育研究学术交流会。此后在赵凯华教授、李平教授、杨再石先生等的努力下，

1991年经上级有关部门批准，原先的导师协作组成为“全国高等物理教育研究会”，确定每两年召开一次全国性的物理教育学术研讨会，在非年会的那年召开理事会议。研究会的成立，为进一步交流“学科教学论”及物理教育研究提供了一个很好的平台，促进了物理学科的教育研究。

二、“学科教学论”硕士点的辐射效应

受教育部的委托，从1987年开始，物理系依托华东师大物理系的“学科教学论”硕士点，连续承办7届“助教进修班”，为地方院校的青年教师提供了进修学习的机会。助教进修班设置的学习课程大多数与“学科教学论”的学位课程相同，并学习高等光学、经典电动力学、高等理论力学等课程。此外，这些进修班学员在完成一年的进修任务后（即修满“学科教学论”的全部学位课程的学分），如能完成学位论文，可申请授予硕士学位。这一规定大大激发了助教进修班学员的热情。每届都有学员在结束助教进修班学习后继续修学“学科教学论”的其他学位课程并撰写学位论文，最后获得了硕士学位。助教班的许多学员后来担任各级学院的院长、学校的教务长和从事教学研究的教授等工作，在基础物理教育领域做出了贡献。

三、“学科教学论”专业的发展

（一）教育硕士专业研究生项目启动

从1998年起，物理系的“学科教学论”硕士点承担了国家的“教育硕士专业研究生项目”，对象主要来自中学教育一线的有成就的年轻中学教师，学制为两年，第一年脱产在学校接受教育硕士专业研究生的学位课程学习，取得相应的学分，第二年回原单位一边工作一边完成学位论文，论文完成后，通过论文答辩可获得教育硕士专业学位。这些教育硕士回原单位后工作都很出色，许多硕士晋升为特级教师，近年来又有多位晋升为正高级教师，成为中学教育

领域的领军人物。

公费师范生可以申请攻读教育硕士学位的相关政策启动后，学科教学导师指导的硕士生规模大幅增加。每位导师每年招收的学生都在10人左右，在指导周期中的学生有数十人。学生除了假期回学校读书外，绝大部分时间在异地工作单位，这造成指导上的困难。为了提高指导效率，导师们在不同研究类型的论文中选择较为优秀者，讲解说明各类型研究论文的合格标准，要求学生对照样本提交初稿。导师们一致认为，如果学生感到自己的研究内容达不到样本标准，就会对选题合理性进行思考。为了达到标准，学生会更加主动地联系导师讨论，从而提高了指导的有效性。为了提高论文质量，避免出现学术不端行为等问题，导师要求学生在定稿完成后，必须向导师提交查重合格且自我评价合格的学位论文。

（二）“学科教学论”博士点的设立

进入21世纪后，在校、系两级领导的关怀和支持下，“学科教学论”专业得到了很大的发展，于2003年设立“学科教学论”博士点，从2004年起开始招收“学科教学论”方向博士生。

博士的研究领域着重于深化学科教育的内涵。物理系在培养方式上积极创新：一方面，加强与中学教育的联系，争取中学教育研究的课题，如与上海浦东新区教发院合作，开展了多项研究项目，完成了《网络环境下的物理教学设计》一书；另一方面，拓展与境外高校的联系，其中有3名博士研究生分别去香港教育学院开展合作研究半年，在香港期间的生活费和研究经费由香港方面承担，拓展了研究生的视野，也为开展合作研究打下了基础。比如2008年前后与香港方面合作开展了初中生（15岁）关于“科学教育的相关性研究”的调查研究，美国、英国、荷兰、瑞士、加拿大等8个国家和地区的研究人员参加项目。这项研究与后来的PISA测试项目类似，称为ROSE计划项目，研究成果在国际期刊发表。

学科教学论团队的教师参加了国家新课程新课标制定的研究项目。随着基础教育改革的不断深化，2001版的初中物理课标和2003版的高中物理课标在使用了十余年后需要进行修订，同时对相应的教材开展比较研究。学科教学论团队承担了教育部的“理科教材的国际比较研究”项目，同时承担了上海市教委的“上海物理教材国际比较研究”项目，为下一轮的课标修订提供依据。2012年，又承担了教育部“高中物理课标实施调研项目”，研究的主要目标是对现有的高中物理课程标准（实验稿）进行评价，同时研究高中物理教学的定位和人才培养目标，调查现有课程标准存在的问题以及实施中出现的问题，并提出改进建议。研究分析了2004年试行的高中课程标准在全国的实施情况，完成了教育部的研究项目，得到了教育部的肯定。

此外，围绕各类教育问题，“学科教学论”专业的博士开展了深入研究。如黄晓博士的论文针对“体现科学本质的教学——基于HPS的视角”（HPS：History of Science and Philosophy of Science，科学史和科学哲学）开展研究，立足于对“科学本质如何体现在科学教学中”这一问题进行研究和回应。这一论题抓住了国际科学教育研究的前沿主题，特别是找到了体现科学本质教学的恰当切入点，即立足HPS的视角，从多维角度认识科学本质，研究科学本质在具体科学教学中的落实。

李凯博士针对西藏教育问题展开研究。经过长期观察，他发现藏语中没有对应的科学词汇，将汉语的科学教材翻译成藏语时容易产生错误，这也是导致西藏地区的学生学习科学知识时产生困难的根本原因。于是他花费一年半的时间仔细分析和研究，对照英语、中文等资料，反复与一线教师及有关专家讨论，最后编撰了科学词汇对应藏语表达的对照表。中国人民大学藏语研究专家与中国西藏文化研究中心专家认定后，认为李凯的研究填补了藏语正确翻译科学词汇的空白。在此基础上，李凯撰写了博士论文。在他进行论文答辩时，物理系专门邀请中国人民大学藏语研究专家与中国西藏文化研究中心专家担任答辩委员，他们给予李凯的博士论文非常高的评价。李凯将博士论文整理后写成专著正式出版，对西藏地区的教育发展做出了自己的贡献。

（三）学科教学论学位课程的建设与相关研究

物理教学论是高等师范院校物理师范专业的主干师范教育课程。它以国家教育方针为依据，以辩证唯物主义为指导，运用教育学、心理学等学科的理论成果，结合物理学科自身的特征和中学物理教学实践，系统阐述开展中学物理教学所涉及的一系列理论和实践问题，进而为学生从事中学物理教学和深入开展中学物理教学研究打好基础。物理教学论在华东师范大学物理系是一门有着悠久历史的课程，经过几代人的努力，该课程在教学改革、教材建设以及课程教学资源开发等方面形成了具有鲜明特色的教学成果。以物理教学论课程改革为主体、旨在全面提升师范生教学实践能力的教育科研项目获得华东师范大学优秀教学成果二等奖和上海市优秀教学成果三等奖。多年来，学科教学论团队的教师承担了多项教学改革项目。此外，由课程课外兴趣小组开发的教学课件多次在全国大赛中获得一、二、三等奖，物理系师范生在学校主办的“晨星杯”课堂教学技能大赛中共获得十次一等奖。

在教材开发方面，课程教学团队先后编写出版了《物理课程与教学论》（胡炳元教授主编，浙江教育出版社，2004年）、《新编物理教学论》（陈刚、舒信隆主编，华东师范大学出版社，2006年）、《物理教学设计》（陈刚主编，华东师范大学出版社，2008年）、《物理教学论实验教程》（舒信隆主编，华东师范大学出版社，2008年）等课程教材。此外，在长期的课程建设中，教研室先后主编出版了《物理教育展望》《物理微格教学与微格教研》《物理教育实习》等多部与课程教学相关的教材与教学参考书，从而为课程教育奠定了较为扎实的基础。

在课程教学资源开发方面，学科教学论团队充分利用学校提供的“华东师大‘晨星杯’课堂教学技能大赛”这一平台，策划和设计了多部以师范生为主体的、能呈现不同教学特色的示范性教学录像与教案；同时，利用课外兴趣小组自主开发制作了一系列蕴涵现代教学理念的多媒体教学课件等课程教学资源。此外，以物理教师教育实践中心为实践基地的课程实践教学环境的构建，为学生通过教学相长来启迪自己对教学的感悟以及在实践中提升教学实践能力提供了保障。

（四）物理教师教育实践中心的建设

物理教师教育实践中心主要由物理探索实践室、数字化技术实践室、机器人技术实践室、现代教学技术实践室以及微格教学实践室等组成，2005年起开始建设，2006年建成投入使用。实践中心以现代教学理念为指导，以物理实验技术、数字化实验技术、机器人技术以及现代教学技术为载体，结合物理学科自身特点和中学物理教学实践，以实践教学的形式，提供多维度的提升师范生综合教学实践能力的实践平台。2007年，实践中心设立了教学仪器创新研究室，为进一步提升上海地区的中学教学仪器开发水平提供了保障。2007年10月，承办上海市物理演示实验教学研讨会，近百名与会代表实地考察了物理教师教育实践中心，对实践中心探究环境的整体设计布局、实验资源整合策略、教学功能开发思路产生浓厚的兴趣。2008年4月，物理系“学科教学论”承办全国物理教师教育理论与实践教学研讨会。

实践中心以“魅力实验，叩开科学之门”为主题，为学校文、理科专业的免费师范生开展了科学实践教育活动，使学生们受益匪浅。实践中心每年接待上海数十所中学的学生前来进行学习和实践，使学生们产生了极大的兴趣，并在学业上得到极大的帮助。实践中心建立以来，全国数十所高校（包括教育部直属的6所重点师范院校）的同行、多批中学物理研修班的老师、多批由学校主办的全国中学校长培训班学员前来考察，对实践中心承载的学科教学理念予以充分的肯定，就学科教学理念进行交流与探讨。

生物物理学科

王向晖

物理系生物物理研究室成立于1986年，它的成长发展大致分为三个阶段：第一阶段是夯实基础，发育成长，时间跨度是1986年到1998年；第二阶段是引凤入巢，展翅翱翔，时间跨度是1998年到2015年；第三阶段是继承发展，奋力前行，时间是2015年至今。

一、夯实基础，发育成长

"文化大革命"后，我们利用无线电专业波谱教研室被搁置的部分自制设备开展了部分生物医药和细胞生物学的研究工作，取得了许多颇有价值的研究成果。例如，与上海市肿瘤医院、瑞金医院、第三人民医院、上海市医学工业研究院合作研究，使用高分辨率核磁共振谱研究血清，可以用于早期白血病患者的诊断；与学校生物系组织胚胎教研室合作，对不同发育阶段的动物胚胎进行核磁弛豫的研究，发现神经期胚胎的核磁弛豫有突变现象，为我们后期的生物电磁效应的研究埋下伏笔。部分专业组老师开始触碰到生物物理领域，并发现这是我们的用武之地。

改革开放后，校、系领导不仅十分重视基础课教学，还提出以基础教学为主的教师也必须从事科研工作。这极大地激发了广大教师的积极性。生物物理的教师利用自己熟练掌握的仪器设备参与生物医学的科研工作，尝到了甜头。例如与上海市胸科医院肺科医生合作的血卟啉检测在肺癌早期诊断中的应用研究，与心外科医生合作的血液中肝素含量的快速检测研究等都取得了进展，在当时全国生物物理学年会上的报告获得同行的认可与好评。在人才队伍建设上，物理系有两位在美国从事生物物理学研究工作的访问学者先后回系参加工作。基于以上条件，物理系党政决定，由陈家森、陈树德、徐志超、万东辉和叶士璟等老师建立生物物理研究室。一年后，向学位委员会提出在物理系设立生物物理硕士学位的授予点，通过层层答辩，于1990年获得批准。

生物物理研究室成立后，根据研究室成员的结构特点，分别设立了以基础研究为主和以应用研究为主的两个研究小组，使每个人的才华都得到施展。经过大家的共同努力，争取到国家和上海市政府的支持，使生物物理研究室有了良好的发展。

基础研究是在生物大分子层面上探索肌肉纤维的收缩机理，这是当时国际上的热点话题。我们自行设计制造出磁光调制椭圆偏振仪，用于获取肌纤维中生物大分子活动的信息。经过一年多时间的日夜奋战，终于获得了成功，它不仅得到了国内专业人士的认可，也得到美国专家的赞许，连续四次获得国家基金委的基金支持，极大地鼓舞了大家的士气。

应用研究是在动物胚胎生长发育过程中神经胚胎的质子核磁弛豫出现突变现象的基础上开展电磁效应的研究。我们以淡水鱼鱼苗生产为抓手，发现神经期的胚胎受到适当强度的电场刺激对鱼苗的存活率、抗病能力以及后期生长速度有明显的作用，该研究先后两次获得上海市科委发展基金的支持，其成果获得上海市科技进步奖二等奖。研究室研制的可用于水产养殖生产中的电场刺激仪不仅在我国鱼苗生产中成功应用，并且在美国青蛙的生产养殖中也得到推广应用。此外，我们还研制成功了可用于蚕种电晕人工孵化的电晕发生器，与浙江大学蚕学系和嘉兴市蚕桑所协作开展应用研究并取得成功，不仅改善了环境，还减轻了工人的劳动强度，获得浙江省科技进步奖三等奖和嘉兴市科技进步奖二等奖。利用电磁铁和上海交大农学院合作开展了磁场对火鸡精子活力的影响研究并取得成功，解决了火鸡繁殖力低的难题，得到业内人士的一致好评。

全体成员积极努力，不断得到研究经费的支持，使我们这个白手起家的小小研究室焕发出勃勃生机，不断在人才培养和研究成果的取得方面有所收获。

二、引凤入巢，展翅翱翔

1998年，时年70岁的乔登江院士来到生物物理实验室工作。乔登江院士是我国核技术应用专家，对高功率微波的应用、电磁辐射损伤及其作用机理有着浓厚的研究兴趣，在生物物理实验室开设了生物电磁学研究方向。长期的部队生活让乔登江院士十分关注军队的实际需求，在他的引导下，整个实验室以军队需求为导向，围绕电磁暴露人群的人体安全性问题，从理论和实验两个方面开展系统和细致的研究。

研究刚起步时，研究室条件简陋，科研经费也不充裕，细胞培养瓶和移液器枪头等实验耗材都是用完后先清洗、泡酸缸，然后再清洗、干燥、灭菌，反复使用，力求将每一分钱都花在刀刃上，同时也养成了勤俭节约的良好习惯。随着国家整体实力的提升和科研投入力度的加大，实验室的条件日趋完善。目前，研究室在电磁辐照装置的设计搭建、电磁参量的理论模拟计算和实验测量验证、电磁暴露下的生物效应与量效关系研究方面都拥有良好的研究基础。建立了从工频到高频的一系列电磁辐照系统和测试平台，可长时间辐照，包括1.8 GHz、2.71 GHz、9.33 GHz微波源，50 Hz/33 Hz电场刺激仪、低频磁场刺激仪等；建立了大型的微波暗室（2米 ×2米 ×4米，适合进行0.1 ～ 40 GHz微波实验）以及完善的使用和维护规范；建立了电磁场理论模拟计算平台，能够实现各种情况下的电磁场辐照参量理论计算，以及对各种实验监控探头和波源的控制；建立了细胞学及生化检测实验平台，拥有独立的细胞培养房和整套细胞培养设备，拥有紫外分光光度计、酶标仪、电泳仪、荧光倒置显微镜、组织包埋切片全套设备等，可满足各种生化检测需求。

研究室的青年教师在乔登江院士和陈树德教授的带领下，团结一致，奋发上进，具备了承接国家重大课题、重点子课题任务的能力。从国家“十五”发展规划开始，历经“十一五”“十二五”，直到“十三五”发展规划，短短十几年时间里，生物物理实验室先后承接了“863”项目、总装备部预研基金项目等军口项目十多项，成为华东师范大学在军工领域内承担项目数最多的研究团队。

由于军工项目的特殊性，生物物理研究室的研究人员顶住了因不能发文章带来的职称压力和考核压力，坚守初心，恪守各项规定，秉承少说多做的原则，踏踏实实地完成各项军口课题研究任务，在项目汇报评审中多次获得专家的认可与好评，获得了军口项目的连续资助。研究室提出的电磁场人体安全标准建议被部队采纳，做到军民融合，为部队服务。

在此基础上，生物物理研究室进一步承担了国家“973”、国家自然科学基金项目、上海市重点课题等多项研究任务，形成了自身的专业研究特色，在电磁暴露剂量学研究方面取得的成果获得生物电磁学领域同行的广泛认可。为空军军医大学、陆军军医大学等搭建了1.8 GHz微波辐照源，以满足其实验研究所需。

2009年生物物理全体师生在杭州（王向晖提供）

这一阶段，在乔登江院士的引领下，生物物理研究室的科研有了更加凝练的研究方向，实验条件不断改善，整体科研水平不断提高，科研实力不断增强，研究特色越来越明显，是一个蓬勃向上的发展期。

三、继承发展，奋力前行

2015年5月8日，乔登江院士离开了我们。2016年，两位教授陆续退休，所承担的课题也全部结题，实验室只剩下三名中青年教师。同年，物理系撤系建院，更名为物理与材料科学学院，同时进行学科整合。面对前所未有困难与压力，生物物理研究室的三位教师没有停步不前：一方面积极配合学院的学科调整，于2018年回归到无线电物理专业；另一方面坚持科研，毫不松懈。在继承老一辈教授们的研究经验与技能的基础上，发挥自身特长，坚持走军民融合的道路，与部队院校之间开展了更为广泛的合作研究。在短短的两三年时间里，走出了科研困境，先后承担了包括军委科技委重大项目子课题、军委后勤部重点项目子课题在内的科研项目5项，并与军事医学科学院、空军军医大学、海军军医大学、国防21所、中国航天员训练中心、长海医院等建立起良好的合作研究关系。生物物理实验室的年青一代做到了传承与发展，正在默默努力，踏实前行。

生物物理研究室人虽少，但在本科教学和本科生培养方面却是不遗余力。承担的本科生课程主要有大学物理、大学物理实验、计算机语言与程序设计、计算物理、生物物理和近代物理（双语）等。所授课程获得了学生的认可和喜爱。夏若虹教授的近代物理（双语）课程，在课堂教学中融入多种教学手段，与学生之间互动频繁，让学生从被动学习转为主动学习，深受学生好评。王向晖老师从事大学物理课程教学的15年间，不仅做好课堂教学，还积极进行教学改革研究，先后承担了国家教指委及华东师范大学教改项目8项，2014年获得校教学成果一等奖，2016年获学校优秀教学贡献奖。王向晖老师率领的大学物理教学团队中，有多名青年教师在上海市及学校教学赛中获奖；团队获得2018年度学校三八红旗集体称号。

材料与光电子学科（含凝聚态物理）

赵振杰

华东师范大学物理与电子科学学院的纳米材料研究主要分三个阶段：第一阶段为1990—2000年，物理系设立了纳米材料研究组；第二阶段为2001—2005年，标志是学校组建“纳米功能材料与器件应用研究中心”；第三阶段为2006年至今，获批筹建“纳光电集成与先进装备教育部工程研究中心”，目前该中心已发展成为国内外知名的纳米科技研究基地。纳米材料研究主要集中在材料与光电子学科。

一、齐心协力，共同创建纳米科技新高地

20世纪80年代初，顾元吉、赵建民、张敷功和杨燮龙等在恢复与重建近代物理实验室的过程中，决定增设“穆斯堡尔效应”实验，于是开始研制穆斯堡尔谱仪，最后成功地研制出等速和等加速穆斯堡尔谱仪各一套。化学系周乃扶教授从文献调研中了解到穆斯堡尔谱学方法对铁基材料研究特别有用，于是与杨燮龙等一起合作研究铁钼系催化剂，并培养了姜继森等学生。

从1985年起，杨燮龙、蒋可玉、翁斯灏、张敷功等与上海石油化工研究院合作，协助开发乙苯脱氢催化剂的新产品，并研制了一套模拟生产过程的穆斯堡尔原位（in situ）装置。该项研究工作获得1993年中国石油化工总公司科技进步奖二等奖（参加）。

1990年，物理系设立纳米材料研究组，开启了学校纳米材料研究的篇章。

留校任教的姜继森从化学系转到物理系，大家共同创业。1991年经专家论证，杨燮龙等与上海钢研所合作的课题“铁基纳米软磁材料的研究”被纳入国家攀登计划“纳米材料科学”研究项目，重点是探讨铁基纳米微晶优良软磁特性的物理机制。1996年，杨燮龙等获批继续参加“九五”第二期攀登计划“纳米材料科学”项目研究，研究课题为“纳米微晶巨磁阻抗效应研究”。1998年，理工学院建立“华东师大新材料研究中心”。在学校的支持下，华东师大与江苏河海集团成立华泰纳米器件公司，致力于将纳米材料应用于汽车传感器方面；研制成功多种基于簿膜和丝等材料的GMI效应传感器，包括汽车电子传感器的样品，例如汽车点火器、电喷测速传感器、防抱死速度传感器等。[①]

2001年，孙卓博士从新加坡南洋理工大学回国探亲，路过上海，应导师郑志豪教授邀请来华东师大做学术讲座。报告结束后，杨燮龙教授兴奋地说，如果华东师大能把孙卓博士引进回国的话，我们的纳米科技研究在上海乃至全国应有一席之地。当时，上海市科委副主任丁薛祥正好来校参加调研和指导工作，聆听了孙卓的学术报告。了解到孙卓在纳米材料和器件技术领域的研究和应用上有突出的成绩，且上海十分重视此类方向的发展，丁薛祥热情鼓励他回国工作，并表示上海市科委和学校一定在经费和生活等方面给予大力支持。

为了使孙卓能加入华东师大，郑志豪教授做了大量思想工作和安置方面的工作。孙卓的博士学位尽管是兰州大学授予的，但由于他的导师郑志豪教授已调到华东师大工作，所以他的学位论文实际上是在华东师大完成的。在导师的感召下，加之孙卓本身对华东师大有着深厚的感情，他决定放弃上海交大的长江学者岗位，欣然同意回到华东师范大学发展。

仅过了一个多月时间，华东师大领导根据校内外纳米科技发展的新形势和要求，决定成立“纳米功能材料与应用研究中心”，并挂靠在物理系。时任

---

① 第一阶段的情况参见杨燮龙老师的《平凡岗位，奋斗不懈——我参加纳米材料研究与应用的回顾》一文。

上海市科委副主任丁薛祥与华东师大副校长俞立中同时参加揭牌仪式，从新加坡刚回国的孙卓博士担任中心主任，陈群、姜继森为副主任，成员包括原测试中心成荣明、徐学诚和不久之后引进的马学鸣、石旺舟、黄素梅等年轻力量，从此华东师大纳米材料的研究和应用开创了新的篇章。

物理系领导和其他教研室的教职工对纳米研究中心的成立给予了极大的支持，专门把中北校区老物理楼一楼西侧（原为系党总支和行政办公室以及部分波谱实验室）全部腾挪出来，进行装修，供研究中心实验室使用。其后学校为了支持纳米研究中心的发展，专门把理科大楼A座6楼、B座1楼超净实验室等划拨给研究中心使用。在经费上也大力支持，为研究中心基础设施及仪器投入500多万元。

纳米研究中心成立后，研究内容涉及物理、电子、化学、地理、生物等多个系学科的研究，而物理系这一阶段研究生学位点主要包括凝聚态物理、纳米物理学和材料物理与化学，其中纳米物理学学位点是在物理学一级学科点下自设的学位点，包括硕士和博士两个层次，所有专业课程均为培养纳米科技方向人才新设的课程。

这一阶段，纳米研究中心的研究方向比较多，包括碳材料及场发射平板显示、发光材料及半导体照明、光电薄膜及太阳能电池、纳米敏感材料与传感器、微纳结构及器件制备技术、纳米复合材料与有机半导体、能量存储器件与水处理技术、真空等离子体装备及应用技术等。在科技部“863计划”和上海纳米专项等重点项目支持下，研究方向主要集中在纳米磁敏器件、平面显示和半导体照明上。

在孙卓2003年全职回国之前这一阶段，实验室改建、新设备的研制与安装、研究生培养等大量工作主要由郑志豪教授帮忙负责，姜继森、赵振杰等年轻教师全力协助，当时郑先生已经70多岁高龄，但他尽职坚守，和年轻人一样上下班，是后辈学习的榜样。

教育部在2001年第一次开展教育部工程研究中心的申报和建设工作，由于各种原因，纳米研究中心以纳米磁敏传感器为主要方向的申请未获批准。

为了促进实验室技术走向市场，2003年8月，成立上海纳晶科技有限公司（注册资金1 380万元），主要开展产业研发工作。2006年6月，成立上海芯光科技有限公司（注册资金1 030万元），主要任务是中试。

2006年，研究中心整合研究方向重新申报并获批筹建，名称为“纳光电集成与先进装备教育部工程研究中心”，由华东师范大学和上海纳晶科技有限公司共同建设，孙卓教授担任主任。2007年前后，学校终身教授杨燮龙已到退休年龄，郑志豪、袁望治和成荣明教授也相继退休，石旺舟教授调离华东师大，纳米研究中心为此先后从新加坡、韩国、日本、德国和法国等国内外引进10多名有较强科研和教学能力的年轻力量。2008年3月，成立苏州晶能科技有限公司（注册资金3 500万元），进行产业孵化。2013年，纳米研究中心经过多年的建设通过验收，正式挂牌。同年，根据需求，物理系自主设置材料与光电子二级学位点，包含硕士和博士两个层次。2017年注册伊泠（上海）科技有限公司（注册资金288万元，投资6 000多万元），促进了光电催化在环境净化领域的产业化应用。2019年，引进方俊锋、李艳青二位杰出人才，并由方俊锋教授接替孙卓担任中心主任。同年，纳米研究中心通过教育部对工程研究中心的首次评估。

值得一提的是，2004年前后，凝聚态教研室在形式上和纳米中心分开，但是仍然部分参与纳米中心的科学研究。其研究大概有四个方向：以马学鸣教授、石旺舟教授等为代表的纳米物理研究，以姜继森教授、成荣明教授为代表的纳米化学研究，以赵振杰教授等为代表的磁性材料研究，以及孙得彦为代表的计算凝聚态物理研究。孙得彦老师先后获得上海市自然科学一等奖（排名第二，2009年，参与）和国家自然科学奖二等奖（排名第二，2012年，参与）。2006年搬迁到新校区以后，凝聚态物理研究所开始了新的征程，实验室空间得到进一步扩充，并引进了一批青年才俊，研究方向进一步拓展。这批青年才俊个个优秀，在各自的研究方向上取得了不俗的成就，如胡鸣教授的纳米材料的物理与化学研究、詹清峰教授的磁性薄膜研究、袁清红教授和杨洋研究员的计算物理研究等，都颇有特色。

二、科研先行，大力推进科技成果产业化

三位一体关系图

工程研究中心在孙卓和方俊锋的带领下，面向纳米光电材料的应用需求，瞄准科技前沿，突出自主创新，不断增强成果转化和科技创新能力。当今全球面临环境和能源危机，光电材料恰好可以解决这一难题。地球上有了光和水，就有了生命。相关研究分为以下几个方面。

一是基于碳纳米管的优异场发射性能进行平面显示器的研究。在科委纳米专项连续资助下，配合自主研发的改性荧光材料和优化的导热材料，利用实验室制备的优质碳纳米管作为阴极，开发了基于丝网印刷工艺制备大尺寸场发射平面显示器和基于柔性衬底的碳纳米管场发射器件。在柔性LED显示器研制方面也取得了突破，与上海产业技术研究院联合成立纳米光电子器件应用研究联合实验室，研制处理基于印刷工艺的柔性LED显示器模组，拓展了新的信息显示应用领域。

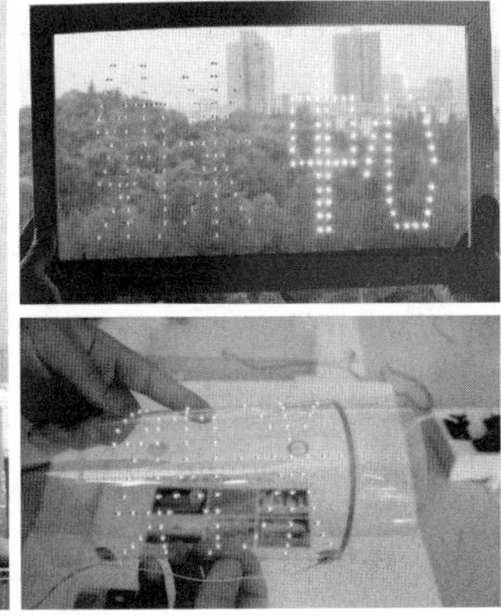
基于低成本丝网印刷技术制备的碳纳米管显示屏

二是太阳能电池研究。太阳能电池可以同时解决能源危机和环境污染问题，其核心部件是光电转化薄膜材料。利用自主研制的真空等离子溅射系统，可控制备厚度均匀的各种金属及金属复合物薄膜层。自主研制了薄膜电池的各功能层材料，研究了铜铟镓硒和钙钛矿薄膜特性与电池性能的关系，确定了通过溅射方法制备大面积、高性能、高稳定性薄膜电池的工艺路线。孙卓教授长期担任国际单晶硅太阳能电池的龙头企业——隆基绿能科技股份有限公司的独立董事，并担任技术顾问，集中行业上下游工业需求，调整实验室的研究方向，集中研究力量攻关，为提高单晶硅太阳能电池转化效率和降低制造成本做出了重要贡献，使得中国的光伏产业在国际上处于领跑位置。同时他还潜心研究，解决了单晶硅切割废料的资源化利用问题，并与隆基公司成立"储能技术联合实验室"，进行产业化研发和应用。

三是光电催化材料与器件研究。随着社会的发展、工业化进程的加速，大量排放的有机污染物所引起的水污染问题越来越严重。在受污染水体中，染料、化工用品和药物等有机污染物较为常见。光电催化(PEC)作为一种新型的高级氧化技术能够氧化分解绝大多数难降解的有机污染物，具有设备简单、条件温和以及无二次污染等突出优点，在环境领域中得到广泛应用。电吸附材料也是新型的净化材料，主要应用于高效节能的各类水处理领域。通过膜电容去离子(MCDI)及光电催化降解作用去除水中重金属离子及有机污染物，并针对MCDI技术的关键材料——高导电、高比表面积、高电容量的纳米电极材料，进行了系统深入的研究，在国际上首先研制出可实用化的MCDI和PEC器件及可工程化应用的装备系统。光电净化水处理技术已应用于各类水处理领域。这些研究成果不仅发表了高水平的研究论文，同时申请了发明专利，为技术的产业化研究打下良好基础。

四是纳米磁敏材料与传感器研究。中心磁敏材料与器件课题组在软磁材料制备、优化及其应用上持续开展研究。这一阶段，不仅将巨磁阻抗效应发展成软磁材料的一种研究手段，用于分析材料间的偶极相互作用，还设计了特殊的驱动和信号读取方式，研发了基于巨磁阻抗效应的弱磁传感器芯片。这种芯片具有灵敏度高、体积小、功耗低、磁滞小等优点，并能根据航空航天、钢板探伤、汽车电子、生物及食品安全等领域的不同应用要求构建传感器系统，获得相关授权发明专利10多项，其中“一种负反馈式磁场传感器”等2项专利已成功转让给昆山航磁微电子科技有限公司，推进了巨磁阻抗传感器的产业化工作。

纳米研究中心成立的目标就是实现纳米科技的应用研究和产业化，因此，纳米研究中心加强纳光电应用技术的科技成果向现实生产力的转化，积极推广各类新技术和新成果，努力实现将科技成果推向市场，同时积极承接企业委托的各类技术开发和技术服务项目，为纳光电材料最终实现器件应用价值提供有力的技术支撑。学校作为研发基地，通过产学研紧密结合有效推动了纳米光电技术的产业化应用，授权专利达100多项。

2004年，孙卓带领团队研制出高效率的白光LED照明光源并进行了长时间测试。2005年，得知上海崇明岛正在建一个科普示范基地，孙卓联系相关部门并提出希望将实验室的最新科研成果提供给基地进行科普展示。基地欣然同意采用孙卓的LED照明光源，但是总量400多套让孙卓犯了难，毕竟实验室新研发出的样品还没有产业化投产，没有这么多的现成样品可以提供。为了普及最新科研成果，孙卓带领研究团队加班加点在实验室进行加工制造，终于按期保质完成了所需LED光源灯具，顺利提供给崇明岛的科普示范基地应用。这成为行业第一个白光LED照明的实际应用工程案例。在随后几年内，LED照明技术进一步实现了规模工程化应用，并做出了行业最早的LED道路照明和隧道照明示范工程应用，产品超高的品质和可靠性得到各方的高度认可，并为应用单位节约数亿元的节能效益。研究成果《高亮度LED关键技术与应用》获得2009年上海市科学技术三等奖。

纳米研究中心对纳米光电子技术在环境净化领域的应用也特别关注，尤其是水的净化处理。通过纳米材料的光电催化效应有可能获得一种高效的净化处理方法。经过多年的潜心研究，利用PEC和MCDI技术，解决了高浓污水净化和循环利用的关键技术问题，并于2012年开始进行工程化实验和应用，探索出了实用化的高效净化技术和工程方案。与上海纳晶科技有限公司一起

LED照明技术在上海太平洋商厦、上海世纪公园和大连体育中心的示范工程

利用高效率的光电催化材料，开发了性能优异的光电催化净化装备系统，实现了工业污水处理的循环利用，已经完成多项水处理零排放示范工程，解决了传统方法解决不了的难题。2014—2017年，完成了多家工厂高浓废水处理工程应用，日平均污水处理量达500～3 000吨的规模，获得了良好的应用效果，在国际上首先做到了将PEC和MCDI技术规模化应用到实际水处理工程领域。2017年孵化成立了伊泠（上海）科技有限公司，加速光电催化水处理和废气净化技术的产业化，为我国环境净化技术和产业发展做出重要贡献。近年来，光电催化水处理技术还应用于化工、电镀、钢铁等多个行业的废水废液处理及零排放工程，在降低企业处理费用的同时，大幅节省了能源和水资源，为国家节

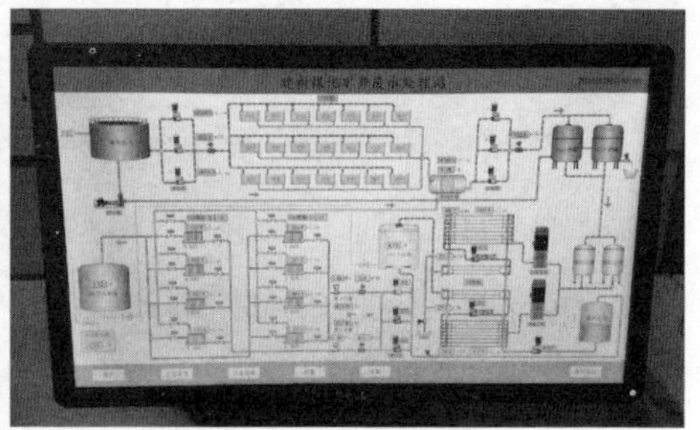

光电催化水处理示范工程——陕西建新煤化有限公司矿井水深度处理

能环保事业及生态型社会的发展做出了贡献。

三、人才培养,建设队伍促纳米技术发展

作为学科带头人,不仅要科技攻关上敢于冲锋陷阵,同时也要注意团结、善于调动其他教师的积极性和创造精神,把学科建设抓紧、抓好,把人才培养放在首位,孙卓教授在这些方面与同事默契配合。学位点先后培养研究生200多名,培养过程中注重学生理论知识和科创能力等综合训练,历年来培养的研究生质量较高,学位论文的研究成果在国内外重要的学术刊物上发表,且多次获奖。熊智淳同学就是典型例子,他几乎囊括了硕士生在读期间所能拿到的全部奖项,包括第五届上海市青少年科技创新市长奖、校园"科创达人",获得6个国家级奖项,超过20项省市级奖项,4项专利,带领团队获得第十二届"挑战杯"中国大学生学术科技作品竞赛特等奖和第八届"挑战杯"中国大学生创业计划大赛金奖。此外,纳米研究中心教师还积极参加学院本科生培养工作,不仅参与课堂和实验课程教学,积极进行教学改革,李欣获得2018年上海市高校青年教师教学竞赛二等奖;还积极指导本科生科创活动,不少同学在本科阶段就发表了高水平的学术论文,培养了学生的动手能力和科研能力。

"功以才成,业由才广。"一所高水平的学校往往非常重视建立一支素质优良、刻苦钻研、勇于创新的人才队伍。孙卓博士就是学校在纳米研究中心成立前引进的优秀人才之一。孙卓博士1989年毕业于兰州大学物理系半导体器件专业,并在该校获得硕士、博士学位;随后成为上海交通大学材料系博士后,及新加坡南洋理工大学微电子系博士后及研究员(1996—2003年)。引进华东师大后,孙卓博士长期从事纳米薄膜材料与器件及装备系统的研究和产业化应用,主持多项重点攻关项目,成果转化达数亿元。经多年的锻炼与成长,现今是华东师范大学终身教授、"紫江"学者特聘教授,新加坡南洋理工大学客座教授,教育部"跨世纪"优秀人才及上海市"浦江"人才计划基金获得者。2013年,当选亚太材料科学院(APAM)院士。作为执行主席,在中国首次成功举

办国际信息显示学会（SID）的亚洲显示国际会议（“Asia Display07”），并获得SID2007年度“杰出领导与贡献奖”；担任了国际电气电子工程师学会主办的纳米电子学2008（“Nanoelectronics 2008”）等多个国际会议的执行主席。在纳米光电材料与器件，如LED/FED等的研究和应用方面取得突破，荣获上海市科教党委系统首届青年科技创新人才奖、上海市IT青年十大新锐、上海市优秀学科带头人、全国归侨侨眷先进个人、上海市侨界十大杰出人物等多个荣誉称号。在国内外已申请了100多项发明专利，获得授权专利60多项。

目前纳米研究中心的成员达50余人，在各个研究方向均形成了合理的人才梯队。这支队伍积极向上，不仅保持了年轻化，还拓宽了学缘。他们进校后，在科学研究和人才培养等方面都做出了积极贡献，个人多次获奖。团队获得第三届中国侨界创新成果贡献奖（纳米光电材料与器件），第四届中国侨界创新团队贡献奖（纳米光电技术研发团队）。在技术委员会的指导下，纳米研究中心的研究方向进一步集中于光电薄膜与装备集成技术、光电材料与传感技术、光电材料和柔性印刷技术、光电能源与环境净化技术。在这四个方向上，已获得了一系列具有先进水平的核心技术，形成了纳米科技人才的培养基地。可以预期，沿着科技创新的四大方向（面向世界科技前沿，面向经济主战场，面向国家重大需求，面向人民生命健康），学校有关纳米科技的研究和应用将进一步发展，达到新的水平。纳米虽小，但神通广大，它的发展将使科技成果更加充分地惠及人民群众。

（文中照片由赵振杰提供）

附录1：研究生获得奖项

2009年，宝钢优秀学生优秀奖（李海波）。

2010年，宝钢优秀学生优秀奖（李晓冬）。

2011年，第十二届“挑战杯”全国大学生课外科技作品竞赛特等奖（熊智淳团队)。

2011年,宝钢优秀学生特等奖(朱光)。

2012年,宝钢优秀学生特等奖(刘心娟)。

2012年,华东师范大学校长奖学金(李海波)。

2012年,教育部博士研究生学术新人奖(刘心娟)。

2012年,第七届上海市“挑战杯”创业大赛金奖(No.1)(熊智淳团队)。

2012年,上海市青少年科技创新市长奖(熊智淳)。

2012年,上海市优秀博士论文(朱光)。

2012年,华东师范大学校长奖学金特等奖(熊智淳)。

2012年,博士研究生国家奖学金(王晓君、宣曈曈)。

2014年,上海市优秀毕业生(王晓君)。

2016年,华东师范大学校长奖学金特等奖(徐兴涛)。

2016年,上海市优秀毕业生(宣曈曈)。

2016年,宝钢优秀奖学金(孙恒超)。

2017年,国家奖学金一等奖(楼孙棋)。

附录2:入选的人才计划

教育部跨世纪优秀人才支持计划1人(孙卓)。

亚太材料科学院院士1人(孙卓)。

上海市青年启明星3人(赵振杰、谢文辉、冯涛)。

上海市浦江人才计划(孙卓、黄素梅、陈晓红)。

上海市青年科技英才扬帆计划1人(赵然)。

上海市优秀学术带头人1人(孙卓)。

国家万人计划青年拔尖人才1人(方俊锋)。

上海市优秀青年教师1人(赵振杰)。

国家基金委优秀青年科学基金1人(李艳青)。

微波学科

高建军　朱守正　安同一

常言道："江山代有才人出，各领风骚数十年。"一个学科的发展往往也是这样。在社会发展需求的刺激下，原来平稳发展、默默无闻的学科，在一定的主客观条件下，会突然走上前台，生龙活虎地表演一番，给人留下难忘的印象。华东师大的无线电物理（微波）学科的发展就有过这样的经历。

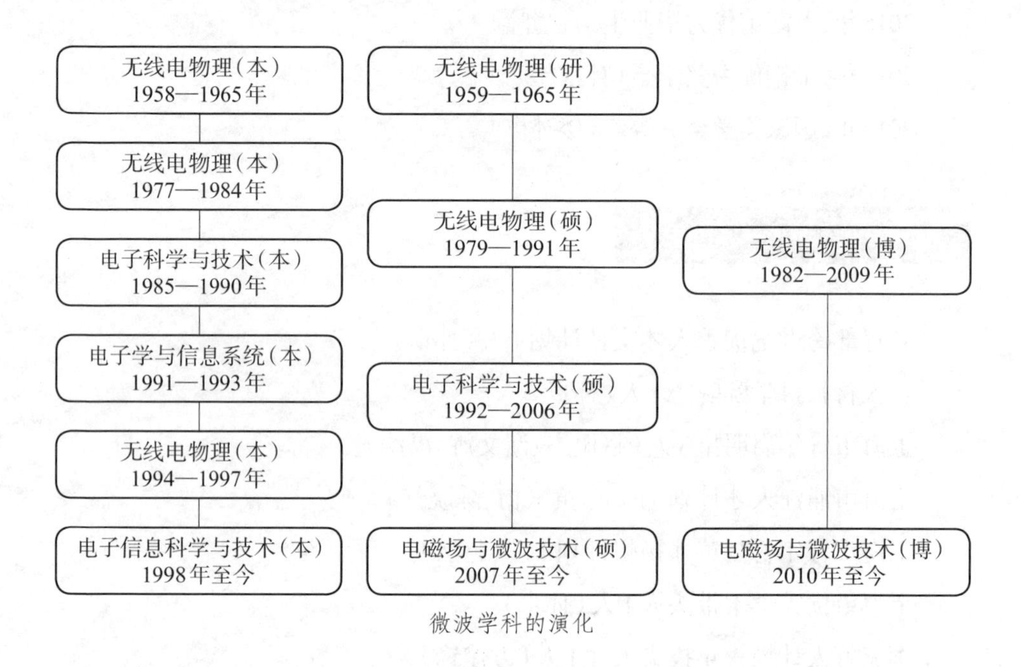

微波学科的演化

华东师大的无线电物理（微波）学科，最初是在物理系形成的，1961年开始有无线电物理学科，主要从事微波方面的教学科研工作。1966年到1976年微波学科工作中断。改革开放后，微波学科重展雄风。1984年，微波学科划归电子科学技术系。1994年起，微波学科又先后归属理工学院、信息科学技术学院、物理与电子科学学院。

一、在“向科学进军”中崭露头角（1954—1965年）

华东师大的无线电物理（微波）学科，最初是在物理系形成的。1954年8月，留美学者陈涵奎博士受聘华东师大物理系教授，任无线电教研组组长。教研组内还有万嘉若、陆瑞源、马幼源等。从1956年开始，招收两年制无线电研究班，主要是为了提高其他师范院校教师的教学能力。

1957年苏联第一颗人造卫星上天，我国随之提出“向科学进军”的口号。1958年8月，华东师大掀起了群众性的科研热潮，大批青年教师和学生走出课堂走进实验室，夜以继日地搞科研。

在“向科学进军”运动中物理系涌现出的电子科学技术方面有影响的研究项目有3厘米微波测量线系统、磁共振波谱仪、核物理电子仪器、圆波导通信实验线等，这些成果受到各级领导的重视。

1958年8月，上海市计委确定，由上海亚美电器厂与华东师大共同承担三厘米微波测量线系统的研制任务。经过一个月的日夜奋战，成功研制出我国第一套自制三厘米波导测量系统，向国庆节献礼。后来，由亚美电器厂牵头，华东师大、上海电子所、复旦等参加，经过不断改进，仪器的技术指标达到国际先进水平，为我国微波技术的发展提供了必要的实验条件。电子工业部于1959年确定上海亚美电器厂为微波仪器的专业生产厂。

1959年5月，华东师大与北大、清华等16所高校一起成为教育部直属的第一批全国重点高校。华东师大逐渐向综合性研究型师范大学方向发展。当年秋天，华东师大开始招收第一批三年制研究生班，招研究生最多的是物理系的电子学研究班，共招了8名研究生，导师是陈涵奎教授。同时，在1958级本科生的6个班级中有一个班攻读微波。这批学生中不少人后来成为上海市微波工业和科研的骨干。

1961年，高教部批准华东师大成立微波研究室，陈涵奎为主任，兼任华东师大自然科学研究委员会副主任。1961年8月，上海市电子学会正式成立，邮电局长孙洪钧为理事长，陈涵奎任副理事长兼学术委员会主任。陈涵奎作为上海市科技界和华东师大的唯一代表出席广州会议，聆听周总理做报告。1962年1月，上海市电子学会召开第一届年会，在年会论文集的近百篇论文中，华东师大微波方面的论文占了11篇。1964年，陈涵奎当选为全国政协委员。同年，中国电子学会微波分会在上海举行成立大会，陈涵奎当选为副主任委员。与会代表专程到华东师大参观微波实验室，惊叹师范大学竟然能做出这样的工作。

这一阶段是华东师大微波学科的初创阶段，建有微波教研组、基础无线电实验室、专业无线电实验室和微波研究室。万嘉若等研制成我国唯一的100米长圆波导通信实验线。1964年，沈成耀研制成8毫米微波双腔稳频信号源。这一时期，是华东师大微波学科第一次崭露头角的辉煌时期。

此阶段论著如下：

陈涵奎：《无线电基础》，人民教育出版社，1960年。

陈涵奎、万嘉若：《无线电电子学》（上中下册），人民教育出版社，1960年。

二、在"改革开放"中重展雄风（1978—1999年）

改革开放以后，国家的工作重心转移到经济建设，中国出现了剧变，华东师大的微波学科迎来了发展的第二春。无线电物理（微波）学科在陈涵奎教授带领下重展雄风。

在华东师大校、系领导的支持下，"文革"中离散的微波团队再次集合起来，重新组建微波组。1978年，从上海科大请回微波的学术带头人陈涵奎教授，先后从上海科大调回一批中年骨干，使微波学科团队恢复了相当实力。1979年4月，陈涵奎出任新成立的华东师大学术委员会副主任和上海市高校职称评议委员会电子学与自控组副组长。同年，教育部批准华东师大成立微波研究室。1981年12月，新中国设立第一批博士学科点，这是我国学科建设中的里程碑。华东师大的微波学科荣幸地成为全国6个无线电物理博士点之一，陈涵奎任博士生导师。

为了把华东师大的微波学科再次推到国内前列，陈涵奎多次召集微波的骨干研讨“我们怎么办”。“文革”耽误了十年，华东师大的微波学科已不那么惹人注目；国内不少高校和研究单位都在搞微波；雷达、通信、遥感、电子测量等都已有实力雄厚的牵头单位；改行搞激光、半导体、计算机又太晚。经过深思熟虑，最终确定振兴华东师大微波科研的战略思想：“把计算机技术与微波结合起来，解决国民经济中重要实际问题。”

不懂数值微波等新技术，陈涵奎就采取“借鸡生蛋”的办法，请国际权威学者来讲学。1979年，请来美国工程院士戴振铎，先后在清华大学、西安电子科技大学和华东师大开班，每个班讲一个月，讲电磁理论和并矢格林函数；由华东师大安同一、周学松当助教。1982年，请英国皇家学会院士柯伦到华东师大和西北工大讲微波六端口技术，介绍微波测量的新动向；请矩量法权威、美国工程院士哈林顿到华东师大和电子部14所讲电磁问题的矩量法，熟悉数值微波。全国许多大学、研究所、工厂的同行纷纷前来听课，影响深远。借改革开放东风，陈涵奎再次把华东师大微波学科推上了引领国内微波发展潮流的地位。

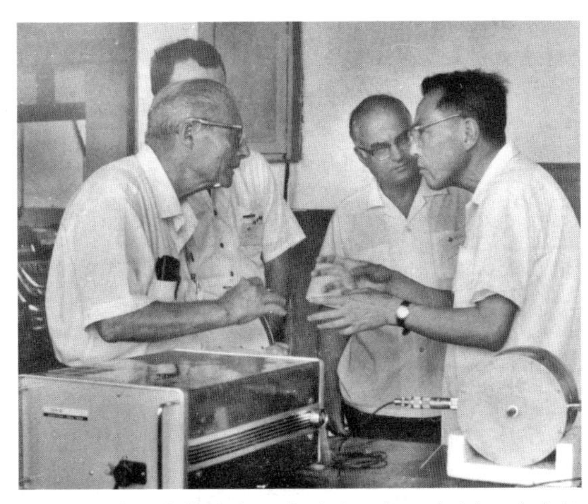

哈林顿（中）讲学时参观实验室，陈涵奎（右一）介绍情况（安同一提供）

在这个阶段，华东师大微波取得一系列有重要社会影响的成果，在建筑物对天线辐射场影响方面做出创新性工作，解决了

上海市重大现实问题,具体如下:

(一)八频道电视发射场型的改进

1983年秋,陈涵奎虽年过花甲,但坚持响应“科学家要到实际工作中去找课题”的号召,身体力行,带领一批中青年教师和研究生走出校门,到上海市科委、广电所、工厂去“找课题”。在上海电视台了解到该台的八频道电视在宝山、金山和闵行等重要工业区收视效果不好,“屏幕上老下雨”(电视信号太弱的表现)。八频道电视是广播上海市节目的主要频道,陈先生认为这是一个十分值得研究的问题,立即与广电所联合申请上海市重大科技项目的立项。华东师大为主负责理论分析和模拟测量,广电所负责野外实测和工程施工。他和博士生孙乃华一起,用一致性几何绕射理论和矩量法,对八频道电视发射天线进行全面而详细的理论分析。这是国际上第一次把几何绕射理论应用于分析柱型反射体电视天线,这方面的工作发表在著名杂志《电气电子工程师学会汇刊–天线与传播分册》(*IEEE-AP*)上。然后组织张锡年、朱守正等加工电视发射塔缩尺模型架,在物理大楼平坦的楼顶上进行模拟测量,并让青年教师和研究生与广电局技术人员一起,以发射天线为中心,在距离中心5千米、10千米和15千米的圆周上驱车选取合适的实测点,用接收机进行耗时一个多月的实测;甚至租用直升飞机在空中进行航测。将电视发射天线辐射方向图与理论结果进行对比和分析,发现了存在问题的原因,提出了几种解决问题的方案。最后,会同上海广电局,商定采用改变发射天线馈电方式的改进方案。由于这是一项必须成功、不能失败的硬任务,因此事先进行了周密的理论分析和模拟实验,验证了方案的可行性。1986年9月,电视台利用暂停广播的半天时间,对发射天线的馈电系统进行了突击改装,一举成功。改装后,金山、闵行和宝钢地区的八频道彩电收看效果立即获得显著改善,群众反映很好,纷纷感谢市里为老百姓办了件好事。该项目取得了很好的社会效益,项目鉴定会由国家广电部前部长李强院士主持,上海市副市长刘振元等参加,1988年获上海市科技成果二等奖。

（二）计算机辅助微波测量（CAT）

微波和计算机结合的另一个方面，是计算机辅助微波测量。前面提到的三厘米微波测量线系统曾帮助华东师大微波学科掘到了“第一桶金”。意想不到的是，30年后它再立新功。

20世纪70年代初，美国发明了微波自动网络分析仪，实现了快速、扫频的微波自动测量，但价格贵得出奇，不是一般单位所能承受的。清华大学首先发明了单板机驱动多圈电位器的微波测量线。1983年，教育部委托清华大学办了一个单板机应用于微波测量的学习班，以促进计算机技术与实验性学科的结合。华东师大微波室派毛嘉亨和储雪子两人前往学习。毛嘉亨动手能力极强，看到清华样机后，立即进行改进和提高，以步进电机代替多圈电位器控制探针位置的采样，以苹果机代替单板机，把采集到的驻波波形以及测量结果画在Smith圆图上，并显示在电脑屏幕上。这使得测量技术得到了质的提升，测量精度也大大提高了。后来又拓展到其他频段，拓展到同轴测量线和八毫米波导测量线。毛嘉亨、储雪子和安同一还编写了计算机辅助微波测量的讲义，1986年暑假，受国家教委委托，华东师大举办了近代无线电实验（微波部分）讲习班，有高校同行30余人来听讲，得到了各校同行老师的好评。后来，储雪

毛嘉亨（左二）在讲习班介绍自动测量线（安同一提供）

子开发了微机化自动测量线系统，向复旦大学、武汉大学、四川大学、厦门大学等多所高校批量提供。12月，3厘米自动测量线通过鉴定。由于当时毫米波段还没有网络分析仪，毫米波导测量线的自动化可以大大提高测量速度和精度，具有重要现实意义。

1988年，安同一携带八毫米波导自动测量线到美国纽约参加微波理论与技术（MTT）国际微波会议并展出实物时，颇受欢迎，多拉多公司希望华东师大能提供相关产品。1988年4月，微波自动测量系统（8毫米波导测量线、3厘米自动测量线、天线方向图自动测量仪）通过鉴定。1991年7月，微机化微波自动测量系统获得国家教委科技进步奖三等奖。

（三）论证在广播电台天线近区能不能造高楼（虹桥宾馆）

1980年，上海市打算通过中外合资在中山西路仙霞路口建造一座高98米的26层高楼虹桥宾馆，它将超过国际饭店成为当时上海的第一高楼。但虹桥宾馆的地点距离上海广播电台990千赫频道的发射天线860米，不到3个波长。围绕宾馆建成后会不会影响电台的广播，发生了争议。按照苏联的规定，发射天线附近不允许造高楼。“虹桥宾馆能不能造？”上海市计委通过市科协把论证的任务委托陈涵奎研究解决，要求一个月内完成。陈涵奎勇于面对困难，毫不迟疑地接受了任务。他带领研究生，用两种不同方法从理论上进行研究；又让张锡年、储雪子等加工了1∶2 500的宾馆铜模型，在微波频率下进行模拟实验测量。理论分析和实验结果表明，孤立高楼对电波有一定影响，但不会形成阴影区；影响最坏的方向，辐射场强的减弱不大于2.3分贝。该研究结果使上海市政府决策有了科学依据，受到市领导的表扬。相关论文被评为1980年上海市优秀论文，在《中国科学》上发表。

（四）把微波技术用于隐身潜艇消声瓦粘贴缺陷的无损探测

潜艇是一种以隐蔽为主要特征的武器，占全球70%面积的海洋是隐藏潜艇的好地方。但潜艇运动时会发出巨大的声音，这是它固有的弱点。由于无线电波在水中传不远，人们用超声波做成类似无线电雷达那样的声呐来探测潜艇。早在20世纪50年代初，美国就用声呐来探测潜艇。70年代，美国把反潜声呐系统布置到苏联近海海域。

为了将潜艇减震降噪，人们给潜艇贴上吸收声音的外套，称为消声瓦。我国从80年代开始研究消声瓦，由中国船舶公司系统工程部牵头，组织上海交大、南京大学、华东师大、701所、738厂等展开预研，到90年代中期，已经预研成功并生产出第一代消声瓦。消声瓦已经可以生产，但是碰到在潜艇上粘贴消声瓦的质量如何检查的问题，实质上这是多层材料中间缺陷的探查问题。1994年，华东师大测试中心原主任王源身教授找到安同一，讨论能不能用微波来探测消声瓦的粘贴缺陷。王源身原先在南京大学化学系工作，参加过消声瓦项目的研究。测试中心与微波都属于无线电物理学科，王教授知道华东师大在微波测量方面有一定积累，因此前来交流。

造船厂原来熟悉超声波探伤，但无法用于探测消声瓦材料，他们当时想采用的方法是“拔塞子”法，即在粘贴好消声瓦后，在消声瓦上随机地选几个位置，做“外科手术”，切割出直径5厘米的“塞子”，然后像拔酒瓶塞子那样用力拔出，如果应力大于某个阈值还拔不出，就算粘牢了。如果一块瓦上能够拔出4个塞子，那就整块瓦挖掉返工。但是这方法有破坏性，因此需要研究新的方法进行无损探伤。安同一答应试一试，看微波能不能探测。

不久，王源身找来一块20厘米 ×30厘米 ×5厘米的消声瓦。他们先用惠普公司生产的HP8410网络分析仪照射消声瓦，看看微波能不能穿透消声瓦，发现消声瓦能够在很宽频率范围透过微波，增强了信心。然后把消声瓦贴在钢板上，让微波照射消声瓦表面，看能不能收到微波从钢板反射回来的信号。虽然消声瓦吸收一些微波能量，但是还能收到微波反射信号。实验结果鼓舞人心。实验初步成功后，他们向中国船舶公司系统工程部申请立项，研制检查消声瓦粘贴层中有没有气泡缺陷的微波测泡仪。

1996年11月，华东师范大学作为“潜艇用声呐隐身材料及应用研究”项目的重要参加者，获得中国船舶工业总公司颁发的科技进步奖一等奖。

（五）积极推广微波能的应用

华东师大微波学科对推广微波能在中国的应用起了很大的作用。微波最早的重要应用是雷达，其后又发展用于通信和物质结构的研究，但都不是作为能源来使用。将微波作为能源使用，是20世纪60年代发展起来的一项新技术，这在微波技术的发展史上是划时代的。

1974年11月，电子工业部在南京召开全国第一次微波能应用技术经验交流会，陈涵奎教授作为特邀代表在大会上做了学术报告，并应大会邀请对会议上交流的论文进行总结。会后，他先后到几十家工厂、医院和研究所了解情况，研究微波能在各行业可能应用的前景。他在上海科技交流站举办学习班，培训开展微波能应用需要的科技人才，亲自编写关于微波能应用基本原理的讲义，积极推广微波在工农业生产中的应用。

1980年，电子工业部和卫生部联合在上海召开会议，制定了中国的微波辐射安全标准，陈涵奎作为领导小组成员参加了标准的制定。在陈涵奎的倡导下，自1983年起，中国电子学会的微波专业学会和真空电子学专业学会每隔两年联合召开一次全国微波能应用学术讨论会，并邀请国外专家介绍微波能应用的最新技术和发展动向。华东师大数十年来一直是我国微波能应用专业委员会的挂靠单位，基本上与真空电子学学会轮流主持两年一届的全国微波能应用学术会议，推动全国微波能应用技术的交流。

全国微波能应用学术会议从第一届开始，已跨越了30多年，作为一个由学术界与产业界联合举办的、以微波能应用方面的研究与应用为主题的学术交流会，是很有特色的。其研究、讨论的内容从初期的微波加热、微波干燥，发展到微波农作物处理、医用微波杀菌、微波治疗、微波污水处理、微波气相金刚石生成、微波矿物处理、微波公路路面修复等，从微波能应用又发展出了微波医学、微波化学等专业会议。

华东师大的微波研究所积极推动微波应用的学术交流，为许多微波能应用单位设计或制作了微波能工程应用设备，如微波方糖干燥、微波陶瓷干燥、微波废橡胶脱硫、微波丝绸干燥、微波冻猪解冻、微波冰蛋解冻、蜂皇浆微波真空干燥、柴油机尾气处理设备等，直接为国民经济服务。另外，学会与有关部门一起对家用微波炉的引进、组织生产、推广应用等做了很多具体工作。

（六）射频MEMS的研究

朱守正、郭方敏等承担了1999年度天线与微波技术国防科技重点实验室基金项目“MEMS毫米波相控阵技术研究”，在国内最早研制成微电子机械系统（MEMS）毫米波移相器，提出了一种工作于35 GHz的采用MEMS技术微带相控天线阵的设计方案：天线阵包括四个阵元，整个系统制作在石英基底上，包括MEMS移相器、微带天线和馈电网络。仿真结果显示此阵列工作在35 GHz频率上时回波损失低于 −20 dB，辐射效率为75%。

此阶段研究成果如下：

著作：

陈涵奎：《纪念赫兹发现电磁波100周年》，华东师大出版社，1989年。

获奖：

毛嘉亨、安同一、储雪子、严华，国家教委科技进步奖三等奖，1991年。

华东师大（王源身、安同一），中国船舶工业总公司科技进步奖一等奖，1996年。

陈涵奎、孙乃华、张锡年，上海市科技进步奖二等奖，1998年。

三、新世纪，新气象（2000—2020年）

进入新世纪，微波专业面临着发展与改革的新问题：随着大量老教师的退休，多位教师的工作调动，微波专业的教师空前缺乏，面临断层的危险。学科通过“引进来、走出去”，建设师资队伍。先后引进了“紫江学者”特聘教授高建军、复旦大学金亚秋院士的学生匡磊，从我国微波强校东南大学引进了洪伟教授的博士翟国华，从美国麻州大学引进了“紫江青年研究员”丁军博士等，专业研究方向进一步拓宽，在原有的微波技术、天线与传播、微波能应用等方向基础上增加了微波微电子以及光电子、复杂表面的电磁散射、电磁超材料、电磁兼容、微波MEMS、微波微等离子体等研究方向。

2010年，原信息科学技术学院因优化管理的需要，将无线电物理（微波）博士点改成工科一级学科博士点“电子科学技术”属下的“电磁场与微波”二级学科博士点，与国民经济结合更密切。多年来，朱守正等获得国家发明专利授权10余个，廖斌等获得国家发明专利授权近10个。

2000—2019年，作为微波能应用专委会主任单位，参与并成功组织了第十至第十九届全国微波能应用学术会议（第十届由张锡年组织，第十一至第十八届由朱守正组织，第十九届由廖斌组织），在业内起到了很好的作用。高建军等成功组织了第一至第七届上海市微电子–光电子研究生论坛，华东师大、复旦大学、上海交通大学、南京理工大学、杭州电子工程学院、南通大学等多家院校的师生出席，反响较好。

随着航天、国防、3G、4G、5G等现代技术的需要，微波与射频技术人才已成为社会亟需人才。微波学科培养的毕业生大部分进入了航天、通信、电子等部门或高校，受到用人单位的欢迎。由朱守正牵头，华东师大和航天813所签订了联合培养研究生的协议，华东师大为813所的研究生上微波基础课，813所为华东师大的师生提供实践场所。虽然由于双方单位搬迁，这个协议仅执行了两三年，但取得不错的成果。如一位当时在华东师大上微波基础课的学生，现在担任电子所空间载荷室主任，该室是上海民用卫星载荷的主要研发单位。

微波学科还注意与研究单位、产业机构相结合，争取在研究软硬件条件、研究内容和实践条件上的支持。校友邵晖给予华东师大微波学科很大的支持，他领导的聚星仪器公司与华东师大原信息学院成立联合实验室，不但给实验室带来了微波视频研究亟需的价值数十万的仿真软件HFSS和高频设计套件等软件，两套用于仿真计算的高性能服务器和其他设备，还将公司的具体课题交给研究生实践解决。邵晖积极指导参与项目的研究生如何写研究报告、写论文，多次资助研究生参加全国微波、毫米波学术会议，与国内外同行进行交流。与聚星仪器公司的合作，提升了学科的研究条件，研究生实践能力也有很大提高。

由中国电子学会主办、中国电子学会微波分会承办的微波年会是微波学界和业界规模最大的盛会，也是国内该领域最高级别的会议。在深圳举行的2015年全国微波毫米波会议上，研究生张伟伟、周颖娟等提交的论文（指导老师为朱守正）获得优秀论文二等奖。电磁场与微波技术专业研究生张傲（指导老师为高建军）的论文《110GHz异质结双极晶体管小信号模型参数提取》获得2018年全国微波毫米波会议优秀论文奖。

下面是微波学科发展过程中的一些重要进展：

（一）购买IEEE数据库

2007年，华东师大引进从事微波微电子以及光电子研究工作的高建军教授。高建军来到华师大后发现研究生和教师查阅文献需要借用上海交大和复旦大学的网络数据库，不利于科学研究和学位论文的撰写，便与朱守正商量如何购买数据库。朱守正于学校双月座谈会上提议购买IEEE数据库，得到俞立中校长明确的支持。从2007年开始，华东师大成为上海第六家拥有IEEE数据库的单位，惠及整个电子学科，对后来引进的教师产生了较大的影响，成为当时微波学科以及微电子学科的一件大事，为整个电子学科的发展如申请课题等提供了有利的条件。

（二）建设微波暗室和天线自动化测试系统

天线的设计是微波学科的一个重要分支，微波暗室由吸波材料和金属屏蔽体组建而成，可提供人为制造的“自由空间”条件，是支撑新型天线设计的场地。由于经费和场地的限制，多年以来华师大微波学科需要外借场地，科研开展遇到诸多困难。在高建军和朱守正的努力下，终于在2018年建成了华师大的微波暗室和天线自动化测试系统，具体施工由中电科技集团第14研究所承建，频率范围0.8 ～ 40 GHz。微波暗室为天线的测试和电磁散射的研究提供了一个相对理想的自由空间环境，为华东师大微波学科在科研以及教学实验方面提供了强有力的支撑。

（三）建立微波芯片在片测试系统

由于历史原因，华东师大的微波测试设备难以满足科学研究的需要，尤其缺乏必要的微波射频在片测试所需的仪器，本科生和研究生科学素养训练受到限制。高建军在设备处的支持下，利用自己的科研启动经费和学校的经费支持建立了微波射频测试实验室，购买了40 GHz的网络分析仪、微波探针、半导体参数分析仪以及噪声和功率测试仪器，使得研究生特别是博士生群体能够使用前沿性的实验仪器和设备，进行实验的一体化和综合性实验操作，对学生培养意义重大。

（四）在国际知名专业期刊发表高水平论文

《电气电子工程师学会汇刊–天线与传播分册》是天线设计方面的最高水平期刊，翟国华副教授加盟华东师大以后，基于电路系统中的钳模理论，提出超高增益钳模对数周期偶极子阵列天线、对数周期八木偶极子阵列天线、超材料单元加载的对数周期偶极子阵列天线以及超低耦合度四单元MIMO天线系统，在《电气电子工程师学会汇刊–天线与传播分册》发表5篇论文。除此之外，这些年本专业的教师与学生的研究成果，在不少国际知名专业期刊上发表，包括《电气电子工程师学会开放获取副刊》(*IEEE Access*)、《应用物理快报》(*Applied Physics Letters*)、《物理评论A》(*Physical Review A*)、《物理评论E》(*Physical Review E*)等。

附录1：获奖

郭方敏、赖宗声、朱守正，上海市科技进步奖三等奖，2003年。

朱守正、刘中元、沈建国、廖斌、郑正奇，上海市优秀教育成果一等奖，2005年。

附录2：出版的专著和译著

Jianjun Gao, *Heterojunction Bipolar Transistor for Circuit Design—Microwave modeling and parameter extractio*, Wiley 2015.

Jianjun Gao, *RF and Microwave Modeling and Measurement Techniques for Field Effect Transistor*, USA SciTech Publisher, 2009.

Jianjun Gao, *Optoelectronic Integrated Circuit Design and Device Modeling*, Wiley 2010.

Jianjun Gao, *Heterojunction Bipolar Transistor for Circuit Design—Microwave modeling and parameter extraction*, Wiley 2015.

李秀萍、高建军:《微波射频测量技术基础》,机械工业出版社,2007年。

高建军:《场效应晶体管射频微波建模技术》(国家十一五重点图书),电子工业出版社,2007年。

高建军:《高速光电子器件建模和集成电路设计》,高等教育出版社,2009年。

高建军:《异质结双极晶体管——射频微波建模和参数提取方法》,高等教育出版社,2013年。

[美]华伦·史塔兹曼、盖瑞·希尔(Warren Stutzman & Gary Thiele)著,朱守正、安同一译:《天线理论与设计》,人民邮电出版社,2006年。

[美]美国无线电联盟协会ARRL著,匡磊、陈荣标译,朱守正审:《天线手册(第21版)》,人民邮电出版社,2009年。

[美]怀特(J. F. White)著,李秀萍、高建军译:《射频与微波工程实践导论》,电子工业出版社,2009年。

[美]布伦南(Kevin F. Brennan)著,高建军、刘新宇译:《半导体器件——计算和电信中的应用》,机械工业出版社,2010年。

[美]卡齐梅尔恰克(Marian K. Kazimierczuk)著,孙玲、程加力、高建军译:《射频功率放大器》,清华大学出版社,2016年。

[以色列]阿里埃勒·卢扎托(Ariel Luzzatto)、莫蒂·赫瑞汀(Motti haridim)著,闫娜、程加力、陈波、高建军译:《无线收发器设计指南:现代无线设备与系统篇》,清华大学出版社,2019年。

[墨]亚历杭德罗·阿拉贡–萨瓦拉(Alejandro Aragon-Zavala)著,张傲、陈栋、王太磊、高建军译:《室内无线通信:从原理到实现》,清华大学出版社,2019年。

新世纪的电子学科

胡志高

2003年12月，在朱自强教授的大力推动下，由褚君浩院士领衔，中科院上海技术物理研究所和华东师范大学共同组建“成像信息联合实验室”，主要依托电子科学与技术学科下设的微电子学与固体电子学、电磁场与微波技术等两个二级学科以及通信与信息系统二级学科开展建设。华东师范大学建设单位为信息科学技术学院。中科院上海技术物理研究所–华东师范大学“成像信息联合实验室”的建立，开启了褚君浩院士加盟华东师范大学和大力发展电子科学与技术学科的大门。

2006年，褚君浩院士正式加盟华东师范大学。以华东师范大学进入国家“985工程”建设高校行列为契机，褚君浩院士和朱自强教授积极酝酿以成像信息联合实验室为基础，整合信息科学技术学院电子科学技术系的教学研究力量，筹建教育部重点实验室或者上海市重点实验室。同时，他们极力推荐海外优秀人才加盟华东师范大学，2006年引进唐政教授（2014年国家杰出青年基金获得者）和唐晓东教授（入选中国科学院百人计划），进一步充实了电子科学与技术学科的力量。

2007年，在学校大力支持下，电子学科进入快速发展的轨道。根据信息科学技术学院的发展现状，开始布局电子科学与技术和信息与通信工程等两个一级学科的规划。胡志高教授（德国洪堡学者）和高建军教授（“紫江”特聘教授）分别加入微电子学与固体电子学以及电磁场与微波技术学科，进一步充实相关力量。同年，褚君浩院士领衔申报的“微电子学与固体电子学”获批上海市重点学科。同时在基地申报上继续推进，上海市极化材料多功能磁光光谱公共技术服务平台获批，成为组建教育部重点实验室的重要力量。

2008年，极化材料与器件教育部重点实验室获教育部批准筹建，朱自强教授担任实验室主任。电子科学与技术一级学科重点建设物理电子学、微电子学与固体电子学和电磁场与微波技术等3个二级学科，并引进段纯刚教授（2011年国家杰出青年基金获得者）进一步充实物理电子学学科。褚君浩院士和朱自强教授多次明确提出，极化材料与器件教育部重点实验室负责建设电子科学与技术一级学科，并为申报该一级学科博士点和博士后流动站夯实基础。

“极化材料与器件”教育部重点实验室筹建学术委员会（左起：朱自强、资剑、封松林、陶瑞宝、雷啸霖、褚君浩、薛永祺、薛其坤、王鼎盛、赖宗声、孙真荣）（胡志高提供）

2009年，由褚君浩院士领衔，整合信息科学技术学院的优势教学科研力量，电子科学与技术一级学科博士点成功获批，并授权物理电子学二级学科招收博士研究生。2010年，极化材料与器件教育部重点实验室通过教育部评估正式成立运行。与此同时，电子科学与技术一级学科博士后流动站成功获批，为华东师大电子科学与技术学科参加教育部第三轮学科评估提供了保障。至此，电子科学与技术一级学科的学科布局基本完成，学科建设发展及重点实验室运行稳步推进。经过前期的研究积累，本学科在磁电耦合及多铁性隧道结研究以及铁电氧化物相变规律光谱学研究上取得若干突破，形成自身特色和优势。

2012年，在褚君浩院士的组织协调下，华东师范大学电子科学与技术一级学科首次参加教育部第三轮学科评估，取得并列第二十一名的良好成绩。在上海地区，位列第三，仅次于师资规模远远超过华东师大的上海交通大学和复旦大学。基于此次学科评估结果，褚君浩院士和朱自强教授多次组织召开分析调研会，针对学科评估中的短板问题，调整优化学科布局，力争学科建设更上一层楼。同年，段纯刚教授领衔的项目获得2012年度上海市自然科学二等奖。

2013年，褚君浩院士担任首席科学家的国家重大科学研究计划“固态量子器件及电路”获科技部立项，这是学校首个依托电子科学与技术一级学科执行的国家“973计划”。同年，朱自强教授领衔的项目获得2013年度上海市自然科学一等奖。褚君浩院士获2013年度上海科普杰出人物奖。褚君浩院士为学科建设做出的巨大贡献不断彰显。

2014年，在学校启动新一轮学科建设与发展规划的要求下，褚君浩院士领导的信息科学技术学院上下齐心协力做好学科建设规划，学科建设和重点实验室建设进入平稳有序的发展，呈现出良好态势。同年，褚君浩院士获十佳全国优秀科技工作者称号。

2014年9月，上海市多维度信息处理重点实验室获上海市科委批准立项建设。实验室以信息学院相关研究为基础，通过方向凝练和资源整合组建而成。褚君浩院士作为信息学院院长、实验室学术委员会副主任，在实验室筹备和申请过程中发挥了凝聚和灵魂作用，调动了信息学院团体力量建设多维度信息处理实验室，对学院科学研究、学科建设、人才培养等起到非常重要的作用。

2015年，褚君浩院士获“科学中国人”年度人物；胡志高教授领衔的项目获得2015年度上海市自然科学二等奖。

薛永祺院士(右)和褚君浩院士(左)为上海市多维度信息处理重点实验室揭牌(胡志高提供)

2016年,褚君浩院士领导的极化材料与器件教育部重点实验室通过教育部组织的基地评估。同年,华东师范大学电子科学与技术一级学科在教育部第四轮学科评估中取得B的良好成绩。

2017年,鉴于在科研及科普等工作上做出的突出贡献,褚君浩院士被授予首届全国创新争先奖章。同年,由于十多年来在华东师范大学人才培养和学科建设等方面做出的巨大贡献,他被上海市授予“感动上海”年度人物和上海教育年度新闻人物。这些荣誉称号进一步提升了华东师大电子科学与技术学科的社会影响力。

如何多渠道、多方式、多角度提升人才培养质量,始终是褚君浩院士关注的焦点。以华东师范大学信息(电子)校友联谊会成立为契机,他积极倡导成立华东师范大学“君浩专项基金”。2017年,在学校校友会的大力支持下,该专项基金经由上海市华东师范大学教育发展基金批准设立。基金会宗旨是争取社会各界的支持和捐助,为提高华东师范大学信息(电子)学科的教学质量和学术水平,推动信息科学技术学院教师教育事业和社会公益事业的发展服务。该基金主要用于表彰在专业学习、科研科创、教育教学等工作中取得显著

褚君浩院士获得的全国创新争先奖章和十佳全国优秀科技工作者证书

成绩的师生，同时给日常生活困难和遭受意外伤害的困难学生提供一定的经济资助。2017年基金成立之初，褚院士本人率先捐赠10万元作为基金启动经费，2018年继续捐赠10万元。迄今为止，“君浩专项基金”共计收到相关企事业和校友捐赠近75万元，共奖励、资助学生和老师34人次。该基金的成立和运行，极大地提高了学校相关学科和信息科学技术学院的办学质量和教学科研水平，也取得良好的社会声誉。由于褚君浩院士积极推动和倡导“君浩专项基金”成立所做出的贡献，“君浩专项基金”被评为2018年度华东师范大学精神文明“十佳好人好事”，受到中共华东师范大学精神文明建设委员会通报表彰，并通过新闻媒体进行宣传，产生了广泛影响。

2018年，在褚君浩院士的组织下，信息科学与技术学院获批建立信息与通信工程一级学科，信息学院学科逐步壮大。同年，学校为了进一步梳理学院与学科、学院与基地、学科与基地等之间的关系，落实管理中心下移，同时也为教育部第五轮学科评估做相应的准备，开始酝酿拆分信息科学技术学院。其间，褚君浩院士团队在二维反铁磁领域获重要突破，在二维A-type反铁磁中提出了实现100%自旋极化的普适理论，并设计出新型二维自旋场效应晶体管模型，被认为是反铁磁应用的重要进展。同年，褚君浩院士获得上海市教学成果奖一等奖（负责人）、国家教学成果一等奖（参与人）。

2019年，通过多方调研与座谈，学校决定把与基础研究，特别是与物理学科紧密相关的师资力量并入原物理与材料科学学院，进而加强物理学科的教学科研实力。褚君浩院士及其研究团队率先垂范，主动申请加入凝聚态物理学二级学科，极大地加强了该学科的研究实力。褚君浩院士和胡志高教授研究团队在实用化扫描探针显微技术电解液溶液下电学成像领域取得一系列重要进展，实现了稳定可靠的高空间分辨、高灵敏度压电力显微镜液下成像。

大学物理教学

王向晖　赵玲玲　朱铉雄

大学物理课程是华东师大理工科院系相关专业的一门重要的基础课程，大学物理课程的知识和能力价值、思想和方法价值、情感和文化价值构成了大学物理课程完整的育人价值体系。自20世纪70年代开设大学物理课程以来，经过许多教师的不懈努力和精心教研，辛勤耕耘历时40余载，课程建设获得累累硕果。

70年代后期，在学校和系两级领导的倡导和安排下，物理系开始尝试在外系开设普通物理课程。由赵玲玲和万东辉等负责组建外系普通物理教研室。同时由方锡刚、张人越和李依萍负责成立外系普通物理实验室。承担外系普通物理教学工作的教师有余家荣、张希曾、程兆璋、孙殿平、沈耀民、岑育才、蔡继光等。

课程建设初期，首先在化学系、生物系、数学系和图书馆情报学系等理科系开设了包括力学、热学、电学、光学和近代物理学等内容的普通物理和相应的实验课程。各位教师根据不同系科的情况，优化教学计划，在教学工作安排上统筹协调，在教学内容上有所侧重。教师们结合物理学在不同学科里的应用，在课堂上采用自制的投影片和幻灯片讲解物理概念，普及物理应用，提高了课堂教学效率和学生的学习兴趣。

随着课程建设的发展完善以及学校新系科的建立和扩增，在学校教务处指导下，在各院系大力支持下，电子系、计算机系、统计系、信息技术系、地理系和体育系等系科也开设了普通物理课程。至1988年年底，普通物理课程作为非物理的理科专业的一门重要的基础课程，基本覆盖了包括教育系和心理系在内的所有理科系。在此期间，外系普通物理课程的教学也取得了可喜的教学成果。

1987年，赵玲玲获得上海市高等教育局、中国教育工会、上海市委员会授予为人师表教书育人荣誉证书。

1988年3月和1988年7月，物理系外系普通物理教研室两次获得校课程建设合格证书。同年，赵玲玲获校优秀教学成果奖（同时获奖的还有理论物理教研组胡瑶光和近代实验教研组杨介信）。1989年和1991年，赵玲玲分别获得上海市三八红旗手称号和全国普通高等学校优秀思想政治工作者称号。

1994年，由赵玲玲和万东辉编写的教材《物理学概论》正式出版（华东师范大学出版社），之后被使用多年。其他教师相应地编写了多部普通物理教学参考书。

赵玲玲和万东辉编著的《物理学概论》

2000年前后，随着教学改革的发展，包括外系普通物理教研室在内的各个教研室积极转型。大学物理课程的教学任务改由物理系各专业选派教师承担，并组成大学物理课程教学团队，由朱铉雄负责该课程的教学工作。当时，除电子系抽调自身教师承担大学物理课程的教学外，物理系在许多理科院系（如理工学院的数学系、计算机系，化学生命科学学院的化学系和生物系，资环学院的地理系和环境科学系，教育信息技术学院的电化教育系，教育科学学院的心理学系等）开设大学物理课程。教学团队的主要成员有王世涛、王向晖、程文娟、丁建华、顾琦敏等。

2016年成立物理和材料科学学院后，重组建立了大学物理课程教学团队，王向晖任团队负责人。2018年，大学物理教学团队荣获2018年度华东师范大学“三八红旗集体”荣誉称号。2019年，大学物理教学团队荣获上海市教育系

华东师范大学物理与电子科学学院大学物理教学团队荣获2019年度上海市教育系统“巾帼文明岗”荣誉称号

统“巾帼文明岗”荣誉称号。2019年成立物理和电子科学学院以后，原电子系大学物理教师被纳入大学物理教学团队管理。

大学物理教学团队拥有成员20余人，主要成员有朱广天、李欣、黄燕萍、尹亚玲、朱晶、陈廷芳、李亚巍等。大学物理实验的教学任务由物理实验中心承担，张晓磊、袁春华、周鲁、吴昌琳、刘金明等老师先后参与了外系大学物理实验的教学任务。团队承担了学校的大学物理教学任务，修读大学物理课程的学生达800多人。经过长期的教学实践和教学改革，大学物理教学逐渐形成“渗透物理学思想和物理学方法、体现大学物理基础课价值和地位”的教学理念，并努力贯彻到教学的各个环节中。

2020年在抗击新冠肺炎病毒期间，大学物理教学团队认真学习并积极配合教育部和学校的指导要求，反应迅速，行动有力。各位教师在工作群中积极讨论、各展所长，分工合作、齐心协力完成了“大学物理B”“大学物理C”在线课程的建设工作，展现出一支在疫情期间战斗在教育第一线的高校教师队伍的风采。疫情期间，单门课程点击量达到30多万人次。团队教学经验被学校教务处推送到云教学平台上进行推广。

多年来大学物理团队教师一直坚持进行大学物理的课程与教学改革。2005—2020年，团队先后承担了教育部教指委和华东师范大学的教改课题多项，其中获奖项目3项；团队主要成员编著教材和教学参考书5本；发表了10余篇大学物理教学研究论文，有6篇论文分别在全国高校大学物理教学研讨会和在华东师大获奖。2008年10月，朱铉雄作为访问学者赴香港大学教育学院进行讲学并合作开展大学物理教育和物理学方法论研究工作。

大学物理团队承担教指委和学校教学研究课题项目多项，其中课题获奖项目有3项：（1）2006—2008年，由朱铉雄、王向晖主持完成的华东师大课程建设“大学物理课程资源库的建设”项目，2009年获得华东师大2009年教学改革优秀成果二等奖；（2）2014年由王向晖、朱铉雄、黄燕萍主持完成的《渗透科学思想方法，实现基础课程价值——大学物理教学与评价模式的新探索》的教学研究项目成果，2015年获华东师大教学研究成果一等奖；（3）2019年由王向晖主持的国家教指委教改课题成果《新高考背景下大学物理多元化教学平台的初步建设》在2020年结题时被评为“优秀”。

这段时期内，编写的大学物理教材和相关教学参考书有5本：（1）《物理学方法概论》（朱铉雄），清华大学出版社2008年出版；（2）《物理学思想概论》（朱铉雄），清华大学出版社2009年出版；（3）《大学物理学习导引》（朱铉雄任主编，王世涛、王向晖任副主编），清华大学出版社2010年出版；（4）《大学物理概念简明教程》（朱铉雄、王向晖、朱广天主编，黄燕萍、尹亚玲、李欣、朱晶等参编），清华大学出版社2019年出版，此教材目前正在使用；（5）《大学物理学

大学物理团队编著的教材和相关教学参考书

科教学知识的108个“大问题”》(朱铉雄、王向晖、朱广天、尹亚玲编著),清华大学出版社2020年出版。

附录1:2005—2020年大学物理团队的获奖论文

2006年7月,在全国高等学校物理基础课程教育学术研讨会上发表的论文《关于大学物理课程和物理教学改革的复杂性思考》(朱铉雄、王世涛),获2006年全国高等学校基础物理教育学术研讨会优秀论文奖。

2006年11月,在《华东师范大学教学改革研究论文集》发表的论文《构建物理教学论课程体系,提高师范生教育实践能力》(朱铉雄),获华东师范大学2006年教学改革优秀论文二等奖。

2008年8月,在《物理与工程》第4期发表的教学论文《是教“物理教材”还是“用物理教材教”》(朱铉雄、王世涛),获第三届大学物理课程报告论坛“论坛之星”奖。

2009年,教学论文《大学物理教学要走在学生发展的前面——对“非物理专业理工科大学物理课程教学基本要求”的解读之三》(朱铉雄、王向晖)获2009年全国高等学校基础物理教育学术研讨会优秀论文奖。

2010年,教学研究论文《试论大学物理课程的理性价值和教学功能——对“非物理专业理工学科大学物理课程教学基本要求”的解读(三篇)》(朱铉雄、王向晖)获华东师大2010年优秀教学改革研究论文二等奖。

2012年,教学研究论文《大学物理实现和方法教育的缺失和课程资源库的建设及其实施策略》(朱铉雄、王向晖)获华东师大优秀教学改革研究论文二等奖。

附录2:大学物理教学团队获得的奖项

2014年,上海市“申银万国奖教金”(尹亚玲)。

2015年，华东师范大学本科教学年度贡献奖（黄燕萍）。

2016年，华东师范大学优秀教学贡献奖（王向晖）。

2016年，上海市高校青年教师教学竞赛优秀奖（李亚巍）。

2016年，第三届“高等教育杯”全国高等学校物理基础课程青年教师讲课比赛上海赛区一等奖（朱广天）。

2017年，华东师范大学本科教学成果奖（尹亚玲，为主要完成人）。

2017年，第三届“高等教育杯”全国高校物理基础课程青年教师讲课比赛上海赛区二等奖（陈廷芳）。

2018年，第三届上海高校青年教师教学竞赛（自然科学基础学科）二等奖（李欣）。

2018年，第四届“高等教育杯”全国高等学校物理基础课程青年教师讲课比赛上海赛区一等奖（朱晶）。

2019年，第二届华东师范大学本科教学课程设计比赛特等奖（李欣）。

2019年，全国高校混合式教学设计创新大赛设计之星奖（李欣）。

2005—2020年度华东师范大学青年教师课堂教学比赛一等奖（王向晖），二等奖（李亚巍、尹亚玲），三等奖（程文娟）。

普通物理实验教学

徐力平　宦强　尹亚玲

普通物理实验（简称普物实验）是物理学科一门最基础的实践课程，是科学研究的基石，也是实验科学素养养成的基石。在实验教育中，我们始终强调把对学生的科学素养的培养放在第一位，就是要有探索求真的精神、一丝不苟的作风和百折不回的毅力。实验需要实事求是、探索求真，无论技术发展到怎样一个水平，无论仪器设备进步到怎样一个程度，实验数据测量必须精益求精、绝不造假。人才的培养靠实验，而实验教学的建设至关重要。只有认认真真做好实验教学工作和建设，才能为培养科技人才做出贡献。

一、艰难起步，艰辛创业

1951年，华东师范大学建校初期，仪器设备、实验器材、实验室、金工厂和教辅人员都特别缺乏。1951年到“文化大革命”之前，开展的主要工作有：

第一，设备的整修与改进。收集整理普通物理实验室的设备，对老旧设备加以整修以恢复实验，自己再改进、制作一部分设备，以简陋的设备开始建设实验课程。

第二，实验教材的编写工作。对物理实验的教学内容不断调整，经过几轮教学实践，删除陈旧的、不再需要的内容，保留重要的内容。当时教材处于不断修订调整的过程中，没有成书出版，而是作为讲义形式发给学生。这些讲义在不同时期，根据教学的需要选择不同的实验内容。当时实验教学不区分本系与外系。

第三，确定实验室的专职教师。当时匡定波老师为主要负责人，组织一些青年教师在实验室工作，同时做理论课的辅导工作，也鼓励理论课老师带实验。

在实验室的恢复和建设中，匡定波、郜学文两位老师对物理实验室的建设有非常重要的贡献。他们对青年教师严格要求，比如怎么做好实验，如何观察现象、查找变化规律等，都是言传身教。

物理系的第一任系主任张开圻老师，非常重视物理实验的教学，他虽然没有直接参与实验教学，但我们在物理实验中碰到的任何问题，在他那里都能得到非常满意的解答。比如，杨介信老师在设计气体分子运动学的实验时总是失败，就去问张开圻老师，张老师说可能有水气的影响。第二天杨老师发现水银泡表面有些湿润，便用纸将水吸去，再去做实验就成功了。对实验中遇到的细小问题，张先生会和实验老师积极讨论，了解思路，提出具体建议，体现了他对物理实验的了解程度及对物理学的造诣。

得益于大家的共同努力和重视，在实验条件不够完善的条件下，培养出一批卓越的人才，为我国的基础科学及教育事业做出了巨大的贡献。

二、万象更新，科教融合

“文化大革命”结束后，国家恢复了高考，教学上面临的主要问题是怎样在最短的时间内恢复物理实验室，面向学生开设较高水平的普通物理实验。此时，实验仪器老化严重，实验仪器设备部分被损坏，能够开设的实验数量也不多。当时面临的一大难题是买不到实验设备，因为制造此类器材的厂家还未恢复生产。设备不足，无法开设实验课程。

因此，我们进了普物实验室后，第一阶段的工作主要是恢复工作：实验室划分为力学实验室、电学实验室、光学实验室以及外系实验室。力学实验室由马葭生、薛士平老师负责；电学实验室由陈国英、杨介信老师负责；光学实验室由吴振德、江一德老师负责；外系实验室由张人越老师负责。后来又增添了一批新的力量，是新毕业的徐力平、杨家骏、宦强、陈树德等老师。

为尽快开出普物实验，实验室的老师抛弃了“向上等、靠、要”仪器设备的想法，克服困难，各施所长。我们先将仓库里存放多年的设备取出进行清理（除锈、除霉、校准、定标等），把还能使用的设备分别按套整理；对于缺失的实验器材及新开的实验所需器材，采取自力更生的办法，自己动手设计出各设备仪器的机械加工图纸，利用校办厂来加工生产。自己调试、装配，在较短的时间内自制和生产出大批的仪器设备，武装了实验室。在这些工作的基础上，我们建设的实验数量、内容、质量都所有提高。我们还创新建设了许多重要的新实验，例如：力学新建实验有惯性测试、声速测定、气垫导轨上带轨迹记录的简谐振动、阻尼振动测定、专用自由落体仪的落体测定等，配套有高压火花发生器、光电触发器；电学新建实验有静电场描绘、磁场描绘、磁致伸缩、电子束线的偏转与聚焦、霍尔效应的定标与测量、铁磁物质的磁滞回线测试；光学新建实验有激光全息摄影等。

从当时国内各个高校的情况来看，在恢复实验、开设实验、内容更新上，我们是比较领先的。在全国性的实验教学交流会上，我们做了交流发言。许多兄弟院校来华东师大实验室参观，如北京师范大学、东北师范大学、北京大学、复旦、同济等，我们也参观了许多兄弟学校，彼此互相学习，取长补短，促进了国内实验教学的恢复和发展。我们对学生严格要求，每次进实验室必须做好预习，写好预习报告，实验的数据经检查合格后方能离开实验室。我们利用计算机编了程序检查数据，不合格的指出存在的问题，进行补充测试。

第二阶段，我们提出基础实验教学的老师不能局限于基础实验，应该走向科研与技术革新的第一线，跟当前的生产实践相结合，承接一些项目，并反馈到实验中来，充实补充实验内容。由此进入实验室发展的第二阶段。由马葭生、杨介信、薛士平、徐力平、杨家骏组成的科研团队承接了社会上一批攻关项目。

在这些项目中，比较大的一个是石油钻井泥浆参数综合测试仪，一个是台钟厂的摆钟走时精度测试。当时有一台从法国进口的石油钻井泥浆参数综合测试仪，有几个研究单位始终没有搞清楚前置测试传感器的工作原理，又不能进行破坏性的解剖，一直没有取得突破。对于我们专门研究基本物理量测量的人来说，这不成问题。经过一些测量与数据分析，我们很快把整套传感器弄清楚了。尤其是电导测量的传感器，我们用了非常简单巧妙的方法，把内部结构参数全部掌握，在比较短的时间内，完成了国产化的复制。还有台钟厂摆钟走时精度的测试，我们通过传感器与计算机的联接，可以同时检测数百只钟的走时精度，提高了生产效率。此两项研究成果通过了专业部门的技术鉴定。这些技术攻关项目，实质上是我们普通物理实验中一些基本测量原理和基本测量方法的应用，跟我们的教学可以紧密结合起来。此后，我们把科研中与现代技术结合的测试引进到实验教学中，开发了一批新实验，当时被称为实践型实验，成为提高学生能力的开放性实验。

石油钻井泥浆参数综合测试仪（马葭生提供）

在台钟厂测试摆钟走时精度（杨家骏提供）

以马葭生为首的科研团队还参加了国家自然科学基金项目“Y-Ba-Cu-O超导体的结构状况及氧含量对临界温度影响的研究”，研究成果获上海市科技进步奖三等奖。我们还把超导零电阻的测试引入近代物理实验。光学实验室吴振德、江一德、宦强等老师在抓好基础实验教学的同时，积极开展“显微全息在生物和医学方面的应用”的科研，申请了国家自然科学基金。同时，将科研内容和成果充实到教学中去，多年来坚持开设“光学全息和光信息处理”选修实验，以培养学生的学习兴趣和解决实际问题的能力。

我们在以上教学的基础上加以总结，撰写出版《选题实验五十例》一书。该书在当时引起了全国许多高校的重视，纷纷借鉴采用。在国内教材编写方面，我们参与了师范院校统编教材《普通物理实验》的编写工作。除了编写力学、热学教材，还参与了电磁学教材的编写工作。这套教材出版后，在国内影响较广，相当多的师范院校加以采用。这套教材的第一册《力学、热学部分》被评为全国优秀教材二等奖。这套教材由高等教育出版社出版，之后不断再版，目前出版到第五版，是全国师范类院校使用教材发行量最大的普通物理实验教材。书中还增加了“设计型”实验内容，有相当一部分内容取材于我们的《选题实验五十例》。此外，普通物理实验教研室全组老师对十几年来教学科研实践加以总结，共同编写了教材《大学物理实验》。这本教材由马葭生、宦强主编，力学、电学、光学实验室全组老师

普通物理实验室老师编写的教材（沈国土提供）

共同精心编写，上市后颇受欢迎，多次再版。《大学生设计实验选修课》《研究生选题实验课》等不同层次实验课系列，荣获1993年上海市优秀教学成果三等奖。

总之，“文化大革命后”，马葭生教授带领普物实验走在全国前列。他提出为确保实验正常开设，旧的恢复，坏的修复，缺的想办法制作；实验室的教师也要开展科研，提高自身的科研水平，并且在科研中发展的新技术可以引进到实验教学，充实普物实验，使普物实验呈现生机。实验教学和实验室的建设是团队共同努力的结果，是所有成员各展其长、互相协作的共同成果。团队中杨介信教授，陈国英、江一德、吴振德、薛士平、宦强副教授，张人越、周嘉源、李依萍、戚小华老师，杨家骏、徐力平高级工程师，以及胡国庆、李兆林、张美英、宣莹莹、金祖琴、周丽春、孙萍儿、宗翠莲等，把毕生精力贡献于实验教学，辛勤耕耘。最后必须提一下邬学文先生，他对普物实验的支持起到引领作用，他支持普物实验教师开展科研，支持教师对教学科研加以总结撰写教材和著作。其中，《选题实验五十例》就是在他的支持下出版的。没有邬学文先生的支持，就不会有普物实验今天的发展。

三、加大投入，飞速发展

1977年以后的20年间，实验室主要做了恢复实验课程和自制一批仪器和设备、编制实验讲义等工作，教师们学会了如何参与科研项目的研究工作，并在国内高校中获得了良好的声誉。保障实验教学课程的良好运作离不开国家经费持续的投入，由于这20年内国家投入的经费有限，实验室内较多的仪器和设备是由教师们自行设计制作的。

在1997年之后，国家增大了在教学经费上的投入力度，此外学生数明显增多，实验室在规模和教学运作形式上积极转变。学校一次性投放了30万元经费，用于改善普物实验室的仪器设备，在中山北路校区物理楼内将原力热学实验室、电磁学实验室、普物光学实验室和外系普物实验室合并为物理实验中心；将全校各理科专业学生的物理实验教学课程统筹规划，分为三个层次的教学内容和运作方式（物理专业为A层次，计算机专业和电子科学专业为B层次，化学、地理、环境、数学等专业为C层次），以适应不同专业学生的教学要求，并统筹安排和制定实验教学的内容和考试方式。同时，在教学安排上，对于普通物理内容中的各项实验，尽量安排教师学习与教学，以拓展教师的业务认知范围，提高实验教学能力。1997—2006年，国家不断加大对基础教学的经费投入，实验教学中心的设备得到不断的改善。宦强老师领衔的教学团队经过多年的努力工作，所申报的创新性实验教学项目获得上海市教学成果二等奖和华东师范大学教学成果一等奖。

2006年后，随着我国经济建设的快速发展和国力的提升，高等院校规模不断扩大。华东师范大学的主体逐步搬迁至闵行校区，物理实验中心也整体搬迁到闵行校园的实验A楼。同时，学校一次性对物理实验教学投入一千多万元的建设经费，将实验室的教学使用面积扩展到3 800平方米，并添置了一大批新型的实验教学仪器和设备。在此基础上，学校和物理系将原有的近代物理实验室、演示物理实验室、普通物理实验中心组合成校级层面上的物理实验

上海市教学成果奖
获奖证书
获奖成果：设计性物理实验课程的改革与仪器的研究
获 奖 者：宦 强、周嘉源、江一德、胡世轮、戴惠英
完成单位：华东师范大学
获奖等级：二等奖
证书编号：05932068
上海市教育委员会 上海市人事局
二〇〇五年十一月

上海市教学成果奖
获奖证书
获奖成果：物理教师教育实践中心的创建及其功能开发
获 奖 者：舒信隆 宦 强 景培书 徐力平
完成单位：华东师范大学
获奖等级：二 等 奖
证书编号：2009149
上海市教育委员会 上海市人事局
二〇〇九年十二月

教学成果奖获奖证书（宦强提供）

教学中心，进一步扩大了物理实验教学的服务对象和教学内容，实现了物理实验教学发展上的第三次飞跃。在此阶段，舒信隆老师领衔的教学团队以师范教育的实验教学项目获得了上海市教学成果二等奖和华东师范大学教学成果一等奖。同时，建设成的新型物理探索实验室也一举成为当时国内高校中的典范。

在此阶段，徐力平老师领衔的团队带领大学生参加了多届全国大学生电子设计竞赛，成果出众。2003—2009年，先后获全国一等奖1项，全国二等奖1项，上海市一等奖2项，上海市二等奖5项，上海市三等奖2项。参加此项竞赛所需知识面广，要从传感器、电子技术、控制电路、单片机到计算机编程等进行全方位的学习，老师利用假期在实验室对参赛学生进行全方位的培训。竞赛期间，题目下达后，学生三人一组选题后与指导老师展开讨论，而后封闭制作，三天内完成，封存递交，最后在评判老师前演示答辩。参加竞赛，培养了学生自学与动手的能力，学生获益匪浅。许多参加竞赛并取得好成绩的学生免试直升研究生，现在留校的郑利娟、宁瑞鹏、徐俊成、徐勤等，都是当年参加过电子竞赛的学生。

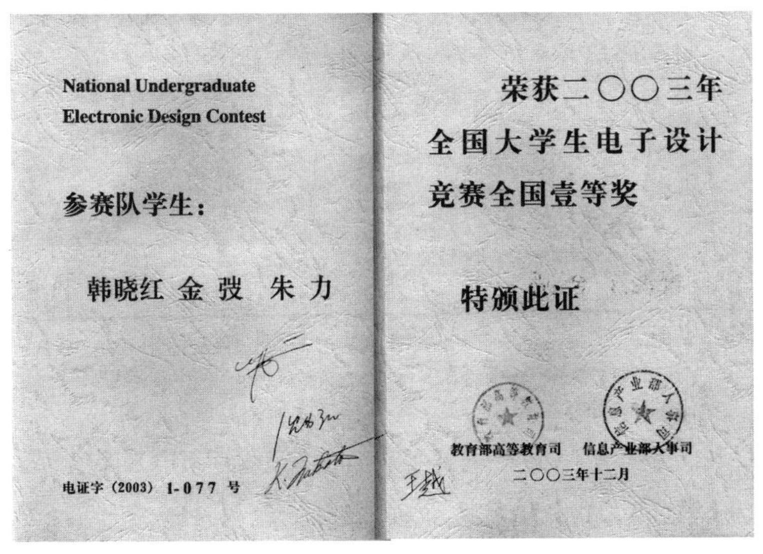

National Undergraduate
Electronic Design Contest

参赛队学生：

韩晓红 金弢 朱力

电证字（2003）1-077号

荣获二〇〇三年
全国大学生电子设计
竞赛全国壹等奖

特颁此证

教育部高等教育司 信息产业部人事司

二〇〇三年十二月

物理系学生获全国大学生电子设计竞赛全国一等奖证书（刘中元提供）

获奖人员合影(左起：朱力、徐力平、韩晓红、金弢)(刘中元提供)

朱力(前排左一)在北京人民大会堂颁奖会上(刘中元提供)

经过几代人的努力,电工电子实验不断满足物理系电工课的教学及外系的需求。这里有必要提及陆瑞源、汤锦森、余家荣、裔昌林、李桂英、郑小妹、孙殿平、郭超修等老师的辛勤工作。随着院系的发展,电工电子实验室也不断完善。由于新的投入，设备焕然一新，实验操作更为方便安全。为适应科技的发展，增加了PLC可变程自动控制实验、各种传感器应用实验，并开设了相关的选修课，为学生适应社会的需求培养新的技能，得到学生的欢迎。

四、万象更新，节节提高

提高本科生物理实验教学质量是物理实验教学中心工作重点之一。2010年以后，普物实验室尊重"以人为本"的教育理念，加强推进物理实验教学工作，以着力提升本科生教学质量为目标，采取有力措施组织各种教学活动。

一是梳理物理实验课程与实验内容，参加教学活动，提升人才培养质量。

根据学科的发展需求，普物实验室对各年级的物理实验内容重新进行梳理，体现不同年级物理实验之间的进阶，注重物理实验项目的更新，并在实验课程教学中引入虚拟仿真实验项目，不断提升实验教学水平。普物实验室教学团队多次参加教学会议，赴国内高校调研本科人才培养情况；多次参加上海市以及全国会议，并做会议报告。由柴志方、沈国土、尹亚玲、景培书、王春梅、崔璐、毕志毅参与的以培养创新素养为导向的《大学物理实验双线递进式教学体系的构建与实践》，荣获2017年华东师范大学本科教学成果一等奖。

二是建设物理实验教材、MOOC课程。

柴志方副教授主持的《大学物理实验》教材编写项目获得2019年度学校精品教材专项基金资助。2019年9月，《大学物理实验（一）》和《大学物理实验（二）》MOOC上线，主讲教师为尹亚玲、胡炳文、柴志方、邓莉、陈廷芳，截至目前在线修读人数超过两万人。

三是开展实验仪器研制、实验室建设，创新实验教学项目。

普物实验室教师与工程技术人员积极参与物理实验仪器研制，加快实验室建设，申报实验教学项目。教学论文、专利以及指导本科生科创项目数目逐年提升。

2018年，实验室获得2017—2018年度华东师范大学实验室工作先进集体称号。2019年,陈廷芳、陈丽清、刘金梅、尹亚玲、蔡羽洁的“小型量子干涉仪的研制”项目获得第十届高等学校物理实验仪器二等奖。柴志方、邓莉、张晓磊获得2019年第五届全国大学生物理实验竞赛优秀指导老师。崔璐获得2019年全国高等学校物理基础课程(实验课程)青年教师讲课比赛上海赛区特等奖,华东赛区二等奖。

实验教学培养了学生严谨科学的态度和较高的动手能力。学生在实验室老师的指导下多次获奖。2019年,苏뱅获得第五届全国大学生物理实验竞赛–基础性实验题目一等奖。綦懿获得第五届全国大学生物理实验竞赛–基础性实验题目三等奖。周婧雯、汤继鸿、曹萌的《新型椭圆矢量空心光束中瑞利粒子的操控理论》获得华东师范大学第二十七届“大夏杯”大学生课外学术科技作品竞赛一等奖。

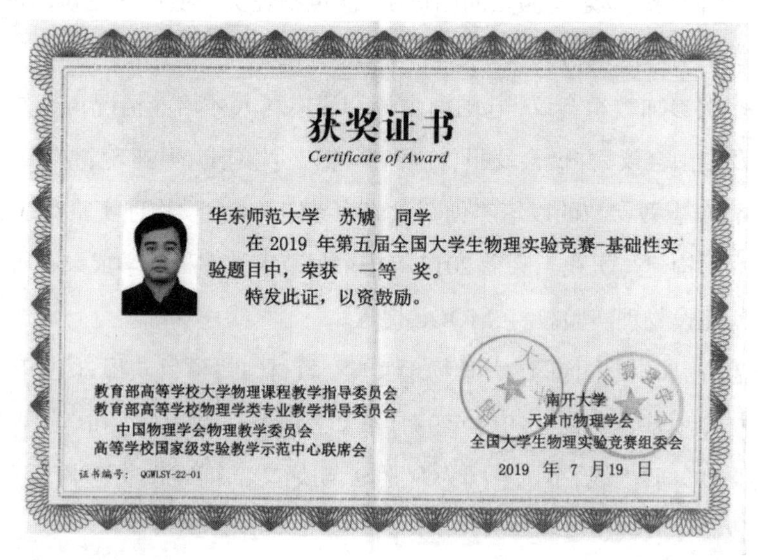

获奖证书

Certificate of Award

华东师范大学　苏虓　同学

在2019年第五届全国大学生物理实验竞赛-基础性实验题目中,荣获　一等　奖。

特发此证,以资鼓励。

教育部高等学校大学物理课程教学指导委员会
教育部高等学校物理学类专业教学指导委员会
中国物理学会物理教学委员会
高等学校国家级实验教学示范中心联席会

南开大学
天津市物理学会
全国大学生物理实验竞赛组委会

证书编号: QGWLSY-22-01

2019年7月19日

苏虓获第五届全国大学生物理实验竞赛–基础性实验题目一等奖证书(尹亚玲提供)

近代物理实验教学

沈国土　杨燮龙　顾元吉　王梅生

近代物理实验室是恢复高考时建立的，它的前身是“文革”前的中级物理实验室，是物理系基础物理教学实验室之一。“文革”前，与力学、电磁学等普通物理课程对应的是普通物理实验室，与原子物理、核物理、固体物理等课程对应的是中级物理实验室。近代物理实验室建设从所处的校区来看可以分为两个时期：第一个时期是1979—2005年，在中山北路校区，是恢复重建阶段；第二个时期是2006年至今，在闵行校区，是发展阶段。

一、恢复重建阶段

“文革”停课后，实验室关闭，直到恢复高考后才开始重建各教学实验室。恢复和重建近代物理实验室是十分艰难的。从人员来看，当时的组长是曹尔第老师，召集来的老师大多数没有从事近代物理实验教学的经验，几乎全是新手；从设备来看，很多仪器已经流失和损坏，遗留下来的一些仪器配置也不齐；从教材来看，没有现成的可用教材；从经费来看，学校已经大力支持，但资金有限也不可能一步到位，有时有了钱也买不到需要的仪器设备，因为生产厂商尚未恢复。

由于近代物理实验内容的专业性较强，涉及的专业内容很多，因此实验室把内容分成几个模块，每一位专职实验室教师和实验员负责一个模块，承担这个模块的实验设计、制作与开设任务。建设一个教学实验室，主要有以下几方面的工作：一是实验项目的选择，既要根据物理教学的需要，又要考虑开设这一教学实验的条件许可；二是每个实验仪器设备的建设，其中一类是可现成购置的教学实验仪器设备，另一类是自己搭建的或部分搭建的，甚至要自行设计和制造此类仪器设备；三是从培养学生掌握物理知识及实验方法和能力的角度，具体安排每一门实验课程。

在这些思想的指导下，我们开始重建实验室。所选教学实验项目一部分保留了原有的中级物理实验内容，大部分是完全重新开设的。不仅实验选题比以前有较多更新，在教学要求方面也有了新的变化，改变了以前仅学会仪器使用、测量或验证某物理定律的教学要求，更加重视培养学生的动手能力、独立工作能力和研究分析问题能力。以气体激光器的调试和性能测试实验为例，按以往的思路，就是让学生测试一个现成激光管的光学特性；而我们则设置了一套真空系统，让学生学习高低真空的获得、充入不同比例气体的方法和测定激光输出功率特性，让学生自己体会制造气体激光管的方法与过程，了解激光产生的条件及激光管性能与充气配置的关系，达到了较好的教学效果。在后期实验条件较好、教师和实验员精力也比较充沛时，我们提倡学生单人完成实验全过程，甚至学生可选做实验。

实验室建设初期，在管理方面也取得了不错的成绩，在清产核资工作中获得了中华人民共和国教育部颁发的奖状。

1981年华东师范大学近代物理实验室获得清产核资工作奖状

近代物理实验室过去的设备所剩无几，但是意外留下一台德国造的老旧的X光机，是唯一的一台大型设备，遇到的最大的问题是找不到与这台机器配套的X光管。当时能买到辽宁省丹东仪器厂生产的X光管，但是其外形和参数与这台机器所用的有很大差别。王梅生老师提出"削足适履"的办法，改变这台机器安装X光管的结构。X光管所需的电压很高，改造起来有一定难度，但王老师和林迪万工程师经过多番努力终于改造成功。这台老机器的"起死回生"，使得"劳厄法测定晶轴取向"和"德拜–谢乐法测定晶格常数"这两个实验的开设变成了现实。为了更好地拓展教学内容，他们利用这台机器提供的X射线光源设计和搭建了一台能量色散型X射线荧光光谱仪。它既可以逐点测出数据画出荧光峰，也可以通过单道脉冲幅度分析器观察到荧光峰，还可以通过函数记录仪把峰记录下来。我们利用这台设备开设了"能量色散型X射线荧光光谱定性分析"实验，取得了很好的教学效果。1984年在广州召开的近代物理实验年会上，王梅生老师介绍了这个实验设计，得到了同行的赞赏。在1984年全国高等师范院校近代物理实验教学教材研讨会自制教学仪器观摩评议中，这台荧光分析仪获得奖状。此仪器自1979年修复后，一直使用至1995年。

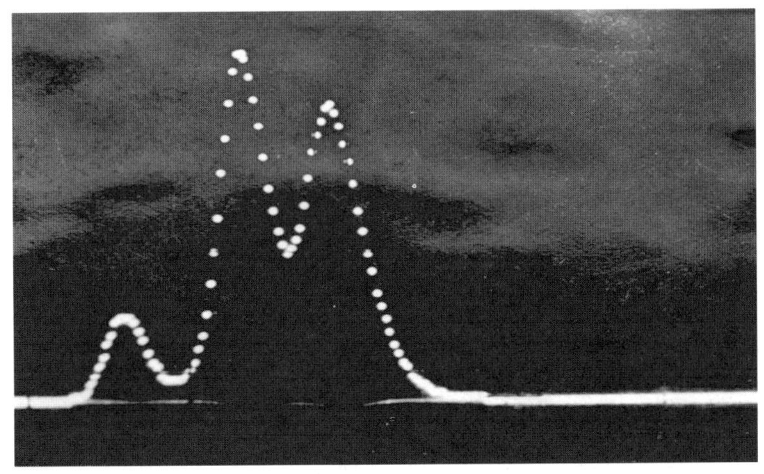

单道脉冲幅度分析器观察到的X射线荧光谱（左向右分别为K、Mn、Cu的荧光峰）（王梅生提供）

奖状

华东师范大学：

你校研制的能量色散型X射线荧光分析仪，在1984年全国高等师范院校近代物理实验教学教材讨论会自制教学仪器观摩评议中获得好评，特发奖状，以资鼓励。

教育部理科物理教材编审委员会
物理实验编审小组
中国物理学会教学研究委员会
1984.12.1.

自行研制的能量色散型X射线荧光分析仪在1984年全国高等师范院校近代物理实验教学教材讨论会上获奖（王梅生提供）

组长曹尔弟老师除了负责整个实验室重建任务，还与青年教师吕正芳和实验员吴正承担光学和原子光谱实验。他们重新设计了一套磁铁装置，可精细地观察到原子塞曼效应，创造性地用单光子计数器进行拉曼光谱仪的研制，为开设新实验和科研创造条件。此后，翁斯灏和俞永勤两位老师也加入近代物理实验室工作，在纯四极矩共振方面做了不少工作。除此之外，全系相关科研组积极为近代物理实验室提供实验内容和装置，例如宽谱线核磁共振、微波测量等。

在近代物理实验室建立过程中，我们还积极把教师科学研究和教学创新结合起来，以穆斯堡尔效应实验为例，在开设这一实验的过程中同时进行科学研究工作。顾元吉、赵建民、杨燮龙和张敷功负责核物理实验，他们决定新增设“穆斯堡尔效应”实验。在向外单位学习的基础上，与校办厂技术人员和工人密切配合，最终成功地研制成等速和等加速穆斯堡尔谱仪各一套，并在国内首先引入近代物理实验教学。其中穆斯堡尔等速谱仪在1986年获得了国家教育委员会主办的全国高教物理教学仪器优秀研究成果评比三等奖。

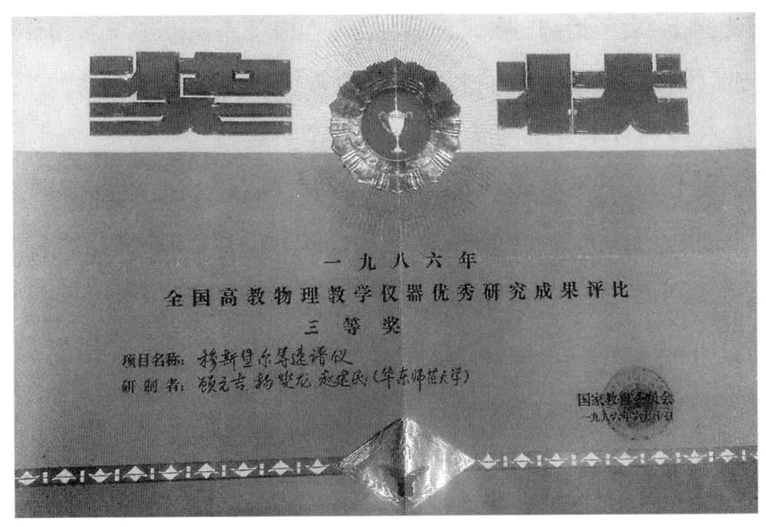

自行研制的穆斯堡尔等速谱仪获1986年全国高教物理教学仪器优秀研究成果评比三等奖证书

实验室集体编写的《近代物理实验讲义》也按时出版。由于全室老师和实验人员的共同努力，加上各方的支持，华东师大在重建近代物理实验室方面走在国内高校前列，包括南京大学、复旦大学、上海交通大学等在内的兄弟院校陆续有老师前来取经、交流。西安交通大学的1977级学生利用暑假从西安乘车到华东师大物理系近代物理实验室来做相关实验。

“建立近代物理实验室及实验室教学”的改革项目在1989年获得上海市优秀教学成果奖，获奖名册前言中提到：“这次奖励的范围是党的十一届三中全会以来，本市普通高校在教学改革、教学质量、教学管理等方面取得优秀教学成果的个人和集体，这也是改革开放以来上海市第一次教学成果评选。”

二、改革发展阶段

2002年，华东师大启动闵行新校区的建设。2006年4月底，近代物理实验室迁入闵行校区实验A楼西二楼，从客观上提高了办学的硬件条件。在两期中央高校改善基本办学条件专项资金支持下，实验室新购置了一批仪器；在宫峰飞、沈国土、袁望治、赵振杰、阮建中、王春梅等人积极参与下，近代物理实验项目逐步模块化，且硬件条件得到不断改善提高。

同时，在课程教学方面，也做出一些创新改革：

一是承担学校教务处多项教学改革与研究项目，积极开展大夏学堂优质示范课程建设，利用大夏学堂平台开展混合式教学尝试，将课程相关视频、图片、讲义等资料放到平台上，拓宽了单纯讲义所能给予的指导，同时利用平台和同学多方面互动，包括作业提交、预习、讨论等，改进了教学方法，提高了教学质量和效率。

二是不断更新实验内容，积极承担学校设备处有关实验技术研究资助项目，例如研制、完成了磁光克尔效应实验和基于该效应研究磁各向异性的实验装置，并将研究成果融入到教学中。

三是"因材施教"，在可能的条件下对一些优秀学生开展设计性、研究性实验教学。这有利于培养和锻炼学生的科研能力，以及综合分析、解决问题的能力。具体做法包括：(1) 开设"精做"实验，在现有的实验仪器基础上，完成课程要求外的内容或对原实验内容进行扩展与修改，实验结束后进行总结并完成实验论文与讲义修改；(2) 选择一些大型仪器和设备，供优秀学生完成选做实验；(3) 利用实验室的现有资源，指导、开展了多项国家、上海市和学校的本科生创新创业训练项目。在上述各项活动中，发表了数篇教学类的论文，获得了1项发明专利的授权和多项实用新型专利的授权。

四是教学环节中增加课程思政内容，在授课中话诗文、引典故、联系生活实际、打比喻，不仅让学生听懂，还让学生觉得有趣、愿意听，引起学生思想上的共鸣，从而潜移默化地培养学生的民族自豪感和坚韧不拔、不畏艰险、勇于探索的做事态度。在学校第二届课程思政教学设计研讨与征集活动课程方案活动中，获得了一等奖。

五是受到美国职业篮球联赛NBA设立名人堂的启示，效仿他们的做法，2013年起建立华东师范大学近代物理实验学生名人堂，凡在近代物理实验课程中学习优秀或进步明显的学生可入选名人堂。名人堂分为优秀厅、单项厅、创新厅、目标厅，原则上每厅一学期不超过一个学生入选（针对一个年级或一个班），进入名人堂的学生需提交个人简介和获奖感言（可选）。截至2020年年底，有数十名同学进入学生名人堂。老师在下一级的近代物理实验绪论课上举行证书颁发仪式，在条件允许的情况下，请上一级的部分名人同学到现场领取证书，激励下一级同学的学习积极性和兴趣（附录中摘录了一些学生的获奖感言）。

在以上教学改革等措施的推动下，实验室在提高学生对物理实验的兴趣和指导学生参加物理学科的实验竞赛方面取得了可喜的成绩，特别是在全国大学生物理实验竞赛中获得了较好的成绩。全国大学生物理实验竞赛是由高等学校国家级实验教学示范中心联席会主办，全国高校实验物理教学研究会协办的我国高等学校物理学科最高级别的实验赛事。竞赛共设置基础性实验项目和综合研究性实验项目两个组别，分别设置一等奖、二等奖和三等奖，其中一等奖占参赛总人数的10%，二等奖占20%，三等奖占30%。华东师大自第三届开始参加基础性实验项目组的比赛，第四届开始参加综合研究性实验项目组的比赛。在第四届和第五届比赛中连续获得综合研究性实验项目组一等奖。

第四、第五届全国大学生物理实验竞赛一等奖获奖证书（获奖学生提供）

附录：入选名人堂学生的获奖感言摘录

近代物理实验这一课程是我们大学本科时期修的实验课程中要求最高也是最严谨的一门。近代实验室的老师们非常敬业，有什么问题都会尽力帮助我们解答。认认真真做实验，不仅能培养自己的实验能力，关键还能培养自己严谨的学术态度。大家加油！实验且做且珍惜。

记得最初做实验就是战战兢兢，原理看不懂，预习沦为抄报告的苦役，做实验故障连连，基本是模仿别的同学，甚至连最基本的仪器调试都要麻烦老师——惨不忍睹！所以近代物理实验课，大学里最后的实验课，我把它当作一个契机。冥冥之中，似乎近代物理实验课就是让我用来改变与超越的契机。

近物实验课里，我最喜欢的部分是主讲老师的预习课，因为可以让我们一个小组的同学分部分讲解预习，这迫使我自己不得不努力搞清楚原理，理清逻辑，想明白怎么把自己觉得必要的部分明白地讲出来。翻书，百度，是写近物预习报告的重要部分。写预习报告的时间由原来的20分钟拉长至好多小时，然而我心甘情愿，因为那种饱足感令我惬意。

如果说最大的收获，应该是大胆尝试与乐于合作。在实验中，胆大心细，上一刻勇敢又好奇地摸索带来下一刻自己的猜想得到验证的成就感，真的过瘾。尝试的意义在于给你机会去发现。同样，要坚持自己有根据的主张，说服队友放弃他有疏漏的意见，或者相反。两种情况都需要扎实的功底和远见卓识。合作的意义就是让你们成为更好的自己，也成为更好的你们。

很高兴能进入华东师范大学近代物理实验名人堂优秀厅的殿堂。我很感谢老师们的悉心指导，让我学到了很多知识，加深了对理论知识的理解和巩固，体会到了做实验的乐趣。现在，我十分怀恋这一年的经历，那些点点滴滴的记忆。正是这一年的磨砺，让我立志走上了科研的道路。希望在以后的学习和研究中做到戒骄戒躁，勇往直前！

感谢近代物理实验这门课程带给我的收获，让我学会了细心谨慎地对待所学的课程。感谢老师们对课程的精心设置，让学生们能感受到物理实验的乐趣。

人物篇

学高为师奠基础

——物理前辈们的奋斗足迹*

许国保

许国保（1901—1993），浙江海宁人，九三学社社员。1925年毕业于上海交通大学电机系。曾在上海交通大学、浙江大学、同济大学任教。1931—1933年，被铁道部派往德国学习X射线检验材料技术。1952年院系调整后，在华东师大物理系工作，被评为二级教授，任理论物理教研室主任直到退休。曾任中国物理学会理事、《物理教学》杂志主编；获得华东师大先进工作者、“从事物理科研教学工作五十年”荣誉证书和奖章（中国物理学会颁发）等。

许先生在上海交大物理系工作时，先后开设了理论物理（甲）、理论物理（乙）以及近代物理基础等课程。许先生自编教材，每周2～3节课，在两学期内授完。当时，自然科学中有关物质结构的理论尚在萌芽时期，微观世界的探索刚刚开始，理论内容主要讨论相对论、电磁理论、经典统计理论以及量子

---

* 许国保一文初稿由潘桢镛撰写，姚启钧一文初稿由宣桂鑫撰写，张开圻一文初稿由王云珍撰写，郑一善一文初稿由潘佐棣撰写，以上文稿来自《师魂——华东师范大学老一辈名师》并由编委会重新整理。陈涵奎一文由朱守正撰写；章元石一文资料由章继敏收集，由章元石的女儿和郭静茹整理；蔡宾牟一文资料由章继敏收集，由张锡年整理。相关照片来自学校档案馆。

论等，着重介绍欧美各国在这些领域发表的最新理论。这一时期的上海交大物理系涌现出赵富鑫、许国保、任有恒等一批中青年骨干教师，也培养出一批出类拔萃的学子，如钱学森、许国杰（我国运筹学奠基人）、蔡建华、华中一等。1932年4月，第九届国际数学家大会在瑞士苏黎世举行。许先生作为上海交大代表赴会，参与了应用数学（力学、物理）组的分组讨论。会后他将会议情况写成专稿发表在《交大季刊》上，这是我国最早有关国际数学家大会的报道。

许先生来华东师大物理系后，先后开设了全部理论物理课程，编写了全部讲义及相关的教学资料。他教学责任心强，事必躬亲。他备课认真，每教一届学生都有详细的教学笔记，常教常新；在课堂上，他满腹经纶，引用幽默的例子和比喻来讲解深奥的理念，教学充满风趣。

许先生的译著颇丰。1950年他翻译了《热学与声学》。1956年，他和复旦大学的周同庆教授合作，翻译了史包尔斯基著的俄文版《原子物理学》（上下），由北京人民教育出版社出版。1956年，编写《热力学与统计物理学》教材。1978年，此教材被教育部教材会议推荐，1982年由华东师范大学出版社出版。1962年，翻译了美国著名原子核物理学家L.艾森伯特与E.维格纳合著的《原子核结构》一书，全面深入地介绍了有关原子核的学科知识。

1955年，时任原子能研究所所长钱三强在讨论制定12年科学规划时，提出在我国开展可控热核反应研究的建议。钱三强亲自组建从事聚变研究的研究室，开展实验研究。理论研究方面，20世纪60年代初，复旦大学、华东师大、上海交通大学和上海师大的部分教师组成等离子体物理研究组。复旦大学的卢鹤绂院士（当时称为学部委员）任组长。复旦大学的周同庆院士和华东师大的许国保教授为主要成员，组员20多人。在大规模调研的基础上，小组将调研结果形成著作《受控热核反应》，由上海科学技术出版社在1962年出版，主编是卢鹤绂、周同庆、许国保。这本书基本囊括了20世纪50年代有关聚变的知识，成为我国聚变研究初期的重要参考材料。

改革开放初期，虽已年近八十，许先生依旧发扬物理系“传、帮、带”的优良传统，带领部分青年教师翻译出版了多本国外的物理教材和教学参考书，如

《物理学》《物理学基础与前哨》《相对论和早期量子论中的基本概念》等。

1986年，许先生从工作岗位正式退休。1993年10月25日，许先生病逝于上海，享年94岁。“学高为师，身正为范”，正是对许先生一生最好的写照。

姚启钧

姚启钧（1904—1966），上海金山人，著名物理学家，民盟盟员。1928年7月，毕业于上海大同大学理科，曾在国立暨南大学、重庆大学、上海交通大学等校任教，历任上海物理学会理事、中国物理学会《物理通报》编委等。1952年10月，到华东师大物理系任教，被评为物理学二级教授。1956年9月，受教育部委托，在国内首次创办二年制普通物理研究生班，培养了20名骨干教师。1960年，被评为上海市文教系统先进工作者。曾发表《偶极辐射场的图像》等多篇学术论文；翻译威斯特法尔（W. H. Westphal）著《物理学》（*Physik*）三册（商务印书馆出版，1938年）；编著教材《光学教程》（高等教育出版社出版），该教材在全国高校物理和光学专业中广泛使用，受到大学师生的高度评价。

姚先生对华东师范大学物理系的教育发展和学科建设做出了卓越的贡献。先生高贵的品格、渊博的学识、卓越的才华和儒雅的风度，赢得师生们的敬重与爱戴。先生视教师的职守为生命，视教师的道德为灵魂，治学态度严谨。先生长于启发，条理清楚，能把一个复杂的现象和深奥的原理讲得清清楚楚、引人入胜。他告诫同学们：要会听课，找到重点；要会看书，找到适合自己的学习方式；要会联系实际、融汇贯通。他告诫青年教师，要搞好教学工作，要有真才实学，要善于启发学生，要悉心培育人才。他告诉青年学生，要能够沉下心去，甘于寂寞，在学术上要能够提出问题和解决问题。他鼓励青年教师把大学教学和科研结合，在自己的教学与科研基础上编写教科书，写出独具风格的教材。

姚先生待人诚恳热情，培养的许多学生，如中国科学院薛永祺院士等，在教育界和科技界做出了卓越贡献。姚先生曾经说过："值此年过五旬，我最大的心愿是祈望我们老一代知识分子开拓的事业兴旺发达，后继有人。"先生哺育、扶持后辈学子的赤诚之心，令我们感动不已。

受教育部委托，姚先生编写《光学教程》。这是一份开创性的工作，必须以高度的责任感完成任务。姚先生逐字逐句地审核样稿，从物理概念、资料更新乃至文字表达、标点符号，逐一把关。20世纪60年代中期，《光学教程》初稿既定，浩劫来临，书未出版，先生去世。1982年，《光学教程》由高等教育出版社正式出版。先生原著的《光学教程（第四版）》被公认为物理专业的精品教材，被译成蒙文，有良好的教学适用性。作为姚先生的继承人，我们根据光学学科的发展和光学教学改革的实践，对该教程进行了三次修订，以更好地适应培养经济全球化的创新人才的需要。

先生尽管早就有了教授身份，但他从不端架子，从不自傲，从不自命清高，任劳任怨地做好教学内外的事务。在上海市物理学会任职期间，姚先生和复旦大学的卢鹤绂教授为原子能和平利用进行科普宣传，先生做了许多场次的科普报告，破除了原子科学的神秘感，解除了"原子能就是原子弹"的坊间误会，提高了人民群众的科学认识水平。

先生已经鹤归，但先生潜心教学、造福后人的精神，事无巨细、真诚服务的态度，将永远铭刻在我的心中。学生学到的不仅仅是恩师高超的师道，更有恩师言传身教的师德。恩师生前谆谆教诲的"业精"与"心诚"，将成为学生永志不忘的座右铭。

张开圻

张开圻（1896—1980），江苏无锡人，著名物理学家，民盟盟员。1919年毕业于南京高等师范学校理化专科。曾任教于南京高等师范学校、东南大学、中

央大学、光华大学、大同大学等院校。曾任上海市政协委员，大同大学物理系主任、理学院院长、教务长，中国物理学会上海分会副理事长等职务。1952年，因院系调整来到华东师大物理系工作，被评为二级教授，出任首届物理系主任。

作为首任系主任，张先生高瞻远瞩，充分施展他的物理教学管理才能。他知人善任，任人唯贤。比如，邀请光谱专家郑一善教授（来自同济大学）出任物理系副主任，委请许国保教授（来自上海交通大学）担任理论物理教研室主任，姚启钧教授（来自大同大学）担任普通物理教研室主任，陈涵奎教授担任无线电教研室主任，蔡宾牟教授担任物理教学法教研室主任等。他十分重视实验室和课程建设，先后建立了电子学、光学等一批专业实验室和研究室，开设了新的专业课程；重视教材建设和图书资料的收藏。1955—1956年，他先后开办了两届二年制的普通物理、无线电、理论物理研究生班。这些学员毕业成了各地高校的教学业务骨干，为我国教育事业的发展做出了贡献。

“大跃进”时期，广大师生响应党的号召，白手起家，自制设备，成果有电子示波器、微波测量仪器、超声波发生器、半导体收音机等，其中，真空探测仪和活塞环的制作接近国际先进水平，并成批生产供应市场需要。通过物理系广大师生的共同努力，物理系的面貌日新月异。张先生多次在全校干部会议上介绍经验，物理系在1959年被评为学校的教育先进单位，并在1960年和学校其他先进单位一起参加了上海市文教战线群英会。

作为一位物理教育家，张开圻教授在担任系主任的同时还亲自为物理系本科一年级学生讲授普通物理力学和热学课程。张先生讲授的物理课程概念清晰，用词简洁风趣，板书端正有序。比如，他讲牛顿第三定律时，以浓重的无锡口音普通话讲道：“马拉车，车拉马，马车为什么又向前跑了呢？”他把力学中比较难懂的“作用力和反作用力”讲得十分精彩而传神。课后学生普遍赞美张老先生的讲课生动易懂，把抽象的概念形象化，极富启发性。

张开圻教授是物理学界从事物理教学研究造诣颇深的专家。曾经编写初中物理参考书、《物理学》(商务印书馆出版),《初中物理》(上下)(中华书局出版),《高中物理》(正中书局出版)等书。这些书在沪上畅销多年,年轻学子争相传阅,声誉日隆。应教学所需,他翻译了美国物理学家达夫(Duff)主编的《物理学》(求益书社出版)。1956年,他和上海师范学院的杨逢挺先生一起,领导上海物理学会中学物理教学研究委员会组织编写了"高中物理教学参考资料"丛书。历时4年完成的这套14册的丛书自问世以来,深受中学师生的好评,并不断再版。

光辉的事业激昂人心,神圣的使命催人奋进。张开圻教授在华东师范大学物理学系期间,团结包容各位同志,对青年教师关爱有加,以诚待人。教学方面踏踏实实,对待工作恪尽职守,以信立人。1980年5月12日,张先生在上海华东医院病逝,享年85岁。言必行,行必尽责,张先生的事业心和使命感为我们树立了学习的榜样。

郑一善

郑一善(1910—1997),字子贞,江苏武进(今常州武进区)人,著名光学家。1932年,毕业于清华大学物理系。1948年,获得美国俄亥俄州立大学理学硕士学位,在纽约州克拉克逊(Clarkson)理学学院任教。1949年,郑先生毅然辞去美国待遇优裕的工作,投身新中国的建设。同年8月,郑先生被同济大学聘任为物理学教授。此后,郑先生在浙江大学、大夏大学、复旦大学、华东师范大学等校任教。1952年调入华东师范大学物理系,1956年被评为二级教授。历任物理系副主任,上海市红外遥感学会副理事长,中国光学学会理事、名誉理事。郑一善先生曾在美国一流杂志《物理评论》杂志上发表论文。回国后著有《物理学 · 光学之部》《物理学 · 原子物理之部》《分子光谱导论》和《原子物理学》专著。

1950年年初，物理系陆续进口蔡司Q24紫外摄谱仪、蔡司红外单色仪。在他的指导下，师生迅速掌握了机器原理、结构和使用方法，开设高等物理实验课程。1957年，郑先生受邀为复旦大学讲授“分子光谱导论”课，这是国内首次开设分子光谱学专业课程。1959年，华东师大物理系组建光学教研室，郑先生任主任，讲授红外吸收光谱基本测量、红外分光谱分析系统等课程。为了提升教学质量，他和复旦大学周同庆教授共同倡议，成立了复旦、华东师大、上海师大三校光学协作组。

在缺乏先进仪器和实验室的情况下，郑先生和青年教师、学生一起，成功试制了国内首例稀土陶瓷棒状红外光源——能氏灯丝，设计研制了红外分光计、氯化钠棱镜、红外试样池和热电偶探测器的电子放大器等。1964年，郑先生领导设计了当时全国高校唯一的恒温、恒湿、防震的红外光谱恒温实验室。他成功试制出国内第一台红外分光计，获教育部省属高校科研成果三等奖。1965年，他将分光系统由氯化钠棱镜改为红外光栅，使得分辨率得到提高。

1979年后，在郑先生的联系和推荐下，十多位骨干教师赴世界一流实验室学习进修。1979年，郑先生邀请美国斯坦福大学的肖洛教授来华举办激光光谱讲习班，并邀请全国几十所高校和研究所的科研人员参加，为我国激光光谱研究事业拉开了序幕。之后，他陆续请激光光谱学专家霍尔、亨斯和分子光谱学专家拉姆塞来华讲学。肖洛教授（1981年诺贝尔物理学奖获得者）被聘为学校名誉教授。霍尔和亨斯教授被聘为顾问教授，二人于2005年同时获得诺贝尔物理学奖，也是学校名誉教授。1982年6月，郑先生应邀出席在美国召开的第三十七届分子光谱学专题讨论年会，并作为大会特邀发言人，介绍华东师范大学在光谱学方面研究成果。

80年代，获准设立了光学硕士点和光学博士点，分子光谱学和激光光谱学是主要的研究领域。郑先生作为学科带头人和第一批硕士生及博士生导师，培养了一大批优秀的青年教师和研究生，并在前沿基础研究、技术研究和应用研究方面取得了系列创新研究成果，使实验室成为国内一流的光学和光谱学实验室。1987年，与中科院光机所一起成立中科院近代量子光学联合开放实验室，为日后建立教育部重点实验室和国家重点实验室打下了坚实基础。

先生治学严谨、博学多才，先后讲授了新课“电动力学”“分子光谱导论”“红外和分子光谱”，年过八旬还为博士研究生讲授新课“分子动力学”，向青年教师和研究生介绍系列的现代光谱学知识课程。

郑一善先生克己奉公、勤学敬业、忠实待人、胸襟开阔，甘为人梯，成果丰硕，无愧为华东师范大学的优秀教师和我国光学研究领域的杰出学者。

陈涵奎

陈涵奎（1918—2017），江苏武进人。我国著名无线电物理学家、电子科学教育家，九三社员，离休干部。1939年毕业于中央大学电机系，即任该系助教。1946年赴美国，次年获密歇根大学硕士学位。1950年获美国伊利诺大学博士学位后留校任研究员。在美期间，陈涵奎参加了进步组织“留美科协”，学习新民主主义论。1951年8月，他放弃优越条件，回到祖国。他先后任教于上海沪江大学、上海交通大学、哈尔滨军事工程学院，1954年任华东师范大学物理系教授兼电子学教研室主任。1972—1978年，在上海科技大学任教。1978年8月，回到华东师大。1979年后，曾任物理系主任、华东师大学术委员会副主任、微波研究所所长等职。1981年，他领衔的华东师大无线电物理学科成为全国第一批博士学位授权点学科。1983年起，被聘为国务院学位委员会第一、第二届（理学）学科评议组成员，国家教委高校无线电教材编审委员会副主任委员。他历任中国电子学会会士、理事，电子教育学会常委，《电子学报》编委，中国微波专业学会副主任，上海市电子学会理事长（1982—1986年），上海市科协常委。陈涵奎先生是一位爱国爱党的社会活动家，是第四至第八届全国政协委员。1990年，被国务院和国家教委授予教育事业“突出贡献”荣誉称号。2009年，上海市委颁给他新中国成立60周年荣誉纪念章。

陈涵奎教授在回国服务的岁月中做了几件有影响的工作。

一是协助上海亚美电器厂转型为专业微波设备生产厂。

1958年，与上海亚美电器厂合作完成3厘米微波测量仪器的研制任务，为中国微波技术的发展提供了必要的实验条件。此后，陈涵奎又协助该厂成功研制从厘米波到毫米波各个波段的测量仪器和元件，协助上海亚美电器厂转型为上海市专业微波设备生产厂。1972年，陈涵奎至该厂蹲点两年半时间，培训技术人员，使该厂在1979年研制成中国第一套自制的微波网络分析仪，填补了国内空白。

二是筹建和发展上海市电子学会。

1961年9月，上海市电子学会正式成立，陈涵奎当选为学会的副理事长兼学术委员会主任，同时担任学会主办的无线电业余进修学院副院长。

学会成立之初，会员人数只有数百人，有电子仪器、电子器件、微波技术、通信、广播电视和无线电元件等6个专业组。到1985年，会员人数发展到5 000多人，专业组扩充到14个。1972年，陈涵奎参加接待首批美籍华裔专家回国访问。改革开放后，他负责接待多批国外电子学专家，其中包括由两届美国电气电子工程师学会会长率领的代表团，为缩小我国与国外在电子学科方面的差距发挥了重要作用。

三是开拓中国微波能应用。

微波作为清洁而高效的能源使用是1960年后发展起来的。现在微波炉已经家喻户晓。1974年11月，电子工业部在南京召开全国第一次微波能应用技术经验交流会，陈涵奎作为特邀代表在大会上做了学术报告，并应大会邀请对会议上交流的论文进行总结。会后，他先后到几十家工厂、医院和研究所了解情况，研究微波能在各行业可能应用的前景。他在上海科技交流站举办学习班，培训开展微波能应用需要的科技人才，亲自编写关于微波能应用基本原理的讲义，积极推广微波在工农业生产中的应用。在推广微波能应用过程中，他还做出了理论成果。在设计微波加热腔时，为了使加热均匀，谐振腔内模式数应该多一些。但是，国际上沿用多年的加热腔内模式数的计算公式，是从声学中搬来的，是错误的。1976年，他从电磁理论导出了正确的计算公式，1979年发表在国际著名的《自然》杂志上。在陈涵奎的倡导下，自1983年至今，中国电子学会的微波专业学会和真空电子学专业学会每隔两年联合召开一次全国微波能应用学术讨论会，并邀请国外专家介绍微波能应用的最新技术和发展动向。

四是重视理论联系实际，为上海市解决重大实际问题。

陈涵奎一贯重视理论联系实际。他积极响应“科学技术面向经济建设”和“科学家要到实际工作中去找课题”的号召，身体力行，解决了上海市遇到的重大实际问题。1980年，从理论上解决了上海当时第一高楼虹桥宾馆能不能造的问题，为上海市的决策提供了科学依据。1983年，八频道电视在宝山、金山和闵行等重要工业区的收视效果不好，出现“屏幕上老下雨”的问题，陈涵奎带领老师解决了这个问题。这些地区的电视用户纷纷给华东师大的微波研究所和上海电视台写信，感谢上海市为人民做了一件好事。该项目1988年获上海市重大科技成果二等奖。

五是言传身教，精心培育电子学专业科技人才。

陈涵奎回国后一直在教育战线工作。1954年到华东师范大学任教。除担任本科生的教学工作外，主要是培养研究生和进修教师。曾主持了一个二年制和一个三年制的研究班。在办班期间，除实验课外，他担任了其他全部专业课程的讲授。他以严谨的治学精神、生动的课堂教学、理论联系实际的科学作风，为培养无线电物理科技人才做出了贡献。从1956年起，先后培养了60多名研究生、博士生。这些研究生大多成为各条战线上的骨干力量。

陈涵奎有自己的治学观。他认为“自学成才这句话是颠扑不破的，不能期望在学校里把什么都学到，以后用之不竭”。他主张“尊师爱生”“教学相长”。在科研、教学方面，言传身教。指导写论文，斟字酌句，一丝不苟；重要文章或报告，必亲自过目，仔细推敲。他强调创新，“没有新东西，宁可不写文章”。

六是参加九三学社，积极参政议政。

陈涵奎于1957年加入九三学社。1980年到1993年，陈涵奎担任九三学社华东师范大学支社的主任委员。他还担任过九三学社上海市委顾问。从1964年起，陈涵奎担任第四至第八届全国政协委员。他几十年如一日，为我国社会主义建设事业建言献策。他先后在全国和上海市政协大会发言7次，向历次全国政协提交提案22个，向上海市政协提交提案12个。他的大会发言和提案涉及面广，可操作性强。他为中国共产党领导的多党合作事业尽心尽力。

陈涵奎于2017年9月4日逝世，享年100岁。他把一生献给了祖国的科学和教育事业，我们应该学习他在科学研究中始终求实和勇于创新的精神，学习他急国家所急、到社会中去找课题的研究风格，学习他严谨治学、言传身教、精心培育年青一代的师者风范，学习他热爱祖国、以自己的聪明才干努力为祖国的社会主义建设做贡献的优秀品质。

章元石

章元石（1901—1991），安徽绩溪人，原名章昭煌，中国科学社永久社员，中国物理学学会会员。

1919年8月，就读于国立南京高等师范学校数理化部。1923年，考入前国立东南大学物理系，同年，担任南京江苏省立第一女子师范学校高中部物理教师。1925年，赴北京清华大学国学研究院，担任语言学大师赵元任实验语音学的助教。后赴法国巴黎大学留学深造。1931年回国后，先后担任安徽大学物理学教授，湖南国立师范学院教师，上海交通大学理学院物理教师，南京军事学院物理学教授，重庆大学物理系、广西大学物理系、沪江大学物理系、上海国立同济大学理学院教授。

1952年，进入华东师范大学，担任物理系教授，教授理论力学课程，兼任理论力学教研组组长。专业研究方向为高等力学、理论物理学等,精通法文、俄文、英文、德文多门外语,并进行外语翻译工作。教学方面,开设力学、电动力学、电磁学、热力学、普通物理、理论物理等多门课程,并编撰力学、电动力学讲义。

蔡宾牟

蔡宾牟(1910—1980),浙江宁波人,民盟盟员。

1933年加入中国物理学会,1959年加入上海教育学会。曾担任普通物理学、物理教学法、物理学史等课程的教学工作。1927年8月,求读于上海光华大学。1931年9月,攻读美国密歇根大学研究生。1931年年底,攻读美国哈佛大学研究生。1933年10月,在上海中央研究院物理研究所任通讯研究员。1934年2月,任上海暨南大学教授;1935年2月,任成都四川大学教授;1937年2月,任上海暨南大学教授;1939年2月,任上海大夏大学教授、数理系主任;1946年2月,任安徽学院教授兼教务长;1947年8月,任金华英士大学教授兼教务长;1949年8月,任上海私立人文中学校长;1951年8月,任上海华东师范大学教授、物理系主任。

1952年全国高校院系调整,全面学习苏联,师范院校主要培养中学教师,建立各科教学法教研室。蔡宾牟担任物理教学法教研室主任,编写物理教学法教材,开设物理教学法课程,组织学生在上海市有关中学进行教学实习,获得上海市一中、上海市三女中、五一中学、育才、复兴、上中等中学的好评,影响较大。曾任《物理教学》杂志主编。开展物理学史的研究,与学校自然辩证法研究室袁运开教授等老师合作编写古代物理学史著作。懂英语,能阅读德、法、俄文物理学有关资料,翻译有物理哲学、伽利略传、近世物理学、物理常数、光谱学等资料。

孙沩：百岁巾帼屡建功

许春芳　翁默颖　张大同

孙沩教授，浙江杭州人，中共党员。出生于1915年2月13日，2015年9月29日去世，享年101岁。1936年毕业于浙江大学物理系，因学业优秀而留校任教，师从于我国著名的两弹一星元勋王淦昌院士。1946年至1952年，在上海交通大学物理系任教。1952年，从上海交通大学来到华东师大物理系工作，领衔创建实验核物理专业，培养研究生。1984年至1986年，在电子科学技术系任教授。1986年退休。退休后被返聘继续工作至90年代。

一、创建实验核物理专业（1959—1964年）

20世纪50年代后期，国家推广放射性同位素在农业、工业中应用。国家高教部审定在华师大物理系建立实验核物理专业，并正式招生，培养专业大学毕业生，推广放射性同位素应用，并任命孙沩教授担任主要负责人。

实验核物理专业组老师为开设新专业课程和建设放射性同位素实验室勤恳工作。在实际应用中，需要各种物理探测头，如盖革计数管、β 粒子和 γ 射线探测头，还有相关仪器和设备。由于需要测定同位素种类，还要有能谱分析设备。这些设备仪器都需要研发。

尽管工作繁忙，孙沩老师仍坚持带领全组青年教师定期开展学术活动。为提高全组青年教师学术水平，规定每周五下午全组一起阅读由孙老师指定的专业英文版原著《β谱仪理论与实践》和《γ射线谱仪》。由翁默颖事先把原著中的英文逐句译成中文讲述，有误时由孙老师纠正。当时没有复印技术，但这两本名著有俄文版，书价便宜，因此众多年青人选择阅读俄文版。读书活动效果特别好，人人拿着书，逐个问题进行讨论，学习书中建立数学模型的方法和设计思想等等。读书报告会持续了半年，全组的理论基础、业务水平、外语水平均有显著提高，对科研工作有很大帮助。每次科委来检查科研进展，都给予好评。

学科建设要为社会发展服务。我们从事实验核物理研究就要解决当前放射性同位素推广中的科学技术问题，因此组内开始研制γ射线谱仪、β谱仪和盖革计数管。当时全靠学校提供经费支持。一年多后，γ射线谱仪研制完成，然后参加上海市高教局高校科技展览会展出，同时应共青团团市委要求，在共青团设立的科学普及栏实物展出。后经一年多时间的不断改进，γ射线的谱线分辨率明显提高，上海市科委核准送全国高校科技展览会展出。

同时，粒子谱仪的研制工作进展顺利，已实现设计定型，主要部件磁场线圈完成加工，初见整机端倪。盖革计数管研制工作略有波折，研究发现制作过程中所用气体纯度不达标准，攻克气体纯洁度难关后，基本研制成特种盖革计数管。后因国家对该研究进行统一部署，本专业转移至兰州大学。

二、提高我国电子产品可靠性的物理先行者

从1970年起，孙沩教授开始参加半导体物理与器件物理的教学和科研。1978年，担任半导体教研室主任。对于她来说，半导体是一个陌生的新学科、新行业。虽年近六旬，但她凭借厚实的物理和英语基础，认真查阅文献，消化吸收国际上发展半导体的新成果，和大家一起建设了“半导体物理和器件物理”硕士点和“固态电子学”本科专业，为学校半导体及微电子学科发展奠定

了基础。

20世纪末，我国电子产品可靠性差，严重影响现代化建设。孙教授带领中青年教师积极开展半导体器件可靠性研究，主持和完成了国家教育部、电子工业部、上海市科委的多项研究课题，较突出的有三个项目：一是集成电路测试图形；二是集成电路的最佳封装湿度、温度，研制出湿度传感器并获专利；三是集成芯片互连成的电迁移实验数据，为提高半导体器件的可靠性做出重要贡献。孙沩主编《微电子测试结构》一书，在全国开展电子产品可靠性技术培训，为我国培养了一批教学和科研人才。她是中国电子学会电子产品可靠性委员会委员，并筹建电子产品可靠性物理学组，出任第一任组长。她领导的电子产品可靠性物理学组被评为电子部先进学组，为我国电子产品可靠性研究起了积极开创和带头作用。

在教研室里，孙教授是元老，但她从不以老自居，作风民主，谦虚谨慎，有事和大家有商有量。尤其是对中青年教师，她总是积极鼓励，支持他们勇于实践，大胆创新，这为教研室里师资队伍成长创造了良好的氛围。孙教授待人诚恳，与同事和睦相处，并且乐于帮助别人。她是大家的良师益友，许多学生和教师都得益于她的启示和帮助。她积极创造条件，让团队中的人员发挥主观能动性：你有什么长处，她就让你发挥这个长处。她经常与年轻人促膝谈心，关心并激励年轻人成长。她告诫年轻人："要仔仔细细读一本书，认认真真做一件事。"这是她给年轻人的教诲。

三、以身示范，立德树人

孙教授热爱祖国，热爱中国共产党，年近七旬的时候她毅然加入了中国共产党，并以共产党员的标准严格要求自己。更值得一提的是，孙沩教授作为一位自强、自立、很有事业心的现代女性，以她本人的示范带动和影响了许多女教师及女职工。20世纪80年代，半导体组女教工占2/3，教研室为研究生和本科生开设的11门课中有8门课是女教师主讲，教研室5个科研项目的负责人中4位是女教师，教研室党政负责人也是女教师。教研室两次被评为上海市三八红旗集体，1983年被光荣地评为全国三八红旗集体。这在高等学校理工科教研室中是很难得的。这是学校的光荣，也是孙教授和女教工的光荣。

在几十年的教学与科研中，孙沩教授淡泊名利，严以治学，她带领中青年教师做实验，写讲义，看文献，攻项目，发表论文……从经典物理到现代科技，她艰苦奋斗，脚踏实地，一步一个脚印地走过来，每件事情都是平凡而具体的，看似普普通通，实则卓越辉煌！

四、豁达心态增天年

孙沩教授是华东师范大学罕见的百岁教授，她的长寿与她的性格及心态有密切关系。她豁达开朗，正如其子女所说的，她"心态淡定，荣辱不惊"，即使在"文革"期间，她始终安慰大家，叮嘱年迈的父母放宽心，她自己则始终坦然地生活。

孙沩教授有一个幸福的家庭，她的丈夫是高中同学张汝梅先生（我国交通部一级工程师，著名造船专家），二人育有二子一女。她家庭和睦，晚辈孝顺，享受四世同堂的天伦之乐。从1958年开始，由于紧张备课，突击上课，她患上糖尿病，但几十年来她科学地掌握好生活和用药规律，有效地控制了病情发展，在家人的精心照顾下，50余年始终没有出现任何糖尿病的并发症，这简直是一个奇迹。

感谢孙沩教授为祖国高等教育事业所做的重要贡献，感谢她为我国电子产品可靠性物理方面开展的卓有成效的研究。同时我们要学习和发扬她的优秀品德和敬业精神，始终坚持淡泊名利，踏实苦干，严以律己，团结同志，忠诚党的教育事业的优秀品质。孙先生永远值得我们敬仰和怀念！

（文中照片由孙沩老师的儿子张大同提供）

万嘉若：电子信息伴君行

安同一

万嘉若先生生于1925年8月26日，江西南昌人，中共党员。1944年考入上海暨南大学物理系，1948年毕业后留校任教。1949年调入同济大学物理系工作。1952年院系调整时进入华东师范大学物理系工作。1953年升任讲师，1961年任副教授，1982年任教授。他是华东师范大学物理系无线电电子学专业的主要创始人之一，也是我国教育技术学专业的主要创始人。

1962年，担任上海市电子学会副理事长；1981年，担任中国人工智能学会副理事长；1982年，创建上海市高校电化教育研究会，并担任首届研究会理事长。1983年开始创建华东师范大学教育信息技术学系，任首届主任。1987年，担任全国计算机辅助教育学会理事长。20世纪80年代初，成立上海市高教电教馆，万先生是主要创建人之一，并创办了《教育与传播技术》刊物。80年代，他担任教育部遥感技术专业委员会和现代教育技术专业委员会的委员，上海市十五年科技发展规划人工智能科学与机器人学组副组长。90年代，受聘为国家自然科学基金委员会电子学与信息系统学科发展战略研究组成员，国家教委立项的我国发达地区中学计算机课程教材编写组组长兼主编。新世纪，万教授担任中国人工智能学会副理事长、上海市图像图形学会理事长、中国空间遥感技术学会副理事长、上海市电子学会副理事长兼信息科学专业委员会主任、上海人工智能促进会首任理事长等职务。2015年7月1日11时，万嘉若先生在华山医院与世长辞，享年90岁。

万嘉若先生从事电子、计算机与信息科学技术研究多年，硕果累累。编著有《无线电电子学》《无线电基础》《数字电子技术》《电子线路基础》《计算机教育应用》《计算机辅助教学》《现代教育技术学》等图书，发表图像处理与模式识别和计算机辅助教育等领域的论文数十篇。卫星图片的数字处理和计算机辅助语言教学系统等课题论文曾获得教育部的奖励。

1952年，万嘉若先生进入华东师范大学物理系工作。1954年，经他推荐，陈涵奎教授加盟华东师大物理系。在"文革"前，万嘉若作为陈涵奎教授的副手，为物理系电子学科的创建、发展，走在上海微波和电子科技的发展前列，发挥了重要作用。1959年，万先生主持研制"H01园波导通信系统100米实验线"，此课题曾是国际上的研究热点，是当时华东师大科研的重大项目。他提出总体设计要求，由上海金鑫铜厂加工完成可长距离传输H01波型的紫铜管，其架设从老物理馆三楼顶，经地理馆直达生物馆三楼顶。项目的技术关键是优化设计制造可激励出H01波型的激励源；优化检测微波低损耗电平；精确架设平直波导系统，防止波型变换。万先生经全面设计考虑，并到现场参与校测，取得了相当满意的结果，在全国微波会议上做了学术报告。

1959年，物理系掀起科研"微波热"，物理系决定生产微波仪器，殷杰羿协助找来微波速调管，万嘉若协助解决速调管外置谐振腔设计问题，绘出谐振腔金加工图纸，解决了难题。1960年前后，万先生观察到国际上电子计算机发展已具备规模，他向物理系领导建议：内部建立一个研究组，以脉冲技术和数字技术为主题展开深度研究。由此物理系建立了301教研组，万嘉若是第一任组长，选定了王成道、张汝杰、包新福、钱菊娣等青年教师参加。后来，这批青年教师在计算机应用技术和功能软件以及人工智能等方面均有新的发展。1963年起，有无线电电子学专业的五年制本科毕业生。华东师大有名的"物五学风"，学生们竞相背大书包、抢位置、抓紧读书，就出自无线电专业。1965年，万嘉若开始独立招收信息论研究生（三年制）。他与陈涵奎教授合写了全国师范院校专业用书《无线电电子学》(上中下三册)。

1982年获得无线电电子学专业硕士授予权后，万先生开始培养研究生，翁默颖、王成道、陈康宏、王凯等协助培养。为了科学研究和培养研究生，急需建立图像处理实验室；恰好校办厂生产的“DJS−130”计算机急需开发外部设备，原来只有穿孔纸带机和电传打字机。在万嘉若的带领下，与校办厂合作研制出高密度滚动式图像输入输出设备，改制成以电视机为快速图像输出设备。王成道、陈康宏、汤锦森等人共同努力，完成了“DJS−130计算机小型图像处理系统”。这项工作为日后引进大型图像处理系统打下坚实基础。

1985年，学校想把地理系遥感技术的优势与电子系信息处理的优势结合起来，由万嘉若牵头，利用世界银行贷款，引进大型“计算机图像处理系统”，放在电子系。这为信息处理学科提供了良好的研究平台，对电子系、地理系和河口所的遥感研究工作大有促进。电子系王成道，地理系梅安新、黄永砥，河口所恽才兴等，利用此平台获得多个国家攻关项目，取得多项国际水平成果。

1985年开始，万嘉若担任教育信息技术研究所所长。万先生又为教育信

万嘉若教授(前排左五)与教育信息系同仁在一起(教育信息系提供)

息技术系申请计算机应用专业和现代教育技术专业的硕士点做出了主要贡献。万教授迄今共培养国内外各类研究生约60人。此外，万嘉若还接受国内外访问学者和进修教师，先后有十几人到教育信息技术系进行学术访问或听课进修。

万先生对青年教师业务成长十分关心。1960年，殷杰羿到南京大学听苏联专家薄瓦讲"超高频天线"，万先生送他列文著《微波导论》一书。讲学结束后，殷杰羿参加编写《超高频天线》一书。该书出版后，殷杰羿回赠万老师一精装本。1958—1963年，万先生对青年教师马幼源在"电子线路实验"方面进行指导，使他上了新的台阶。万先生指导青年教师郭三宝在电子线路实验方面深化发展，并指导其编写电子线路实验教科书，该书由高等教育出版社出版，为全国众多高校采用。万先生指导青年教师林康运讲好电子线路专业课，并指导他编写电子线路教材，该书由高等教育出版社出版，深受众多高校欢迎。万先生关心青年教师沈成耀，促使其在微波测量方面不断加强研究，二人经常交流研究进展。

万嘉若先生从事电子、计算机与信息科学技术研究多年，硕果累累。他为人谦虚谨慎，关爱下属，工作积极努力、与时俱进，为我国电子信息科技的发展和推广应用发挥了非常重要的推动作用。

袁运开：干一行而爱一行*

袁运开（1929—2017），江苏南通人，华东师范大学校长（1984年6月—1992年12月），物理学教授。1955年6月加入中国共产党。

1941年至1947年，在南通中学学习。袁运开晚年在接受媒体采访时说："我至今仍记起数学课陆颂石老师把我叫到他办公室，他从当时中国贫穷落后的面貌一直说到中国需要科学技术，需要有为的青年。他最后对我说，你还是搞理工吧！" 1947年9月，考入国立浙江大学理学院物理系学习。1951年8月，大学毕业后进入华东师范大学物理系任教。1955年，华东师范大学从各理科系选调教师到哲学系跟随马克思主义哲学家冯契学习哲学，开展科学哲学和自然辩证法相关的研究工作；袁运开从物理学"跨界"到自然辩证法与自然科学史领域。1962年，在中国人民大学哲学系自然辩证法进修班进修。1978年5月，晋升副教授，同月起担任物理系主任。1979年8月，经教职工选举被教育部任命为华东师大副校长。1984年6月至1992年12月，担任华东师大校长。1986年1月，晋升教授。1994年年底退休。1998年6月28日，当选国际欧亚科学院院士。

袁运开长期从事理论物理、物理学史和自然辩证法的教学与研究工作。曾担任华东师大自然辩证法暨自然科学史研究所所长，上海物理学会副理事

---

* 张知博根据校志整理。

长、上海市科协理事、上海科学技术史学会理事长、中国物理学会普及工作委员会副主任，《科学》杂志常务编委、《辞海》物理学分科主编，国家《科学（7—9年级）课程标准》编写组第一负责人等。其20世纪80年代初主编的《物理学史讲义——中国古代部分》，对新中国成立以来有关中国古代物理发展史的教学与研究成果进行了系统总结，所提出的创造性见解填补了我国物理学史研究的诸多空白，获上海市1979—1985年哲学社会科学著作奖。主持编写的《科学技术・社会辞典》获第三届全国教育图书一等奖。作为第一主编，袁运开参与编撰的《中国科学思想史》（上中下三卷）获第十届全国优秀科技图书三等奖、第十三届中国图书奖、上海市哲学社会科学优秀成果著作类二等奖；英国科学史家李约瑟盛赞该书的写作“是我们这个时代的最令人兴奋的进展之一”。此外，还参与编撰了《简明物理学辞典》《中国学者心中的科学与人文（科学卷）》等多部著作。发表自然科学史、自然辩证法领域的论文30余篇，代表作主要有《中国古代科学技术发展历史概貌及其特征》《关于自然科学史方法论的若干探讨》《沈括的自然科学成就和科学思想》《“传统思想与科学技术”的研究意义》《科学观浅议》等。

袁运开是我国最早开展自然辩证法研究的先行者之一，筚路蓝缕、沾溉学林，也是华东师大自然辩证法学科的开创者和带头人。除科研工作外，他先后从事普通物理、电动力学、原子核理论与自然辩证法以及科学史等专业方向的教学和研究生培养工作，立德树人、作育良才，特别是对创建华东师大物理学史和科技哲学专业、培养相关人才做出了重要贡献。

袁运开同志长期致力于探究高等教育特别是高等师范教育办学规律、人才培养规律，成就卓著。他通过比较中美一流大学的办学经验，对高师教育的管理体制、办学方向、师资培养、教学改革、课程设置、学科教育等开展了深入研究。主编的“学科教育学丛书”“大学后系列书系——教师必读丛书”等，对高等教育研究的多个领域具有开创意义，还参与编撰了《中国高等教育》《中国高等师范教育改革》《中国大学校长论教育》《现代教育思想引论》等多部专著。发表教育科学论文40余篇，代表作主要有《重点师范大学的办学方向》《美国著名大学的学科建设与科学研究》《扩大高师功能，服务基础教育》《再论培养学生发展性学力与创造性学力的内涵及意义》《应给中学生以什么样的科学素质》等。他先后担任上海高等教育学会副会长、中国高等教育学会常务理事、中国高等师范教育研究会理事长、中国高校师资管理研究会理事长、上海市中小学课程改革委员会副主任等，在高师教育改革与发展研究、中学课程教材改革等方面建树颇多，影响广泛，誉满四方。

袁运开长期从事领导管理工作，为华东师大的改革与发展做出了卓越贡献，在校史上留下浓墨重彩的一笔。他在改革开放之初、百废待兴之际走上学校的领导岗位，肩负重任、砥砺前行，一干就是将近14年。主持学校行政工作期间，他自觉贯彻落实党的十一届三中全会以来的路线、方针、政策和党委领导下的校长负责制，紧密结合学校实际，认真落实中共中央关于教育体制改革的决定，提出了“扩大、提高、开放”的建设思路，切实按照坚持方向、稳定规模、调整结构、深化改革、改善条件、加强管理、增进效益、提高质量的要求，推动教育体制、思想、内容、方法等方面的重大改革，使学校多项事业发展走在全国高校前列。1986年，华东师大被国务院批准为全国首批设立研究生院的33所高校之一，这是学校发展史上一个重要的里程碑。在日常工作中，他带领全校坚定有力地把握社会主义办学方向，加强师生思想政治教育，推动校风、教风、学风建设，加强干部师资队伍建设和学科建设，在认真总结办学经验的基础上，指导制定学校“八五”事业规划，为学校此后的稳步发展奠定了坚实基础。因教育管理工作成绩卓著，1986年荣获上海市人民政府颁发的有关奖励，1992年荣获国务院颁发的有突出贡献专家特殊津贴。

袁运开倡导和恪守“求实创造，为人师表”的校训精神，为师生树立了做人做事的典范和楷模。他严于律己，宽以待人，作风朴实，廉洁克俭，始终保持着共产党人的光荣传统和优良作风。他工作兢兢业业、勤勤恳恳，从不计个人得失，始终怀揣着强烈的事业心和责任感。作为校领导，他顾全大局，充分发扬民主，深入实际、深入群众，广泛联系师生员工，全心全意为群众解决实际问题。他注重工作方式方法，坚持实事求是，一切从实际出发，不断加强和改进管理工作，提高工作效率。袁运开说："几十年来，我换过几次专业，经历过多个不同性质的岗位转换。每改变一次位置，我总是兢兢业业于新的事业，全身心投入其中，并把它作为自己新的努力方向。虽然没有做出什么大成绩，可是，无论在什么岗位，或者从事什么专业工作，我都能干一行、爱一行，努力实现自己的工作目标。"

乔登江院士：丹心化作马兰红

陈树德

乔登江（1928—2015），核技术专家，中国工程院院士；西北核技术研究所研究员、博士生导师；华东师范大学终身教授、博士生导师。

乔登江院士是一位极不寻常的老兵。9岁时，为躲避日军轰炸失去右眼。1949年3月，加入中国共产党。1952年，毕业于金陵大学物理系。1952—1963年，先后在金陵大学物理系、南京师范学院物理系、江苏师范学院物理系任助教，讲师。1954年12月—1957年9月，在北京师范大学物理系进修。1963年，他离开江南水乡走进戈壁大漠，与战友们为中国核试验做出了贡献。60岁时，因患癌症摘除一只肾脏；之后与癌魔抗争了27年。1997年，在离休9年后，当选中国工程院院士。

1998年，在中共上海市委组织部的安排下，乔登江院士来到华东师范大学。1999年6月28日，71岁的乔登江院士不顾年迈体弱，在师生们如潮般的掌声中，毅然地从王建磬校长手中接过华东师范大学教授、博士生导师的聘任书。其后乔院士还被聘为华东师范大学终身教授，担任了校学位委员会委员。17年来，乔登江院士勤奋工作，努力耕耘，他用生命实践了“求实创造，为人师表”的校训，成为华东师大人心目中永远的楷模。

乔登江院士来华东师大后主要在物理系工作。任教期间，乔院士前后承

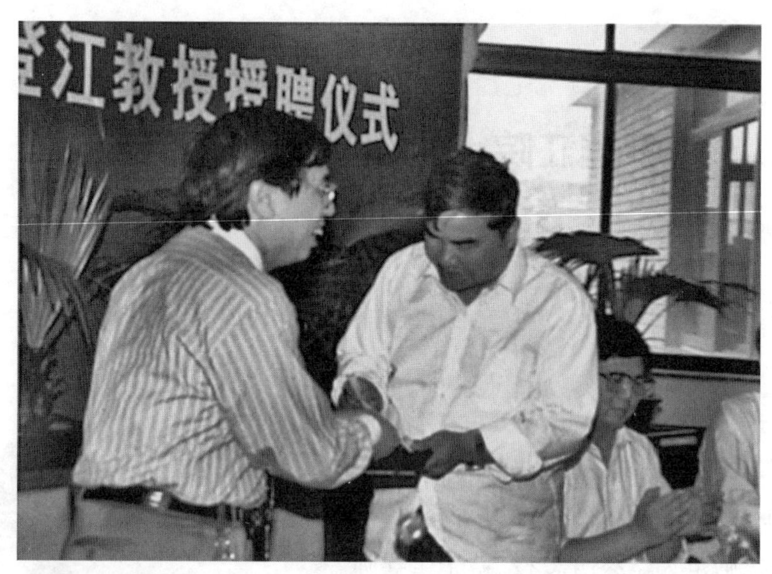

1996年6月28日，乔登江院士从王建磐校长手中接过华东师范大学教授、博士生导师的聘任书（来自《华东师范大学校报》）

担了“973”“863”、国家自然科学基金重点课题、部委和上海市重点课题等科研项目11项；发表科学论文45篇，完成国防技术报告12篇，获国家发明专利1项。尽管身体不太好，还承担着部队的任务，但乔院士积极履行导师职责，与其他老师合作，在这些年里，共指导了7名博士生、27名硕士生。

每周星期一上午是乔院士和他的研究生们雷打不动的“碰头日”，他认真听取研究生们一周研究工作的汇报，并逐一给予指导。由于乔院士非常平和，总是与学生平等地交流，因此在他面前，学生总能畅所欲言。每当研究生做较大型实验时，他都要亲自到实验室加以现场指导；对实验中的关键细节，他都要问清并记在随身携带的本子上。他对研究生严格要求、严格训练，认真批阅研究生们撰写的研究报告和论文，有时连错别字都一一改正。作为导师，他身体力行，对科学研究一丝不苟的精神，深深感动了与他一起工作的老师和青年学子。他的学生们牢牢记住了乔院士平时对他们的谆谆教导：你们能否成才，关键在于学习是否勤奋、努力，世上没有神仙、上帝，只有靠自己。

乔院士不仅是用身传言教的方法向学生们传授知识和方法，还用他高尚的情操深深地感动学生，教育学生。有位研究生来自农村，那一年他的母亲得重病，父亲也年迈体弱，家里经济相当困难，乔院士得知后每月用自己的工资津贴资助他继续完成学业。有位女同学的母亲得了重病，父亲又在去医院护理母亲的路上摔伤，一时找不到能帮忙的保姆，十分着急。乔院士知道后马上将自己家中的保姆介绍给她，并买了一大包用品及药品送给她，解了她的燃眉之急。学生们感动之余，深受教育。他是一位深受学生爱戴的好导师。

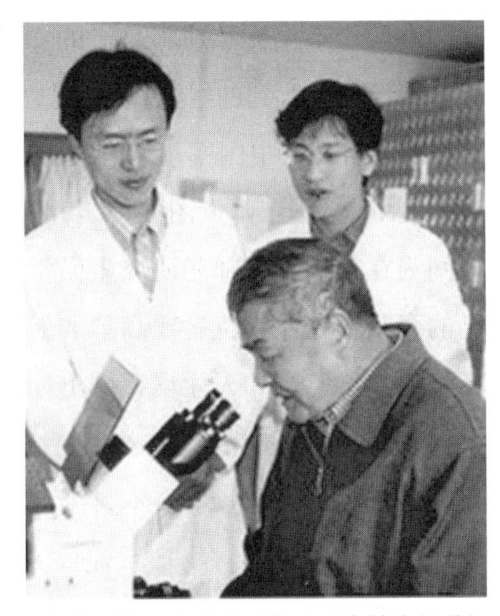

乔登江院士在指导研究生（陈树德提供）

已毕业的研究生回母校看望乔院士（陈树德提供）

乔院士不仅无私地将自己的知识传授给学生，而且十分关心教师们的成长。他经常将看到的好文章、好材料介绍给其他老师阅读。2012年，乔院士将他收藏多年的《中国军事百科全书》(乔院士参与了《军事技术分卷》的编审工作)捐赠给华东师大图书馆。乔院士十分关心培养年轻梯队，每年都要抽出时间为在校年轻老师和研究生做学术报告，介绍他最新了解的学术前沿和自己的真知灼见。一位病残高龄老人能在完成部队任务的同时，又为华东师范大学的学科发展和人才培育做出如此众多的贡献，着实让我们每一位华东师大人感动，被他忘我的工作热情所激励。

学校为了拓展各学科本科生的知识面，在全校开设面向文科学生和理科学生的公共选修课。物理系建议为全校理科学生开设一门"物理学新视窗"的公共选修课。这是一门新课程，要面对不同学科背景的学生，使学生了解、理解物理学科的最新进展，并为他们今后的学科发展打开新视窗。为此，学校教务处专门给予立项资助，要求两年内不仅要编出教材，还要开出新课。物理系多名在科研一线成果斐然、教学效果好的教师承担了这一任务。

当年乔院士78岁，欣然参加了这一工作。乔院士承担了《高功率电磁学》一章的编写和教学任务。这章的内容是乔院士根据他的科研积累和我国社会发展需要设计的，大大扩充了经典电磁学，探索了新领域，对技术提出许多有待开发与实施的新要求，对强流电子束技术、微电子技术、IT技术、新材料纳米技术等的结合与发展给予介绍与推动。乔院士还亲自编写教材，共写下6 400字。高功率电磁学教材深入浅出，凝聚了乔院士多年的深思和探究。乔院士不仅自编教材，还亲自给学生上课。作为全校的公共选修课，课程安排在晚上；老年人大都有早睡早起的习惯，难以想象只有一只眼睛(9岁时在日军轰炸中失去右眼)、一个肾脏的残疾老人在晚上给120多名学生上大课。连续两周的课，乔院士以经典电磁学为基础，引导学生拓展和探索新的领域；他生动而引人入胜的讲课为同学们打开了一扇新的视窗。每次下课前，全体同学自发地以热烈的掌声向乔院士表达谢意和敬意。

2011年3月，日本福岛核电站发生了严重的核泄漏事故，一时间全世界的目光都在关注福岛，关注核辐射和核安全问题。当时新闻的头条消息就是关于福岛的核事故，人们谈论的重要话题就是核辐射和核安全。由于一般民众缺乏有关核能、核辐射和核安全的知识，也出现了一些不科学、不正确的认识和传言，急需为公众和学生科普有关核辐射和核安全的知识。作为核物理学专家，乔登江院士义不容辞地担起这一任务。他亲自上电视给公众做科普报告，应学校的邀请给华东师大学生做专题报告。那年乔院士已是83岁高龄。为了做好科普报告和专题报告，乔院士戴上老花眼镜写讲稿，请组里的青年教师协助他制作图文并茂的PPT。为了保证科普报告和专题报告的效果，乔院士还在组里“预讲”，并征询组里老师和研究生的意见。当年各类报纸和电台、电视台在报道福岛核事故时使用了不同的核物理量，人们对核辐射量与核辐射剂量混淆不清，因此老师和学生提出一些建议，乔院士当即采纳，在讲稿中增加了对核辐射量和核辐射剂量的适用情况和二者间关系的介绍，并就如何确定核安全等级等大家关注的问题给予更为详细和通俗的讲解。经过乔院士的精心准备，他的科学、专业、通俗易懂的报告受到公众和学生的一致好评。同时，他那种对工作精益求精的态度以“身教”方式教导了组里的老师和学生。

华东师范大学的光学学科是国家重点二级学科。1999年，乔院士来华东师大后不久，就参与了光学国家重点学科的建设、精密光谱科学与技术国家重点实验室的筹建与申报。他参与制定学科重点发展的方向，组建国家级科研团队；他积极支持实验室瞄准国家需求的“三高”，即高精度、高分辨、高灵敏光谱的发展方向。2007年，经国家科技部批准，华东师范大学建立了精密光谱科学与技术国家重点实验室。重点实验室学术委员会会议在每年年底召开。冬天湿寒，常常是乔院士旧疾复发的时节，但每次他都按时赶去参加会议。2014年年底，乔院士身体已比较虚弱，但他仍坚持参加学术委员会会议。上午的会议开得很热烈，中午12点之后才结束。连续几小时的会议使他的身体有点吃不消。午餐时，他只吃了一个小面包，喝了一小碗汤。大家劝他下午回去休息，但他说没事，休息一会儿就会好的，打算继续参加下午的会议。在校领导的一再劝说下，他才离开会场。

2015年4月17日，乔院士的身体很是虚弱，但他仍集中精力为博士生评阅博士论文。4月30日，在病倒住院的前一天，他仍前往在华东师大的办公室，与其他老师一起讨论科研工作和研究生培养工作。那天他还计划着，趁5月份天气较好，要去苏州大学和西安研究所将有关工作做一些交代。他全然不在意自己的病情在恶化，一心想着工作和育人责任。

乔院士为国家的国防事业倾注了全部的智慧、精力、时间，对自己的工作永远是高标准，对自己的家庭生活却永远是低标准。1998年他刚来华东师大时，学校按照有关规定想给他配一处工作用房，但被他婉拒了。校领导很不安，要求物理系去了解一下乔院士当时的生活和工作用房的情况。乔院士那时还住在中科院的宿舍，系里的几位同志按照门卫的指点来到5楼，但5楼有几户人家，不知乔院士住在哪一户。突然看到有一户的门口有一双军用胶鞋，大家断定这定是乔院士的家——穿军用胶鞋的院士的家。进到乔院士家中，发现房屋并不大，七八十平方米，并且靠近马路，不太安静。后来在大家的劝说下，乔院士终于同意做简单的装修，将单层玻璃窗换成双层玻璃窗。乔院士这才有了一个比较安静的生活和工作场所。

在华东师范大学，乔登江院士是一位人人敬重但从不居功自傲的资深学者。在乔院士80岁寿辰的聚会上，大家纷纷向他表示祝贺，他动情地说："我乔登江是一个很普通的人，没有我国的核事业就没有今天的乔登江。"这是乔院士实实在在的肺腑之言。高校老师的科研方向往往是根据老师的兴趣爱好来确定的，由此乔院士经常深有体会地对青年教师说，科研兴趣固然很重要，但一定要将自己的兴趣与国家的事业结合起来。在讨论学科建设时，他提出学科建设一定要瞄准国家事业的发展和国家的需求。

乔院士是一位处处以国家事业为重、一心想着他人的老前辈。2013年，乔院士提出要向华东师范大学捐款50万元，他请秘书向学校转达了自己的意愿。学校建议以他的名义在华东师大设立奖学金，但他坚持不能用个人的名义，也不能宣传这件事。学校充分尊重乔院士的意见，决定在物理系设立“登高奖助学金”，专门奖励和资助家庭经济困难、学习优秀的学生，帮助他们更好地完成学业。有多位家庭困难、学习优秀的学生获得了“登高奖助学金”的资助。由于乔院士坚持不能宣传，受资助的学生们在一段时间里并不知道是谁资助了他们。直到受助学生参加乔院士的告别会时，才知道“登高奖助学金”的来由，这是乔院士设立的，是乔院士资助了他们。同学们失声痛哭，为失去一位敬爱的导师，一位关爱他们的长辈而悲痛不已。同学们把他们对乔院士真挚的感恩之情凝聚成努力学习、报效祖国的动力和决心。

“终身许国丹心化作马兰红，毕生传奇铸魂砺剑强军梦。”纪念堂上赫然在列的一幅挽联，记录了这位传奇老人的一生。没有长生，但不虚此生。乔院士的一生是光辉的，他虽然永远离开了我们，但他那奋力拼搏和与病魔顽强抗争的精神永远值得我们学习！我们要向乔登江院士学习，用自己的行动，尽自己的力量，报答和感恩身边的人，以星星之火传承他的大爱精神，尽自己的绵薄之力，回报社会，做一个对国家、对人民有用的人。

乔院士就是这样一位处处以国家事业为重、一心想着国家事业的老前辈。乔院士不仅是当代军人的楷模，也是华东师范大学全体师生的楷模。

邬学文：潜心波谱求共振

杨光

邬学文先生1927年12月27日出生于浙江宁波，1952年毕业于上海交通大学物理系，毕业后进入华东师范大学物理系任教，历任华东师范大学物理系副主任、波谱学教研室主任、副校长。邬先生是中国波谱学事业的创始人之一，他在1988—1996年任波谱学专业委员会主任，为我国核磁共振领域的科学研究、人才培养以及波谱学专业委员会的发展做出了重要贡献。

1960年，邬学文先生在华东师范大学发起并成立了波谱学教研组。没有教材，自己动手编译；没有实验仪器，自主研制。先后研制成功我国第一台"超再生核四极共振波谱仪"，第一台"自旋回波波谱仪"以及宽线、高分辨率等多种核磁共振波谱仪。这些仪器在全国工业新产品展览会和全国仪器仪表展览会上展览并获奖，并在校办工厂进行批量生产，开创了国内磁共振仪器技术研发与产业化的先河，解决了当时国内许多实验室的设备问题。华东师范大学波谱学教研组也因此脱颖而出，跃升为国内磁共振领域的一流实验室。

1976年"文化大革命"刚刚结束，邬先生就牵头重新成立波谱学教研室，组织人员编写、翻译教材，并开始波谱专业的招生工作。1979—1984年，面向全国高校和科研院所开办了5届核磁共振讲习班，恩斯特、沃夫、派恩斯等曾为讲习班授课。国内磁共振领域的许多知名学者曾经是这些讲习班的学员。

邬先生带领团队研发了第二代高分辨核磁共振波谱仪，积极将科研成果产业化，与校办厂合作在1982年开始生产该谱仪。该谱仪先后获得了国家教委优秀科技成果奖、国家经委优秀新产品奖等多个奖项。

1985年，通过世行贷款引进了当时国际先进的MSL-300核磁共振谱仪后，华东师范大学的波谱学研究组逐渐由原先的以单一的仪器技术为主，发展成为一支基础理论、仪器技术和应用研究并重的综合团队。为了更好地培养学生的动手能力，邬先生亲自带学生在MSL-300上做核磁共振实验。在当时的国民经济的发展水平下，MSL-300的价格简直是天文数字，但邬先生并没有因为害怕仪器损坏而限制学生使用仪器，反而鼓励学生说："用来买这台仪器的钱，存在银行里拿拿利息，加上维持仪器运转的钱，每天都有1 000多元。所以你们在这台机器上学习一天，就相当于赚了1 000多元。"当时研究生一个月的生活补助不过数十元，而谱仪价格高达40多万瑞士法郎。因此邬先生这个形象的说法，不仅给同学们留下深刻的印象，也切实激励同学们努力学习仪器技术。

进入20世纪90年代，受"出国热"的影响，实验室人才队伍出现年龄层上的断档，邬先生克服种种困难，慰留了许多人才，为后来先后成立教育部光谱学与波谱学重点实验室和上海市磁共振重点实验室打下了坚实的基础。目前，邬先生创立的华东师范大学波谱学教研组已经发展成为上海市磁共振重点实验室，在磁共振成像技术研发、核磁共振波谱方法及应用研究方面形成了自己鲜明的特色。

邬先生在出任副校长和研究生院院长期间，公务异常繁杂，但他仍然坚持每周3次核磁共振导论课程的教学，并亲自指导新生上实验课。年近古稀，他还带领学生进入磁共振成像的新领域，自己从头开始学习C语言。他的一名学生说过："邬先生对物理理论的深刻理解和清晰的表述，使我耳目一新，这些深切的印象，是我后来努力钻研核磁共振的动力……这对我的一生是意义深长的。"这其实是他众多学生的共同体会。邬先生的治学与为人让大家受益终生。

邬先生学识渊博，为人师表，栽培桃李，奖掖后学，培养和造就诸多磁共振领域的优秀人才，为磁共振学科的发展做出重要的贡献。

（文中照片由蒋瑜提供）

胡瑶光：两支粉笔去上课

徐在新

胡瑶光（1927—2018），1927年2月出生于江西省高安县。1952年7月毕业于同济大学物理系，随后被分配来华东师大物理系工作。那时物理系刚毕业不久的青年教师有胡先生、袁运开、邬学文和后来调往中国科学院上海技术物理研究所工作的匡定波，他们四人常被戏称为"四大金刚"。1955—1957年，胡先生被选派赴北京师范大学苏联专家苏什金教授主持的理论物理进修班进修，夯实了物理学，尤其是理论物理学的基础。由于外出进修，他于1961年延迟晋升为讲师；由于"文革"的原因，于1978年晋升为副教授；1986年晋升为教授。1984—1986年，担任物理系主任。此外，他曾担任上海市物理学会常务理事和副理事长。

一、两支粉笔老师

胡瑶光先生讲课思路清晰，体现了理论物理学科的系统性和逻辑性的特点，学生不仅学到了知识，还学到了提出问题、分析问题和解决问题的思路方法。无论为大学生还是为研究生上课，或者到兄弟院校讲学，胡老师常常只拿几支粉笔，因此常被戏称为"两支粉笔老师"。虽然只有几支粉笔，但随着精彩内容娓娓道来,黑板上出现了整齐的数学式子和重要结论。整堂课,包括某些理论物理内容中较为复杂深奥的概念以及繁杂冗长的公式推导,从他的脑袋里顺畅地流淌出来,听他的课是一种享受。

胡先生上课和讲学的风格,除了他有很好的记忆力外,在很大程度上取决于他在理论物理学方面的深厚功底,以及在课前认真的备课。他曾经告诉青年教师,上课当天一早,他会把前一天备课的腹稿在纸上再默写一遍,正确无误后才进入课堂。他还在《我的教学生涯》里写道:"(我上课)不带讲稿,备课时,反复思考,反复推敲,反复推演,把课程内容化为己有,用自己的思维方法,编排出几个要点以及诸要点之间的逻辑关系。讲课时用自己的语言自由发挥,肺腑心声,怎不感人!"为了上好课,他愿意付出成倍的努力,这也显示了他对教学一丝不苟的认真态度。在20世纪的数十年间,胡先生的教学风格和教学态度对物理系理论物理教研室年轻一代教师的成长产生了很大的影响。

胡先生的治学态度也自然地影响了听课的学生,他在上课时会告诫学生,在课后复习时,必须用脑、动手,对照着课本和上课笔记一边看,一边想,一边在纸上算。对其中的数学公式,必须用笔在纸上自己推演。这些在学习态度和学习方法方面的指导对于物理系1964届学生"物五学风"的形成影响甚巨。当时,物理系五年级(有若干届是五年制)学风的总结和发扬,对于培养学生正确的学习态度和学习风气起到了很好的作用。

二、教学理念

胡先生在长期的教学实践中,总结出如下观点:

一是理论物理课程常常包含许多较为深奥抽象的概念、冗长繁杂的数学推导和公式,以及看来不很"实际"却具有普遍性意义的结论,所以为了上好理论物理课,首先必须花费更多的时间认真备课,通过自己的理解、分析和思考,在头脑中形成系统性的思路。为此必须很好地领悟教科书中的思路,并且"回到初心",体会和理解科学家在建立该理论过程中是如何通过苦苦追求、反复思考而理清思路、有所创新的，将它们吃透，变成自己头脑中的思路。"理清自己头脑中的思路"正是胡先生形成如此授课风格的一个基础。系统性、逻辑性和严密性是一切理论的特点。科学家只有在自己的头脑中理清思路的基础上才能有所发现，有所发明，有所创新。

二是为了理清自己头脑中的思路，以较高质量上好课，在备课时不能仅仅局限于所采用的教材，而是要参考多本教材，尤其是国外教材。通过对比、分析，在更为宽广的背景下更好地掌握教材内容，理清如何提出问题、分析问题、解决问题的思路。通过研读多本教材和参考资料，找到最清晰、最简洁、学生最容易接受的思路，从而使学生对较为抽象难懂的物理概念和物理观念能够接受、容易理解，对冗长繁杂的公式和推导容易掌握，对于某些看似不很具体但具有普遍性意义的结论能够理解，并与实际联系。

三是要提高教学质量，上好理论物理课，教师还必须从事科学研究，以便从更高的水平、更深入的视角把握有关知识，提高自身的水平和能力。只有更深更广地掌握有关知识、具有更强理解问题能力的教师，才可能培养出高质量的学生。

理论物理教研室青年教师受到胡先生授课风格的影响，在他的思想指引下，不断努力提高自己的教学和科研水平，认真备课，从而提高了他们所承担的课程的质量，如徐在新、钱振华、朱伟、黄国翔等，常常受到学生和同行的好评。

三、教学科研并重

从20世纪60年代初至1984年，胡先生长期担任物理系理论物理教研室主任，他不仅以身作则，促进教研室的教师在授课中不断完善、丰富教学内容，提高教学质量，而且早在60年代初，他就带领青年教师开展科学研究，逐步扭转了当时的主流看法，即认为师范院校的教师，尤其是普通物理和理论物理教研室的教师只要搞好教学就可以了。

1979年胡瑶光(右三)参加北京李政道讲习班时摄于长城

胡瑶光(中)与老师讨论问题

1978年,胡先生首次招收了三名粒子物理理论专业的硕士研究生。1982年起,带领教研室的青年教师为兄弟院校连续举办了三届一年制的理论物理教师进修班,为当时兄弟院校的理论物理课程教学水平的提高起到了很好的作用。此外，当时的理论物理教研组与一些地方院校所在地的教育局合作，开展了多届研究生课程的函授教学；还为一些第三世界国家的高校教师举办了理论物理研究生课程班（用英语授课）。

1984年，胡先生出版《规范场论》一书。规范场理论是当时粒子物理学研究的前沿，胡先生的这本教材是当时我国最早出版的该领域的研究生教材，也是对有关科研工作者来说很有助益的参考书。胡先生应邀在全国十余所兄弟院校（包括复旦大学、南京大学、厦门大学、郑州大学、上海师范大学、新疆大学等）讲学，受到好评。

1984年，物理系获批成立理论物理硕士点，建立起较为完善的硕士学位课程体系。在"文革后"近20年这一恢复发展阶段，理论物理教研室的教师，在胡瑶光先生教学科研并重思想的引领下积极投身科研工作，在粒子物理理论、统计物理、核物理以及广义相对论和宇宙学等物理学较为广泛的基础领域开展了科学研究。理论物理的科学研究从无到有开展起来，并且达到了一定的高度。理论物理硕士学位点的建设，也为物理系理论物理课程教学水平的提高奠定了坚实的基础，并为教研室和物理系进入新世纪后的进一步发展奠定了良好的基础。他的教学风格和教学态度永远铭刻在许多后辈教师和学生的脑海里，值得我们好好学习，发扬光大。

（胡瑶光个人照片由胡瑶光家属提供，其他照片由徐在新提供）

陈家森：转型奋斗勇开拓

陈家森口述　张知博整理

陈家森，1935年11月出生，物理学系教授，中共党员。1952年就读华东师范大学物理系，1955年毕业留校任教。1961年，以进修教师身份，被派往前苏联莫斯科大学物理系学习。1974年，作为首批援藏教师之一，奔赴拉萨筹建西藏师范学院。1978年，响应国家号召，创建物理双语试点班。1984年，被派往美国加州大学戴维斯分校访学。因工作需要，陈家森教授先后被安排到理论力学、电子顺磁共振、核磁共振、半导体、生物物理等领域从事教学科研工作。连续4次获得国家自然科学基金和2项上海市科委发展基金的资助，并获得上海市科技进步奖二等奖等荣誉。他亲自参与的1980级普通物理教学小组获得了“上海市劳动模范集体”称号。1992年至今，享受国务院颁发的特殊津贴。

“学徒”变身“大学生”

1952年，因为党和国家的优惠政策，陈家森放弃在上海某药店当学徒的打算，报考并被录取为华东师大物理系的一名本科生，成为华东师大第一届全国统招的“幸运儿”，享受当时大学生的特殊优惠政策：考学、上学的一切费用全部由国家提供。心怀着这份感激，他响应团支部“不让一个阶级兄弟掉队”的号召，不仅努力让自己优秀，还帮助辅导那些通过保送进入大学的文化基础较差的工农速中学员努力跟上不掉队。他各方面表现优异，于1955年年底毕业留校工作。1956年2月，光荣地成为一名中共党员。

以大局为重，一切服从组织决定

1958年，凭借两年多扎实的工作，陈家森被组织推荐报考苏联的研究生，学习空气动力学。他克服了时间紧、考试难度大等困难，在两个多月的时间内夜以继日地苦读，完成了8本参考书的自主学习，被顺利录取，物理系仅有两名青年教师被录取。在成行的最后关头，因大局需要，组织希望他放弃此行。他以大局为重，服从组织决定。在接下来的日子里，他不忘初心，一如既往地埋头工作。

1959年，陈老师再次被组织推荐参加了留苏联研究生考试，这次他被要求改变研究方向，学习低能核物理。苏共二十二大后，中苏关系变得紧张，留学生不易学习核物理，国家为此做出应急预案，以进修教师身份推荐他前往苏联莫斯科大学物理系学习顺磁共振技术。他再次服从组织决定。1963年学成回国后，陈家森带领同伴于1966年研制出了全国第一台8毫米顺磁共振仪。

1970年，为响应上海打电子工业翻身仗的号召，陈家森投入到半导体器件研发和应用当中，建立起了一条MOS器件生产线，研制成功了一批MOS单管和集成电路。当时国营上海第七毛纺厂因纱线问题，生产出的毛料中有小疙瘩，影响产品质量，每次都得花大量的人力进行修补。普物实验室的老师研制出一款铅笔盒大小的清纱器，解决了这一问题。来访的德国交流团成员见到后，认为该清纱器体积太大，并拿出自己只有香烟盒大小的清纱器向纱厂技师炫耀。毛纺厂的师傅们找到陈家森，请他试试设计出体积更小的清纱器。面对工厂需求，陈家森带领几名工农兵学生刻苦钻研，在大家的共同努力下，仅仅用了两个多月的时间，就研制出火柴盒大小的MOS清纱器。新款MOS清纱器在生产中可靠地运行，并在普陀区科技馆开放展示。《解放日报》头版报导了这一消息，誉之为“超越了国际先进水平”。

援藏，拓展了生命的厚度

1974年，国务院发文支援西藏建设。陈家森积极响应号召，克服了家庭困难和心脏带来的身体小问题，成为首批援藏成员之一。华师大物理系选派的陈家森与分别来自上海交大、复旦大学、上海师大的三位老师组成了四个人的物理教研组奔赴拉萨，陈家森担任组长。他带领大家承担了从中学至大学的所有物理课程，每周有十几节课的教学任务。当时他们以改造客观世界的同时改造自己主观世界的精神面貌，不顾生活艰苦、营养不足的困难，废寝忘食，不断解决工作中的难题。有些事情，只有亲身经历，才能懂得它的真谛。经过当地领导、藏汉师生及上海高校援藏教师的努力，1975年7月中旬在原中等师范学校的基础上正式成立西藏师范学院。此时物理专业有两个班，1974年招的为物理(1)班，1975年招的为物理(2)班。上课用的教材是《大学物理(工科)》及部分自编讲义，同时编写了物理实验讲义，以演示为主，同学操作为辅。物理组的老师除了每周不少于18个学时的教学任务外，还完成了许多额外的工作。

1976年6月底，他们圆满地完成了预定任务，班师回沪并迎接第二批援藏教师进藏。临行前，西藏自治区任荣主任特地设宴欢送。

从西藏回来后，陈家森投入了核磁共振在医学中的应用研究，取得了颇有价值的研究成果。他和上海市肿瘤医院、瑞金医院、第三人民医院、上海市医学工业研究院一起，使用高分辨率核磁共振谱研究血清，可用于早期白血病患者的诊断。与华东师范大学生物系组织胚胎教研室合作，对不同发育阶段的动物胚胎进行核磁弛豫的研究，发现神经期胚胎的核磁弛豫有突变现象，为后期的生物电磁效应的研究埋下了伏笔。

双语教学试点班的先驱者

1978年年底，国家召开了一次自然科学的科学规划大会。当时正值改革开放、重视科学的时代，经教育部同意，华东师大物理系和化学系等从1980级入学新生起试行五年制。学校拟订了专门的外语、汉语教学计划，抽调部分教师，选定了外语和汉语教材，开始试点。这就是创建物理双语试点班的由来。毕业时，该班学生的40%被国内外高校和研究机构录取为研究生。

说到如何组织试点班的教学，当时大家都没经验。据陈老师回忆，“有句俗话叫做牛吃蟹，只能边干边学”。民国时期，上海有很多教会学校使用外语教材，但用中文授课。用中文来解释一些基本概念，对学习科学技术来讲更有利，所以当时就采用了这样的办法。由于学生第一年学习英语和汉语，如果学生在第一年一点不接触专业，对后续专业学习会有不利的影响，经研究，他们决定开设一门以级数和微积分初步为主的预备数学课程，每周2个学时，教学中尽量多渗透物理知识，一方面补充专业基础，另一方面给学生提供专业英语词汇。实践证明，这个做法取得了较好的效果，学生对后续普通物理等专业课程的学习积极性有了很大的提高，而且分析问题和解决问题的能力也增强了。另外，为了让学生增加专业词汇量，老师们还专门到上海图书馆和科技情报所租借原版进口的音像资料，每周为学生播放，观看以后，组织大家集体讨论。这样既可以提高学生的外语水平，也可以使学生对专业有所接触，为老师第二年开始进行专业教学打好基础。教学小组从成立第一天起，就一致认为应该教书工作和育人工作并重，不仅管教，还要管导。他们坚持集体备课，集思广益，发挥每个人的特长，力求做到最好，教学效果不断提高。

在陈家森的带领下，老师们根据学生的实际情况因材施教。对有潜力的学生，组织课外阅读、课外实践，期末组织读书报告会和实践活动交流会，进一步激发他们的学习潜能。对后进学生，则与他们共同分析原因，对症下药，进行单独指导帮助，提高他们的学习兴趣，改进学习方法，使后进变成先进。提倡教师有空尽量多和学生接触交流，要成为学生的朋友。普通物理教学小组的老师和学生的关系非常融洽，亦师亦友。

书生意气，赤子情怀

1984年，陈家森再次被学校派往美国加州大学戴维斯分校访学。此次学习的是生物物理，利用电光调制椭圆偏振仪研究肌纤维中大分子蛋白的运动状况，师从叶寅教授。作为我国利用世界银行贷款选派的访问学者之一，他每月享有400美金的补贴。由于他的努力和贡献，他额外获得导师每月800美金的科研资助。他觉得，国家给自己的费用是世行贷款，需要子孙后代来偿还，于是要求停止国家资助，并且还掉之前发给自己的费用。在访学期间，陈家森如饥似渴地获取新知，做实验，发论文。在两年的时间里，他发表了8篇论文，科研能力受到美国同事的一致称赞。

开拓创新，热爱研究

改革开放后，校、系领导不仅十分重视基础课教学，还提出以基础教学为主的教师也必须从事科研工作。这极大地激发了广大教师的积极性，一部分教师利用自己熟练掌握的仪器设备参与了生物医学的科研工作。陈家森教授回国后，物理系党政决定，在物理系建立生物物理研究室，并向学位委员会提出在物理系设立生物物理硕士学位的授予点。在陈家森等老一辈教授的奋力推动下，生物物理硕士点于1990年获得批准。

生物物理研究室成立后，根据研究室成员的结构特点，分别设立了以基础研究为主和以应用研究为主的两个研究小组，使每个人的才华都得到施展。在大家共同努力下，争取到国家和上海市政府的支持。其中，陈家森教授兼顾两个方向。一个方向是基础研究，从生物大分子层面上探索肌肉纤维的收缩机理，这是当时国际上的热点课题。在陈家森等老师带领下，实验室自行设计制造了独创的磁光调制椭圆偏振仪，用于获取肌纤维中生物大分子活动的信息。经过一年多的日夜奋战，终于获得成功，它不仅得到业内人士的认可，也得到美国专家的赞许，连续四次获得国家自然科学基金委的基金支持，极大地鼓舞了大家的士气。

国家科技成果完成者证书

证书编号：030066

中华人民共和国国家科学技术委员会

项目名称：肌肉收缩动力学机制的椭圆偏振法研究

完成者：陈家森（第1完成人）

所属单位：华东师范大学

国家登记号：910642

登记日期：1993年1月

发证日期：1993年9月

作为“肌肉收缩动力学机制的椭圆偏振法研究”第一完成人，陈家森获国家科技成果完成者证书

另一个方向是应用研究，在动物胚胎生长发育过程中神经胚胎的质子核磁弛豫出现突变现象的基础上开展电磁效应的研究。陈家森以淡水鱼鱼苗生产为抓手，发现在神经期胚胎受到适当强度的电场刺激对鱼苗的存活率、抗病能力以及后期生长速度都有明显的作用。该研究先后两次获得上海市科委科技发展基金的支持，其成果获得上海市科技进步奖二等奖。

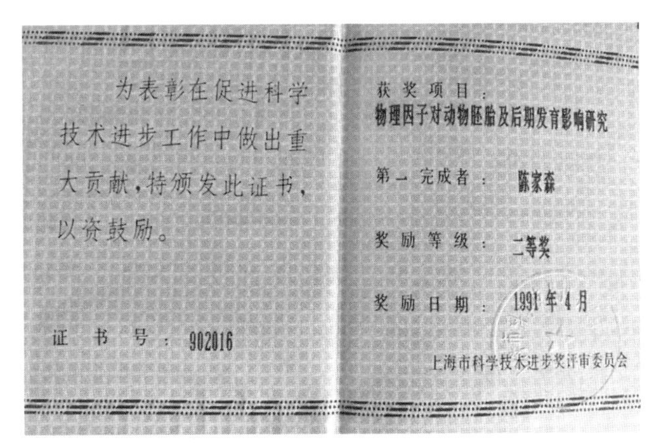
为表彰在促进科学技术进步工作中做出重大贡献，特颁发此证书，以资鼓励。

证书号：902016

获奖项目：物理因子对动物胚胎及后期发育影响研究

第一完成者：陈家森

奖励等级：二等奖

奖励日期：1991年4月

上海市科学技术进步奖评审委员会

陈家森主持完成的“物理因子对动物胚胎及后期发育影响”项目获1991年上海市科技进步奖二等奖

研究室研制的可用于水产养殖生产中的电场刺激仪不仅在我国鱼苗生产中成功应用，并且在美国青蛙的生产养殖中也得到推广应用。此外，陈家森等老师还研制成功了可用于蚕种电晕人工孵化的电晕发生器，与浙江大学蚕学系和嘉兴市蚕桑所协作开展应用研究并取得成功。该研究成果不仅改善了环境，还减轻了工人的劳动强度，获得了浙江省科技进步奖三等奖和嘉兴市科技进步奖二等奖。陈家森利用自制的电磁铁和上海交大农学院合作开展了磁场对火鸡精子活力的影响研究并取得成功，解决了火鸡繁殖力低的难题，得到业内人士的一致好评。在陈家森老师的带领下，在全体成员的共同努力下，生物物理研究室蓬勃发展，为以后的人才培养和成果产出奠定了良好的基础。

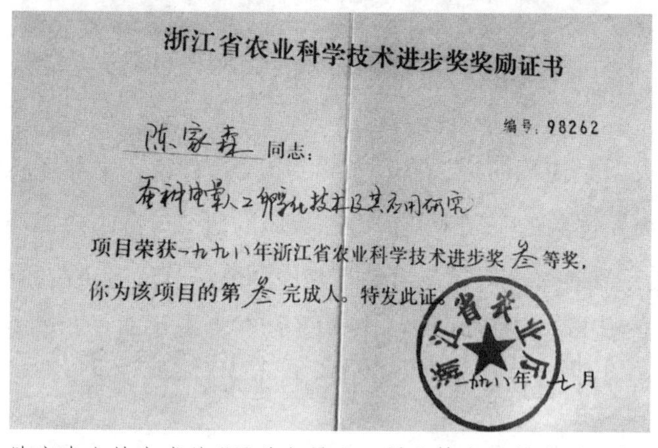

浙江省农业科学技术进步奖奖励证书

编号：98262

陈家森 同志：

蚕种电晕人工孵化技术及其应用研究

项目荣获一九九八年浙江省农业科学技术进步奖叁等奖，

你为该项目的第叁完成人。特发此证。

浙江省农业厅

一九九八年七月

陈家森主持完成的“蚕种电晕人工孵化技术及其应用研究”项目获1998年浙江省农业科技进步奖三等奖

岁月如歌，五十春秋如旧

退休后，陈家森教授依然活跃在华东师大校园。他担任物理系教学督导工作，负责指导青年教师教学，如一匹识途的老马，发挥着余热。回首自己与师大的57载年华，陈家森教授说的最多的是感恩、感谢和感动。

（照片由陈家森提供）

赵玲玲：寓德于教勤耕耘

张知博、郭静茹整理

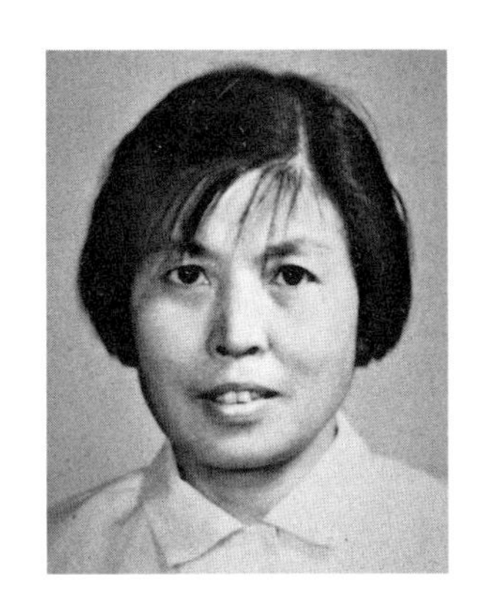

赵玲玲，女，1934年10月出生于浙江诸暨。中共党员，华东师范大学物理学系教授。1953年7月，进入华东师范大学物理系攻读本科学位。1957年7月，毕业后留校任教。1995年7月，退休。曾任普通物理教研室主任，从事力学、热学、电学、光学和原子物理等基础课的教学工作达38年。曾被授予上海市“三八”红旗手（1989年），获校优秀教学成果奖（1989年），获“全国普通高等学校优秀思想政治工作者”荣誉称号（1991年），获华东师大首届中创（华东）奖教金（1993年）。主持编写并出版了《原子物理学》《光学》《物理学概论》等著作，在华东师大《物理教学》等杂志上发表了《同科电子形成的原子态》等文章。

荣譽証書

授予赵玲玲同志“全国普通高等学校优秀思想政治工作者”称号，特发此证。

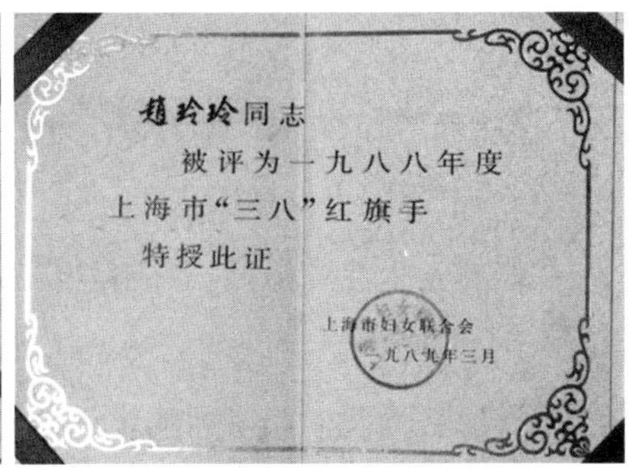

趙玲玲同志

被评为一九八八年度

上海市“三八”红旗手

特授此证

上海市妇女联合会

一九八九年三月

赵玲玲获“全国普通高等学校优秀思想政治工作者”和上海市“三八”红旗手称号

潜心教学，亦师亦友

在职期间，赵玲玲老师始终坚持在教学第一线。她连续多年主讲力学、电磁学、光学、原子物理、核物理学等物理系专业课程，同时兼职讲授多个系科的物理课，以及电视大学（上海电视台直播）的物理课程，为将大学物理这门课推向其他系科和领域做出重要贡献。在她的努力推动下，1985年华东师范大学获得普通物理（外系）课程建设合格证书。

在长达38年的教学生涯中，赵老师一直秉持严于律己、以身作则的治学态度和处世之道。即使是任教多年的课程，她仍然坚持一丝不苟地备课，不断更新课程内容，优化知识体系，并针对同学们对知识点的接受情况，适时地进行相应教材和教学方法的改革。在她的课堂上，基本概念分析透彻，条理清晰，注意差异化教学。此外，她大胆创新，进行教学改革，参与选编光学英语词汇和习题等教学试点工作，采用中英文双语教学，板书也使用中英文同时表述，受到学生的好评与认可，被学生视为良师益友。教学模式上，赵玲玲老师会针对不同学生的特点组织课外辅导和活动，组织学生参加课外学术交流与讲座活动，利用业余时间为学生开展习题课示范。她坚持用夯实基础、拓宽视野、激励创新的教学模式，以自己的实际行动去影响、教育学生。

思政教育，立德树人

赵玲玲老师在教学过程中，十分重视对学生进行爱国主义和法治观念教育，她在课堂中嵌入很多思政元素，在专业知识讲授之余，关注学生的思想动态，在培养学生热爱祖国、养成良好学风、提高求知欲望、增强思考和分析问题能力等方面做出了显著的成绩。比如，她在课堂上向学生介绍我国的科学史和科研成就，激励学生学习的主动性和积极性，努力培养学生良好的学习风气和高尚的道德修养。她主张基础课教学中应注意“寓德育于教学之中”，通过对学生进行潜移默化的爱国主义教育和思想政治教育，践行"扎根社会主义办学"理念。

尤其是党的十一届三中全会以来，高等学校的广大思想政治工作者，根据党和社会主义教育事业的需要，坚持社会主义办学方向，宣传、贯彻党的基本路线，努力加强和改进思想政治工作，引导青年学生的健康成长。顺应时代需求，赵玲玲老师更加注重思想政治教育工作，在这方面做了大量思考和努力。除课堂教学外，她经常深入学生宿舍，与同学们谈心交流，关心同学们生活所需，了解学生的思想动态。她耐心细致地做了大量的思想工作，与学生以诚相待，消除他们的顾虑，提高他们的认识，帮助学生克服障碍，专注积极地投入学习。其先进事迹，《解放日报》曾予以报道宣传。

苦心专著，勇于求索

教学之余，赵玲玲老师一直没有放弃对专业领域的探索与求知，她注重对多年教学经验的总结与梳理，结合实践教学经验，对人才培养模式进行深入研究，并对任教课程相关教材进行了系统的、深入的钻研，其参与编写的教材《原子物理学》《光学》《物理学概论》等由上海科技文献出版社和华东师范大学出版社出版。她在华东师大《物理教学》等杂志上发表了《同科电子形成的原子态》等多篇文章，对相关教学实践和教学研究提供范式和借鉴作用，为华东师大物理学科的建设做出贡献。

宓子宏：醉心教育勤耕耘

陈国英　胡炳元

宓子宏，1936年生，浙江慈溪人。1960年参加中国共产党，华东师范大学物理系教授。1959年毕业于华东师范大学物理系，并留校任教。曾任中国物理学会理事兼教学委员会委员及中学分委会主任，上海市物理学会副理事长、《物理教学》杂志主编、国家教委理科教材编审委员会委员、全国高等物理教育研究会副理事长、上海市物理学会教学研究委员会主任、上海中小学教材课程改革委员会中学物理教材审定组长。荣获国务院特殊津贴，1993年荣获曾宪梓教育基金会授予高等师范院校教师奖三等奖。

曾为《辞海》编委和物理分科主编，相关著作有：大学教材《物理学电磁学》(合编)、《大学物理手册》"电磁学"部分、《理论物理习题》"电动力学"部分、《简明物理学词典》"电磁学"部分、《从法拉弟到麦克斯韦》《电磁辐射》(翻译)、《国际奥林匹克竞赛》(合译)、《普通物理教学参考文集》《物理题解辞典》[初中卷、高中卷(上)、高中卷(中)、高中卷(下)共四本]、《求解3＋中学理科综合试题例析》(合编)。

在担任中国物理学会《物理教学》杂志常务副主编和主编期间，杂志获中国科协优秀期刊奖和上海市出版协会优秀刊物奖。宓子宏组织编写了11本专著。其中，《高中物理命题研究和试题分析》获全国优秀图书奖；与香港数理学会联合出版《物理教学》英文版，扩大了《物理教学》在国际上的影响；并出版《汉英双语物理教学读物（教师版）》。为了交流和提高中学物理教师教学水平，在两个层面上展开互动，从20世纪90年代中期起，组织召开全国中学物理特级教师会议，四年一次，连续举办了五届全国青年物理教师教学大赛，参赛教师很多已成为各省市的教学骨干。曾6次以中国代表团成员、特邀代表和组织委员会主席身份参加国际会议。1991年，作为组织委员会主席，在华东师大召开第七届国际科学教育委员会（ICASE）亚洲地区会议，扩大了中国物理教育学科的影响。

宓子宏教授长期从事物理系基础物理教学工作，承担了物理系的电磁学等学科的教学工作。他教学思路清晰，深得学生好评。此外，还参与编写了多本基础物理教材，缓解了“文革”后期教材不足的状况。1985年，创建了物理学科教学论硕士点，与其他几位教师共同承担研究生的指导和培养任务。为了加强研究生的物理基础，在设置研究生的学位课程时坚持高标准、重基础的思想，除开设一般的学科教学论专业教育类学位课程外，还开设了高等电动力学、高等理论力学、高等光学、高等量子力学等课程。从1985年至退休，他总共指导培养了物理学科教学论硕士研究生20多名，以及多名国内的访问学者。

夏慧荣：进取创新的女学者

丁良恩整理

夏慧荣(1940—1996年)，女，浙江宁波人。九三学社社员，曾任上海市政协委员、华东师大妇联主任，获国务院特殊津贴。1962年毕业于华东师范大学物理学系。在华东师范大学物理学系从教30余年，于1996年意外逝世，年仅56岁。

夏慧荣老师是一位不断进取、勇于创新的学者，特别作为女性科学工作者，在国内外倍受关注。夏慧荣教授先后在美国斯坦福大学和美国科罗拉多大学作为访问学者深造，并在激光大气污染监测、激光非线性光谱学、分子高激发态量子相干效应等方面取得了瞩目的成果。与王祖赓教授合著的英文专著《分子光谱学和激光光谱学》(*Molecular and Laser Spectroscopy*)于1991年由斯普林格-弗莱格出版社出版，这是我国学者在国际著名的斯普林格-弗莱格出版社出版的第一部物理学领域的专著。1993年，与王祖赓教授、秦莉娟教授合作完成的“非线性分子激光光谱效应研究”获国家教委科技进步奖(甲类)一等奖；1999年，相关成果《自发辐射和受激吸收中的量子干涉效应》获国家自然科学三等奖(第二单位)。

20世纪70年代末，夏慧荣从事的大气污染检测项目，是以激光分子光谱学为基础的远距离大气污染监测的基础应用性研究。该研究是采用二氧化碳激光在远红外波段的激光大气传输过程的吸收来进行污染成分灵敏测量。完成该项目需要自行研制激光器、搭建远距离传输的望远镜发射和接收系统以及实时数据处理等环节。除此之外，还需要利用搭建的大气远程污染测量系统在实验室完成精密灵敏度标定和野外实时测量。当时，夏慧荣老师的两个孩子尚小，正上幼儿园和小学，正是非常艰苦的时段。但是，夏慧荣老师坚持与项目其他老师一起，克服困难，甚至通宵实验，进行长时间的野外测试，出色地完成调试与测量，精密标定了系统灵敏度，测量乙烯的灵敏度可达到6 ppm。“激光远程大气污染监测系统”在70年代末参加了国家教委高校科技成果北京展览，受到上海环保局、总参防化部队等重视，该成果1981年获得上海市重大科研成果奖。

从80年代开始，夏慧荣专攻当时最前沿的激光高分辨、高精度、高灵敏的非线性激光光谱学。高分辨、高精度、高灵敏（“三高”）的非线性激光光谱学是当时激光物理领域最前沿的研究方向。1979年应郑一善教授邀请，非线性激光光谱学创始人美国斯坦福大学的肖洛教授在华东师范大学举行了为期半个月的讲学，为当时年轻科学工作者开启了一扇科学大门。受肖洛教授邀请，夏慧荣赴美国斯坦福大学肖洛实验室开展合作访问研究。在访问期间夏慧荣通过艰苦努力，很快发现了新的非线性激光光谱学方法和光谱规律。肖洛教授于1981年获得诺贝尔物理学奖，在诺贝尔物理学奖公告中引用了夏慧荣等完成的2篇学术论文。这在当时的年代实属少见。

1979年夏慧荣（左）为肖洛教授（中）介绍实验室研究进展，郑一善教授（右）一同考察（丁良恩提供）

学成归国后，夏慧荣教授又将“三高”激光光谱技术进一步发展，将研究目标瞄准原子分子高位激发态，以取得更高分辨能力的激光光谱。在实验中发现了双光子光谱激发态的量子干涉效应，并与专门从事该方面理论研究的香港浸会大学朱诗尧教授（中科院院士、华东师范大学校友）合作解释了实验现象，研究成果于1996年发表在《物理评论快讯》上。这在当时是国内为数不多的在顶级国际刊物上发表的成果。

夏慧荣教授具有非常敏锐的科学判断力。量子保密通信如今已经广为报道，在全世界大力发展。殊不知，国内最早获得国家自然科学基金委员会（简称国家基金委）的量子保密通信科研项目是由华东师范大学夏慧荣教授主持的基金委主任基金项目（1992年）。90年代初，国际上量子信息及其量子通信刚起步时，夏慧荣教授立即感觉到量子信息处理研究领域会有惊人的发展，她多次赴国家基金委呼吁，建议立项量子保密通信研究项目。夏慧荣教授在启动量子保密通信项目后，很快建成了BB84的量子密钥分发实验系统，同时提出要将量子纠缠用于量子保密通信。国内同行提起国内量子通信的早期发展历程，都会提及夏慧荣教授及其极力推荐我国建立量子保密通信重大研究课题的前期研究的基础。

夏慧荣教授对光谱学实验室的发展做出了重大的贡献。1996年的一天，光谱学学科正处于加入华东师范大学“211工程”建设项目的关键时刻，上午夏慧荣教授召集实验室教师讨论实验室发展规划和目标，力争加入华东师范大学211项目的学科建设规划之中。下午她还要给研究生上课。风风火火的她在赶往研究生课堂的路上发生了意想不到的事故。消息传遍了国内外，国内外同行无不为失去优秀的女科学工作者而扼腕叹息。在海外的华东师范大学光学学科留学的学子们纷纷聚集，以不同形式纪念夏慧荣教授。同时，华东师范大学物理学系收到一份匿名出资的“夏慧荣奖学金”，每年资助十余名品学兼优的物理学系本科学生。每年颁发奖学金时，物理学系都邀请光谱学实验室的老师前来介绍夏慧荣教授的生平和其执着的科学高峰攀登精神，激励一代代学子不断前行。

（个人照片来自档案馆）

马龙生：国际拉比奖获得者

马龙生，1941年6月出生于上海。华东师范大学教授和博士生导师。1963年毕业于华东师范大学物理系无线电物理专业，毕业后留校于物理系光学教研室工作。曾从事过农村函授教育、本科生实验教育、留学生基础教育、研究生专业课程建设与教学、科学研究与实验室建设等工作。2007年获得人事部和教育部授予的全国模范教师称号。他长期坚持精密激光光谱学的研究工作，先后获得上海市科技成果奖和科技进步奖一等奖、国家自然科学二等奖。他是中国首位国际拉比奖获得者。

马龙生教授始终不忘国家和人民的培养，抱有科技兴国的爱国荣校情怀。他参加了我国改革开放后首次出国进修考试，并于1981年被选派到美国科罗拉多大学与美国标准技术国家实验室（NIST）的联合研究所（JILA）进修，学习精密与超灵敏激光光谱技术。当时中国的经济是非常困难的，国家出资选派教师出国进修实属不易。他深知自己肩上所担负的责任，抓住这个来之不易的出国进修机会，笃志好学，刻苦钻研，取得了优异的研究成果，以第一发明者的身份完成了“调制转移光谱激光稳频技术”的专利研究工作。

进修结束前，世界顶级精密激光光谱专家霍尔（2005年诺贝尔物理奖得主）希望马龙生留在他的实验室工作，马龙生婉言谢绝，于1983年按时回国。他立志在国内建立一个先进的光谱实验室。

为了克服经费短缺等困难，他与姚芳海等同仁夜以继日动手改造实验室，亲自到钢铁厂购买和搬运不锈铁钢板，然后采用水泥和角铁搭建实验室平台。完成实验室建设后，他又带领青年老师丁良恩和丁晶新管理和维护好实验室仅有的两台进口激光器，自己动手搭建相关的测试仪器，使之高效率、高质量地为科研和培养人才队伍服务，保证了实验室研究工作的顺利进展。当时国外激光器公司评价这是国内同类进口激光器保养最好的实验室。为了将国外先进的光外差精密光谱技术建立起来，他又与毕志毅老师一起克服经费短缺的困难，自行搭建电子线路，采用大理石研制光学谐振腔，高质量地完成了研究生的论文研究工作。在马龙生的不懈努力下，华东师大建成了国内极有影响力的激光光谱实验室，得到同行的高度评价和赞扬。当时复旦大学谢希德校长参观该实验室时表示，“没有想到华东师大有这么好的一个光谱实验室”，同时要求复旦老师加快建设。

20世纪90年代后期，马龙生以美国O–1（特殊人才签证）又一次在霍尔的实验室开展访问研究。通常获得O–1签证的研究人员只要提出申请就可获得美国长期居住的机会，但马龙生没有这样做，一心想着如何发展好华东师大的精密光谱实验室。90年代末，他敏锐地意识到“飞秒激光光梳”是精密光谱的核心关键技术，在经费紧缺和项目重要性还未被完全认可的情况下，他毫不气馁，积极创造条件，与毕志毅老师合作，在学校大力支持下终于在2003年研制成我国第一台“飞秒激光光梳”，在华东师范大学开拓了光场时频域同时精密控制的研究方向。为了检验这台光梳的性能和光梳是否能满足研制高精度光钟的需要，他组织和参与了由国际标准局、美国标准技术国家实验室和华东师范大学参加的首次国际四台光梳比对研究工作。2004年他作为第一作者和通讯作者在《科学》发表了题为“10^{-19}不确定度的光频合成与光频对比”（“Optical Frequency Synthesis and Comparison with Uncertainty at the 10^{-19} Level”）的论文，证明光梳的不确定度可达到10^{-19}，在国际上引起高度重视。国际权威机构评价：“这是国际上最好的四台光梳”，“以前所未有的精度实现了光学分频和合成”，“它向下一代基于光频而不是微波频率的原子钟迈出了重要一步”。该数据被录入2005年诺贝尔物理奖公告资料，两位诺贝尔物理奖得主霍尔和亨斯在诺贝尔演讲文稿中都重点引用了这篇不属于他们自己实验室的研究论文，同时还引用了5篇马龙生与霍尔合作的研究论文。因对发展光梳做出的重要贡献，马龙生夫妇应邀参加了2005年诺贝尔奖颁奖典礼。2006年，马龙生在光场时频域精密控制的研究成果获得国家自然科学二等奖。

基于他在光学频率精密控制方面的突出成果，2010年，马龙生被国际电气电子工程师学会–国际频率精密控制大会（IEEE-IFCS）授予拉比奖，表彰他“为发展光钟、飞秒激光光谱学和将频率精密测量推进到19位精度做出了决定性贡献”。拉比奖是国际精密时间频率控制领域的顶级奖项，从20世纪80年代设立至今，已有30多位学者获奖，其中4位在获得拉比奖后又获得了诺贝尔物理奖。马龙生是我国目前唯一获得拉比奖的科学家，他为精密光谱科学与技术国家重点实验室的成立和发展做出了重要贡献。

在取得一系列有国际影响的研究成果后，这位可敬的老人一如既往地奋斗在科研工作的第一线，始终牢记自己的历史责任，“不忘初心，勇攀高峰无止境”。自2004年起，他与毕志毅、蒋燕义等中青年教师一道又努力了12年，于2016年进一步将光学分频的精度提高了100倍，率先达到了10^{-21}。他已近80岁，至今仍承担着国家基金委重点项目、重大科学仪器项目和国家重大研发项目课题，并坚持工作在实验室第一线。

作为一名教师，他几十年如一日，始终坚持在教学一线。言传身教是他在实验室培养学生和青年教师的主要方法。马老师原来主修无线电物理，参加工作后他克服许多困难，自学光学、激光技术、原子和分子物理等专业知识，取得了有国际影响的研究成果。他经常以自己的学习经历告诉学生和青年教师“努力学习、打好基础、勇于挑战交叉学科”的重要性。对有志于此的后生们，马老师总是尽自己最大努力来帮助和指导他们。

“很感谢马老师。还记得我在读博期间，在建立578纳米窄线宽激光和窄线宽光梳的过程中时常遇到各种难题，马老师引导我独立思考并给出很多建设性建议，让我受益匪浅。镱原子光钟系统进展到后期扫谱阶段，经常要通宵做实验。马老师当时已经70多岁，为了保证我负责的激光器能正常工作，经常很晚回家，回家后手机也不关，时刻了解实验进展和动态，直到天亮实验结束，他才能安心休息。”方苏博士毕业后每每提起马老师，都会伸出大拇指感叹他的敬业精神和奉献精神。

美国科学院院士和中国外籍院士叶军教授曾与马老师一起工作多年，他在自己的博士论文中说：“我们一起在实验室里度过了大量的夜晚和假日，马老师向我传承了成为一名优秀的实验科学家所应具有的品质。”这些品质，如春风化雨，铭记在每个与他相识的人心中。

（华东师范大学党委教师工作部撰稿，胡炳文改编；照片由马龙生提供）

屠坚敏：六载援疆铸师魂

王元力

在华东师范大学发展的历史进程中，无数物理人秉持“求实创造、为人师表”的校训，为实现“育人、文明、发展”的责任使命而孜孜不倦，默默奉献。他们之中有很多人始终牢记“以教育强国”“建教育强国”的初心使命，把华东师大的师魂大爱和教育情怀播撒在祖国边疆的山山水水，为祖国边疆的基础教育事业贡献华东师大人的心血与智慧。屠坚敏老师，就是其中的代表。

2005年8月，物理学系副教授屠坚敏老师作为中组部第五批援疆干部，被选派到新疆生产建设兵团农四师一中担任副校长。2008年，援疆期满，屠坚敏老师选择了再次起航，赴北屯市高级中学再次开启援疆的征程。6年的援疆时光，屠坚敏老师留下来数万字的读书笔记，几十场学习报告。两次援疆期间，屠坚敏老师两次荣获部队三等功和新疆兵团优秀援疆干部称号。2011年获得上海市教卫党委系统优秀共产党员称号。他用行动诠释了“智慧的创获、品性的陶熔，民族与社会的发展”之大学精神，践行了华东师大物理人格物致知、求实创造的承诺。回忆起6年援疆生涯，屠坚敏老师饱含深情。

一、满怀育人责任，陪伴学生成长

接管中学的教学管理工作，对屠坚敏老师来说，是个不小的挑战，他用毅力和智慧探索出一条做好管理工作的道路。回忆起援疆生涯，屠坚敏教授首先想到的就是陪伴。北屯高中的党委书记说屠教授每天“早一个小时上班，晚一个小时下班”。作为副校长，他跟学生一起早自习，跟学生一起上晚自习，除了8小时睡觉，都在学校。屠老师说，看到有个领导在走廊里面，看看学生的自习，学生的感觉会不一样。6年援疆时间，屠坚敏累计听课近400节，留下笔记约3万字。

同事们回忆，屠老师经常担个小凳子，戴个袖套，不显山不露水，特别低调，但总是冲在教学管理的第一线。新疆的冬天积雪覆盖，屠老师每天都是踏着齐膝深的积雪早早达到学校，和老师同学们一起早自习。大雪融化后，面对满地积水，屠坚敏老师从来不顾自己是否穿着皮鞋，踏在水里和同学们一起清除积水。在师生的印象里，很少有人把屠坚敏与“援疆干部”这四个字联系在一起，“我们都拿他当亲人”，这是师生们对屠老师的评价。

二、唤醒学习意识，筑牢理想信念

提升学生的学习意识，让学生筑牢力学笃行的理想信念，树立知识改变命运的观念，这是屠坚敏最想要带给学生的。在学校里，“天道酬勤”四个字是屠老师对学生说得最多的。屠老师多次为学生开展学习意识辅导讲座，为学生购买学习资料。他回忆道：“我第一次去到农四师的时候，第一个做的事情是给他们讲讲为什么要学习，通过提升学习意识提升学习效果。当时一个年级19个班，一个班六七十个人。我带第一个班的时候，跟他们讲为什么要学习，我感觉还是有效果的。这个班这一年成绩显著提升，同学们都说今年终于扬眉吐气了。后来，我把这个机制做了推广。高三有19个班级，我把两个班级、三个班级放在一起，到大会场里面去讲。我在北屯高中也是这么做，学生也觉得效果挺好。”6年时间，屠坚敏老师累计举办励志教育和学习方法辅导157场，编写励志图书《在名校等你》，整合励学讲座教材3.7万字。

三、整合学习资源，提升教育质量

除了帮助同学们提升学习意识，屠老师还想方设法改善学生的学习条件，整合学习资源，提升教学质量，助力学生全面发展。在援疆的6年时间里，屠坚敏坚持利用周末义务为初一、初二、初三的学生上《新概念英语》课。平均每班每次约3个小时。从2010年9月开始。他除了坚持给八年级一个班进行英语辅导，还主要负责初中三个年级的英语、数学、物理，以及周末奥赛班的管理。援疆期间，他连续几个暑假都没回上海，利用暑假时间完成了高中三年物理、化学、生物课程490个实验视频的采集、编写和整理，并组织了初二和初三学生的暑假英语夏令营活动。同学们都说“屠校长简直是个铁人”。同时，屠

屠坚敏给初中生上《新概念英语》第一课（屠坚敏提供）

坚敏老师还为学生制作和搜集了大量的视频、音频教学课件，课件形式丰富多样，贴近教学实际，语文课件有朗读课文，化学有化学实验视频，物理有物理实验视频，甚至体育、美术、音乐等课程，屠老师都为学生们搜集了丰富的课件教学资源。屠老师回忆道，2005年到2008年在农四师的时候，因为缺乏基础设施，很多视频音频教学无法开展。随着国家经济的发展和对于教育投入的加大，现在每个教室里面都安装有大屏幕的投影仪器，以前只能在多媒体教室上的课程逐步在普通教室中就能完成。

伊犁垦区报

2007年9月10日 星期一

伊犁垦区报社出版 第2373期 总3348期

国内统一刊号 CN65—0030/ 邮发代号 57—141 今日4版

第十届精神文明建设“五个一工程”在京颁奖

电影《张思德》、电视剧《恰同学少年》和话剧《立秋》等8部作品获特等奖

共享发展成果 造福职工群众

我师2007年社会“十大主体工程”进展顺利

肖尔布拉克杯 头题新闻大赛

七十二团协办

实施“双十主体工程” 促进经济社会发展

节能减排促企业增效

西安市新城区考察团来我师考察

少数民族贫困家庭走出三位大学生

私有羊改良工程启动

成功引种中华红叶杨

《伊犁垦区报》报导屠坚敏利用休息日为学生辅导英语（屠坚敏提供）

四、聚焦“青椒”培育，拓展交流平台

作为中学副校长，屠坚敏老师时时刻刻不忘对当地教师特别是青年教师的培养，通过完善规章制度，拓展交流平台，开展教师培训，引入优质资源，极

大地提升了当地中学教师特别是青年教师的水平。在农四师一中任职时，他从抓教师队伍建设入手，主持制定编写了学校中高考奖励实施办法，改变了原来奖学金平均分配的状况，极大地激励了教师的教学热情。同时，他又开展了优秀班主任评比与教学结果挂钩、建立教师工作量档案、重新修订考核制度等一系列建章立制的工作，以保障教学工作有序进行，确保青年教师茁壮成长。6年时间，他为每一年新聘任的青年教师做岗前培训，总计十几个小时，主题是如何当好一名教师和成为优秀的班主任。为了提升培训质量和水平，他挤出时间把全国优秀班主任视频讲话逐字逐句整理成册，还附上自己对班主任工作的思考，形成了一部4.6万字的培训教材。

屠坚敏培训青年教师（屠坚敏提供）

五、广泛服务师生，点亮出彩人生

屠坚敏老师说，援疆6年，他给学校的师生留下一件小礼物，就是一个高考志愿填报数据库系统。当时，新疆地区考生是高考考完以后填志愿。曾经有学生向他咨询志愿填报的事项，屠坚敏老师就在网上把历年全国各高校在新疆招生录取的分数线进行整理，为学生们做了这个数据库，最后形成了8年间所有在新疆招生学校的录取分数线。学生高考结束后，马上可以按自己的评分，找到适合自己高考分数的历年能录取的5到10个学校，然后方便地填报志愿。这个数据库帮助同学们点亮之后的出彩人生。屠坚敏回到华东师大后，依然继续这项工作，连续3年为北屯高中更新高校录取分数线。

在援疆期间，屠老师多次帮助学习困难同学，他付出的不止是知识，还有爱心。第一次援疆期间，他为农四师一中修建塑胶跑道捐款1 000元，为四川地震灾区捐款1 300元；利用2005年去北京报到的机会，他给学校购置了价值3 000多元的影像资料与刻录设备。在北屯第二次援疆期间，他向受灾群众捐款1 000元，向贫困学生捐助助学款2 000元，向兵团组织“援疆干部济困助学基金”捐款6 000元。逢年过节，他总是第一个给师生们发来问候。在新疆期间，听说学校要在闵行校区建一条文脉廊，屠坚敏向学校基金会捐了1万元。

师魂有道，大爱无疆。6年的援疆岁月，让屠坚敏老师的人生与新疆地区的基础教育事业紧紧联系在一起，他带去的不仅仅是一名援疆干部的责任，更是把华东师范大学“求是创造、为人师表”的师德风范和“智慧的创获、品性的陶熔、民族与社会的发展”的大学理想留在了遥远边陲的美丽土地，留在了莘莘学子的心里梦里。

传承历史求发展

——物理中青年学术带头人简介

曾和平

曾和平，1966年8月出生，湖南人。教育部长江学者特聘教授，国家杰出青年基金获得者，华东师范大学终身教授。

1990年毕业于北京大学物理系，1995年毕业于中科院上海光机所，获理学博士学位。先后在德国马普（Max-Planck）量子光学研究所、日本京都大学、日本理化学研究所、日本综合研究院大学、澳大利亚悉尼大学从事合作研究工作。2000年回国，受聘为华东师范大学长江学者特聘教授。2000—2006年，担任华东师范大学光谱学与波谱学教育部重点实验室主任；2007—2015年，担任华东师范大学精密光谱科学与技术国家重点实验室主任。同时担任国家重点研发计划项目首席科学家，国家基金委创新群体“分子精密光谱与精密测量”项目负责人，“长江学者与创新团队发展计划”创新团队学术带头人，国家光学重点学科、上海市光学重点学科、“十五”“211工程”重点学科负责人，为国务院特殊津贴获得者，上海领军人才“国家队”人选，新世纪“百千万人才工程”国家级人选，精密光谱科学与技术985平台学科带头人。国际学术兼职包括《欧洲物理学杂志D》（*European Physical Journal D*）编委、加拿大拉瓦尔（Laval）

大学教授等，2016年因“探明强场分子超快过程的重大贡献以及高功率超短脉冲光纤激光与红外单光子探测的持续技术进展”当选为美国光学学会会士（OSA Fellow）。2018年受邀担任《光学快报》（*Optics Letters*）主题编辑。2019年受聘担任华东师范大学重庆研究院院长。

曾和平教授围绕精密光谱测量，在高功率飞秒光纤激光产生与放大、光场时频精密控制与新波段光频梳、高分辨分子指纹光谱与超灵敏单光子探测等方面取得国内外具有影响力的研究成果。例如：发展出解决全波段相干光源产生以及宽带光场精密控制难题的若干新方法新技术，提出的非共线紫外光频梳产生方法被2005年诺贝尔奖得主亨斯教授团队实验验证并重点引用；研制成国际上首套百瓦量级高功率光纤飞秒光频梳，进一步把光频梳时频精密控制技术推进到太赫兹波段，研制成片上量子级联太赫兹频率梳；研制的多波段光纤超快激光器和高精度飞秒光频梳等获得国家高新技术产品认证，在精密制造、时频传递与分发、时频校准等领域数十家应用单位获得重要应用；解决了分子精密光谱与精密测量领域若干关键问题，研制成国内首台高精度光梳光谱仪，发展出多项高分辨红外光梳光谱测量与应用技术，应用于空天设备检测、环境危险气体预警、卫星测控与通信等；攻克单光子测控与成像领域多项关键技术问题，研制成新型高速单光子探测仪器，被多家科研单位应用于量子保密通信、红外量子器件、红外纠缠光子、半导体红外光谱等前沿研究；研制成“光子计数激光测绘”和“时空关联量子成像”等应用系统，在空间小目标搜索激光雷达、卫星激光测距、空间碎片探测、高分辨对地观察系统等方面获得重要应用；基于量子探测成像技术与仪器的自主创新发展，牵引并初步形成“光子计数激光测量”新兴前沿方向，国际同行在其受美国军方项目资助公开发表的论文中引用该研究，评论其“可仿效连续探测模式”，“实现高速测量”，“延伸测距非模糊距离”等。

近年来，曾和平在《科学前沿》（*Science Advances*）、《先进科学》（*Advanced Science*）、《物理评论快报》《物理评论X》《激光光子学综述》（*Laser Photonics Review*）、《光科学应用》（*Light Science Applications*）、《光学》（*Optica*）、《通讯物

理》(*Communication Physics*)等发表学术论文300余篇，受邀在国际会议上做报告30余次，作为大会组委会主席或共主席组织国际学术会议20余次，主持国家与省部级科研项目20余项，获得授权发明专利60余项。

曾和平在华东师范大学精密光谱科学与技术国家重点实验室创建了"单光子超灵敏光谱"和"超快强场精密光谱"等重要研究方向，在精密光谱测量和量子探测研究领域培养和造就了有重要国际影响的优秀研究团队。该团队已成为实验室主要研究方向的重要研究骨干，是一支战斗在科学研究第一线的中坚创新力量。他培养的青年教师队伍中有1名国家杰出青年基金获得者、6名国家优秀青年基金获得者、2名中组部青年千人计划入选者、1名中组部青年拔尖人才、1名上海市青年千人计划入选者、3名上海市曙光人才计划入选者、7名上海市科技"启明星"、1名上海市万人计划入选者等。培养的研究生有70余名，他们先后获得饶毓泰基础光学一等奖、饶毓泰基础光学优秀奖、全国百篇优秀博士论文提名奖、王大珩光学高校学生奖、上海市研究生优秀成果奖、全国青少年科技创新奖、上海市青少年科技创新市长奖等。

曾和平教授十分注重科学研究服务于国家重大应用需求。在由宝山钢铁股份有限公司牵头的国家重大科学仪器设备开发专项"高精度光梳相干成像分析仪的应用与工程化开发"项目中，作为技术总负责人，他完成了多项高端通用重大科学仪器设备的研制，在生物和医药、航空航天、公共安全、先进制造及资源环境领域得以应用，为我国钢铁检测、航天器材质检、精细加工、生物医学成像分析提供了强有力的技术支撑。作为首席专家项目负责人，他牵头承担与大族激光科技产业集团股份有限公司、京东方科技集团股份有限公司共同参与研究的国家重点研发专项计划"超短脉冲激光隐形切割系统及应用"项目。

在精密光谱前沿研究和关键技术的研究基础上，曾和平教授努力推进科技成果的转化。2018年，华东师范大学与重庆市人民政府签订战略合作协议，于2019年正式成立华东师范大学重庆研究院，这是华东师范大学在上海以外地区第一个也是唯一的研究院。研究院由曾和平教授担任院长，统筹推进华东师范大学在精密光谱技术方面的成果转化，先后与国家电网有限公司、中国商用飞机有限责任公司、航天集团504所、华东师范大学、上海理工大学等企事业单位与高校合作，积极开展科技成果转化及成果工程化应用工作，其项目成果在多项重大利国利民工程中得以应用。在科技成果转化的过程中，曾和平始终坚守“为中国人民谋幸福、为中华民族谋复兴”的使命，积极响应党和国家精准扶贫的号召，带领团队先后在云南寻甸县、勐海县开展“科技+精准扶贫”项目合作，以科技扶贫、科技兴农为宗旨，充分发挥团队学科优势、人才优势、技术优势，鼓励并引导青年人才投身到乡村振兴战略中。曾和平教授以实际行动践行一位科研工作者的社会责任与家国情怀，尽己所能为科技成果转化服务社会贡献一份力量。

张卫平

张卫平，出生于1962年6月，安徽潜山人。物理学家。国家杰出青年基金获得者、教育部长江学者特聘教授，第六、第七届国务院学位委员会学科评议组成员，国家重大科学研究计划（“973计划”）、国家重点研发计划项目首席科学家，美国光学学会会士、中国光学学会会士，中国光学学会光量子科学与技术专业委员会主任，中国物理学会量子光学专业委员会副主任，国家自然科学基金委员会数理学部“十三五”战略规划研究专家组成员、重大研究计划“精密测量物理”指导专家组成员，华东师范大学终身教授，上海交通大学致远讲席教授。

1989年于中国科学院上海光学精密机械研究所获理学博士学位。同年6月由中国科学院国际合作局派往新西兰奥克兰大学访问，并获得该校大学基金会（University Grants Committee）冠名博士后，在国际著名量子光学家沃尔斯（D. F. Walls）教授小组从事研究工作。1993年获得澳大利亚国家研究基金会(Australian Research Council)研究员职位,在麦考瑞(Macquarie)大学建立自己的研究小组。1999年获得麦考瑞大学物理系教职。2001年1月到2003年8月,任美国亚利桑那大学光学中心研究副教授。2003年9月回国定居,成为清华大学"百人计划"特聘教授,博士生导师。2004年10月,受聘华东师范大学。

张卫平教授长期从事原子与分子物理及光学领域的前沿研究,在量子光学、原子光学、超冷原子与分子物理及量子精密测量等交叉方向取得了国际同行公认的原创性学术成就。他率先突破传统的量子光学理论框架,发展了超冷原子与光相互作用的矢量量子场论,提出并引领了非线性原子光学,预言了原子孤子的的存在。首次建议并论证了用涡旋光子操控原子玻色-爱因斯坦凝聚体、旋转其成为原子超流的新思想。首次提出通过光学相衬成像术探测简并费米原子气体的巴丁-库珀-施瑞法(Bardeen-Cooper-Schrieffer)超流相变的新途径等。其中多项成果已为美国、法国、德国等国际一流实验小组,包括1997年、2001年及2005年诺贝尔物理奖得主的研究小组所证实。

在华东师范大学工作期间,张卫平教授致力推动理论与实验的融合,创建了自己的实验室与研究团队,在理论指导实验,实验促进理论的发展方面取得了巨大的成功,成为学术同行中的佳话。他也是国际上最早关注并推动量子光学、原子光学与量子精密测量发展融合的学者之一。这些年来,他带领团队,围绕光-原子协同量子操控与量子精密测量的研究开拓,取得了多项国际领先的创新学术成果。突破传统光学干涉测量技术的极限,实现了光量子关联干涉仪;突破传统光学对波干涉的认知,实现了光-原子混合干涉仪,展示了不同类型波之间也能干涉,并发展了光与原子相位的联合探测技术,为量子精密测量开拓了新的道路。研究成果为近百个世界著名研究机构引用与关注。其研究成果的国际领先性得到美国国家标准局、橡树岭国家实验室、德国马普量子光学所等充分肯定与借鉴。相关成果入选美国光学学会2014年度全球光学成果,2015、2016中国光学重要成果,国家"十二五"科技创新成就展。

因其在相关领域的重要学术贡献与影响力,张卫平教授获中国物理学会饶毓泰物理奖、国家“十一五”科技计划执行突出贡献奖、美国物理学会杰出审稿人奖（Outstanding Referee Award）、香港王宽诚教育基金会科研奖、上海自然科学奖一等奖、上海市领军人才、上海市优秀学科带头人、首届上海市华人华侨专业人士杰出创业奖等；并当选为国际权威学术杂志《物理评论快报》学部副主编。此外，他也是《量子光学学报》《光学学报》与《中国科学：信息科学》（*China Science: Information Science*）编委，《物理前沿》（*Frontiers of Physics*）共同主编。

张卫平教授在国际一流杂志发表学术论文200余篇，包括《自然》子刊2篇，《物理评论快报》34篇，《光学》1篇，专著1部。同时，他与国际学术界建立了长期而广泛的合作与交流关系，包括美国亚利桑那大学光学中心、莱斯（Rice）大学量子研究所、国家标准局（NIST）、罗恩（Rowan）大学，加拿大卡尔格雷（Calgary）大学，西班牙巴塞罗那科学技术研究所，德国赫姆霍兹研究所，丹麦玻尔研究所，澳大利亚国立大学、昆士兰大学等。他的学术成就与影响力使他成为国际原子、分子与光物理领域的知名学者。

金庆原

金庆原，1964年11月出生于江苏仪征。物理学教授。国家杰出青年基金获得者。2012年，加入华东师范大学。

1987年和1990年在复旦大学物理系分别获学士和硕士学位，1993年在南京大学物理系获理学博士学位，同年开始在复旦大学工作。1995年成为副教授，1996年受聘德国洪堡学者去德国马普微结构物理所工作。1998年年底回国，1999年被聘为教授。

2006年，被列入上海市优秀学科带头人计划，2014年成为IEEE高级会员。曾担任复旦大学光科学与工程系主任，复旦大学光学重点学科、985和211学科建设负责人，国家自然科学基金重大项目首席科学家，上海市基础研究重大项目的负责人，中国光学学会基础光学专业委员会副主任，IEEE国际磁学学会技术委员会委员，并享受国务院政府特殊津贴。

从事纳米自旋体系光学超快动力学、超高密度纳米存储和自旋电子学材料、探针诱导发光等方向的研究，主持承担包括国家自然科学基金、教育部优秀年轻教师基金、教育部重点基金和科技部研发计划重点课题等在内的项目20多项。在纳米信息存储、磁诱导光学非线性效应和自旋极化高精度探测等方面取得重要成果，在多个国际学术会议上做大会和邀请报告。主要从事为低维磁结构磁性和磁光特性、超高密度纳米混合磁存储材料与系统、纳米自旋体系超快动力学、自旋电子学材料等方向的研究，发表学术论文一百多篇，多篇论文发表在《物理评论快报》等国际重要期刊，出版译著1部、著作1部（撰写三章）。曾担任多个国际学术会议顾问委员会委员。所参加的科研成果获江苏省科技进步奖一等奖和上海市青年优秀科技论文二等奖。

主讲光学、固体物理学、磁性物理和磁性材料等课程。2005年获得由本科生网上民主推选的“我身边的好老师”奖，2007年获本科教学贡献奖。

程亚

程亚，1971年2月出生，上海人，祖籍江苏盐城，中国共产党党员。理学博士学位，华东师范大学物理与电子科学学院院长。曾任科技部“973计划”项目首席科学家，获国家杰出青年科学基金资助（2008年）与中科院“百人计划”择优支持，入选国家“万人计划”领军人才、上海领军人才、上海市优秀学术带头人等人才计划，英国物理学会会士。

1993年，在复旦大学获得学士学位，1998年在上海光机所硕博连读，获得博士学位。先后在上海光机所、光联通讯技术有限公司、日本理化学研究所、美国密苏里–劳拉大学工作或访学。2006年至今，任上海光机所研究员。2016年3月至今，任华东师范大学教授、物理与材料科学学院院长、物理与电子科学学院院长。

致力于超快激光与物质材料相互作用机理与技术研究，是“空气激光”领域的开拓者，在国际上首次提出了时空聚焦和狭缝整形等飞秒激光微纳加工关键技术，发展了大规模铌酸锂薄膜微纳光子结构制备技术与超快激光大尺寸高精度三维打印技术。先后主持科技部“973计划”项目、国家科技部重点研发计划项目、国家自然科学基金委重点项目，上海市科委重大项目等。发表学术论文200余篇，据科学引文网（Web of Science）核心数据库当前统计，单篇引用100次以上论文18篇，他引6 700余次，H因子45。合作出版英文专著4本，中文专著1本。获美国授权专利6项，中国国家发明专利20余项。做国际会议大会报告和邀请报告100余次，多次担任本领域系列国际会议共主席与节目委员会成员等。获2010年度上海市自然科学一等奖（排名第三位）、2014年上海市自然科学牡丹奖、2014年“中国科学院朱李月华优秀教师奖”等。

段纯刚

段纯刚，1972年9月生于湖北潜江，祖籍四川广安。2017年9月，加入中国民主同盟。中国科学院研究生学历，理学博士学位。华东师范大学紫江特聘教授，教育部创新团队带头人，国家杰出青年基金获得者（2011年），国家“万人计划”领军人才。

1994年武汉大学物理系本科毕业，1998年中科院物理所博士毕业，之后在美国从事9年科研研究。2007年回国，任同济大学物理系教授。2008年加盟华东师范大学极化材料与器件教育部重点实验室，先后任实验室副主任、主任。2016年任信息科学与技术学院常务副院长。2019年至今，任物理与电子科学学院常务副院长。

段教授主要从事固体材料结构和物性研究，研究领域包括自旋电子材料、谷电子材料和多铁体，以及基于铁电和多铁体的类脑芯片。他深入开展了对电荷、自旋及谷极化体系中的自发极化产生机制、低维量子结构中的极化行为等研究工作，重要研究成果包括预言了在铁磁金属中存在表面磁电效应，该工作对采用直接施加电场（电压）手段改变磁晶各向异性的研究起到了直接推动作用，发表不久即被日本大阪大学研究小组的实验所证实。

他是国际上最早开始铁电及多铁隧道结理论研究的学者之一，并在该领域内做出了一系列引领性的工作，包括：系统研究了电极材料界面行为对铁电薄膜临界尺寸的影响，从理论上证实了纳米铁电性的存在，提出多铁性隧道结概念，并在国际上首次合作制备出了有机铁电隧道结，实现了直接量子隧穿，并获得了室温下高达1000%的隧穿电致阻变效应。他发现了一类具有自发谷极化的谷电子学材料，并将其命名为"铁谷体"，在为铁性家族引入一位新成员的同时，打通了谷电子学与多铁体这两大凝聚态热门研究领域，为多铁体研究开辟了新的方向。

主持过国家自然科学基金杰出青年基金项目1项、面上项目3项，"973计划"课题1项，上海市优秀学科带头人项目1项，上海市科委重点项目2项。在《自然电子学》(*Nature Electronics*)、《自然通讯》(*Nature Communications*)、《物理评论快报》《纳米快报》(*Nano Letters*)、《先进材料》(*Advanced Materials*)、《美国科学院院报》(*PNAS*)等国际著名学术刊物上共发表学术论文200余篇，SCI引用逾7 000次，有17篇SCI引用过百。其中多个理论预言工作被国际一流实验小组发表在《自然》及其子刊和《科学》等刊物上的工作证实。为4本中英文专著撰写过章节。

现为中国材料研究学会计算材料学分会委员，中国硅酸盐学会微纳技术分会委员，《自然》合作期刊《计算材料学》(*NPJ Computational Materials*)副主编,《物理学杂志:凝聚态》(*JPCM*)、《物理学前沿》(*Frontier in Physics*,瑞士)、《硅酸盐学报》英文版(*Journal of Materiomics*)编委。曾获上海市自然科学二等奖,上海市自然科学牡丹奖。2018年当选上海市第十三届政协委员,2018年入选上海市社会主义学院杰出校友,同年当选全国归侨侨眷先进个人。

吴健

吴健,1980年出生在浙江兰溪的一个小乡村,在村和镇的小学和初中接受了基础教育之后,以全校中考第一的成绩进入金华二中(浙江师范大学附属中学)学习,开启了他和师范的缘分。怀着对一名人民教师的追求、对物理的热爱以及对华东师范大学的向往,高中毕业高考填志愿时,吴健很执着,第一、第二、第三志愿填的都是华东师大物理系。虽然1998年华东师大物理专业在浙江省的招生计划仅有1个名额,但是他非常幸运地被录取进入华东师大物理系学习,从此踏上了在华东师大学习和工作的道路。

吴健本科学习勤奋刻苦,与人为善,2002年凭借优秀的成绩,获得推免攻读研究生的资格。对研究生阶段的研究方向,他一开始并没有特别的专业喜好,一次偶然的机会经由学姐推荐,他找到了光学实验室曾和平教授。吴健第一次和曾教授见面是在他的办公室,曾教授从办公桌上随机拿起一本书,翻开书本就对面前的这位年轻人提问,吴健磕磕绊绊地回答了,但显然答案不是完全正确或者甚至有些答不对题。吴健对自己的表现不满意,初次面试之后,他很快去图书馆翻阅了相关的图书,几天后又去曾教授办公室请他再给自己一次面试的机会,但是这一回曾教授换了一本书,结果吴健回答得还是不甚理想。如此反复面试了不少于4次,吴健才最终成为曾教授的学生,从此与光学实验室结下不解的渊源,同时也开启了他的科学探索的道路。

探索自然未知、搞清其中的物理机制，是一件非常令人激动和兴奋的事。在导师曾和平教授的指导下，研究生学习期间，吴健力求上进、刻苦努力，将科学研究与做人做事融会贯通。他立足诚信，实验数据的诚信，与人交往的诚信。他珍惜时间，笨鸟先飞，用好属于自己的分分秒秒，在激烈的竞争中争夺学术话语权，坚持创新、坚毅不拔。2002年，光学实验室购置了一套飞秒激光器，当时在国内这还是非常少见的。曾和平教授不仅给学生创造了很好的科研条件，还营造了非常“宽松、自由”的科研氛围，鼓励学生充分发挥创新探索精神。曾和平教授身为长江学者，以身作则，始终坚持在一线工作，与学生一起通宵地做实验。曾教授提出的“911”(早上9点开始，晚上11点结束)工作时间，在他自身上体现得有过之而无不及。有一天晚上10:30，曾和平教授打电话给吴健，约他一起到办公室讨论实验的方案。曾和平教授的这些优秀的品质，吴健耳濡目染，内心深受触动。在曾和平教授的悉心指导下，吴健很快就取得了多项研究成果，在物理学顶尖期刊《物理评论快报》等杂志发表多篇科学论文。为了进一步开拓学生的国际视野，经由曾和平教授介绍，在读博士期间，吴健去美国罗切斯特大学光学研究所访学一年。在这个全美也是全世界光学研究的发源地，吴健的研究视野和国际合作的能力都得到提升。

2007年博士毕业时，吴健在科研上已经崭露头角，留校工作，并直接被聘为副教授。在用人上的这种“任性”体现了华东师大实实在在的人才为先的学科建设理念。华东师大光学实验室的老前辈及校领导如王祖赓教授、孙真荣教授等也在不同场合一直关注和支持着这位年轻人的成长。工作后，吴健更加严于律己、刻苦努力、严谨细致，把科研当作生活中不可缺少的一部分，对科研投入极大的热情，并执着于科研教学，奉献着自己的青春。吴健聚焦超快光学前沿，三年内取得丰硕的科研成果，于2010年被破格聘为教授。

去德国做洪堡学者是吴健博士毕业时的一个梦想。在华东师大工作了3年后，在学校和实验室的支持下，吴健如愿以洪堡学者的身份去德国法兰克福大学从事合作研究。吴健是到这个德国实验室工作的第一个中国人，他很快就融入德国的实验团队。他认真对待每一个课题，竭力做到尽善尽美，在留德期间发表了数篇高质量论文，刊登于国际权威期刊《物理评论快报》。两年洪堡课题完成后，德国教授非常希望吴健能继续留在课题组工作，但吴健委婉辞谢了德国教授的好意，怀着对祖国未来的美好向往，带着对华东师大这片土地的深深眷恋，2012年如约按期回国，守护母校继续投身于科研事业，建设他热爱着的光学实验室。如今光学实验室由教育部重点实验室发展成为国家重点实验室，在专业领域内不断取得新的成就。

回到华东师大光学重点实验室后，在学校的支持下，2014年吴健带领的研究团队建成分子多维精密测控的实验平台，以阿秒（10^{-18} s）时间精度、亚纳米（10^{-10} m）空间分辨率，开展分子内电子–原子核量子态演化极端超快行为的精密测量与调控的研究，并在超快分子精密控制研究工作中取得了优异的进展。30多年来第一个通过实验揭示了分子内电子–核共享多光子能量的新现象，重新认识分子吸收光子能量这一光与物质相互作用的首要过程，为分子存储更多的光子能量提供新思路；通过实验证实了物理学家20多年前提出的分子隧穿增强的经典物理假设，实验发现电子在共振态上的阿秒延时，实现电子重散射和重俘获阿秒精度的控制；实验观测单分子回声新现象，发现碰撞非久期（Secular）近似的新效应，应用于分子内超快碰撞弛豫测量，实现分子全光三维取向，为分子超快行为的精密测量开辟新途径。吴健应邀在高登研究会议等国内外重要学术会议做大会报告（1982年以来，戈登研究会议多光子过程（GRC: multiphoton process）共两次邀请来自中国的学者做大会报告，吴健于2014和2018年两次应邀做报告）。

2016年，吴健担任精密光谱科学与技术国家重点实验室主任。作为负责人，主持国家科技部重点研发计划、国家基金委重点、重大、国际合作等国家以及省部级项目近20项。先后入选国家杰出青年、科技部中青年科技创新推进计划、中组部万人计划领军人才、中组部青年拔尖人才、教育部新世纪优秀人才、上海市东方学者、上海市曙光计划、上海市青年科技启明星及跟踪计划等人才培育计划。近年来发表SCI论文100余篇，包括《自然物理学》1篇、《物理评论快报》23篇、《美国科学院院报》1篇、《物理评论X》1篇、《自然通讯》

6篇。其牵头的“分子超快行为精密测量与调控”项目荣获2019年度上海市自然科学奖一等奖。吴健培养的多名博士研究生获得全国光学优秀博士论文、中国光学学会饶毓泰基础光学奖、中国光学学会王大珩光学奖、上海市优秀博士毕业生、德国林岛诺贝尔奖得主大会等荣誉与奖励。

由吴健教授牵头的“分子超快行为精密测量与调控”项目荣获2019年度上海市自然科学奖一等奖(吴健提供)

吴健本科、硕士、博士皆就读于华东师大,他扎根师大、奉献母校,是华东师大自己培养的光学领域的杰出人才,同时也是一名在科研工作上具有国际视野和独创性的优秀科学工作者,在精密光谱科学方面做出了很多重要的探索性工作,与光学重点实验室共同成长,有力提升了华东师大光学领域的科研水平。

武海斌

武海斌,1977年2月出生,山西人。华东师范大学教授,国家杰出青年基金获得者,青年千人计划入选者,上海市优秀学术带头人,上海市曙光学者。

主持国家自然科学基金重点项目、重大计划，科技部重点研发计划、上海市市级重大专项、上海市重大基础研究项目等。在国际重要学术期刊上发表学术论文50余篇，包括《科学》2篇、《科学前沿》1篇、《自然通讯》1篇、《物理评论快报》6篇等。

2005年获得山西大学硕士学位，2009年获得美国阿肯色大学博士学位，2010年至2012年，在美国杜克大学物理系从事研究助理工作。2012年回国，受聘华东师范大学教授。2012年以来，立足国内组建了超冷量子气体这个具有国际竞争力的实验研究平台，围绕强相互作用费米原子气体非平衡动力学和精密光谱测量及其在精密测量方面的应用开展实验研究。

首次发现了标度不变费米气体的埃菲莫夫（Efimov）膨胀动力学这一新奇的动力学特征（*Science*，2016，353，371），被推荐参加2016年度“中国科学十大进展”评选，入围30项进展。被《自然》《科学》《物理评论快报》等高水平期刊论文引用40余次，被认为是一个“优美而又振奋人心的现象”，“揭示了隐藏在简单表象下的深层次物理”。该研究成果得到了量子三体问题研究专家美国华盛顿州立大学的布卢姆（D. Blume）教授的高度赞赏，在她的研究工作《随时间变化的俘获势的尺度不变性》（“Broken Scale Invariance in Time-dependent Trapping Potentials”）中引用武海斌教授研究成果达十余次，进一步详细探讨了埃菲莫夫膨胀动力学对称性破缺问题。在强相互作用幺正费米气体中观测到了动力学超埃菲莫夫动力学的实验结果（*Physical Review Letters*，2018，120，125301），评审专家认为这是“一项非常令人印象深刻的实验观测”，是“非常美丽的、受众非常广的量子多体行为”。首次实现了强相互作用费米气体的量子绝热操控，并将其成功应用于多体量子热机研究（*Science Advances*，2018，4，eaar5009），受邀参与编写量子热力学专业图书《量子状态下的热力学》（*Thermodynamics in the Quantum Regime*）。《科学新闻》（*Science*

News)以《微小机器可以通过采用量子捷径来逃避摩擦》(“Mini Machines Can Evade Friction by Taking Quantum Shortcuts”)为题对此研究内容进行专题报道,称这是“实现无耗散热机的第一步”。基于超冷原子发展了基于光子散离噪声极限的探测方法,实现了目前精度最高的锂原子的绝对频率和超精细分裂的精密测量(*Physical Review Letters*,2020,124,063002),被评价为“这个研究是杰出的,代表另一个突破”。实现了区别于传统热传导、热对流、热辐射的全新的热传递方式,热能可以利用光场长距离传输,发现非平衡稳态下可违背热力学第二定律,向全光可控器件、量子热机和能源的有效利用迈出重要一步(*Nature Communications*,2020,11,4656)。首次在光力系统中观测到声子激光自组织同步的路径(*Physical Review Letters*,2020,124,053604),解决了“未来需要在实验中揭示同步的路径是通过相位锁定还是压制本征震荡”(*Physical Review Letters*,2019,123,017402)这个重要问题,入选《物理评论快报》主编推荐。

迄今,武海斌教授已培养硕士、博士研究生10余名,指导的研究生获饶毓泰基础光学奖、王大珩光学奖、国家奖学金和华东师范大学校长奖学金等荣誉称号。

张增辉

张增辉,1961年2月出生,华东师范大学教授,博士生导师。首批中组部“千人计划”特聘专家,中国科学院首批海外评审专家,国家基金委海外杰出青年学者(B类),教育部第五批长江计划特聘讲座教授,国家重点研发计划项目首席。现任华东师大-上海纽约大学计算化学联合研究中心主任,中国化学会理论化学专业委员会委员,中国蛋白质专业委员会委员,国际期刊《物理学化学–化学物理学》(*Physical Chemistry-Chemical Physics*)副编辑。

张增辉教授于1982年毕业于华东师范大学物理系，同年通过由李政道主持的第二批中美联合培养研究生计划（CUSPEA）赴美留学。1987年毕业于美国休斯顿大学物理系并获化学物理博士学位。博士在读期间，他选择师从化学系的考瑞（Kouri）教授，攻读化学物理专业，研究化学反应动力学，经过几年的努力以及与另一研究小组的合作，发展了原创性的代数和线性方程计算方法，顺利解决了三原子全维反应的精确量子动力学计算问题，并发表了一系列原创性的经典论文，奠定了他在化学反应动力学领域的地位。毕业后，他赴美国加州大学伯克利分校，师从美国科学院院士米勒（Miller）教授，开展博士后研究，在分子反应动力学领域进一步取得了丰硕的成果。他通过严格的理论计算，第一个成功地预测了最基本的D+H2反应中的共振现象，并发表了系列性的量子散射反应理论计算方法和对具体反应体系的成功计算预测。这些代表性的成就，使他成为化学反应动力学领域最年轻的权威之一。1990年，受聘为纽约大学化学系助理教授，1994年起任副教授，1997年起任教授。在纽约大学，张增辉组建了自己的研究小组，通过不断的努力，开创了含时波包量子动力学计算方法研究多原子体系的反应动力学，使理论化学在反应动力学领域的应用上进入新的阶段。

从1992年起，张增辉就和国内学术界建立了合作关系，每年回国访问、参加学术会议、做专题报告等，先后与山东师范大学、中科院大连化学物理研究所、南京大学等国内高校建立了长期的合作关系，担任了南京大学、南京理工大学、武汉大学、中科院大连化物所、山东大学、山东师范大学等多所高校的客座教授和兼职教授。1999年，被聘为中科院首批海外评审专家，2000年获国家基金委海外杰出青年学者（B类），2003年成为教育部第五批长江计划特聘讲座教授。2009年入选中组部首批国家“千人计划”，并受聘为华东师范大学教授，入职物理系。

张增辉教授聚焦前沿理论的计算研究，取得了一系列的科研成果，发展了量子反应代数变分方法，成功解决了三维空间3原子反应的精确量子动力学计算问题；发展了量子含时波包法，解决了四原子分子系统的精确红外光谱，光预解离动力学和化学反应动力学的全维精确量子力学计算问题，并拓展到了更多原子化学反应的体系。张增辉教授在跨学科研究方面做出了特色，基于基本的物理原理，在生物大分子量子理论计算方法、蛋白质极化电荷、蛋白相互作用动力学等领域做出了原创性的贡献。如发展了大分子碎片共轭方法（MFCC）用于生物大分子体系的线性标度的高效量子化学计算，引领了该领域的发展；发展了用于分子动力学模拟的蛋白质特定极化力场（PPC），正确地描述了蛋白质的静电极化效应，提高了描述生物分子内氢键动力学的可靠性；在蛋白–配体相互作用自由能计算发展了高效的理论计算方法。

张增辉教授在国际核心学术刊物发表SCI学术论文400余篇，论文被引用12000余次，H-index指数58（web of science），是爱思唯尔2019年中国高被引学者（化学类）。出版了两本专著，其中个人专著《量子分子动力学理论与应用》（*Theory and Application of Quantum Molecular Dynamics*）已成为分子反应动力学领域理论计算的重要经典著作；获批发明专利4项，申请发明专利2项，软件著作权6项。在美国化学会年会、全球华人物理学大会、华人理论与计算化学大会、国际分子模拟大会等国际会议上做邀请报告150余次。回国后，先后主持上海市科委浦江人才计划项目1项，上海市普陀区高层次人才科研创新项目1项，国家自然科学基金面上项目2项，国家自然科学基金重大研究计划培育项目1项，国家自然科学基金重点项目2项，为国家重点研发专项首席。已培养硕士、博士研究生50余名。先后获得美国德瑞福斯青年教授奖（Camille and Henry Dreyfus New Faculty Award）、斯隆研究奖（Sloan Research Fellow）、德瑞福斯教师–学者奖（Camille Dreyfus Teacher-Scholar）、美国基金委颁发的总统教授奖（Presidential Faculty Fellow）以及第六届中国侨界贡献奖。

（以上材料和照片由本人提供。吴健一文初稿由丁良恩撰写）

教师回忆篇

学风弥正，初心弥坚

——回顾“物五学风”

郭静茹、蒋可玉整理

“学风”最早源于《礼记·中庸》，即“广泛地加以学习，详细地加以求教，谨慎地加以思考，踏实地加以实践”。在教育部颁布的《普通高等学校本科教学工作随机性水平评价方案》评估指标体系中，学风被作为重要的一级指标，包含三个二级指标：教师风范、学习风气、学术文化氛围。其中，学习风气为重要指标。而在华东师范大学建校发展史中，物理系的“物五学风”一直为人称道，激励众多学子勤勉立志，已成为物理系，乃至华东师大最为宝贵的学术文化基因和一直传承延续的宝贵财富。

一、“物五学风”蔚然成风

1958年到1966年，学校开展教育改革，对教育事业进行全面调整。根据学校“减轻学生负担，实行劳逸结合，提高教学质量”的改革方针指导，物理系在减轻学生负担的同时，狠抓教学管理和教学质量的提高，同学们刻苦钻研，学习主动活泼，友好互助。

因物理系是重点大学重点系，1959年9月起，学制由4年改为5年。刚入学新生分为4个班，到三年级按照专业分成了6个班：1班是理论物理，2班是光学，3班是磁共振，4班是实验核物理，5班是无线电电子学，6班是微波。1963年9月到1964年7月，刚好是五年级。同学们怀着要改变祖国“一穷二白”的面貌而发愤图强、刻苦学习的决心，树立为建设祖国“四个现代化”而认真钻研、攀登科学高峰的目标，努力培养自己既动脑又动手、一丝不苟、严谨求真的科学实验态度。许多同学一早就起来念外语、背单词，课前做好预习，上课开动脑筋、专心听讲、认真做笔记，课后及时复习，晚自修背了个大书包就去图书馆找参考书，如饥似渴地学习课外新知识，包括刚问世不久的激光技术、红外遥感技术、微波、核磁共振、热核反应等新科技。班级里学习好的同学主动帮助学习有困难的同学，加深了同学间的友谊，也使全年级的学习成绩整体提高。自觉刻苦学习在全年级蔚然成风。

原物理系总支书记杜文林等人提出，物理系五年级的良好学风值得总结，时任党委政工处副主任张婉如向党委汇报工作时谈到此事。1963年下半年，物理系1964届学风引起了华东师大常溪萍校长的注意，他随即派张婉如老师和姚祚训老师一起到物五调研总结。在物五同学自己总结的基础上，经过三周紧张的工作，写出了总结报告，送到了常校长手里，经他修改定稿，在政治处办公会议上通过，后简称“物五学风”。

为了推广“物五学风”，常校长亲自主持召开全校师生大会。在大会上，常校长对“物五学风”做了点评，号召全校学生学习物五的好学风，以振奋自己的学习精神，端正自己的学习态度，改进自己的学习方法。自此，物五学风在全校范围内进行推广，引起了全校师生的共鸣和盛赞。

为了扩大效果，会后专门组织了“物五学风”展览会，展出了“物五学风”总结全文，也展出了同学们的听课笔记、读书心得、实验报告、照片、历年成绩统计表等，图文并茂，看到了这个生动形象的榜样，全校学生掀起了“学先进”的热潮。上海市的媒体做了报道，高教局、国家高教部发了简报，“物五学风”由此推广到上海市乃至全国高校。

二、教育贵于薰习，风气赖于浸染

学海无涯，有风则行。“物五学风”有以下几个特点：一是学习目的明确，同学们都有热爱祖国、热爱人民，准备将来当一名优秀人民教师的胸怀；二是攀登科学高峰的雄心；三是刻苦钻研、学得主动、学得活泼的学习精神；四是善于动脑、勤于动手、一丝不苟、严谨的实验操作态度；五是惊人的毅力，许多同学都攻读两门外语，每天一小时的早自修学外语，有持之以恒的决心。当时，党中央重点抓教学，加上系里学习风气积极向上，人人谈“物五学风”，学习风气优良纯正。

（一）结成学习战斗小组

“苦练中文、猛攻外语、学好基本功”是当时流传的口号之一，来自农村的同学有的学习基础较差，尤其在外语学习方面，但他们刻苦、勤奋、有毅力。为了“不让阶级兄弟掉队”，在系里引导下，学生自发组成学习战斗小组，同学间互相帮扶。班级、系里、学校也通过抓典型、树榜样，激发困难学生的学习积极性和主动性，在全年级形成勤勉学习的良好风气。

（二）三支笔做笔记

“物五学风”提倡鼓励同学们不断摸索大学阶段的学习规律，互相探讨学习方法，定期展开学习方法交流介绍。同学们的学习目的明确，一心求学，探索钻研。学生们会提前了解老师讲课特点，并有针对性地进行预习。在课堂上认真听讲，课后用心复习。听不懂老师口音的同学会借笔记抄下来自己研读。他们互换教材、笔记和学习心得。学生中间流传着“三支笔做笔记”的说法，即用铅笔、颜色不同的记号笔，分别记下听懂的、有疑问的和复习后的批注，其认真、严谨、用心程度十分难得，在当下十分具有借鉴意义。

（三）大书包和叩问

天刚亮，不少学生就起床朗读外语。有的同学视力不好，为了课堂上能顺利听讲，他们提前到大教室去占个好座位。晚自习前，大家会读各种报纸和杂志（喜读《中国青年》），了解国家大事。高年级时，很多学生在学习上十分刻苦勤奋，同学们无论学习成绩好和差，都珍惜运用各种学习资源，跑图书馆，进阅览室，多看书，多琢磨。学习基础好的同学们不局限于一板一眼地接受知识，而是不断叩问。一道习题解一个本子的学霸常有出现，但他们也有各自的爱好和特色。

无线电电子班的王能同学，有一麻袋无线电杂志，喜欢课外搞无线电小装置；理论物理班吴肖龄、袁宏兴等同学，随身背很多书和笔记，随时随地翻看学习、进行探讨，被学生们开玩笑叫做“大书包”。之后，大家觉得多带些书方便，避免了经常来回寝室，可以节约不少时间，于是每个人的书包都渐渐大起来。

物理系学生们在系阅览室看书

（四）密立根第二

“物五学风”将“理论联系实际，刻苦钻研，不断探索”作为物理系学生培养的基本要求，特别重视学生动手能力的提高，发扬对待实验一丝不苟、不放弃任何疑问、严谨认真的作风。方正和王祖彝同学做“密立根油滴实验”测荷质比时，发现原始数据读错，要求重做，他们自勉说：“在作业中出现的错误可以用橡皮擦去，今后实际工作中出现的差错可擦不掉！”他们坚持反复测量，最后圆满完成了实验。另一位同学周吾仁，在做该实验时，连续求证，直至深夜，周围学生开玩笑称他是“密立根第二”。

同学们做实验一丝不苟，不放过任何疑问

（五）通过社会劳动，找到一条报效祖国的途径

当时，系里每学期都组织学生参加社会劳动。在校外，他们经常参加农村的夏收夏种、秋收秋种；下工厂实习，从敲铆钉到焊电阻开始，最后检验装备，实习结束，自己可以为工厂拉一条流水线，任务紧张时可帮助工厂提高产能。也有同学去上海有线电厂做电子线圈，不仅体会到工人的不易，自己的动手能力也得到极大提高。在参加工农业生产劳动实践中，学生不仅学到了很多实际知识，提高了动手能力，更重要的是得知工人农民的辛劳，感恩社会对自己

学生们在崇明岛筑海堤抗“拜年潮”

的培养，珍惜来之不易的学习时光，回校后更加发奋学习。

他们也曾白天下厂工作，晚上住在庙里。1961年，一部分男同学去崇明岛筑海堤，抗“拜年潮”，白天挖河泥，晚上住在“列宁棚”。那个年代，物资紧缺，同学们吃的是半糊状的玉米饭，很难下咽，常溪萍校长知道后，特去崇明看望学生，从海洋局要到一批咸带鱼，真是美味！直到现在，这些片段，学生们回忆起来都感动不已。

正是在这种家国情怀的感染下，他们深知自己身上历史使命，内心的信念告诉他们，要有爱心，懂感恩，尊重劳动人民，报答社会，报效祖国的培养之恩。

（六）积极锻炼身体，开展文娱活动

学生在课业学习之余，锻炼身体的风气也很好。学校操场多，老师以身作则，带动大家搞好身体。当时的文体活动很丰富，表演体操，打球，听唱片，运动会上还会有摩托车车队、红旗队，声势浩大，场面壮观。在艰苦奋斗中，也找到许多青春热血的乐趣。

学生在学习之余开展文体活动

三、师者，人之模范

教师是立教之本、兴教之源。要有好的学校，先要有好的教师。常溪萍校长不仅重视高校学生优良学风的形成，也很重视学校教师队伍建设和学科建设。这也是形成“物五学风”不可或缺的内在因素。他尊重教授和青年教师，特别是国外归来的老教授，希望他们在教书育人、办好学校中发挥积极作用。针对师范大学要不要搞科研的问题，常校长认为师范大学应该搞科研，而且必须搞科研。只有这样才能保持师范大学的先进性，华东师大要向一流的国外大学学习，努力办成一流的全国重点大学。

这期间，物理系涌现出一批德才兼备、敬业爱生、深受学生尊敬的师长，比如张开圻教授、郑一善教授、许国保教授、姚启钧教授、邬学文教授、孙沩教授、陈涵奎教授、万嘉若教授、胡瑶光教授、袁运开教授，还有张婉若书记、杜文林书记、年级主任瞿鸣荣老师、辅导员罗宗德老师、辅导员张保仁老师等。他们爱岗敬业、勤于实践；他们勇于创新，肯于钻研；他们用言传身教展现师者风范，用拼搏奋斗书写奉献人生。无论在三尺讲台上，还是日常生活的潜移默化中，他们给予学生有形或无形的激励和引导。这是“物五学风”形成不可或缺的重要因素。

“物五”学子回忆道：“我们运气好，老师都是最顶级、最专业、最热情奉献的！”很多专业基础课都是由老教授亲自讲授，最好的老师放在第一线教学工作中。比如张开圻教授、郑一善教授、许国保教授、姚启钧教授、章元石教授、胡瑶光教授、潘桢镛教授、袁运开教授，都为我们年级上过大课。电动力学的任课老师胡瑶光先生，每次备课都十分认真，讲课时不看讲义，流畅自如，板书清晰明了，他对专业知识的熟练程度和授课技巧的专业性让学生十分受益，多年后仍非常感怀。姚启钧老师讲课发散性强，给学生无限启迪，让学生们的学术视野得到极大拓展。潘桢镛老师晚自习为学生们答疑讲解难题时说，这好似啃“硬骨头”，这种感觉“像四川人吃辣椒，很辣，但是味道很好，吃了还想吃”。

当时还有很多优秀的年轻教师参加教学第一线工作，例如徐在新、赵玲玲、徐静芳、许春芳等老师。其中，中级物理实验老师顾元吉，只比学生年级高一届，是很优秀的年轻教师。他对仪器原理讲解细致、对实验步骤的指点切中要害，对学生实验报告认真批阅，在每一处不妥当之处都细心标注，用严谨治学和认真负责，为学生树立了榜样。在学生眼中，当时的班主任瞿鸣荣老师总是边走路，边吃早饭，边学外语，给学生留下深刻的印象。还有辅导员罗宗德、张保仁老师，和学生一起住在学生寝室，他们乐学善教，善于反思，用言传身教展现师者风范。

四、非宁静无以笃志，非励学无以致远

大学时代是人格和技能奠定期，良好的学风可以帮助学子们树立科学的人生观、价值观、世界观，让他们独立解决问题的能力得到锻炼。

“物五学风”的一批学子，毕业后虽然分配在祖国各地，从事各行各业，但无论他们在哪里，如今都成为各自领域的中流砥柱。例如：胡仙云从事核试验场外放射性检测工作23年，为发展我国原子能事业国防建设做出了重要贡献；秦世俊曾任上海市政府咨询专家，被评为上海市劳动模范；王能成为著名网络与通信专家，荣获“全国师德先进个人”称号；杨年慈为研发中国自制的

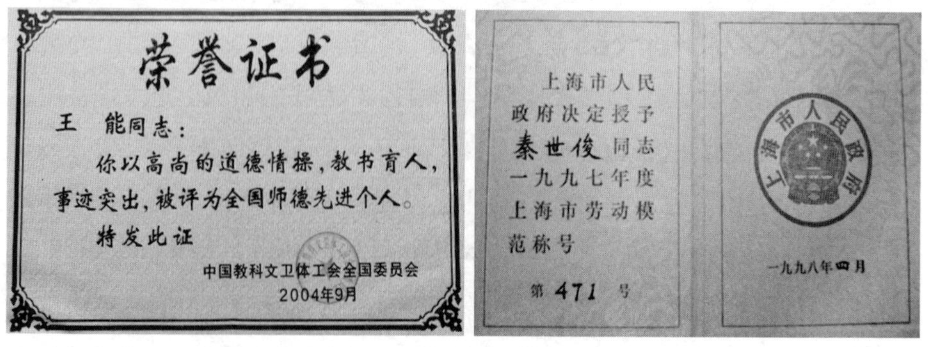

荣誉证书

王 能同志：

你以高尚的道德情操，教书育人，事迹突出，被评为全国师德先进个人。

特发此证

中国教科文卫体工会全国委员会

2004年9月

上海市人民政府决定授予秦世俊同志一九九七年度上海市劳动模范称号

第 471 号

上海市人民政府

一九九八年四月

学子成就

防弹衣做出贡献，并和黄善忠同时获得共和国纪念章。还有多位长期从事中学教学的特级教师和校长等。就像校友沈杏珍所说的，“我们这些同学，在校期间学习勤奋，毕业后努力工作，成为教师、工程师、公务员，成了先进工作者、优秀教师、教授、总工、领导，无论走到哪里，都会流传出一首赞歌。”

（文字整理：郭静茹。采访对象：“物五”学子蒋可玉、秦莉娟、俞永勤、杨燮龙。图片资料由“物五”学子提供）

忆半导体物理教研室被评为全国三八红旗集体

许春芳

20世纪80年代初恢复高考后，本科生将进行专业课的学习，同时国家教委批准建设半导体物理学科硕士学位点，开始招收硕士研究生。我们半导体物理教研室，不但有本科生和研究生繁重的教学任务，同时承接电子部、国家教委、上海市科委及国家自然科学基金的科研项目。

教研室里有30多名教职工，其中有年近70的老教授，也有中学毕业不久的青年职工，教师中来自"文革"前各个不同的教研组，如何将大家的力量组织起来出色地完成教学和科研任务，是非常迫切需要解决的问题。

教研室和党支部负责人反复研究，根据教研室中女教工人数占三分之二以上的特点，提出教研室要争取当三八红旗集体。这就要求对待各项工作不能一般地完成任务，而是要出色完成任务，达到先进水平。这是目标，也是压力。在教研室里发动大家充分讨论和酝酿，这一目标不但得到女教工的热烈响应，也得到男同胞的一致支持。

事实说明，一个集体有了共同的目标，就容易将大家的力量凝聚起来，拧成一股绳，团结一致，克服困难，去努力实现目标。在半导体物理教研室里，就形成一股积极向上的力量。

在80年代初，教研室主要干部以女同志为主，教研室正副主任和党支部书记全是女教师。半导体专业对我们来讲是全新的，但各位女教工克服各种困难，在科研和教学中勇挑重担，做出出色成绩。

“文革”后第一任教研室主任孙沩，开始从事半导体学科研究时，已年近古稀，还患有糖尿病，她以共产党员标准严格要求自己，带领中青年教师认真阅读文献，消化吸收国际上发展半导体集成电路新成果，并且根据国内半导体生产中的问题开展研究。了解到因电子产品可靠性不高，拖了工业发展，特别是拖了军工项目的后腿，就积极倡导开展半导体器件可靠性研究，从工艺控制和失效分析入手，先后承担了上海市科委、国家教委及电子工业部下达的十多个研究项目。其中“微电子测试图形及其智能测试装置”和“方形阵列数字式四探针测试仪”分别获得上海市科技进步奖二等奖和上海市重大科技成果三等奖，“半导体器件失效分析”获国家电子工业部二等奖。为了推广这些成果，我们赶写了50多万字的技术资料，并整理出版《微电子测试结构》一书，在上海、北京、江苏等地办了6次培训班，企业和研究单位先后有1 000多名技术人员参加培训。一些工厂掌握了微电子测试图形进行工艺分析和工艺控制的技术，好比在工艺过程中长了一双“眼睛”，对大规模集成电路制造中的“疾病”能及时准确地做出诊断，为产品的合格率和可靠性的提高提供了依据（参见1983年5月13日《解放日报》报道《雪中送炭，支援工业》）。

1981年11月，孙沩（左二）和教研室教师一起讨论工作

王济身和孙沩是我们半导体物理硕士点的学术带头人。王济身毕业于大同大学物理系，毕业后留校任教，长期从事物理教学，有厚实的物理学基础和学术造诣。“文革”前，她主讲固体物理，并结合安排X衍射实验，进行晶格结

1985年12月，王济身（右）在厦门大学参加全国半导体物理学术交流会

构研究。1958年，她和邬学文一起创建波谱学专业，进行波谱学研究。王济身生活艰苦朴素，做人低调不多言，在治学方面，她既有严谨细致作风，又有敏感活跃的学术思想。在半导体教学和科研中，她不但挑起研究生的教学大梁，主讲固体物理、半导体物理及薄膜物理，还甘为人梯，将自己的讲稿及相关资料全部给中青年教师查阅，带领中青年教师一起开展半导体界面研究。她和许春芳、范焕章等系统研究了金属—绝缘体—半导体结构（简称MIS结构）的不稳定性及电学测量方法，提出降低界面电荷的工艺措施。王济身撰写的半导体界面研究论文《MIS结构不稳定性》在国内被广泛应用。此外，为加强基础研究，在等离子体淀积氮化硅薄膜微结构方面，她和课题组成员申请并获批两项国家自然科学基金的项目，开展了薄膜结构和性能的学术前沿研究。研究结果深层次地揭示了薄膜中氢原子及氢原子簇的微观状态，发表了科技论文，为进一步提高和改进工艺水平提供科学理论的指导。

教研室副主任徐静芳家中上有年迈的老母亲，下有三个女儿，她不但和丈夫李琼努力克服各种困难，安排好家务，教育好孩子，而且在教学科研中有闯劲，有干劲，在运算放大器、V-MOS功率器件、气体传感器、真空微电子等研究方面敢为人先，和其他教师及研究生一起完成多项国家任务，在国际学术会议上和SCI检索的学术刊物发表了一批高水平学术论文。

张蓓榕工作踏实，谦虚谨慎，不但在本科的工艺物理和晶体管原理的教学中辛勤耕耘，同时立足工艺实验室，做了许多稳定工艺的工作，使工艺实验室满足教学和科研的需要。同时，她积极参加半导体器件可靠性研究，她研究的铝电迁移对可靠性影响的论文，在全国电子产品质量及可靠性年会上获优秀论文。

王云珍在生活上对学生关心备至，经常在节假日邀请学生到家里，嘘寒问暖，消除了学生远离父母产生的孤独感。在研究生教学中，她根据学生的特点，从严要求，深入细致地指导，获得学生的一致好评。她研制的掺氧多晶硅薄膜用于高压晶体管的表面钝化，提高了器件的击穿电压，降低了漏电流。

桂力敏先后担任过电子系副主任和学校妇联主任的工作，在完成繁忙的社会工作的同时，进行半导体器件可靠性物理研究，在组织队伍、争取项目等方面做了许多工作。

青年教师袁美英不但积极完成教学工作，而且在科研工作中刻苦钻研，任劳任怨，在试制VMOS功率管过程中，她和张蓓榕等使用腐蚀性很强的化学试剂，在通风条件较差的情况下反复试验，试制成多种V型槽刻蚀工艺，为研究成小型VMOS器件和V型槽结型场效应晶体管（VJFET）打下基础。

我们的女教师在教学科研岗位上挑重担，做贡献，成绩突出。同样，在半导体工艺实验室和半导体物理实验室工作的女职工也很出色。

只有初小文化程度的刁素珍在去离子水处理岗位上，开始没有信心，朱墨师傅手把手地给予指导，她反复练习，刻苦学习，最终能够独立操作和独自工作，满足了教学和科研的要求。

从机关调来的于淑兰，原来做行政工作，与半导体工艺完全没关系。她到了我们组后，在王济身的耐心帮助和指导下，戴着老花眼镜努力学，认真做，不但掌握了复杂的硼扩散工艺，还指导新来的青年职工，当上了师傅。

在工艺实验室里，还有一批中学刚毕业的小青工，她们人小志气高，勤学苦练，对于复杂的集成电路工艺技术，在教师及师傅们的指导下，很快掌握了要领，独立工作。如笪绣文、吕玉娟，及在半导体物理实验室的陈菊音等，不但做好本职工作，还利用业余时间学习文化，先后达到大专水平，为今后承担教务管理工作打下了基础。从后勤部门调来的莫桂英是复杂繁琐的光刻工艺骨干。光刻工艺是在不到几微米精度的范围内进行套准，对眼睛判断和两手操作要求十分严格。她能力强，总是一丝不苟地完成任务。原物理系实验室里的实验员杨荷金和陈琳二人比较早来到工艺线，在建设制版和蒸发工艺及设备方面从无到有做了大量工作。另外，具有丰富实验经验的林润清带领实验人员，利用系里设备条件筹建了半导体测量实验室，满足了教学需求。

可以说，每一位女教工在各自的岗位上都发出了光和热。教研室所建设的半导体工艺实验室和半导体物理实验室，为教研室完成各项科研和教学任务创造了条件。

由于半导体学科的特点和集成电路研制的要求，一个样品的制作需要许多道工艺，一个项目的完成需要课题组群策群力，这就要求内部人与人之间的凝聚力和相互协作精神。教研室和党支部提倡同事之间应做到"学人之长，容人之短，帮人之难"。教研室用这12个字来处理内部的人际关系，减少内耗，达成合力做好工作之目的。在这方面，教研室主任孙沩是我们的榜样。她在工作中谦虚谨慎，作风民主，对于不同意见，能够耐心听取，和气协商，尤其鼓励中青年教师大胆创新。她的这种品格，对于发挥创造精神、促进人才成长、活跃学术空气是至关重要的。

经过大家的共同努力，1981年半导体物理教研室被评为上海市三八红旗集体，1982年被评为全国三八红旗集体！这在全国高校的理工科教研室中是很少见的。这个事实说明，在高等学校理工科的单位里，女同志可以和男同志一样做贡献。

1982年3月，孙沩和许春芳出席上海市庆祝三八妇女节大会，并且接受了全国总工会和全国妇联颁发的奖状。学校还发了奖金，我们购买了唐三彩小件，发给教研室每人一只，留作纪念，当然男同胞同样人手一份，因为这些荣誉的获得是和男同胞的支持分不开的。

（文中照片由许春芳老师提供）

平凡岗位，奋斗不懈

——我参加纳米材料研究与应用的回顾

杨燮龙

20世纪80年代中期，德国材料科学家格莱特（H. Gleiter）在实验室里首先研制成一种新型的固体材料。它是由尺寸仅为几个纳米（10^{-9}米）的金属颗粒压制而成的人工固体材料。这类材料是由两种不同的原子组态所构成：一种是纳米尺度的颗粒，其原子排列是有序的；另一种是这些颗粒的分界面，其原子排列是无序的，简称为“界面”。正因为有这样的特殊结构，并且有可能使材料产生奇异的特性，这种材料引起国内外科学家们的浓厚兴趣，对这种材料的结构特点、特性和应用的研究积极开展起来。

华东师大是培养教师的，为什么会从事纳米材料的研究？很多人这样提问。这要从我们物理系穆斯堡尔谱课题组与化学系周乃扶教授的科研合作说起。

一、重建近代物理实验室，研制穆斯堡尔谱仪

1976年，粉碎“四人帮”后，党中央提出要全面拨乱反正，在教育战线上恢复高考。这极大地鼓舞了每一位在高校工作的教师和职工。我与同组曹尔弟、王梅生、顾元吉等十余位老师和实验员接受的任务，是恢复、重建近代物理实验室。

"文革"十年动乱中，以前的中级物理实验室的设施已经全部损坏，仪器大部分丢失，教师中有很多人改行。为了迎接1977级第一批学生，要在3年内开设出这门课程，教师、设备和教材都要到位，任务十分光荣，也十分艰巨。接到任务后，大家都感到压力大、任务重，但想到这是我们多年来一直想做的事业，而今日可以放开手脚干，便表示不仅要按时完成任务，而且要力争做到有新的内容和新的水平。大家积极性非常高，晚上加班，节假日不休息，一整天泡在实验室里是经常的事，一心想把之前浪费的时间补回来。

顾元吉、赵建民、张敷功和我负责核物理实验一块，除了开设传统的一些核物理实验内容和方法外，我们决定增设"穆斯堡尔效应"实验。这是在调研国际上几所著名大学物理实验内容后得到的启示。该效应是德国物理学家穆斯堡尔（R. Mossbauer）在做博士论文期间发现的。1957年，他在低温下进行核 γ 射线共振实验时，观察到一个反常现象，他没有轻易放弃，而是经多次重复，终于从理论和实验上解释了此全新的结果——无反冲原子核共振吸收或散射现象。以后人们多次论证，并利用该方法首次测到氧化铁核的超精细内场为515千奥。在室内能验证相对论效应，意义十分重大。最终在1961年，人们将物理界最高的荣誉诺贝尔奖授予这位年轻的学者。之后相关研究迅速发展成一门谱学，广泛地应用于固体物理、化学、生物、冶金和地质等领域。

这样精彩、传奇而给人启迪的实验内容，许多大学开始设置。美国有的大学采用一个单摆替代原始实验中放置源的小车，让学生逐一改变单摆速度而测得能谱。而在现今科研工作中，人们采用扬声器原理——用连续三角波电磁驱动方式产生等加速来完成多普勒能量扫描。为此，我们在调研各种方案的基础上，提出如果能产生一种可调的等速电磁驱动波形，把二者的优点结合在一起，既可让学生动手操作和思考用于教学，也可变换驱动信号自动记录用于科研。这些设想得到系领导和教研组领导的肯定和大力支持。

工作伊始，我们从采购电子仪器到自制设备，都遇到不少困难。例如我当时简单认为用一个方波替换三角波就能得到等速信号，而实际上在大速度扫描时，回扫引起直流电平的波动很厉害，根本无法进行记录。以后，我在其他老师的协助下，设计研制出一种特殊的抛物波回扫信号叠加上直流电平，才解决了问题。在近两年的研制中，我们得到校外如上海原子核研究所、南京大学科技人员多方面的无私帮助；在校内，与校办厂技术人员和工人密切配合，最后成功地研制成等速和等加速穆斯堡尔谱仪各一套。在国内首先引入近代物理实验教学，在实际使用中，仪器性能稳定，学生对此实验很感兴趣，不少同学都选它作为毕业论文的内容。

此外，我们还撰写论文，发表在学报和专业刊物上。在全国实验教学会议上介绍“等速穆斯堡尔谱仪”，该谱仪获得国家教委教学仪器三等奖。同时，我们初步开展了穆斯堡尔谱学方法用于生物和极化效应等方面的科学研究，也取得优异的成绩。1981年在全国首次穆斯堡尔谱学会议上，我们做的学术报告受到好评，大会一致推荐顾元吉老师为专业委员会成员。1984年，由我主持的穆斯堡尔极化效应研究第一次申请到国家自然科学基金资助。在研究中我们自制了“穆斯堡尔极化计”，并首次观察到Fe_3O_4材料的“穆斯堡尔法拉第效应”，其结果发表在《中国科学》上，并在1992年获得国家教委科技进步奖

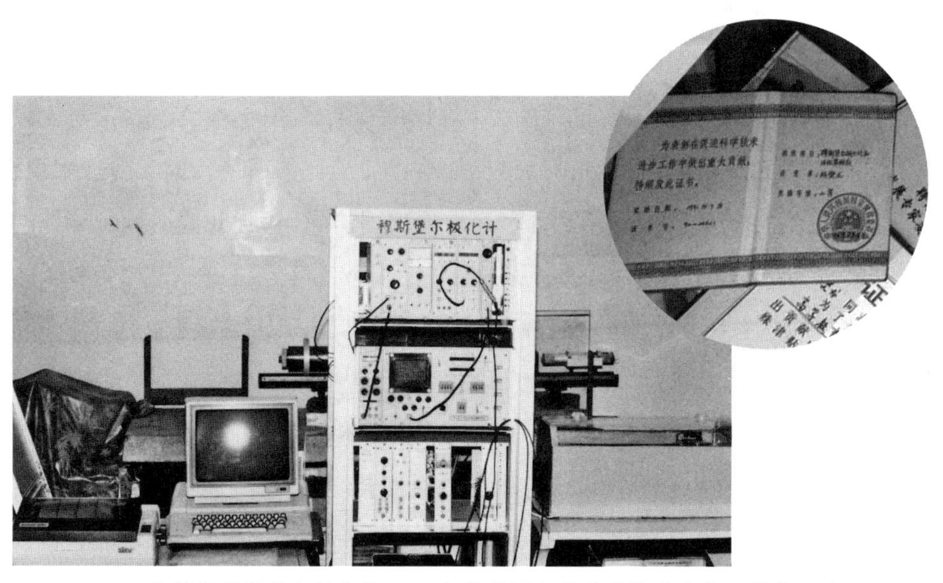

自制的穆斯堡尔极化计1992年获得国家教委科技进步奖二等奖

二等奖。实践证明，从事教学的老师是可以结合自己工作与兴趣开展些科研工作的，而科研工作反过来会促进教学水平的提高和人才的培养。

二、学科交义，引导科学研究新起点

高校中多学科的优势互补、相互学习会萌生新的学科生长点，这方面我们有深切的体会。化学系周乃扶教授是“文革”前北大著名教授傅鹰的研究生，基础扎实，视野开阔，有一套高标准的治学方法。80年代初，他带领化学系几名教师和研究生在进行上海市科委项目铁钼系催化剂的研究工作。得知物理系正在研制穆斯堡尔谱仪，他多次上门打听进展情况，并从文献调研中了解到穆斯堡尔谱学方法对铁基材料研究特别有用，尤其对化学共沉淀法制得的氧化铁超细颗粒中铁原子的价态、结构非常灵敏，且不会出现如X衍射对非晶和小颗粒材料测量时受到的种种限制。

我们成立了合作研究课题组，定期进行学术交流。不同学科间的探索、交流，使大家受益非浅，最令人感动的是，周教授要求每位报告人都得提前写好提要，然后他亲自刻写、复印成资料发给大家。多年来的合作，我们配合得已经相当默契，可以说，在学术上他是我们的师长，也是我们踏上“正规”科学研究的引路人，他和我们一起讨论、修改论文。在国际穆斯堡尔谱学会议主席、丹麦教授莫鲁普（S. Morup）访问华东师大时，他还提前学习穆斯堡尔谱学专业术语，查找资料，亲自为学术报告当翻译。而在他出国访问期间，我们协助指导他的学生。姜继森是周老师培养的最后一批硕士研究生，其硕士论文《均匀粒子的制备与表面磁性》，是最能体现我们两家合作的结晶。姜继森继承了导师在国外学到的绝活——形态均匀颗粒的制备技术，又掌握了穆斯堡尔研究方法和同位素增丰技术，这样他就有可能获取和区分颗粒体芯和表面原子磁性的相关信息。他的毕业论文内容分别发表在国内外学术会议上，受到同行好评。毕业后姜继森留校任教，也一直和我们保持很好的协作。当学校成立纳米功能材料与器件应用研究中心时，他很快从化学系转到物理系来，大家一起共同创业。

丹麦教授莫鲁普访问华东师大(左起:杨燮龙、周乃扶、莫鲁普、顾元吉)

1985年,因为我们有与化学系合作研究催化剂的经历,上海石油化工研究院的科技人员慕名而来,要求我们参加一项"七五"攻关项目,协助开发乙苯脱氢催化剂的新产品。由我和蒋可玉、翁斯灏、张敷功等老师合作,在徐日长师傅的帮助下,用石英玻璃吹制了一套模拟生产过程的穆斯堡尔原位(in situ)装置,在高温620℃下,直接通反应气体进行长达20多个小时的连续测量。实验中我们得到的结果对该类催化剂的活性相提出了新的证据,这不仅对实际生产有很大的促进作用,在学术上也有重要意义,打破了由苏联学者仅根据X衍射分析提出的传统观点。该项研究工作获得1993年中国石油化工总公司科技进步奖二等奖(参加)。此后,我们得到上海石油化工研究院领导的赞扬和信任,各方不断提出新课题,横向开发和合作关系一直保持了20多年。

1986年,国际著名穆斯堡尔谱学专家贡泽尔(U. Gonser)教授由南京大学邀请到中国访问,路经上海访问华东师大。在实验室中,他看到我们用自制的装置观察到他早年用超导磁场才能实现的"穆斯堡尔法拉第效应",非常赞赏,并邀请我次年赴德国萨尔大学进行学术访问。正巧国际上纳米材料的创始人格莱特教授也是该校材料学院的学科带头人,两位教授是好朋友,又是学术上的知己，他们还联合培养了一名优秀的中国博士生景剑峰，这一切为我创造了很好的学习和合作机会。他们用气相冷凝法制作金属纳米颗粒，在使用穆斯堡尔测量时，经常会遇到颗粒表面氧化的问题，而这些正是我在国内熟悉的研究内容，我建议用低温冷冻和原位测定的方法，解决了此难题。我还提出扩大限于纯金属纳米颗粒的研究思路，有意制备一些表面不同氧化程度的铁基纳米颗粒，压制成纳米固体材料，对其超精场分布进行系统的研究，尤其对晶粒与界面的相互作用发现了一些新的现象，提出了新观点，受到导师的称赞，共同发表了多篇论文，在国际上被多次引用。

三、参加国家“攀登计划”，促进学校纳米材料科研的发展

1990年，我回国后不久，中科院固体物理所领导邀请我赴合肥参加国家科委筹建“纳米材料科学”项目的研讨会。1991年经专家论证，我与上海钢研所合作的课题“铁基纳米软磁材料的研究”被纳入国家攀登计划“纳米材料科学”研究项目，重点是探讨Fe基纳米微晶优良软磁特性的物理机制。我们课题组在合作单位的全力支持下，白手起家，自制高、低温磁特性的测试装置，结合穆斯堡尔谱学方法，系统地测定了高、低温度下材料中晶粒和非晶界面的磁相互作用，最后通过实验数据和唯象模型的计算，指出铁基纳米微晶材料中，控制晶粒之间（界面非晶相）的交换耦合作用是获取最佳软磁特性的关键；同时我们根据铁基纳米微晶材料的纵向磁结构特点，发现该材料具有优异的“巨磁阻抗效应”（GMI），在国际上首次提出纵向驱动模式的巨磁阻抗效应（LGMI），其磁场灵敏度和温度稳定性都优于日本科学家发现的Co基非晶的横向模式的巨磁阻抗效应，并有着广泛的应用前景。

1996年，由多名院士参加的国家攀登计划评议会上，我们的工作获得好评，并批准继续参加“九五”第二期攀登计划“纳米材料科学”项目研究，研究课题为“纳米微晶巨磁阻抗效应研究”。这期间我们发表论文百余篇，其中有6篇被美国出版的“纳米科学和技术”丛书中的综述文章所引用。

1996年国家攀登计划“八五”总结、“九五”延续评议会

1998年，理工学院为了适应全国和上海科技新形势的发展和要求，整合了全院与材料研究相关的课题组，联合建立“华东师大新材料研究中心”。此期间，校内外有关纳米材料的学术活动异常活跃。在校科研处的支持下，我们邀请上海市科研院所和高校有关专家，在华东师大举办首次上海市纳米材料学术讨论会，为筹建“上海市纳米科技与产业化发展中心”做出积极贡献。华东师大是专家委员会成员之一。

2001年，华东师大成立“纳米功能材料与应用研究中心”。中心由从新加坡刚回国的孙卓博士（郑志豪教授的学生）担任主任，陈群、姜继森为副主任，加上原测试中心成荣明、徐建成和引进不久的马学鸣、石旺舟、黄素梅等年轻力量，从此华东师大纳米材料的研究和应用翻开新的一页。

四、转化科研成果，为国民经济服务新尝试

把科研成果转化为生产力，为国民经济服务，是时代赋予我们的责任，也是许多科技工作者的美好设想。20世纪90年代，我们除获得国家“攀登计划”研究项目外，在上海也申请成功市重点应用项目“纳米巨磁阻抗效应的研究与应用”，以后还获得国家“863”项目的资助。这样，我们课题组除进行基础

研究外，逐渐把重点放在该材料的应用方面。早几年，杨介信老师曾利用此材料耐高温和高灵敏的特性，研制成石油勘探用的电导率仪，设想替代国外进口产品。我们做成样机后，就由我与曹尔弟、吴正带往胜利油田去试测，受到油田工人热情欢迎。

1998年在学校领导的支持下，华东师大与江苏河海集团成立华泰纳米器件公司，有志于将纳米材料应用于汽车传感器方面。在企业的支持下，在学校成立研究所，购置了较贵重的仪器（如磁控溅射镀膜台、阻抗分析仪等），充实了我们的实验设备；所内有专职科技人员和工人，包括我们兼职的老师，既可以利用设备研制新产品，也可以让导师和研究生利用设备进行科研活动，促进了教学、科研和生产的结合与发展。此时，我们已经研制成多种基于簿膜和丝等材料的GMI效应传感器，包括汽车电子传感器的样品，例如汽车点火器、电喷测速传感器、防抱死速度传感器等。这些产品多次参加上海工博会和北京国家“863”项目成果展示，得到有关领导的肯定和表扬，在上海工博会上还获得新产品金奖，并申请获得十余项专利。

在公司的规划下，我们在全国各地做了市场调查，发现国内几乎所有汽车传感器全是进口或国内代加工，技术决策权完全掌握在外国人手里。这些事实更激励我们要在这个领域好好干一番，但我们对“产业化征途不平坦”的认识是不足的。开始，在上海市科委的组织下，我们与一家上海中外合资厂合作，研制“汽车防抱死速度传感器”。当时市场上采用的速度传感器主要是电磁感应式和霍尔速度传感器两类，前者抗干扰和低速性能差，后者高温特性和灵敏度受限。工厂中方经理很有想法，希望将来上海建立自主的汽车传感器实验室，因此对合作全力支持，进展很快。但两年项目完成后，经理换人，由外方人员担任，宣告合作中断。但中方技术人员和我们已经建立了良好关系，对我们以后的工作给予许多帮助。

另一场经历对我们的冲击也很大。东北一家颇具影响的校办企业，到上海求助解决电喷传感器的高温特性和信号脉冲宽度一致性问题。我们提供了GMI元件并专门设计了一套新的磁路结构，满足了国外厂商对他们产品的检验要求，并两次赴沈阳对他们进行技术培训和指导。可在第二批供货后，他们竟然借故退货，而把我们的技术“偷”了。我们虽有专利，但不熟悉如何去维护自身的合法权利，只得作罢。种种磨难，一言难尽。

在一次上海市纳米材料推进应用与汽车行业对口交流会上，我的发言和感受得到上海汽车集团技术领导层的重视，他们当即提议可以把纳米磁敏传感器试用于“荣威”汽车上。上海汽车拥有“荣威”汽车的知识产权。会后上海汽车工业科技发展基金会秘书长顾海麟亲自找到原荣威车上的传感器样品，还亲赴宁波联系与我们合作生产的配套厂。

2006年，我们获得“上海市纳米科技与产业化发展中心”专项资助，与校内软件学院合作，实现控制电路的集成化，为GMI磁敏器件小型化创造了有利条件。同时，我们把驱动线圈设计为平面型，可直接采用印刷板制作，大大简化了生产工艺，经多次的电气调试、模具改型、高低温测试，器件终于可以安装和应用到“荣威”汽车上了。最后由华东师大和上海汽车集团联合组织的考察组赴浙江安吉山区进行实道和抗干扰试验，行驶1 000多千米无一次故障出

2006年，安装了新型器件的“荣威”汽车，在浙江山区进行实车道路和抗干扰实验，行驶1 000多千米未出现一次故障，顺利通过项目鉴定(右下图为装车用传感器)

现，顺利通过项目鉴定。此结果被各大报刊广为报道，题为“纳米GMI磁敏传感器为新一代磁敏传感器，在汽车上的应用尚属国际首次”。由于媒体传播，其他许多汽车厂商包括中德合资的博世公司纷纷来洽谈合作生产，他们把我们样品送回德国总部测定，性能方面受到肯定，但提出价格和批量要与国际上现有的产品霍尔传感器接轨。这又是一个难题，尤其近几年霍尔传感器已经把敏感元件与电路集成一体化，无论是产品一致性还是成本都具有明显优势，而我们要实现这一目标还有很多工作要做。

在与上汽的合作中，我们逐渐了解到企业实际生产过程中，荣威汽车底盘系统（包含汽车防抱死速度传感器）是由一家外资厂承包的，该厂是否允许与新的元件配套仍存在许多问题，上汽生产和技术部门无法决定是否采用新的元件。以后虽然做了许多努力，但运作多年一直没有明显进展。

一天傍晚，正在地理馆忙于纽约大学校舍问题的俞立中、陈群两位校长遇见我，关心地问起我们的进展情况，安慰我说："杨老师，你的任务完成了……"是啊，只能说部分任务完成了，可是我真不甘心啊！但静下心来想想：产业化的成败要素包含有技术、资金、市场和各方面的合作，缺哪一项都不行。我虽然已经在产业化路上奋斗了十多年，但整个产业化事业的路程还很长，我们所做的只是一次有意义的尝试。

时隔多年，今天我们国家的经济和科学技术已经有长足的发展，航天、动车等进入世界前列。在我原来从事的领域中，孙卓、赵振杰、王江涛、潘海林等正带领着一批年轻人继续在纳米更前沿的领域奋斗！我宽心了，我充分相信我们的国家和学校会在产业化道路上取得更大的成功，做出更优异的成绩！

（文中照片由杨燮龙老师提供）

物理系1980级试点班教学点滴

——陈家森老师忆教学改革

王元力

一、双语教学，先行先试

普通物理课程的双语教学是改革开放政策落实的具体表现。当时校党委决定，从1980年开始，将物理系和化学系的新生学制改为5年，第一年学习英语和大学汉语，第二年开始有一门专业课，必须采用外语教材进行双语教学，让学生适应时代的需要。当时物理系领导决定由我和汪宗禹老师分别担任物理专业和电子专业两个班的普通物理课程的主讲，另外决定由英语口语能力较强的唐文青和杨伟民老师担任辅导老师，我们四人成立试点班的普通物理教学小组，由我担任组长。

由于学生第一年学习英语和汉语，我们考虑，如果学生在第一年一点不接触专业，这对他们后续专业学习会有不利的影响，因此决定开设一门以级数和微积分初步为主的预备数学课程，每周2个学时，教学中尽量多渗透物理知识，一方面补充专业基础，另一方面帮忙学生补充专业英语词汇。实践证明，这样的做法取得了较好的效果，学生对后续普通物理等课程的学习积极性有了很大的提高，因为他们站得高，不但提高了学习兴趣，而且增强了分析问题和解决问题的能力。

另外，为了让学生增加专业词汇量，我们专门到上海图书馆和科技情报所租借原版进口的音像资料，每周给学生播放。观看以后，大家集体讨论。这样可以提高他们的外语水平，也让他们对专业有所接触，为他们第二年开始进行专业学习奠定基础。

二、教书育人，亦师亦友

教学小组从建立第一天起，就一致认为我们要把教书工作和育人工作并重，不仅管教，还要管导。我们坚持集体备课，集思广益，发挥每个人的特长，使教学效果不断提高，力争做到最好。我们坚持主讲教师要批改一个班级的学生作业，上一个班级的习题课，参加每周一次的学生答疑，不定期地对一些学生进行质疑辅导，掌握学生的学习情况，发现问题立即解决，保证教学质量和效果。根据基础课的特点，我们群策群力制作一些直观的教学教具，利用各种影像资源，使得课堂更生动，让学生可以利用学到的专业知识来解决日常碰到的实际问题。我们经常搞一些小测验，10分钟到20分钟，及时了解学生的学习情况。在教学过程中，我们采取了学生固定座位的方式。上课一看就可以知道哪些同学来上课了，哪些同学没来，可以每时每刻了解学生的学习动态，所以学生觉得老师很关心他们。

根据学生的实际情况因材施教，对有潜力的学生组织课外阅读、课外实践，期末组织读书报告会和实践活动交流会，进一步激发他们的学习潜能。对于后进学生，则与他们共同分析原因，对症下药，进行单独指导帮助，提高学习兴趣，改进学习方法，使后进变成先进。

我们提倡教师有空尽量多地和学生接触交流，和学生成为朋友，我们做到了，这对学生的帮助很大。我们教学小组的老师和学生的关系非常融洽，亦师亦友。不少学生到现在还和我们四位老师有联系交往，报告他们工作中的成绩，和我们交流工作中遇到的问题，探讨解决问题的方法，同学们还非常关心我们的生活和健康。

三、高端对标，教学相长

推进双语教学过程中遇到了许多困难。但是在改革开放、重视科学的大潮下，大家特别珍惜学习的机会，朝气蓬勃，要把在“文化大革命”中的损失补回来。我们不仅要搞好科研，还要搞好教学。

首先是选用教材。当时没有现成的英文教材，需要我们自主挑选。我们写信向国外学术界的同行了解各个高校教材使用情况，由学校出面采购。普通物理选用了全美高校比较通用的哈利迪物理教材，且国内有翻译本，便于同学入门。

在选择教材的过程中，我们和国外的学者、在国外的中国留学生建立起很好的联系。通过他们，我们还引进了一些教辅资料，如国外研究生考试的试卷、国外考核学生能力的不同方式等。这些资料在我们的教学中亦得到应用。为了对学生的学习成绩考核更全面，我们不仅增加考核内容和方式的多样性，而且课后布置各种思考题，帮助学生掌握重点内容，使得学生掌握教学内容全面又有重点，帮助学生自己养成总结归纳等分析问题与解决问题的能力。更重要的是，这种做法对接国内外的先进教学理念和自我检查方法，对学生大有助益，部分学生到国外攻读学位时能轻松适应国外的学习和生活。

我们要求主讲教师和辅导老师每周跟学生进行面对面的沟通，要了解学生的情况，以改进教学，而且要把学生提出的问题加以归纳分析，提出改进方案，总结成以“解决教学中出现的问题”为名的教学论文。老师们通过一年的普通物理教学，先后发表了十余篇教学研究的论文，得到同行的认可。这些论文的选题都来自学生，可见双语教学就是师生教学相长的过程。

另外，语言关也是我们需要克服的一个困难。因为大学期间学的是俄语，大部分老师有俄语基础，老师们看英文的专业文献，查找资料，是可以应付的，但是开口说英语就很困难。学校为了培养我们的英语口语能力，让我们参加由外籍教师主讲的口语培训班进行突击强化，物理系也聘请了有留学经历的老师利用晚上时间在专业英语方面给予帮助。

老师们的努力和同学们的理解体谅,最终成就了试点班教学的累累硕果。

四、化育英才,硕果累累

试点班教学的成果比预期的好。这批学生的外语水平和专业水平都很扎实,两年普通物理学习结束后,学校研究生院挑选了20位学生报名参加美国研究生专业资格考试GRE,他们的成绩都达到了美国高校提供奖学金的资格要求,所以这批学生出国深造的特别多。1980级有一位学生,经过试点班的培育,毕业前夕被李政道设立的“中美联合培养物理类研究生计划”(CUSPEA)录取。

1980级试点班学生毕业时有40%的同学考取国内各高校和科研机构的研究生,工作后出国深造的也很多。现在,他们在各自的岗位上都成了举足轻重的力量,表现出色。同学之间感情深厚,修养也很高,他们专门建立了一个基金会,对出现困难的个别同学予以帮助,十分难能可贵。

我们的毕业生走上工作岗位后,用人单位对毕业生质量也非常满意,表示以后招毕业生就要招华东师大物理系的学生。这确实说明他们学科基础扎实,外语能力突出。这得益于改革开放的大好形势,得益于学校的大力改革。由于大家的支持和学生的努力,我们既要管教又要管导的理念深得师生好评和认可,1982年,我们这个教学小组不但被评为学校的先进集体,还被评为上海市的劳动模范集体。

回眸物理系参加的CUSPEA考试

钱振华

一、CUSPEA考试

CUSPEA考试是“中美联合培养物理类研究生计划”（China-U.S. Physics Examination and Application）的英文简称，是1979—1989年中国用来选派学生到美国攻读物理研究生的一项考试。这是由李政道先生和中国物理学界合作创立，并得到国家教委同意和支持的一个重要项目，是当时高教领域改革开放的一项重大举措。

CUSPEA项目，美国有76所一流大学参加，我们国内38所高校和14个中科院所的人员参加考试，每年应试考生约有600人。这是一场规模不小的物理类本科生赴美留学攻读研究生的高水平考试。考试科目有英语及3门物理课程，包括普通物理、经典物理及现代物理。试卷全部采用英文，并规定考生用英文答卷。因此，这一考试的结果直接反映了考生所在学校本科教学的质量。由于考试内容以普通物理与理论物理为主，而理论物理所占比例较大，因此理论物理基础课程的教学尤其受到重视。这一考试犹如全国本科教学的统考，因此，参加考试的各高校都会认真准备，加强考生辅导，力求取得好成绩。

我们物理系是1981年开始报名参加CUSPEA考试的。系领导很重视，指定由当时担任系教学副主任的我来负责此项工作。CUSPEA考试由招生学校轮流出题，因此，我们当时就搜集了美国一流大学博士资格考试题，由基础课教师开设辅导课，讲授并指导解题，以提高学生的应试能力。由于师生的共同努力，华东师大从1981年开始，到1987年为止，共有9名考生被录取；最多的一年为1985年，录取了3名。1985届的考生是1980级学生，这一届学生学习五年，第一年集中学习英语，以后专业课程采用英文原版教材，课上全部采用英文板书。因此，这届学生学习成绩优良，报考人数多，录取的人数也多。我们学校取得这一成绩是非常突出的，在全国师范类院校名列第一。CUSPEA考试共计10年，一共录取925名考生，其中中国科学技术大学录取人数最多，共237人，约占全部录取人数的四分之一，其次是北京大学，被录取159人，还有复旦大学 、南京大学、清华大学等校人数较多，其余第二层次录取10人左右，而华东师大已经进入这一层次。这说明在20世纪80年代，物理系的基础课，包括普通物理与理论物理等课程，教学水平是不低的，教学成绩比“文革”前有了长足的进步。

值得指出，参加CUSPEA考试的考生还有多名离录取线小有差距而未被录取的，但他们凭借其CUSPEA考试成绩，亦顺利被美国大学录取，去美国攻读博士学位。在被录取的考生中，1978届学生张增辉赴美学习，专攻化学反应动力学理论，由于科研成绩突出获得美国总统教授奖，现已回国在华东师大工作。

二、CUSPEA考试二三事

在CUSPEA考试中，物理系学生考得不错，这与考生的刻苦学习以及老师们的努力工作是分不开的。现在回忆起当年的工作，依然令人感慨和欣慰。20世纪80年代，正是“文革”结束之后广大知识分子、大学教师努力钻研业务，急起直追，为国家四化努力奋斗的年代。这是一个科学的春天，处处呈现奋发向上的氛围，无论是教员还是学生都在为失去的十年而努力奋进，目标十分明确，就是要使国家进步，实现四个现代化，赶上世界前进的步伐。80年代，大家都十分繁忙。教师夜以继日进修工作，为业务进步，为上好每一堂课而努力着。而当CUSPEA考试的辅导任务被分配给每位教师时，一无报酬，二无工作量记录，为了争取荣誉，为了更多的学生能考出理想成绩，老师们欣然接受了额外的工作任务安排。当年这些教师正是在上有老人、下有孩子、住房条件又十分差的情况下，不讲任何条件，没有任何怨言，凭着教师的责任心努力完成额外的工作。我当时每学期为本科生讲授数理方法或电动力学一门课程，晚间备课或准备CUSPEA辅导，都要等孩子睡下后，才能开始工作。常常要备课至深夜，第二天一早就走上讲台为学生授课。这是80年代高校教师普遍的工作状况。

今天回想起来也十分感慨，在如此困难条件下，任务居然完成得如此之好。许多老师都奋力拼搏，在完成教学任务之余，晚上挑灯夜战，还要做许多美国大学博士资格考试题，为上好考生的辅导课而付出心血；没人讲条件，只为物理系取得好成绩而欣慰。这是物理系20世纪80年代取得的成绩，也是难以磨灭的印记与骄傲。

还有一事，我一直记在心头。那个年代，各高校都为这场考试而努力准备着，但高校之间比拼水平又互相帮助，互相支持，非常友好。托人办事，绝无请客送礼之风，这又是当年时代的一个美好回忆。物理系1980级报考学生多，但拿到的报考表格却只有3份。这如何是好？系里派我到北京要求CUSPEA办公室多给几个报名资格。抱着试一试的心态，我就直接去找北京大学负责这项工作的赵凯华先生。到北大后，赵先生正在校部参加职称评审会。系办工作人员听说我特地从上海来，为CUSPEA考试事宜来找赵先生，便专程为我去会议场所联系赵先生。赵先生请我到校部大楼门前去，并抽空出来接待我。见面后，赵先生说："我手头也没有这表格。你可以回去再复印几份直接寄来报名，多几名考生也不是坏事，你赶快回去吧。"你可以想象我当时的高兴心情，这么顺利就为学生争取到了更多的报名名额，让更多学生有了参与的机会！今天想起来这件小事，我心情还是比较激动的。那年我们最终有7名学生报考，当年就被录取了3名。全系师生为取得如此考试佳绩而十分高兴。

参与CUSPEA考试的这些年，许多学校、许多师生为了国家，为了人才成长都互相帮助，一起朝着一个方向努力。这真是一个科学的春天，一个百花齐放、努力向上、不断进取的时代，一个不断改革、不断开放、国家迅速发展的伟大时代。

今年我已过80岁。系里要我们写一些过去的事。我就此记下这二三事，以此回眸这场CUSPEA考试。这些事如此平凡琐碎，却依然让我难以忘怀，回忆往事依然激情满怀。

《光学教程》的诞生及第六次出版有感

袁会敏

2019年3月，姚启钧先生原著、华东师大光学教材编写组改编的《光学教程（第六版）》由高等教育出版社出版。自1981年6月首次出版后，《光学教程》多次印刷，6次出版，被150多所大中专及本科院校使用。该教材入选国家"十一五"重点规划教材和高等教育百门精品课程教材选题计划项目，又入选"十二五"普通高等教育本科国家级规划教材，受到国内高校和同行高度认可。

一、十年磨一剑，砺得梅花香

《光学教程》是华东师范大学几代物理人共同努力的心血和结晶。1952年10月因院系调整，姚启钧先生到华东师大物理系任教。姚启钧师从有留学德国经历的周君适教授，并与其导师周君适一起翻译威斯特法尔的《物理学》一书（1938年5月，商务印书馆出版）。到物理系任教后，姚先生因工作需要，着手编著教材，撰写了《光学讲义》，并以手写油印的方式发放给学生。从1960年开始，宣桂鑫作为姚先生的助手参与教材编撰。《光学教程》是一项开创性的工作，姚先生从物理概念、资料更新乃至文字表达、标点符号逐一把关。60年代中期，受教育部委托，《光学教程》初稿既定，然而浩劫来临，书稿未及出版，姚先生便去世了。姚先生去世后，宣桂鑫等人根据光学学科的发展和光学教学改革的实践，对其进行了三次修订，以更好地适应培养经济全球化的创新人才的需要。

1981年6月,《光学教程》由人民教育出版社首次出版。1982年,《光学教程》由高等教育出版社正式出版。1988年第二版和2002年第三版,在初版的基础上,修订了一些概念,增添了新的内容,改正了初版的一些错误和疏漏,同时为了提高教材等普适性,适应不同学时数的需要,将教材内容分成A、B制。2008年《光学教程(第四版)》被公认为物理专业的精品教材,被译成蒙文,有良好的教学适用性,被评为普通高等教育"十一五"国家级规划教材。2008年11月16日,在全国第四届大学物理课程报告论坛中,《光学教程(第四版)电子教案》获得最佳教案制作奖。第五版被评为"十二五"普通高等教育本科国家级规划教材。2019年3月,应国内同行及师生要求,《光学教程》第六次出版,受到国内师生和同行的广泛认可和欢迎,成为光学相关课程必备的教材之一,为国内光学课程的讲授和传承做出了巨大的贡献。

二、千琢璞为玉,百炼终成钢

据宣桂鑫先生讲述,《光学教程》起源于《光学讲义》,姚先生汲取德国教材的严谨风格,中外结合,东西合璧,撰写而成。

1981年,在江苏师院(今苏州大学)的组织下,光学教材编写组在上海市建国饭店召开《光学教程》第一次审稿会。6月,《光学教程》由人民教育出版社首次出版。至此,《光学讲义》正式从手写的讲义变为铅印的《光学教程》。当时《光学教程》的使用范围主要是电大、函授、师范。随后,《光学教程》被翻译成蒙古文,成为当时内蒙古大学的光学教材。

1989年,宣桂鑫公派前往德国学习交流。他分别于1989—1990年、1991—1993年、1994—1995年、2000—2001年在德国杜伊斯堡(Duisburg)大学、多特蒙德(Dortmund)大学、瑞典的隆德(Lund)大学、意大利罗马大学以客座教授身份讲学,并开展合作研究。宣桂鑫利用在外访学合作交流的机会大量阅读新的文献,在此基础上对《光学讲义》千雕百琢,精益求精,精心绘制插图,最终形成《光学教程》。《光学教程》以物理师范为特色,深入到中学教学,融合了中学的基础。以大学内容引领中学教学，通过中学教育支撑大学物理教育，起到了承上启下的作用。

《光学教程》出版后，教材编写组一直坚持精益求精、百炼成钢的精神，根据多年教学实践、读者的意见建议及科技教学发展趋势，多次对教材进行修订。《光学教程》于1989年第二次出版，2002年第三次出版，2008年第四次出版，2014年第五次出版，2019年第六次出版。为适应教学改革的需求和适应不同学时的需要，编写组不断对《光学教程》的内容进行增删，一方面保持原有的在阐述基本知识、基本概念、基本规律诸方面的特色，另一方面努力探索教学内容的现代化，对传统内容进行精选、整合和构建，简化了几何光学、光学仪器、光的偏振部分，着重更新了现代光学部分，引进了许多现代光学的新成就，诸如光声断面成像、原子X射线激光器、拍摄原子运动的照片、计算全息加速生物组织工程的制造过程等。在着重讲清理论的同时，《光学教程》努力与科学、技术、社会和环境（STSE）紧密联系，增添与X射线有关的诺贝尔奖、DVD与反射光栅、超簿纳米光学器件、3D打印透镜、光的散射与环境污染监测等内容。

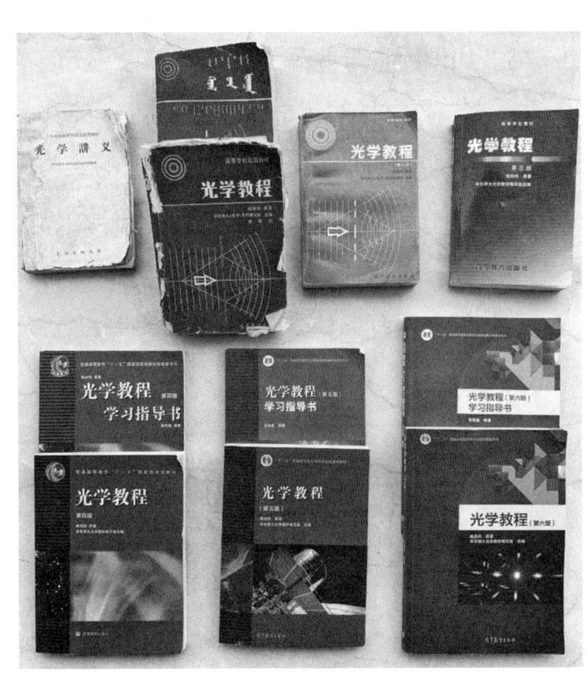

六个版次的《光学教程》(宣桂鑫老师提供)

时光荏苒，2017—2018年，本书主要作者宣桂鑫教授经过多年的积累，根据华东师范大学光学组在光学课程建设方面的进展，和高教社一起，整合了各种拓展资源，从MOOC授课视频、彩图、课外视频、H5动画等几个方面升级了原有教材，编写了新的《光学教程（第六版）》。在MOOC授课视频方面，华东师范大学的管曙光教授为本教材的部分知识点搭配了27段授课视频，学生可以在课堂学习以外，从书上扫描视频二维码，反复学习。在彩图和课外视频方面，宣桂鑫教授长期参加上海慕尼黑光学博览会等展览、会议等，拍摄和录制了一些与光学知识相关的彩图和视频，并将其扩充到教材中，反映了光学在现代生产体系中的最新应用。经过本次修订，新版的教材升级成为一本典型的新形态教材，从多个维度展示了光学相关的拓展资源，教材面貌焕然一新。

三、历经岁月考验，物理精神终得传承

姚启钧先生一生潜心教学，陶铸人才，《光学教程》是以他为代表的几代物理人的精神传承和重要体现之一。姚先生说过："值此年过五旬，我最大的心愿是祈望我们老一代知识分子开拓的事业兴旺发达，后继有人……"他对华东师范大学物理系的教育发展和学科建设做出了卓越的贡献。他培养的许多学生，如中国科学院薛永祺院士等，在教育界和科技界成就斐然。如今，华东师大光学教材编写组的主要编写者宣桂鑫教授，主要参与者蒋可玉、黄燕萍、沈珊雄、管曙光，以及光学教学团队的武愕、刘金明等人，秉承姚先生遗志，让物理精神在华师大这个优雅学府中落地生根，薪火永传……

（基本素材由宣桂鑫老师口述提供）

与“光”同行

——听丁良恩研究员讲述他与光学实验室的半生缘

王静整理

1977年，“文革”结束，改革开放的春天来了。20多岁的丁良恩以工农兵学员的身份读了三年书后留在华东师范大学物理系任教，不曾想一干就是半辈子。40年芳华岁月，他与光学实验室相伴成长，见证了光学实验室从当初的筚路蓝缕成长为如今的风华正茂。

一、白手起家：自制精密激光器，填补国内大气测污技术空白

年逾古稀的丁良恩老师，谦和尔雅，说话思路清晰，娓娓道来。他回忆说，留校之初，光学不能算很强大的学科。1959年，郑一善先生主持组建了华东师范大学物理系光学教研室，致力于光学与分子光谱学的教学与科研。当时由于种种原因，先进的科技信息和仪器受到强国的封锁，科研基础比较薄弱，实验室的研究人员自力更生，白手起家，查文献资料，自己摸索实验，光谱仪都是自己研制的。

一直到70年代中后期，激光的应用使得分子光谱有了质的飞跃。分子光谱做得好不好直接取决于激光器做得好不好。那时候，去购买国外生产的一台激光器要几十万美元。“我们对激光器制作原理不清楚，高压电容买不到，就用铜箔一层层自己卷。因为这个材料很容易击穿，一个礼拜就要修一次。最后我们终于做出了波长可调整的精密激光器。”丁良恩老师说。因为掌握

了先进的激光器制备这项技术，1978年教研组参与了上海市环保局的二氧化碳激光大气污染监测系统研究项目。

“当时，郭增欣老师主要做激光器，马龙生老师主要做测量装置。做出来的系统的灵敏度达到精度万分之六。我们没有电脑计算，就用自己的办法解决数字模拟计算。1981年，这个成果获得了上海市重大科技成果奖，填补了国内大气测污的技术空白。后来，北京总参防化部队还来了一个排，专门研究我们的大气测污系统。”

二、人才辈出：探寻国际尖端领域，研究成果多次被诺奖引用

1979年，为缩小中国和世界先进科研水平的差距，物理系邀请美国斯坦福大学的肖洛教授来学校为“激光光谱学”讲习班授课，为期半个月，这吸引了全国几十所高校和研究所的科研人员参加。他带来了很多国际上先进的信息。此后夏慧荣、严光耀两位老师前往肖洛实验室学习。1981年，肖洛获物理学诺贝尔奖，他的诺奖公告当中引用了这两位老师的成果。

“从那之后，实验室前前后后派出20多位老师去美国、德国、意大利做访问学者，包括知名的赫兹堡实验室。其他高校的老师说，你们去了国际上最好的光谱实验室。从90年代开始，我们老师在国外做了一些成果，使得我们光学实验室的影响力渐渐增大。这些进修教师学成后都回国了，成为华东师大光学教研室的业务骨干，带动了这个领域的研究。”

1991年，夏慧荣与王祖赓教授合著的英文专著《分子光谱学和激光光谱学》（*Molecular and Laser Spectroscopy*）出版。肖洛为其作序。

2004年，马龙生教授以第一作者和通讯作者的身份在美国著名杂志《科学》上发表了学术论文，2005年度诺贝尔物理学奖得主霍尔和亨斯都在其演讲中对马龙生教授的贡献进行了介绍，马龙生教授也应邀参加了2005年度诺贝尔物理学奖的颁奖典礼。

三、光学泰斗王大珩："你们在用三流的条件，从事一流的科研。"

"那时候的科研条件虽然不好，但是我们都很有干劲。" 80年代末90年代初，实验室几乎没有获得国家投入，要从事尖端科研非常困难。老师们要自己搭设备，激光器隔三差五地出问题，老师们都自己修。

"当时有一个技术的难点：激光是脉冲状态的，用什么记录呢？国外用专用BOXcar，我们没钱买。那时候我对电子线路略懂一点。听说北京物理所有个这方面的讲座，我就专门跑去听，想着自己能否做这样一个装置，把脉冲最高峰采样保持记录下来，最后就自己琢磨研究出了这样一个设备。"

1987年年底，物理系与中科院光机所一起成立"中科院近代量子光学联合开放实验室"。学部委员、光学界泰斗王大珩对实验室很关心。

"当时80多岁高龄的王院士，每年都来我们实验室，他常说：'你们在用三流的条件，从事一流的科研。'这句话我印象非常深刻。的确是，支持我们实验室发展到今天的动力，就是我们老师长期的坚持和执着的韧劲。"

80年代末90年代初，物理系光学实验室已成为国内现代分子光谱与激光光谱的重要研究基地之一，先后完成了高分辨激光光谱、分子定量光谱、原子和分子光泵受激辐射的产生、位相调制光外差光谱、激光大气传输、大气污染的激光监制和色心激光等课题，在国内外重要杂志发表论文一百多篇，并有若干专著出版。

四、进入发展快车道：调整人才结构，向"三高"进军

1998年，华东师范大学进入"211工程"，光学学科进入"211工程"重点学科建设。光学实验室搭上了"211"建设快车。这时候，实验室的投入、设备条件开始有所改善。

虽然发展开始提速，但是前期实验室人才储备没跟上，人才队伍结构不

合理。2000年专家评估下来，实验室被教育部亮了黄牌。“当时，我作为实验室主任，第一要务就是赶紧招人，向领导汇报，研究方向要拓展，队伍结构要改善。在物理系内部整合下，光谱学与核磁共振两个学科合并进入光谱学与波谱学教育部重点实验室。”

“那时候上海光机所徐至展是双聘院士，对我们实验室的建设非常关心，积极帮助我们在学科建设上开展对外宣传。2001年再次到教育部汇报，我们得到了优秀。”

“借助‘211’‘985’、上海市重点学科等，一些有影响的学者被引进到实验室。2000年引进曾和平，2002年引进印建平，2004年引进张卫平。2005年，实验室曾和平、张卫平获得国家自然科学杰出青年基金，实现零的突破。在进入本世纪的十余年中，实验室开拓了几个重要的前沿研究方向，取得了一大批处于国际前列的研究成果。”丁良恩老师对实验室的发展如数家珍。

2004年，在理科大楼里建成了国内十分先进的光谱实验室，拥有了一流激光设备、测量设备与科研环境。人才队伍和基地建设都上了一个新的台阶，而这些为“教育部实验室筹建国家重点实验室”打下重要基础。

时间串联起实验室成长的每一个印记，背后凝聚的是每一代光学实验室成员的执着奋进与不懈努力。如今，光学实验室在在众多成就之上向前开拓，继续向着“三高”（即高分辨、高精度、高灵敏）进军，正努力建设成国际一流水平的重要研究基地。

情 系 雪 域

——西藏支教岁月回顾

刘必虎

1976—1978年，我赴西藏师范学院支教两年。至今虽时隔40多年，但西藏情缘终身难忘，有些情景仍恍如昨日。

一、赴藏缘由

在西藏，1969年曾发生事件，藏民深受其害。事件平息后，周总理做出指示，为尽快改变藏族同胞贫穷落后的状态，除了财政大力支持外，必须要文化教育扶贫；需要采取各种方法提高藏族群众的文化水平，办各种学校，使他们的子女受到教育。国务院发布了有关的文件，要求上海派出高校教师支持西藏自治区政府建立西藏师范学院。1974年7月，由复旦大学、上海交通大学、华东师范大学、上海师范大学、上海戏剧学院、上海音乐学院、上海体育学院及上海教育学院共40人组成的上海高校首批援藏教师，奔赴西藏拉萨，帮助筹建西藏历史上第一所大学——西藏师范学院（今西藏大学）。按照相关要求，教师要在西藏连续工作两年，中间不回沪休假。

当时我们物理系选派的陈家森老师与分别来自上海交大、复旦大学、上海师大的三位老师组成了四个人的物理教研组。他们在改造客观世界的同时改造自己主观世界的精神面貌，不顾生活艰苦、营养不足的困难，废寝忘食，不断解决工作中的难题。陈家森老师用从华东师大物理系带来的仪器材料建起了能满足演示及部分普通物理实验的小型实验室。经过当地领导、藏汉师生及上海高校援藏教师的努力，1975年7月中旬，在原西藏中等师范学校的基础上正式成立西藏师范学院。此时物理专业有两个班，1974年招的为物理（1）班，1975年招的为物理（2）班。上课用的教材是《大学物理（工科）》及部分自编讲义；同时编写了以演示为主、同学操作为辅的物理实验讲义。

物理组的老师除了每周不少于18个学时的教学任务外，还完成了许多额外的工作。例如，他们集体编写了培训供电所电工的培训计划和教材，亲自对电工人员进行了实际培训，得到供电所的赞誉；冬季，冰雪融化缓慢，河流的水量减少，靠水力发电的拉萨就会供电不足，晚上民用电中断，因此他们在冬天枯水期为师范学院提供了一条几十千瓦的专用输电线，保证了理化实验室的用电需要，也部分解决了晚间教师备课和学生学习的照明用电问题。他们对学校里的一台手扶拖拉机进行解剖研究，掌握了使用和维修技能，据此开办了培训班，使学生及师范学院周边的农牧民也学会了这些本领。由于缺少燃料，师范学院的劈柴（从林芝等林区运来树段，在这里劈成柴禾）只供烧火做饭，不供应热水，他们就与数学组的教师一起设计制造可供教师及学生饮用热水的中型太阳灶，投入了实际使用。他们建起了使用扩音机的广播站，为每个教室装上电铃。他们利用业余时间无偿地为师范学院及附近居民修好了数以百计的因长期使用而出现故障的半导体收音机。这些收音机是中央政府在西藏自治区政府成立时馈赠给藏族同胞的礼品，很有纪念意义。

此类事例不胜枚举，他们在两年时间里的艰辛劳动得到了师范学院领导及师生员工的尊重和爱戴。1976年6月底，他们圆满地完成了预定任务，班师回沪。临行前，西藏自治区任荣主任特地设宴欢送。

二、进藏之路

1976年6月29日，来自复旦大学、上海交大、华东师大、上海体育学院、上海戏剧学院、上海音乐学院及上海教育学院等高校的第二批援藏教师共45

人，告别家人及欢送的人群，从上海北站乘52次列车满怀豪情奔赴西藏拉萨。

第三天凌晨到达甘肃柳园车站，下车后第一批援藏教师已在等候我们，向我们介绍了西藏师院的情况。隔天，送走第一批教师返沪后，我们坐上两辆老旧的大巴沿青藏公路向西藏进发。车行驶在海拔3 000—4 000米的高原上，沿路经敦煌、青海格尔木等地。从不冻泉到五道梁这一段高原反应厉害，我们脸色发白，心慌欲吐。大家把沱沱河叫做头痛河。约一周时间到达海拔5 231米的唐古拉山口，我感觉高山反应反而轻了，可能是逐渐适应了。大家下车拍照留念，风雪冰雹不时袭来，但阻挡不了教师们的昂扬激情，好几位都赋诗抒怀，我也写了一首五言绝句以记趣：

风雪炼红心，
暴雨洗征尘。
脚踩唐古垃，
昂首抒豪情！

过了唐古拉山口就是藏北的畜牧地区了，又坐了一天多车，经过安多县、那曲县抵达海拔约4 000米的羊八井食宿。这里气候好，感觉比前面舒服多了，沿路是豪放粗犷的美景，蓝天白云，放眼远眺唯有连绵起伏、白雪皑皑的群山，眼前绿草如茵，点缀其间的是白色的羊群和悠闲的黑色牦牛，牧民看到我们的车队高兴得跳起舞来，以示欢迎。

三、欢抵拉萨

翌日，向拉萨进发。汽车依山傍水而行。一个多小时后，到了拉萨西郊的堆龙德庆县，西藏师院的领导在这里迎接我们，互致问候后一同驱车驶向师院，到了学院门口时，掌声、口号声、锣鼓声响成一片，大家精神振奋，在师院师生热烈的夹道欢迎中走进了会议室。在那里举行了简短而热情的欢迎仪式。

1977年7月，物理组部分教师（前排）与物理（1）班部分同学（后排）毕业离校前在西藏师院校园中留影（刘必虎提供）

1977年7月，物理组教师与物理（1）班同学毕业时在西藏师院校门口合影留念（刘必虎提供）

这里没有高楼，教工房间是三排土木结构的平房，约20间，每间房住三个人，床、椅等生活设施齐全，还有一个可供烧菜的煤油炉，室外有公共厕所。下午整理行李和房间。晚饭后大家早早地就寝了。

拉萨海拔约3 600米，地势平坦，四周群山环抱，拉萨河在山脚下流过。西藏师院校园环境幽静，树木多，宽阔的拉萨河把学校与近处的山峦隔开，拉萨河大桥的引桥紧挨着学校的围墙。大桥壮观秀丽，河水是由高山上的积雪融化后形成的，冰冷刺骨，水流湍急，旋涡多，即使夏天也不适宜游泳和久立水中，以防抽筋。这里的夏天比上海舒服，平时要穿棉毛衫裤，晚上出门要披棉大衣，午睡时要盖被子。

不日，全院开了庆祝西藏师范学院成立一周年和欢迎上海第二批援藏教师大会。未隔几天，自治区书记任荣、天宝等领导接见了上海援藏教师队，天宝表示欢迎，勉励大家为发展西藏文教事业做出贡献。

一天后，西藏师范学院数理系党总支书记兼主任达瓦介绍全系情况并公布我们物理教研组教师名单：上海交通大学朱立三（数理系党总支副书记）、陈锦文，复旦大学计荣才（党支部书记）、张美玉（党支部副书记），华东师大段训礼（现已回江西九江）、刘必虎（教研组组长）。还有一位藏族教师大扎喜（懂汉语，藏文水平很高，教物理较困难，不久便调到藏文教研组）。随后讨论了教学工作，准备开学。

四、教学工作

（一）校内教学

根据教研组的安排，我和计荣才老师负责物理（1）班的物理教学，张美玉和陈锦文老师负责物理（2）班的物理教学，朱立三老师负责机械制图课和其他专业的普通物理课，段训礼老师先到拉萨汽车大修厂开门办学，后回师院，参加本专业的教学活动。

1977年7月起，几位来自内地高校的毕业生陆续到来，充实到我们物理教研组，分别是张峰慧（山西榆次市晋中师专毕业）、张玉兰（辽宁大学毕业）、冯某某（辽宁大学毕业）、赵春华（南京师范学院毕业）和周国瑾（1978年春天来自贵州）。这些青年教师先担任班主任和教学辅助工作，如张玉兰担任物理（1）班班主任，周国瑾担任物理（2）班班主任，辅导学生课后作业、随堂听课帮助指导学生实验等，后来逐步让他（她）们担任数学和物理的教学工作。另外，由刘必虎负责他（她）们自身的业务进修提高，每周上半天的电学、电工及无线电课程，自编讲义。

对物理（1）班和（2）班的课堂教学要求是通俗易懂，力求使学生理解。教材是《大学物理（工科）》及部分自编的补充讲义。实验教学是先演示，然后学生动手操作。我们自编实验讲义，不断充实实验内容，涉及力学、电学、光学和电工学等基础部分。每次实验要求量不在多，而是要真正理解会做。记得有一个插曲。1976年8月初，伊朗的巴列维公主要来师院参观，院领导要我们让她看看学生做实验。于是我们全组教师出动，指导学生操作信号发生器和示波器，反复训练，确保客人来参观时看到示波器上显示的各种波形。正当学生们穿着鲜艳的藏族服装坐在实验室里操作时，突然接到通知，告知客人有事不来师院了。这虽有点遗憾，但大家感到这次真刀真枪的实际操练是很有收获的。

藏族学生原来基础较差，图书资料又少，学习条件不能满足要求，但他们学习努力认真，进步很快，毕业时能基本掌握学过的知识。

西藏师院是三年制。当时西藏各地急需有一定专业知识、会藏汉两种语言文字的藏族和汉族的干部和教师。1977年夏天，物理（1）班毕业。分配时有两个学生留校：小扎喜留在本专业，白玛分在地理专业。他们先从实验室实验员工作做起，边工作边学习，逐步发展提高。

1977年10月12日，国务院正式宣布当年立即恢复高考。1977年冬天，西藏自治区同全国一样组织了“文革”后的第一次高考，我们参加了这一次高考的命题、阅卷和录取工作。1978年春节后，我们物理专业迎来了1977年全国高考恢复后经考试录取的汉族班，学生都是满怀豪情申请来建设新西藏的内地知识青年，他们多数为初中毕业，虽然文化水平参差不齐，但是学习热情非常高。这个班的物理和数学的教学工作分别由段训礼、计荣才和刘必虎担任。

（二）农村学农

我们每年在8月底到9月中旬安排一次下乡学农劳动，约三周时间，全组师生都参加，去拉萨西郊农村收割青稞。第一次是1976年，有两个班的学生，第二次1977年只有物理（2）班一个班的学生。师生们的劳动热情很高，藏族学生很能干，割青稞的效率比我高得多，要学习他们的劳动技能和高昂的精神面貌。当时，我们都睡在牛棚里铺满青稞杆的草铺上，吃和住都比较艰苦，看到了当地农民的生产方式和生活状况；自然条件很差，青稞田都紧靠在河流的边上，这样取水比较方便。在和藏族学生在一起劳动的三周中，双方对彼此生活习惯的了解更深入，关系也更亲近。例如，一位学生曾对我说："老师，你们为什么要把牦牛肉烧熟了吃呢？这样吃不香。"原来，他们一般是把新鲜牦牛肉挂着风干，要吃时就用佩在身上的藏刀割下一块直接放在嘴里，他们说这样生吃很香！

（三）下厂学工

1977年8月，计荣才老师和我带领物理（2）班全班去拉萨机械修配厂学工，约三周时间，主要是修电动机，在工人师傅的指导下拆马达、绕线圈等，按修理工序学习操作。每周还有两个半天的课。我结合这里的实际讲解电动机原理和修理知识。师生仍住在学院，去厂里来回都是步行，午饭在工厂里搭伙。大家学工的积极性都很高，认为学到了实际知识，提高了动手能力。我们的劳动态度和操作技能也得到了工人师傅的赞许。最后满载收获，高高兴兴地告别了实习工厂。

（四）教学实习

物理（2）班于1977年10月份开始进行教学实习，前后有50多天。全班分成几个小组去不同的地区进行实习：计荣才老师带队去拉萨中学，张美玉和陈锦文老师带队去日喀则地区的中学，段训礼和张玉兰老师带队去山南地区的中学，我和张峰慧老师带队去林芝地区八一镇的八一中学。每个地区都有十几个实习学生。这些地区除了我们物理专业的实习学生外，还有西藏师院其他专业的实习学生及指导教师。

我们坐大客车从拉萨到林芝要翻过几座山脉，山路陡峭，上下盘旋，很艰险，有时伴有雨雪，很窄的路面上还有冰碴。特别是在两车交会时，总让人提心吊胆，倘若刹车失灵就要闯祸了。记得有一次我坐在车窗边往下看时，竟看到下面的山沟里有一辆摔坏的车，真让人唏嘘惊骇！林芝地区平均海拔3 000米左右，其首府八一镇海拔只有2 800米，这里森林覆盖面积大，气候湿润，温度适宜，人称西藏的江南。

到八一中学后，教育实习是教初中物理，前半段时间是随堂听课，同时为后半段真刀实枪走上讲台讲课做准备。我帮助实习学生分析教材，理解教材中每节课的知识难点和重点，编写教案，听他(她)们试讲。到了正式上课时，我会随堂听课，实习生之间也互相听课，课后参加评议，并检查审阅他们批改的作业。指导实习的这几个星期，大家过得非常充实。在这里时间不多的业余生活也很有趣味，如周日相约去森林里采蘑菇等，情趣盎然。

1977年11月下旬，教育实习工作顺利结束，带着实习生撰写的自我小结，还有原班级物理老师给予的评语，带着他们的赞誉，大家心情愉悦地启程返回拉萨。

五、其他工作

除了本职教学工作，大家还利用自己的专业知识为西藏的建设事业贡献力量。例如，朱立三和陈锦文两位老师是机械专业的，每到收割季节(8月底到9月中旬)，他们就在拉萨西郊农村帮助农民开收割机收割青稞麦。他们还负责师院里发电机的使用和维护。

计荣才和张美玉带领物理(1)班学生并组织物理教研组老师,进行学院新建的三幢学生宿舍的电气线路安装,并由我和段训礼负责具体指导学生布线操作,由此提高学生的实际动手能力。在扩建物理实验室的过程中,物理(2)班学生在全组教师的指导下进行供电线路的设计和布线。若在实验室供电中或在整个师院的输电线路中出现故障,一般由我们物理组负责排查解决。我们排除了多起室内室外线路故障及输配电隐患。

张美玉老师还与数学组老师不顾寒冷、缺氧与疲劳,奔赴当雄县帮助水利局测量水文。另外,我还去附近的上海援藏医疗队帮助修复了几台出现电路故障的医疗器具。

八仙过海各显神通,大家全力以赴建设新西藏!

六、凯旋回沪

1978年6月,物理(2)班毕业。我们在西藏师院两年间前后有两届物理专业学生毕业,约90人。这些毕业生由于有较好的藏文和汉文基础,又有一定的专业知识,很多后来成为西藏文教岗位和行政干部队伍的重要力量。我们的工作得到了西藏师院领导和师生的赞誉,我和其他多人被评为优秀教师,发了纪念品,大家顺利完成了两年支援西藏教育事业的任务。返沪前,在校学生纷纷赶来道别,班级代表向我们赠送纪念品,惜别之情溢于言表,感人的情景永驻心头。再见了,我此生中魂牵梦萦的拉萨!

从拉萨再沿青藏线驱车回到甘肃柳园时,途中没有一点高山反应。然后从柳园坐从乌鲁木齐发出的列车回到上海。

七、再续前缘

改革开放后,西藏各项建设事业快速发展。后来,据当年同去建设西藏师院的老师告知,他们曾去西藏旅游,探访了西藏师院,现在已升格为西藏大学，以前的平房早已改建成多幢新大楼，教学设施更不可同日而语，旧貌换新颜，令人耳目一新。我听后深受鼓舞，真想旧地重游，去亲自感受一番。若在那里有幸遇上昔日的学生，定是“士别三日当刮目相看”了，这不啻是人间佳话……真有点浮想联翩了。

1996年秋天，西藏大学数理系派普次仁老师到华东师大进修，正巧听我的数字逻辑电路课。我与他过去从未谋面，当他向我报到，告知他是物理教研组教师时，我兴奋不已，真是缘分不浅啊！ 20多年后还增添了这样一段师生情谊，能为西藏大学的发展继续贡献力量。以后他陆续向我介绍了西藏大学的发展以及数理系的情况，我请普次仁转达我的问候，祝他们在教书育人和教学科研上取得更大的成绩。

斗转星移，一晃又过去了20多年。珠穆朗玛峰与黄浦江，可谓山川异地、日月同天，遥想西藏大学又是一番喜人的新景象了！我赞美她！祝福她！

风雪高原世无双，吾辈援藏志轩昂；
珠峰刺天云皆白，浦江入海水仍黄。
亦师亦友求知切，学工学农实习忙；
同气连枝齐上阵，锦绣河山铸辉煌！

“援非”故事点滴

王静

从20世纪70年代起华东师大物理系先后派出黄学勤、杨伟民、沈耀民、岑育才、杨介信、徐力平、苏云荪、蔡佩佩等多名教师去非洲援助教学。当时条件相当艰苦，他们克服各种困难，出色地完成了援外任务，受到国家教委的表扬。这里收录了几个“援非”故事，分享一下：

一、苏云荪老师的回忆

1992年8月，已经56岁的苏云荪老师被派往赞比亚卢萨卡的伊弗林学院教物理课。“我不是‘正规军’，本身不属于出国教师。因为当时一位被派到赞比亚的年轻老师去了不久就调回来，他们那里就缺了一位老师。”苏云荪曾用英语给非洲学生上过半年理论力学课，系里就找到了他。苏老师想，去援助非洲算是尽一点义务，就义无反顾地去了。“我们是服从国家分配，而出国的教师是有一种奉献精神的，我这一代人全国有几百人到艰苦的地方去了。”

苏云荪在赞比亚一待就是4年多，其间只回来过一次。因为打电话太贵，他两个星期写一封家信。当时为了节约，有中国工程队、医疗队回国的时候，就托人把信带回国，回到国内再邮寄，这一来一回要一个月时间。

非洲不仅生活条件比较艰苦，教学条件也很落后。苏老师还记得，当地没有为学生出版的书，要到英美国家购买，这些书很贵，所以教材需要自己写，上课经常写满了整个黑板的板书。黑板是水泥的，涂了黑漆，粉笔质量很差，有时写不出来，以至于回国想带点粉笔过去，而且黑板擦经常丢失，需要随身带走。实验设备是英国淘汰下来的，不齐全，完全靠援助。纸张、墨水都不是那么方便。当时苏老师他们写了一个报告发给教委，教委就邮寄给他们两大箱子的物品，包括一台386电脑、一台打印机、复印纸等，大家都非常高兴。

二、徐力平老师的回忆

研究计算机接口技术的杨介信老师曾经在国家教委做世界银行贷款专家。因为非洲要搞实验室建设，作为评审专家，不仅要给他们贷款，还要去指导他们怎么筹建实验室。1992年，杨介信老师被教委借调到援外司工作，他到非洲考察后建议建立一个教学方面援非项目，即到塞内加尔达喀尔大学进行一个理学院的基础实验室建设和介绍中国文化的项目。

教委给了120万元人民币，我们去买了好多仪器设备，如示波器、稳压电源、信号源、毫伏表，还有元器件等，其中包括一套语音设备，还买了许多介绍中华文化的书、碟片和磁带等。

我和杨介信到了塞内加尔以后，先把实验设备全都安装起来。另外还有一套语音设备，我们要求他们腾出一间教室把此设备安装进去，他们说腾出一个教室可能需要一段时间。我们只能等。在那儿工作了一段时间后，他们有一间教室空出来了，可以安装语音设备，我们就设计、画图纸让他们施工、铺线，他们做得较慢，我们撤回时还没完工。

达喀尔大学是法国巴黎大学的分校，那里的设备都来自法国，很多年没有更新和改善，大部分设备已损坏，又没有经费更新，导致开设的实验越来越少。我们到达后，对坏的设备进行维修，不能修理的换上我们的设备。那时候，我们援外的设备都贴着中文标签，我们就改贴英文标贴。他们的实验室管理很有意思，每年的实验室经费都是管实验室的老师自己支配，如果省下来，都是个人的。我们把实验室的设备都无偿修好完善了，实验的内容恢复丰富了。

他们很高兴，所有的钱都可以省下来自己花。

杨老师在计算机应用方面做了大量的工作，积累了丰富的经验，给计算机系的学生开设了计算机接口技术课。我们在与理学院物理系的教师交流中得知有一个教研组的一个原子物理探测装置坏了，不能工作，这个装置是从法国那里购买的。我把装置拿过来之后，与杨老师讨论，研究了解它的工作原理，把它修复，让它正常运转起来。他们很惊讶，说："你们两个人怎么什么都会？"我们说懂得原理就有办法修复，他们很佩服。

这期间我们为学校做了很多工作。塞内加尔是西非共同体的一个属地，达喀尔大学比较有名，周边一些法语国家的学生到这边来学习。当时有一个喀麦隆的学生在这里读研究生，他说："我这个电子技术不太好，请你们帮我辅导辅导。"后来在我的指导下，他自己装了一个功率放大器，他高兴地说："没想到我自己也能制作电子装置，收获真大。"

达喀尔大学有一个污水处理项目，由一位法国教师负责。此项目是利用水生植物对水中不同有机物的吸收，从而达到对污水的处理。这里有一条流域，从上游到下游布满了各种水生植物，当污水流过此流域，在下游出水口就可得到干净的水。但是水的流速及温度会影响污水处理的效果。如何控制温度和流量，对在当地只搞生物的人来说是一个难题。他们找到我们，希望我们提供帮助。我和杨老师一起到实地进行考察，回来经过讨论研究，根据现有的设备和材料设计了一个装置，做到了高温时流速快，低温时流速慢，实现了自动控制。他们高兴极了。我们受到学校及院系领导的表扬，他们甚至提出："你们两位不要回去，长期留在这里，聘为我们学校的教师。"我们说，这是国家的任务，一切听从祖国的安排。

那里有我们的大使馆、我国援助的打井队和医疗队，我们利用业余时间尽可能为他们提供各种帮助。我国在那里还有一个渔业公司，在大西洋沿岸捕鱼。他们买下丹麦的一个渔业加工厂及冷库，那里的设备出现故障时，我们也帮忙修理，还有渔船上的探渔雷达、GPS等，我们会帮忙维修，协助中国的援外工作。他们说："你们两个最好不要走了。"

那里的天气比较热，蚊子比较厉害，有疟疾，我们身上现在还有疟原虫。当时我们一到达喀尔，大使馆就通知我们每周到大使馆吃药，也就是青蒿素，所以我们就这样扛过来了。这也算是“最艰苦”的地方啦！

非洲苦不苦？回忆起这段“援非”经历，满头银发的杨介信老师依然掷地有声地说：“就是因为条件差，所以需要我们去支援，这是国家任务。我们下定决心，不怕牺牲，坚决完成任务！”杨介信老师退休以后，一直和塞内加尔达喀尔大学有联系，指导他们建设实验室的局域性联网。

徐力平在达喀尔大学（徐力平提供）

杨介信（右）和徐力平（左）在达喀尔大学对外联络处（徐力平提供）

三、蔡佩佩老师的回忆

蔡佩佩老师去非洲赞比亚援助的时候是2000年，这时候的当地经济生活水平已经有所提高。因为交通很糟糕，骑自行车没有自行车道，买东西很远，市内也没有公共交通，所以学校给老师们配备了公用的小汽车，一个系可以用一个月。但是生活上经常断水断电，最长的时候达两三个星期，断了就没饭吃。老师们经常要去提水，来回提四五次。“反正只要有生活上的难题，我们就找大使馆。大使馆离我们很近，总让我很有安全感。”

让蔡老师印象深刻的是，那里的学生很淳朴，守规矩，没有作弊行为。而且每个班上总有几个学生成绩很好。她现在还记得自己带过的学生麦克（Maike），成绩很好，后来去了俄罗斯的奥德撒学医科，继续深造。

学子回忆篇

我的师大回忆与感恩

刘运来*

一、少年时代的艰辛和天文梦想

1936年，我出生在福建泉州一个个体劳动者家庭，排行老九。父母目不识丁，身无长物，用自己劳动辛苦抚育着十个子女。父母认为自己一辈子落魄穷困，苦在没有文化，因此一定要让孩子上学，用知识改变命运。由于我比兄妹们相对聪明好学，父母就把我送进学堂读书。看到父母充满希望的眼神，我起早摸黑，发奋读书，学习十分刻苦。每到寒暑假，我就在家门口用簸箕、条凳架起一个临时的小摊，零卖些咸花生、鲜黄瓜和泥菩萨之类的东西，将赚得的钱积攒起来作为学费，尽己所能减轻父母的负担。

不知从什么时候起，我对无限的宇宙产生了兴趣，对神秘的恒星、行星、太阳系、银河星系和银河外星系升起了浓厚的兴趣。每天晚上，我凭着肉眼或自制的土望远镜朝着天空观看，想要把那神秘莫测的天穹穿透。在我幼小的心灵里，逐渐萌生出献身天文事业的根芽。但几乎同时，我怀着对新社会的热情，从初三年级起，投入全国扫盲运动，当起民校的义务教师，还被评为泉州市模范教师。因此，我怀着对天文学和当老师的双重理想走完了我的高中阶段。

---

* 刘运来，1958年毕业于华东师范大学物理系。国务院、江西省政府曾授予其全国劳动模范、江西省劳动模范、江西省优秀教师称号。第六、第七届全国人大代表，第八至第十届全国政协委员，第八、第九届江西省政协副主席。担任多届中国物理学会教学委员会委员、全国中学物理分会副理事长。

高中毕业前，老师动员我带头报考师范专业。他给我讲了国家第一个五年计划多么急切地需要教师，而教师则须依靠师范院校来培养的道理，告诉我学校每年都要动员几位品学兼优的学生干部带头报考，以改变当时社会上轻视师范院校的心理，还描绘了一部苏联影片《乡村女教师》中的华尔华娜终生任教因而桃李满天下的动人图景，我被打动了。就这样，我怀揣着天文梦想，愉快地报考师范专业，并以优异的成绩进入华东师范大学物理系学习。这一选择，在我漫长的人生道路上是至关重要的一步，开启了我献身教育事业的一生。

二、从我的大学生活看师大的校训与育人理念

母校校训为我打造未来从教的扎实基础，引导我走上了成功之路。此时重温母校的校训，更觉得字字光芒四射。母校校训“求实创造，为人师表”确实是经过了几十年的文化积淀而提炼出来的精华。这八个字的校训是对学生培养的要求，构成一个培养目标的整体。母校要培养的，是具有求实精神以及创造能力的学子，通过实事求是、通过激发学生的创造力培养出我们所需要的未来的教师。

先说“求实创造”。我认为“求实”是实事求是这四个字的浓缩。“实事求是”这个词最早出自东汉的《汉书》，用以表扬河间（音）的一个县农，有这么两句话叫做“修学好古”“实事求是”。求实是我们中华文明的基石，是中国人民最珍贵最精致的思想精髓，我们所培养的学生应该首先具备实事求是的精神。“创造”两个字我是这样理解的：母校要培养出来的学子是有创造精神的学子。老师这个职业是一个创造性的职业，所以我认为创造是包含了创新的因素在里面的，创造是在更大范围内的一种创新的组合。“求实创造”，就是既要实事求是，同时还要有创造，这种创造是创新在更高层次上的要求。

“为人师表”，我觉得说的是培养出来的人将来在社会上应该起什么样的作用，而且是以什么样的姿态、什么样的一种品格形象，作为一个什么样的教师，去培养下一代。“为人师表”，出自于《北齐书》里面的一句话，用来表扬一

个人，说这个人“重其德业，以为人之师表”。“为人师表”就是从这个典故里面出来的。师表就是榜样，在人品、学问等方面可以作为别人学习的一个榜样。古代也有师表的说法，孔子提倡要以身作则，“身其正，不令而行，其身不正，虽令不从”。教师是人类灵魂的工程师，是知识的传播者，同时也是青少年健康成长的领路人。教师要提高学生的思想道德品质，首先自己要起到表率的作用，只有这样，学生才会信服。母校校训实际上是说要培养什么样的人，将来他当一名教师应该怎么当。这是一个非常大的课题。

母校确实是按照“求实创造，为人师表”的要求来培养学生，制订学生培养计划的。我是华师大物理系1958届本科生。学校提出了一套完整的教学计划，为我们四年的学习和未来从教打下了非常扎实的基础。我们当时开了几十门课，大致可以分为专业、工具、教育理论、政治、实践这五大部分。

首先是物理的专业知识，包括两大部分。第一部分是普通物理，这是专业课程中最重要的部分，连续开了两年半的时间。然后用一年半的时间开设了4门理论物理的课程，包括理论力学、统计物理力学，还有电动力学和量子力学，也就是理论物理的四大组成部分。师大培养的是中学教师和一部分高等学校的教师，这就要求学生具备非常扎实的普通物理基础，这是教好中学物理的坚实基础。由此我们看出母校的求实精神。这种求实的落脚点是什么？就是培养教师的厚实物理基础，满足将来从事教师行业的需要。我觉得这是非常正确的。

第二类是工具课程，包括三门数学课程：数学分析、高等代数，还有解析几何。重点是第一年级开设的数学分析课程，因为它是学好理论物理必须掌握的工具。另一类工具课就是外语课程。当时我放下中学时代学了6年的英语，开始学习普通俄语，后来又学了专业俄语。参加工作以后，我能先后翻译三本物理专著就是靠这么一点基础。

第三类是教育理论课程，这是非常重要的课程。作为一个未来的教师，如果没有掌握比较深厚的教育理论的功底，他在将来是承担不了教育教学研究工作的。一般认为，中学教师努力提高教学水平，教好物理课，提高物理教学质量就行了，但是我通过长期的实践得出一个结论：真正的高水平教师，不仅要教好书，还要具有教学研究的能力。而教学研究的能力来源于什么？就是比较扎实的教育理论基础。

第四类是政治课程。教师一定要有科学的世界观，要有一定的社会主义觉悟，要热爱党，热爱祖国，这要靠政治理论课程来树立。我们在大学一年级开设了中国革命史，了解中国革命的历史；二年级开设了马列主义基础，包括矛盾论、实践论、自然辩证法；三年级开设了政治经济学。这一类的课程对我以后的从教、从政非常有用处。

第五类实践课。我们专门开设了一年的电工无线电技术，还有一门叫做综合技术课程，学金工，学三机一泵，学汽车驾驶。这些虽然离物理专业非常远，但是作为一个中学物理教师，要改进实验，要设计实验，要操作实验，电工、无线电基础理论和技术都是必不可少的。教育见习和教育实习是我这一生从教当中必不可少的另外一类实践课程，两个星期的教育见习、八个星期的教育实习给我的收获非常大，那是真正面对中学生来上课、来当班主任的。母校对这个实践课程非常重视。

母校的校训"求实创造，为人师表"不是一句空话，不是停留在纸面上的东西，而是真正从我们的培养目标出发，制订出来我们的教学计划、教学措施。并且这些都是按照这个校训的要求来做的。

三、感恩师大：在工作中积极践行校训"求实创造，为人师表"

母校的校训像灵魂一样，渗透到学生们的血液之中。这些学生走上工作岗位以后，积极践行"求实创造，为人师表"。

结合我自身来说，主要体现为以下几点：

第一，我觉得华东师大培养出来的学生个个心中有楷模，奋斗有目标。我到江西师院附中的第一天，就在教研组会议上说，我一定要为成为一名优秀教师而奋斗。

第二，凡是华东师大培养出来的学生都有具备求实、苦干、爱拼、敢赢的精神。求实就是脚踏实地，很务实。我毕业来江西时，江西师院附中还是一所刚创办的学校。我到师院附中的那年暑假正好是第一届毕业生由高二升高三。校长看了我的档案以后，从师院人事处把我要过来，并把高中全部4个班的物理课都交给我一个人。8个月以后，就要进入高考的总复习。当时南昌市只有8个学校有高中毕业班，这些学校都是由老教师集体来承担毕业班的教学。而我作为一个刚出大学校门的年轻人，却要单枪匹马地挑起重担。虽然当时我的压力很大，但是我要求自己一定要做好。按照一般的情况，中学物理是从初二开始的，要从初二教到高三，教完5本物理书，经历5年，升到高三，才能承担总复习的工作。我当时是一本书都没有教过，只能咬紧牙关，利用我所有的业余时间，把这5本书从头到尾过了一遍。不敢说从头到尾把教材熟悉一遍，因为熟悉是很难的，没有教过怎么熟悉？只能看一遍，然后了解高中物理的精华。因为8个月以后就要进行高考复习，所以这是一块很硬的硬骨头。最终我把这个任务完成了。高考成绩公布后，物理学科平均成绩在全市的排名居然是学校各科中最好的。那一年我吃了非常多的苦，不过有一个好处，那就是我用一年的时间走完了通常要走五年的道路，我很快在南昌市物理教学界脱颖而出。

有很多人上完课就上完了，不去总结，所以水平难以提高。而我在每堂课后坚持做三项记录。第一项记录课堂讲课的经验教训，记录从书写教案到执行教案过程中所出现的问题，来分析我这一课的经验收获。第二项是记录学生课内外的当场的反应，这个有的是课外知道的，有的是从课堂上学生的眼神反应当中得到的，还有的是从课堂上的练习中发现的，或者是从学生的反馈当中发现的，从而鉴定我备课工作的针对性到底怎么样。第三项是记录教学现场所出现的“灵感”。这个灵感是加引号的，它是我的专用词，什么意思？就是有时候在课堂上，在很激烈的师生观点交锋当中会迸发出思想火花，不经意间发现一种更好的讲法或做法。这些我都在课后，在教案中记录下来，我称之为“教学后记”。坚持记录“教学后记”，使得我受益良多。我写下的“教学后记”往往比教材和教案多得多。总之，为了提高教学质量，教师一定要以高度的责任心，倾尽全力来备课，要做到常备常新。常备常新就是经常备、年年备，年年都有新招。只有常备常新，才能得到常教常新。这种力量的源泉是母校的务实精神，它促使我脚踏实地，一步一个脚印地走下去。

第三个，是华东师大培养出来的学生创造精神都很强。他们的这种创造力不同于一般人。母校培养的学生创造力很有特色，有独到之处。从母校出来的学生不会仅满足于课堂教学质量高，他们的研究能力还特别强，善于把提高教学质量和教学研究结合起来，相互促进，相互推动。1960年到1962年，我重点研究的课题就是讲清物理概念，最后加以总结写出两篇文章：一篇叫做《如何讲清物理概念》，第二篇叫做《关于物理定义、定律、定理的教学》。这两篇文章被收入当时教育厅出版的《中学物理教学经验选集》第一集和第二集。1963年到1964年，我感觉到必须想办法提高学生的自学能力，在课堂上记笔记的能力要有所提高。我在课堂上进行了很多的试验，最后总结成一篇文章《怎样培养学生读好教科书》，这个是针对当时学生上完课不看书，回去就是做作业而将教科书丢在一边的情况。这篇文章后来公开发表在江西师院的学报上。在“文化大革命”期间，我一点没有荒废时间。1973年，我学习了毛主席的四大哲学著作，写了两篇文章：一篇是《在物理教学当中培养辩证唯物主义观点问题》，另一篇是《中学物理教学中渗透辩证唯物主义教学思想的纲要》。在“文化大革命”期间，我一共写了6篇文章，总计8万字。1976年到1979年，我负责编写江西全省的中学统编物理教材。恢复高考初期，我主编、出版的第一本书《中学物理复习》多次再版加印。1982年4月，我在全国教育核心杂志《教育研究》上发表了一篇学术论文《物理教学要立足知识的传授，着眼智力的发展》。可以说，我30多年来没有中断过教学研究。每一个时期有每一个时期的专题，都是从教学实践中提出的问题。研究时间短则半年，长则一年两年，甚至七八年，直到取得成果为止。所以我认为华东师大的学生科研能力特别强，都是校训中“创造”这两个字引发出来的。

华东师大培养出来的学生的第四个特点是，在教育岗位上，始终把孩子视为心中的唯一。这样一种思想就是“为人师表”的校训和对事业的忠诚培养出来的特质。“有教无类”这种教育思想对我的影响特别深刻。我这一生当中，有两件事值得自豪。第一件事，是和我的同事们经过30多年的努力，把江西师大附中办成全省顶尖的学校。当然这是几十年的江西师大附中人的心血造就的，特别是我离开江西师大附中后一届又一届的接班人共同努力造就的。但是我刚入职的那个时候，江西师大附中处于全市最落后的状态，然后逐步走向复兴。在我当校长的十几年期间，江西师大附中成为全省的重点学校，并步入全省重点学校的先进行列。另一件事，就是我30多年来担任江西省未成年犯管教所（对外称江西启明学校）名誉校长，和全所干警教师共同努力，为失足的孩子们争回接受义务教育的权利，将未成年犯的义务教育纳入国民教育的轨道，实现了该所普及教育、职业培训、职业中专的三步跨越，成为全国司法系统的一面旗帜。江西师大附中、江西启明学校完全是两个极端：一个是集万千关爱于一身的天之骄子聚集的学校，一个是被社会认为是“渣滓”的失足孩子聚集的学校。我之所以两个都不放弃，正是源于母校在我心中深深根植的“有教无类”的教育思想以及“孩子是我心中的唯一”的教育情怀。母校“为人师表”的精神，以及我们老师当中很多这样的楷模形象，在我的血液当中留下了深深的痕迹。

回顾几十年所走过的道路，在我的身上有八种精神，支持我走向成功的道路，这些也都是母校给我打下的深刻烙印。第一是献身事业的执着精神，第二是百折不挠的坚毅精神，第三是争创一流的进取精神，第四是敢为人先的创新精神，第五是永不停止的学习精神，第六是惜时如金的钉子精神，第七是脚下留痕的“脚印”精神，最后一种精神就是和睦、和谐的合作精神。一个人如果自己能做好，但是不能和谐不能和睦，无法和别人共事，那这个人是不成功的。除了这八种精神，我还有两个习惯。一个是一步一回头的习惯，无论大大小小什么事，走一步就要回过头来看看我留下的痕迹，想想走得对不对。我很注重总结，这就是一步一回头的习惯。第二个是计划生活的习惯，我的生活非常有计划。

追忆母校，重温母校的校训，更觉得母校校训的八个字是字字光芒四射。40年当中，我多次重返母校。我觉得母校非常重视老师，非常重视校友，不愧是全国一流的师范大学。这个就是我们的校训“求实创造，为人师表”的最好的表达。

（本文初稿由袁会敏根据万珊珊电话采访刘运来先生录音材料以及杨友平编著《大成跬步——刘运来教育教学成长轨迹》第292—293页整理，刘运来修订定稿。）

难忘那奋斗向上的大学岁月

——1958级同学回忆录

母校永远在我心中(石永祥)

1958年,我进入华东师范大学物理系学习,食宿免费,经费由国家补贴。开学第一课是去上海亚美电器厂劳动三个月。在那个特殊的年代,我们没有脱离社会死读书,我们曾去嘉定黄渡乡劳动,还参加过崇明岛的围垦。在中华人民共和国成立十周年前夕,我被安排进伞兵方队训练,背着约30斤重的降落伞,精神饱满地走过人民广场的检阅台。这些亲身经历对我们了解社会很有好处,是一生的宝贵财富。

华东师大当时是全国重点高校,学校的课程设置向综合大学靠拢。我们除了学习普通物理学、四大力学、无线电电子学、原子物理学,还学习固体物理学、原子核物理学等课程。毕业前,我们学了些教育学与心理学,还选修了一些化学专题讲座。我的课余时间,尤其是晚自习,主要是在图书馆度过的。在图书馆,我阅读了很多教学参考书,以及其他图书、杂志、报纸。华东师大的学习,开拓了我的视野,培养了我分析问题和解决问题的能力。当时物理系有八位老教授,其中章元石、姚启钧教授亲自为我们授课。老师们的言传身教,也为我未来的从教生涯奠定了坚实的基础。

学习之外,华东师大的文体活动是比较丰富的,有体育课,还有早操和各种文体活动。1960年,我报名参加了学校举办的三八节马拉松赛跑。我竟然跑完了全程,42.195公里仅用了4个半小时,差一点就成了三级运动员。这是一次难忘的经历。在师大校园，我第一次观看了有外国球队参加的现场比赛（苏联列宁格勒泽尼特足球队在虹口足球场的比赛），第一次在操场练伏虎圈，第一次在丽娃河学游泳……学校礼堂经常在晚上放电影，或请越剧团和管弦乐团等来校演出，我还到师大二村听苏州评弹艺人蒋月泉、畲红仙的精彩演出。9班撤消后我被分到5班，第一个印象是5班的文娱活动比较活跃。那时班级活动一般是由班委和团支部组织的，班级干部发挥了很大的作用，在班里也享有较高的威信。每次文体比赛，全班同学都团结奋斗，比赛成绩经常名列前茅。

政治学习也是师大生活的重要内容。当时中苏论战已经开始，政治学习的内容是批判赫鲁晓夫的三和理论。那时我们没有电视，没有电脑，没有手机，物理系的学生每人自装一个收音机，收听各种新闻信息，比如中央人民广播电台实况转播北京工人体育馆举办的世界乒乓球锦标赛决赛情况等。

从师大毕业后，我被分配到北京八十中。之后37年里，我历任教员、教研组长、副校长直至退休。我多次回访母校，看望老同学。在校史展馆中，输入学号，屏幕上就显示当年的照片。母校没有忘记我，我更感谢母校的培养。母校永远在我心中。

奋斗向上的岁月（陈锡斌）

1958年，我进入华东师大物理系无线电专业本科学习，学制5年。1963—1966年，我有幸成为国内著名微波专家陈涵奎教授的研究生。我的青年时代有9年是在华东师大度过的，这段奋发向上的岁月，令我记忆深刻，终身难忘。

当时我国正处在社会主义建设的探索阶段，我的大学生活是丰富多彩的，有正规的课堂教学，有艰苦的科研攻关，有下工厂实习劳动等。在多彩的校园生活中，母校留给我最重要的教诲是“自强不息，奋斗向上”，不管遇到什么困难，我们都要克服它。

正规上课后，学校安排一些优秀的教授担任基础课老师，如电磁学老师姚启钧、数学老师周彭年、电动力学老师胡瑶光、理论力学老师陈家森等。他们善于把复杂的物理问题和数学过程讲得通俗易懂，而且对教学极其认真负责。我在中学时代喜欢文科，而物理系的课程，特别是理论力学、电动力学和电磁场理论，难度都很大。在这些教授的指导和帮助下，我克服了困难，取得了很好的成绩。

1960年，中苏关系恶化，学校号召我们要自力更生、奋发图强。物理系一部分同学被学校抽到科研组，边学习边工作。我进入了殷杰羿老师领导下的天线组，参加了一种低损耗的周期圆柱阵传输线的研制工作。师生们克服困难，合力拼搏，实现了3厘米微波在圆柱阵传输线上的传播。物理系的其他科研组也是成果累累，例如汪夑华老师的电子管厂、万嘉若老师的H01远程圆波导传输、邬学文老师的核磁共振波谱学等。陈涵奎等老师和上海亚美电器厂合作，在1958年制成我国第一台3厘米微波测量线。张锡年老师在60年代初用电铸的方法，自己动手制成国内第一批8毫米波导元件，沈成耀老师研制出8毫米波段稳频信号源，还有多种新型微波传输线和测量系统。

毕业后，我到中国电子科技集团公司第39研究所工作。80年代，国际天线界出现了一种频率复用新技术，当时只有三四个国家掌握这种技术。所里让我负责带领几名年轻人攻关。陈先生得知后，鼓励我"多想办法，一定要钻研下去，你会成功的！"1987年，我们研制的系统通过了国际通信卫星组织的入网验证。我的两篇相关论文在全国微波会议和杂志发表，受到国内同行重视。1993年到1997年，我到美国盐湖城犹他大学生物电磁学实验室当高级访问学者。陈教授多次叮嘱我要好好学习国外的先进科研经验，为国内所用。2003年年初，我从39所退休后去西安海天天线公司工作，负责从法国引进一个世界上最先进的多探头移动通信天线测试实验室的工作，并进行研制开发。经过努力，我改造了法国人的设计，最终取得圆满成功。2009年到2012年，我先后在华为通信公司和京信通信公司担任专家顾问。陈先生说华为是一个了不起的企业，要我虚心学习华为的开创精神。

岁月如飞，在师大学习期间我还是一个小青年，现在我已经是"奔八"的老人了，许多我敬爱的师大老师已经离我而去，但我始终牢记他们对我的教导，永远奋斗向上，继续做一点力所能及的工作，为社会贡献自己的余热。

我在华东师大（殷关泉）

1958年夏天，我在上海“工农速成中学”毕业后，组织上把我送到华东师范大学继续学习。这是我做梦也没想到的大喜讯。我是一个农村娃娃，因为党和国家的政策，能够成为一名大学生，心中的喜悦、对党和国家的感激之情难以言表。

和我一起进华东师大读书的有80多位同学。我们在学校向导的带领下，在校办公室办完了报名手续。之后大家便急不可待地在校园里四处参观起来，一边熟悉环境，一边欣赏美丽的校园风景。师大的小河流水潺潺，花草树木郁郁葱葱、修剪得整齐划一，像一幅幅美丽的图画展现在我们面前，令人心旷神怡。

我们这群同学中有8人分到了物理系，系领导为使我们在开学后能更好地适应学习生活，专门派青年老师赵玲玲在暑假为我们上了一个月的普通物理概要，打打基础。正式开学后，我被分到2班。从这学期开始，学校学习苏联的教学经验，实行“五分制”和“单科独进”模式。我记得每天要上6～8节的高等数学，原本要用三个学期上完的一门基础课，只用一学期就上完了。接着在第二学期开普通物理课，也是一学期上完。如此高强度的学习，高中已有数学、物理基础的同学尚且应接不暇，更不要说我们这些基础差的速成中学学生了。为了不辜负这个来之不易的上学机会，我把所有的业余时间都用在学习上。那时候只有一个信念：我一定要努力学习，学成以后报效祖国。不仅正课如此，副课也一样。例如体育课，我把每周两节的体育课时间全部用作“劳卫制”过关测验。所谓“劳卫制”，就是把几种体育项目制订一个标准，例如，跳高、跳远、100米跑、引体向上，还有铅球、篮球等，让大家练习几天就进入测验，通过了就算“劳卫制”过关。有一阵子，学校操场上可热闹了，不管是清晨还是深夜，都能见到有人在苦练。有的会拉着同学跑一段，有的帮引体向上的同学扶一把，有人开玩笑说这是“互助”。通过不到一个月苦练，全校班班满堂红，个个都过关，操场上从此也恢复了平静。后来“五分制”重回到“百分制”。

华东师大是造就人类灵魂工程师的摇篮，她培养出来的学生，除了有基础业务知识，还应具备崇高的思想品德和政治觉悟，因此，学校的思想政治教育是抓得很紧的。全校各系专设一位副主任主抓此项工作。当时，物理系由陈德金副主任主抓思想政治教育。同时，各班级还有一位辅导员配合工作，个别系里还有上级派驻的专职政治督导员。学校规定每周两节政治课是雷打不动的，政治课的内容丰富多彩：有系统的马列主义毛泽东思想教育，也有国内外形势讲解，特别是遇到某些大是大非的问题时，会在全校发动大讨论、大辩论。

1960年的夏天，学校响应国家教委的号召，在完成上级规定的教学任务的同时，积极开展科研活动，以科研实践来促进教学质量的提高。于是，物理系各教学小组纷纷结合实际，提出采购和自制多种仪器仪表开展科学实验，例如光学组的分光光度计、天文学组要天文观测设备等。但以上种种仪器设备，当时国内大多没有成品可买，外购周期长、投资大，不现实，大家一筹莫展。有人就动员我们几个从机械厂进校的工农兵学员加入科研组，成立“三结合”小组，自己动手研制急需的仪器设备。通过一段时间的实践，我们小组先后试制了有一定实用价值的微波测试仪、红外分光光度计以及激光大气模拟实验室等设施设备。这些设备在上海高校科研成果展会上展出，并受到嘉奖，之后在几届校史展览会上展出。后来，学校为了开展天文光学方面的研究，决定在物理大楼顶上建造一座实验天文台。根据学校的安排，我们先后到南京紫金山天文台和上海松江佘山天文台参观学习，回校后，我负责设计绘图，小组通力合作，在不到一年的时间里，实验天文台终于在大楼顶上建起来了，从此，天文光学专业的同学有了一个自己的“望天”工具。从这些科研活动中，我受益良多，不仅弥补了课堂学习中的短板，开阔了视野，还从其他老师和同学身上学习到很多可贵的品质。现在想来，这对我的一生都有很大的影响。

转眼间，学生生涯就结束了。因为学习认真，善于思考，动手能力强，能解决实际问题，毕业后我留在华东师大工作。岁月倥偬，不知不觉就到了1973年，由于小家安在无锡，我调回无锡工作，离开了学习生活了15年的师大校园，心中充满不舍。值此70年校庆之际，借此文感谢当时的领导和友人在这15年间给予我的教导和关心，祝愿华师大继续蒸蒸日上，为国家培养更多的栋梁！

难忘的母校华东师大（上海科技大学5803班同学）

在那轰轰烈烈的年代，被上海科技大学录取为5803班的我们，因上海科大正在筹建，故借读于华东师范大学物理系，编入5808级，与师大同学一起学习。我们一直没有忘记师大对我们班级同学的安排和关心，常溪萍书记还亲临我们的教室，勉励正在晚自修的同学们："要努力学习，为将来更好报效祖国。"回想往事，依然心潮涌动。

入学不久，年级组织了"知识"属性的讨论。一方认为"知识"是通过个人努力思考、勤奋实践获得的，因而它是"私有"的；另一方则认为"知识"是通过社会劳动、实践而逐步发现和发展积累的，后期的发展是在前人发展基础上的深化，是人类共同努力的结果，是人类社会的共同财富，因而"知识"是公有的。讨论中发言的同学都旁征博引，引经据典。这么认真的态度对待学习和探索，为树立良好学风起到了积极引导的作用。

我们班级有两位政治辅导员，一位是师大派的，一位是科大派的。两位老师把素质教育糅合在集体活动中，让我们学到了工农兵的优秀品质。组织我们参观访问人民公社，在农忙时，到近郊与农民同吃、同住、同劳动，增长了对农村的感性认识。在黄渡割稻时，班长楼松茂同学的割稻速度竟与当地社员不相上下，社员们给了他"快捉稻"的美称。参观了"七一人民公社"后，张珊珍同学满怀激情撰写了《人民公社万岁》一文，发表在华东师大校刊上，还收到了1元钱的稿费呢！

刚开学，学校安排我们去亚美电器厂向工人师傅们学习品德和技能，老师傅们教我们如何使电烙铁的焊点既牢固圆满又不虚焊，装配音频，调试高频信号发生器等。在全民大炼钢铁高潮中，我班有几位同学也参加了亚美厂的“专职”炼钢队伍，穿上白色帆布隔热炼钢工作服，每天三班轮流。有一次他们连续工作达36小时之久。熔杂铁、出钢水、抬钢包等是比较重的体力活。钢包的铁水映红了同学们的脸庞，他们都忘记了劳累，兴奋地表示我们为全国实现“1070”的既定目标出了力。晚上借宿在龙华古寺的厢房里，僧侣们就着主殿里昏暗的灯光念诵经文，祈祷国泰民安。我们感受到现代发展和传统文明的相互辉映。还有10位同学被抽调前去参加苏州河的澄清工作。也有同学被分配到各个工厂，比如上海麻油厂、天原化工厂等，从事减少污水排放（或降低污水中的有害物质）工作。

三个月后，我们回到学校，开展了劳卫制体育锻炼和小口径步枪射击，由吴祈良等二位同学管理枪支。田径场上出现了日跑、夜跑、独跑、陪跑，还有高喊“加油”的拉拉队，为了不易达标的女子100米和800米及男子1 500米的项目以及步枪射击，同学们使出了浑身解数。我们还参加民兵训练，参加在人民广场举行的上海市民兵（武装）大检阅，看到了前来检阅的中央首长，第一位是刘少奇主席，紧跟着是敬爱的周恩来总理，还有上海市市长柯庆施等。台上说：“同志们好！”我们高声回答：“首长好！”此时此刻，我们感到无比的幸福。

学习之外，我们一起参与建设物理楼。当年，那里是一片沼泽、池塘荒地，同学们在开挖、填土、平整等劳动强度大的地方努力坚持。有时在淤泥里挖出来活蹦乱跳的鱼，一位同学借机故意大声问道：“鱼会咬脚吗？”引得哄堂大笑，舒缓了大家的疲劳，又来了干劲，那位同学还得了个“鱼咬脚”的雅号。

虽然我们录取在上海科大，却能和师大同学佩戴同一校徽、在同一教室、听同一老师讲课长达两年之久。物理系的名教授亲自授课，同学们受益匪浅，为我们今后的学习打下了良好的基础。母校师大印象深深地刻在了我们每位同学的脑海中，每逢班级聚会，大家会不约而同地谈起师大老师和同学对我们的帮助和关心。

在即将进入大学三年级时，上海科技大学将我们接了回去，对师大我们很是难舍。惜别师大后，科大的同学继续各自专业的学习。毕业分配时，师大有同学分到科大、又与科大留校的同学成了同事，还有两校同学被分到同一单位成为同事的，真是难得的缘分啊！

从初次相聚至今已逾一个甲子，但两校同学一起参与的集体活动从未间断。尤其是退休后年级组织活动，都不忘通知科大同学参加。在入学50周年之际，科大5803班同学重返师大校园，重游美丽的丽娃河、夏雨岛、物理楼、大草坪，拜访当年授课的恩师。师大校友许春芳、冒维本等鼎力相助，请来了当年的授课老师，还请来了现任的党总支书记，详细介绍物理系的现状和发展规划。

我们感到很幸运，忘不了美丽的师大校园，忘不了关心我们的领导和教我们的老师，忘不了朝夕相处两年的师大同学。值此师大70周年校庆之际，谨以此文表达我们的感谢之情。我们非常珍惜这一难得的机缘，珍惜我们同学的真诚友谊！

祝师大繁荣昌盛，根深叶茂。

感恩我的母校华东师范大学（褚耀庭）

1958年9月，我们作为新同学来到华东师范大学。在师大的学习生活中，我们不仅看到了美丽舒心的校园环境和现代教学的设备，还感受到了院校的领导和老师的用心耕耘、辛苦付出。回首往事，母校的培育令我们终身受益。

我们物理系学习任务是非常重的。除了学物理，还要学许多数学科目，数学是学物理的基础。学习之外，学校组织我们到工厂与农村进行锻炼。我在上钢五厂做过播音员、运沙工，还做过砸生铁等工作。在工厂劳动当中，我们还接受了思想教育。那个年代，经常搞群众运动，比如赶超英国大炼钢铁运动、爱国卫生运动搞卫生大扫除、消灭“四害”、驱赶麻雀、劳卫制体育锻炼达标等。

从1960年开始，我们国家的经济困难影响到百姓生活。在此情况下，我们班开展了大讨论，决定学习老一辈革命家，将革命进行到底。接着我们立即行动。每天一早，在操场上先集合，集体呼号“为‘可爱的中国’、为实现共产主义勇敢地战斗一天”，一年四季从不间断。1960年5月4日，我们物理系团委经过检查，正式命名物理系1958级5班为“方志敏班”，并授予一面“方志敏班”锦旗。这面锦旗刻写着5班同学坚持革命精神、勇于实践行动，是对我们的奖励。这面锦旗一直保存在我们书记手里。即使相隔几十年，每次老校友聚会，我们都会拿出这面“方志敏班”锦旗拍照留念。

1961年4月初，物理系1958级的同学到崇明岛去劳动。政府想在这里扩大耕地，围堤造地。我们的任务就是将一处的泥土挖出来，垒到高处。这里是一个无人区，我们搭起一个个帐篷，住到了堤坝上。4月初夏，白天帐篷里闷得像蒸笼，晚上睡觉会被各种昆虫闹醒；螃蟹自由出入，常有同学睡梦中被咬醒。环境是艰苦的，活也是不容易干好的。遇到下雨天，挖出的土就成了泥浆块，脚也踩在泥浆里。用容器运土，只能迈一步停一步，再迈一步再停一步。这场面，跟苏联小说《钢铁怎样炼成的》中“保尔筑路”一段的场面一样……后来学校党委书记常溪萍同志来岛上看望我们，激发我们的情绪，大家谈起激动人心的事，干活自然也有劲了！崇明岛的劳动是我们一次钢铁炼成的经历。

学校非常注重对学生的思想教育，因为师大的任务主要是为国家培养教师。教师的职业教育是重要的内容，即怎样能让学生感到教师是“天底下最美的职业”，愿以教师为终身职业为荣。学校组织大家看苏联电影《乡村女教师》，请中国老革命家、教育家张琼来做报告。这两件事情对我影响很大，从此下定决心，一辈子做一名优秀的人民教师。

在华东师大的四年里，我们不仅学到了文化知识技能，还树立了革命的人生观、世界观，立志为社会主义教育事业奉献终身。在毕业分配时，我们面临着最大的考验。过去毕业分配，华东师大同学的去向基本上是华东地区的大学或科研部门，而这一届绝大多数同学要分配到边疆地区。边远地区最缺高水平的教师，我们就像一首歌唱的：“毛主席的战士最听党的话，哪里需要到哪里去，哪里艰苦哪安家。”1962年9、10月份，我们分别走上火车、轮船，远离我们亲爱的母校，到祖国最需要的地方扎根、发芽……

毕业后，我被分配在北京第三女子中学（后更名为北京一五九中学）从事教育工作，一直到退休（1999年），之后又返聘工作。我曾任教研组组长、教学主任、副校长等。在教学生涯中，我为任教过的一个班级成立了物理课外小组，培养出一批尖子生。其中几位学生在区物理竞赛中获得第二名的好成绩。严钧同学物理高考成绩满分（100分），是北京市状元和全国状元之一。还有两位学生考上了清华大学。这是北京一五九中学之前从未有过的成绩，是我和大家一起努力的结果。

改革开放以后，我提升为教导主任、副校长。我和北京师范大学心理系教授张必隐合作在北京一五九中学成功实验了程序教学法；之后我们又尝试了初中语文三年试验、初中物理发现教学试验两年，成果都非常突出。在我们共同的努力和领导的支持下，一五九中学的教学改革之风迅速掀起，实现了传统教学与外国教育理论的完满结合。我也曾主抓学校的课外教育工作。我指导一个学生制作的椭圆规获得北京市一等奖，他后来被北京市推荐到上海参加全国第一届小发明小论文科技竞赛，获得全国二等奖。凡此种种，都得益于当年母校在数学、物理、劳动等方面的培育。永远感恩、思念母校和老师们！

物理楼，我心中的圣地！

刘必虎

华东师大中北校区的物理楼坐落于丽娃河畔共青路南端，落成于1960年。大楼略呈淡黄色，整体为F形，主楼为四层，东部为三层，中部二楼为电化教室，其后为天文台，下面为阅览室和书库，正门对着共青路。从远处看去，整座大楼显得简朴而庄重。

1960年暑假，我们物理系新生报到后先参加两周劳动，部分同学（我也是其中之一）留在系里做一些物理楼内部的小修小补工作如疏通电线等。由于建造时正处于经济困难时期，工期短促，不免有瑕疵显露。此时物理系已从老三馆迁移到这新造的物理楼中。

从1960年开始到1965年暑假，我们物理系1960级230多位来自全国多个省市的同学在此度过了5年的大学学习生涯，学到了扎实的物理知识，受到了严格的实验训练，我们在毕业时，无论是理论知识还是专业能力，都能向母校交出满意的答卷。物理楼走出了许多国家建设的栋梁人才。

当年开学后，除了高等数学，本系课程首先是章元石教授给我们上的力学课，他不但给我们整个年级上大班课，还上小班的习题课。令我印象深刻的是，习题课上的题目都是章先生亲手刻腊纸印好后在课上发给我们，习题中有甲题和乙题两种，甲题在教室里讲解，乙题是课后作业，一般只要甲题听懂理解了，课后就能完成乙题的解答，在此基础上通过期终考试是不成问题的。这种教学方法对我影响很大，日后我做教师时，在电子学的教学上也按这种方法，要求学生听懂和掌握课堂上所讲的理论知识和解题思路，则课后完成习题作业以及课程考试就不会有太大的困难，多年下来，都取得了比较好的教学效果。我想，这就是一种文化传承吧。

此后的主课还有姚启钧教授的光学课，胡瑶光先生的电磁学课，许国保教授的量子力学课，以及热力学、电动力学、数学物理方法、原子物理等课程。

除了理论课，我们还有大量的实验课需要实际动手操作，如普通物理实验、中级物理实验、电工学实验以及后来的无线电电子学专业实验等。大家做实验时非常专注，一丝不苟，一定要取得满意的实验结果。在这方面，老师们言传身教，为我们提高科学素养、培养严谨的治学态度做出了榜样。比如，某青年教师在做气体分子运动学实验时，总是得不到正确的结果。最后去请教首任系主任张开圻教授，张先生说，装置里面有水气。第二天，该教师经仔细观察，发现装置里的水银表面有些湿，便用纸将水吸去，再去做实验，果然正确的结果出来了。可见张先生对物理实验的了解程度以及物理学的造诣是多么深厚。我做普物实验时至今印象最深的是，一次做光学实验总是看不到满意的结果，后来在桂力敏老师的指导下，对实验仪器做了调整，终于在显微镜中看到了清晰的牛顿环。

当时的学习生活很紧张，每到晚自修，教室里、系阅览室里、校图书馆里都坐满了人，灯火通明。上大课时，大家都争取坐前排，以图听得更清楚些。

到了三年级，我们年级按专业分成了6个班，即光学、实验核物理、波谱（核磁共振）、理论物理、微波和电子线路。这些专业当时在上海高校颇具影响，而波谱专业可谓首开先河，起了引领作用。青年师生在知名专家、教授，如许国保、陈涵奎、郑一善、孙沩、邬学文、万嘉若和胡瑶光等的带领下努力攀登科学高峰，大家激情澎湃，刻苦钻研，物理楼充满了浓浓的科研学术氛围。1962年许国保先生与复旦大学著名教授卢鹤绂、周同庆编著的《受控热核反应》一书至今还影响着有关专业的学人。陈涵奎教授主编的《无线电电子学》教材被许多高校采用。诚如古人所言，“山不在高，有仙则名；水不在深，有龙则灵”。

当时我被分配在电子线路专业，经过两年多系统的专业理论学习和实验实训操作，在师长的培育指导下，在浓厚的教学和科研环境熏陶下，顺利完成了学业，于1965年毕业并留校工作。

十年“文革”结束后，随着教育事业的恢复和发展，物理楼生机勃发，日益兴旺，电子学教研组也发展成了电子科学技术系，与物理系同在物理楼。大家筚路蓝缕，砥砺前行，整个物理楼朝气蓬勃，教学、科研等各项工作开展得热火朝天，力争早日赶上世界先进水平。微波组陈涵奎教授请来了世界著名的微波专家戴振铎教授来系里讲学，物理系郑一善教授请诺贝尔物理奖获得者肖洛教授来物理系讲激光讲座，电子系翁默颖教授请本市微机专家来系里举办微机知识与应用讲座……一时间，物理楼里高朋满座，真是“谈笑有鸿儒，往来无白丁”。

经过十多年的努力拼搏，物理楼里的两个系在各方面都取得了显著成绩，出了许多成果，培养了人才。教学上，出版了多部高质量的教材，在高校中使用；科研上，许多项目成果获得上海市和全国的奖励……

为了适应教育事业发展的需要，华东师大在闵行地区建起一个规模更大的校园。约从2005年开始，物理楼里的两个系陆续搬迁到闵行校区各自更宽敞的新大楼里。丽娃河畔的这座物理楼修缮一新，外墙被刷成了咖啡色，显得古朴庄重，现已成了国际汉语教师研修基地，但学校仍习惯称其为物理楼，这个名字已深深地印在师大人的记忆里。

时光荏苒，我退休后已过了二十个春秋。每当我从物理楼旁走过，往日情景便情不自禁地在脑海中闪现。感恩您，物理楼！我人生中的重要驿站，心中的圣地！

求学从业桑梓田，遥想往事如眼前；

反哺当议报国是，丽娃河畔霞满天！

物理系1980级英语试点班师生回忆录

关于1978年至1983年，华东师大担任党委书记的施平同志在《共事五载，风雨同舟》一文中写道："关于提高学生学习质量和水平的问题，我们研究了当时入学新生的情况，发现外语水平相当低。中学学的外语到了大学根本不能阅读外语书报、文献。入学后读两年外语课，每周四学时，也不能提高学习质量，很难达到读、写、听、说'四会'要求。毕业出校后，因为未能达到应用水平，不能应用，也就慢慢地忘记了，等于没有学，这是一个不可估量的损失。为了避免这一情况发生，提高外语学习质量，我们决定把学制四年改为五年制，第一年集中学外语，其他课程从第二年开始学。虽然延长了学制，但提高了学生学习质量，可以造就高水平的学生，这对实现'把学校办成高质量、双中心、有特色的重点师范大学'的目标是必要的，延长学制一年也是值得的。我们预计经过若干年后，高中毕业生外语水平已基本达到'四会'水平时，进入大学后的学生就可学习第二外国语，那时大学就不必延长学制了。学生外语水平的提高必然要求教师把外语水平提高，这也就使全校的外语水平提高了。这个设想和措施，没有前例。为慎重起见，我们先选择物理、化学、计算机三个系进行试点。另外，由于当时新生的汉语水平也比较差，要做一个具有较高水平的老师，也必须提高汉语水平。所以在抓学习外语的同时，还用一定时间进行汉语课程学习，包括写文章、写汉字在内（做老师必须会板书，能写一笔好字也是重要的），对学生也是一种潜移默化的教育。学生在毕业后反映对此'受益匪浅'。这一做法，得到了教育部批准。"

物理系1980级英语试点班（简称试点班）正是在这样的背景下应运而生。

试点班有163位学生，其中80多位是物理专业的，另外80位是无线电和半导体专业的。

时光荏苒，转眼已是2020年，距离试点班同学毕业已整整40年。他们中有考上CUSPEA赴美留学的，有报考国内外研究生后出国深造的，更多的则在国内高校、政府机关和企事业单位工作，成为在各自工作领域里的佼佼者，并涌现出了全国劳动模范曹洪元，上海市劳动模范、上海市三八红旗手董美娣等一批先进人物。多年来，他们不仅事业发展得好，学问做得好，同学之间的友谊、师生之间的感情也维系得非常好。他们编辑了100期电子刊物《独墅湖畔》来回忆校园生活，交流各自工作生活的点点滴滴。他们自掏腰包，建立爱心互助会，坚持为患重病的学友送去来自这个集体的关怀和温暖……

2020年1月11日，试点班的部分同学应邀回母校参加座谈，与当年的任课老师代表共同回忆试点班的教与学，交流毕业后的职业生涯。部分没有参加座谈会的校友也纷纷提交了书面发言稿，关于这段历史记忆的话匣子瞬间被打开了……

一、感恩试点，受益终身

孙坚原：我在中国科学院先进技术研究院工作，同时也是中国科学院大学的岗位教授、博士生导师。大学入学时，我的英语水平是0。因为我高考外语是俄语，英语学习我完全是从零开始的。第一年的英语教学，从某种意义上讲，这是一个初级阶段的通识教育。因为有了第一年学英语的时间，图书馆三楼的自然人文科学阅览室我就去得比较多。后来我还是习惯性地跑到楼上去看鲁迅、老舍的书。《鲁迅全集》我都看完了，其实这无形中带来的是一种通识教育，我觉得很好。另外，在图书馆三楼我还看了很多科学史方面的书，这对我们后面学习物理学在思维和方法方面很有启发。第一年的英语精读、泛读、听力这些课程都很好，组合起来效果更突出。对英语试点班，我是终身受益，终身感恩和感激，尤其对我这个学俄语出身的学生来说更重要。

第二年物理双语教的效果等于是复习和预习，学习了两次。一年英语试点下来，我的专业英语还是不行的，所以我还必须看中文书，这无形中等于中英文读了两次。由于有了一定的英语基础，高年级我们就可以去看文献，我们自发组织了研讨小组，自己找英语文献来研讨。如果没有英语试点班的学习，就无法参与这件事。后来，我们在专业学习阶段每学期至少有一门课使用英文教材，因此我们的专业英语一直没断，一直在往前走。我是无线电物理专业的，我们读研究生时线性系统教材也是英语教材。

我有三方面的感想：第一，我很感恩。因为有试点班，我这个原来学俄语的人在英语方面变成一个具有优势的学生。我后来考研究生就不怎么担心英语了。我们的教材是《新概念英语》，有录音，有口音纯正的大学老师，所以我们说的英语就很少有口音。当然，我们有时代的优势。那时在社会上，包括大学校园里英语好的同学、老师其实不是很多，这让我们一毕业在英语方面就有了明显优势。而且这个优势一步跟上就步步跟上了。这个座谈会我一定要来，因为我受益非常大，我是终身受益者。

第二，我很感谢老师们。老师们在教学上倾注了很多。物理系给我们试点班的同学提供了很多帮助和便利，比如请美国激光之父肖洛教授（1981年诺贝尔物理奖得主、美国斯坦福大学教授）来讲课做报告。我们试点班就坐在前面几排，因为我们听得懂他在说什么。

第三，我觉得试点班的思路是非常有创见的，理念是非常先进的。当高考还在把外语成绩只算30%时，华东师大已经把外语学习训练放到一个很高的位置上去做，这是非常具有前瞻性的，从一定意义上说，是敢为天下先的！我觉得施平、刘佛年，包括我们的陈家森老师等，都是非常有远见的，那个时候这样的理念没有继续下去是很可惜的。教育是十年树木、百年树人的事，4年怎么能看出结果来呢？只有到了20年、30年后才能看出结果来，对吧？现在，我的孩子在北大元培学院读书，他们的通才教育说是为了回答“钱学森之问”。其实我们在此之前搞的试点班就具有通才教育的雏形。从这点上说，我们这些老师具有前瞻性。

朱卡的：今天非常高兴有这个机会来母校汇报。我的工作单位是上海交通大学物理与天文学院，我们也在做校友工作，希望通过校庆收集建议，促进发展。今天座谈会的目的是总结一下当年的试点班工作，我们都是亲历者。我虽然说不上是成功者，但我说一下自己的经历，大家可以从中看到试点班的意义。

我来华东师大读书之前在上山下乡，大学考了4年，1980年最后一次高考才考上。当年我的英语水平大概也就懂26个字母，所以被分到C班。一位年轻的老师教我们，他个子很高，很帅，是外语学院的，课上得很好。对我来说，这一年的英语教育奠定了我今后所有发展的基础。如果没有这一年的学习，估计我后面的发展是不可能的。因为我后来先后到日本东京大学和美国哈佛大学做博士后，不懂英语是不可能去的。如果华东师大现在还要办试点班的话，应该可以继续进行，但形式可以不一样。现在我们学院也在办国际班，双语教学其实很容易实现。我们的学生是两年在交大学习，两年在马里兰大学读学位。国际班的课程全部用英语上课，我觉得这只有好处没有坏处，因为你读研时全部都是看英语资料的，还可以和国外的学者进行交流。

毕业近40年了，英语试点班对我们这一代人各方面都有很大的影响。我们这些当时从农村或者从上山下乡走出来的人，没有试点班的经历其实是不可能获得今天这样的成就的。当年试点班的学生在英语方面都是佼佼者，这也有利于出国学习。试点班得益于华东师大，这算一个首创，当时北大清华都没有，交大复旦也没有，所以这个试点班是很值得总结的。至少对我们这一代人来说，不论现在在做什么工作，英语试点班为8008这一级打下了基础，这应该是华东师大一笔非常宝贵的财富。

章琦：我先说说我的太太段韬，因为她是我的同学，也是试点班的。她在一个历史非常悠久的杂志《科学》做编辑工作。杂志上经常会介绍国外科学方面最新最前沿的东西，这跟她在试点班打下的英语基础有很大关系。1978年改革开放，对外交流肯定是需要一定外语能力的，它是一种基本工具，就从这一点来说，我们是得了先机，享受到了这样一个难得的学习外语的机会。学外语可能不仅是学其语言，更多的时候，我觉得是打开了另外一扇窗，就是我们对西方文化的了解。比如，它会促使我们思考：为什么他们是这样想的？有很多思想上、文化上的碰撞，我觉得这对我们打开思路、开阔眼界是很有帮助的。我记得陈家森老师他们在教学时是非常投入的，他们不仅白天上课，晚上我们自习时还来辅导。我们说这个题目看不懂，先问陈老师英语是什么意思，尽量把题目的英语意思搞明白后再用中文去理解。非常感恩我们在合适的时候幸运地获得了这样一个非常好的机会。

我大学毕业以后留校工作。先做了一年的普通物理实验助教、1985级学生辅导员和物理系分团委书记的工作，后来调到校团委工作了几年。一直做团的工作，离专业渐渐远了，觉得知识跟不上了，于是我去复旦大学读了管理学院的研究生。毕业以后，因为有外语基础，再加上有管理学的知识，我便尝试去外企工作。第一次用英语（书面、口语）应聘美国强生公司成功后，就一直在外企工作了20年。之后有机会当了高管，对语言的要求就更高了，尤其是在做一些业务重大决定的时候，我们总要试图把自己的观点讲清楚、讲透彻，那就非常需要外语的功力。对我来说，这20年基本上是在用英语思考问题，这种思考方式，对身处不同文化背景下的自己来说受益匪浅。

因此，我对于当年试点班的学习主要有三点感受：一是赶上了80年代改革开放的历史时期，“开放”无疑需要掌握好外语，以便去学习、了解并与外部的世界交流，在合适的时机，我们先行了一步，机遇难能可贵；二是外语学习不但是外语水平的进步，同时有助于学习了解西方文化，打开了一直僵化封闭的认识和思维模式；三是为毕业后的工作提供了很好的外语语言能力优势。当年学校领导富有远见和胆识的决定、老师们的辛勤教学辅导，让我们受益终身，感恩！

韩王荣：1985年物理系毕业后，我考上了华东师大自然辩证法暨自然科学史研究室的研究生班，并获得了研究生阶段英语免修。20世纪80年代至90年代，我为《世界科学》《科学画报》等杂志翻译了不少有关科学前沿的文章。当时遇到许多新词，比如superstring，当年或许是我第一个翻译成“超弦”的。

还有Theory of everything，当时我想翻译成“万物理论”还是“万物之理”？从语言美感出发，我选择了后者。老同学段韬当时在上海科学技术出版社工作，是《科学》杂志的编辑室主任，她请我翻译了一本书*When Things Start to Think*。这是一本讲述超越传统计算机的智能问题的书，作者是麻省理工学院媒体实验室的领导者，后来这本书的中译名定为《它们也思考》。其中肯定有第一年英语试点班的功劳。

90年代以后，我在一家外资企业工作至今，每天都要和国内外的供应商和客户打交道，英语是最基本的交流工具。离开华东师大以后，虽然我的工作没有直接与物理相关，但陈家森老师和其他物理系老师为我们打造的科学思维方法，让我受益终生。在翻译科学文章的过程中，我也受到当年戴维·哈利迪（David Halliday）原版《普通物理》教材的很多启发。在我出版的约20本科学读物中，除了少量与研究生阶段学习有关的科学史、人与自然等内容，更多的则是与物理、天文、化学等学科有关。

林英：虽然毕业后没有出国深造，但我们遇上了中国发展的最好时机，在国内同样获得了事业上的成功。非常钦佩当年学校领导的高瞻远瞩，也非常感谢辛勤培养我们的老师们。

我在1993年进入外资企业工作，从工程师到部门经理再到厂长，可以说是从专业技术岗位转到管理岗位。无论在哪个岗位，都需要通晓母公司的产品要求、客户需求、公司的法律法规要求等，还需要与母公司相关人员探讨产品制造交付过程的各种问题。我的同事中有美国人、墨西哥人、新加坡人、印度人等，无论是面对面的沟通，还是电话会议或是邮件往来，因为有大学时打下的英语基础，这些沟通都非常流畅。虽然我不曾在国外留学，但是很多国外的同事、主管都对我的英语表达能力表示认可和赞叹。我还有幸通过了公司管理课程培训讲师的考核，成为兼职讲师。退休以后，我每年都出国旅游，以自由行为主，我从不惧怕语言问题。很多同龄朋友都希望和我结伴而行，请我做他们的义务翻译。2019年欧洲行的时候，同行的一位旅友夸我的英语是全方位的好，这应该是我得到的最高赞誉了。

陆健：我在上海图书馆工作，现在是事业发展处处长。我太太董美娣也是试点班的，我的同学，她在上海市科委任信息中心担任主任。经过试点班类似外语系的专业教学以后，我们的英语水平大大提高了。当时有这些教材的引进，对我来讲确实是一个比较好的学习机会。我们的思维、能力等多方面，实际上相当于是在接受哈佛的物理训练了，这对同学们后来多元化的发展带来很大的帮助。通过试点训练，我们的能力等各方面都不一样了，后来的工作也不一样了。因此我们这一届每一位同学在各自的领域、在各自的专业上，业务能力都是非常强的，都是佼佼者。试点教育给我们的启示，就是要从培养人才的角度进行思考，多维度地培养，这会对学生的多元化发展带来终身影响。

王金凡：我是从江西偏远地区来的，入学时很懵懂，入学后才知道我们是五年制。我的英语基础差，稀里糊涂进了C班。当时通过考试、完成学业是我的目标。试点教学对英语学习帮助很大，更大的帮助是在未来的人生和事业上。对我来说，试点班学习最大的收获是，我们和同辈大学生比较，在语言上获得了竞争优势。"工欲善其事，必先利其器"，语言是一种工具，语言是文化的载体，通过语言，我们会慢慢有所改变。后来，我坚持从齐齐哈尔路出发，骑自行车到人民公园英语角练习英语口语。离开上海航天局以后，我最后进入外企，曾经担任东芝光磁（上海）公司销售总监。

王玮：感谢第一年全方位的英语学习，使我毕业以后有勇气出国留学。为了生存，出国后没多久我就去读计算机硕士，后来去了摩托罗拉。我们做项目的时候，大部分时间似乎在吵架，用英语吵架。所谓吵架其实就是沟通，就是摆事实，讲道理，就是把一件事情讲清楚。流利的英语给了我更多的自信。

季国兴：80年代，大家都信奉"学好数理化，走遍天下都不怕"。我1978年考到行知中学，进了理科班，是典型的理工男。其实我在读小学中学时，英语和语文都不错的，但在这种指导思想下，我们的人文科学知识是缺失的。到了大学，第一年专修英语，我觉得非常轻松，没那么多功利性，使我有机会补上各种人文知识，到图书馆看了很多书。因为学外语较多地涉及人文科学的东西，使我有机会博览古希腊哲学、现代西方哲学、古今中外的世界经典名著。

这些书弥补了我在人文科学方面的欠缺，也为我以后考取哲学研究生打下了基础。学外语的过程也让我了解到西方现代社会的一些生活场景、生活常识、社会文化和物质文明。吴老师教会了我们知道什么是living room（客厅）、ice cream（冰激凌），什么是basement（地下室）、supermarket（超市）。从语言是一种工具的角度来说，我们和老外的沟通没有了障碍，获得了竞争的优势，同时我觉得在文化、哲学、人文综合素质方面的提高，对我们的一生，至少对我个人而言，是非常有帮助的。

出于种种原因，我后来离开机关自己去创业了。人们常说，不要输在人生的起跑线上。我觉得这句话太功利了。一个人的成长，不是一天两天的事情，而是一个漫长的过程。如果年轻时少一点急功近利，多一点各方面的知识，多一点文化熏陶，从哲学到价值观多一点见识，多一点对人类文明成果的了解，那对这个人会有很大帮助。第一年的外语学习对于在一个农村长大的孩子来说，让我打开了眼界。人类历史与现代西方文明常识得到必要的补充，为我作为一个人的全面发展打下了基础。现在我在经营一个企业，比较注重员工的全面发展，注重企业文化的打造，团队的精神生活比较丰富。我们的企业比较有战斗力，比较有活力，而不仅仅是赚钱的机器。我的企业虽然不是很大，但我始终把它看成是社会的一分子，为社会需要而存在。虽然经历了不少大波动，却始终保持着稳健的发展。一个人如果有了丰富的历史社会洞察力，他的心理能量就会很强大，就可以面对许多困难，而我的多方面见识增长和上大学后第一年学习英语的经历有很大的关系。

江旭东：毕业以后，我到位于延安东路浦东同乡会大楼的上海市无线电管理委员会办公室去上班。领导让我全本翻译《马可尼2955综合测试仪英语操作手册》时，英语还真派上了用场。特别是担任了几次和德国R&S公司谈判引进无线电频谱监测和测向系统的洋泾浜口译工作后，我居然在邮电部系统内有了点小名气。当时部里的代表团出访交流，也会打电话到上海，要求我随团参加。其实，当时我们的英语水平和今天的年轻一代相比差距很大，但作为粉碎“四人帮”后的第一批教育部五年制英语试点班毕业的大学生，其重要历史意义绝对不可小视。在此,我要感谢当时刘佛年校长和教育部的远见,更要感谢物理系的领导和所有的老师。同时,我特别怀念和160余位同学共同度过的五年大学生活。

高静:可能我高考时英语分数不太高,大学一年级英语试点班分班时我被分在B1班。教我们英语的钱老师当时是华东师大英语系的研究生。他教书特别认真耐心,备课备得很充分。虽然他和我们学生的关系很友好默契,但他对我们的要求也很严格。记得每天我们都要背很多单词,而且天天有听写默写。在他的带领下,我们班的英语学习热情很高,很多同学进步特快。第一年的大学生活比较轻松自如。大二我们开始上专业基础课了。记得那时陈家森老师刚从美国回来,上物理课时,他基本上是用英语给我们讲解。我们用的教科书很经典,哈利迪的《物理学基础》。在30多年后的今天,我在美国大学教书还在用这本书!用英语教科书学物理对我来说是一个不小的挑战,往往是下课后先花很多时间查英语字典理解单词的意思,才能弄懂物理概念。所以第二年我读得相对吃力一些,但是它为我以后赴美读书打下了很好的基础。总的来说,第一年专攻英语对我们以后的生活事业都有很大的帮助。当时TOEFL和GRE考试,华东师大都帮我们辅导过,所以考的时候感觉比较容易,也不需要去外面上辅导班。大学毕业以后,我和姚群先后来到美国威廉玛丽学院读研,这时我们在华东师大时严格的英语训练优势就充分显示了出来。相对来说,我俩在和系里的教授、工作人员交流时比其他中国留学生要容易得多,对周围的生活环境也适应得较快。特别是已经有过用英语教科书的训练,所以在阅读专业书方面也不太吃力,从而增加了我们学习的自信心。感谢母校给我们创造的英语学习机会,让我们在异国他乡没有特别感到语言障碍,从而使得我们能很快习惯美国生活,这对我们后来的工作事业很有帮助。

黄昕:外语是很重要的,但1980年的高考只计30%的成绩,所以中学教学是不重视的,这导致我们的外语水平很低。进入大学后,外语老师教学很负责,很努力,双语教学效果很有效,对以后的工作帮助很大,所以当时出国的人很多。有点遗憾的是,大学后期的课程外语没有跟上。现在,我的工作单位,上海交通大学很多课都实行多种语言上课，很多课都由外教上，这对国际交流是很有用的。所以说，华东师大当时的决定是具有眼光的。工作以后，我感觉学的物理对现象理解有帮助，可以建立模型进行分析。最有用的还是数学，可以用在各个方面，比如编程、统计等。同学们毕业以后的发展都顺顺利利的。只要努力，发展的机会就很多。

吴雁：我从小学到高中毕业都是学的俄语，英语试点班我被分在C2班。当时我的英语没有任何基础，也就认识26个字母而已，开始我不知所措，只能自己努力。那时学英语也没什么环境，只能抱着一台录音机跟着读，也不知道读得准不准。不得已，经常倒腾到半夜才回宿舍。虽然经过一年的速成学习，我的英语水平从无到有，但比A班的学生还是差得很远。好在基础有了，后面几年使用原版教材及参考文献，我也算不是一个"睁眼瞎"了。幸亏有了这一点基础，留校工作一段时间后我辞职去了外企，与外方人员交流也没有什么问题，工作上还是很顺利的。这一年的英语速成让我获益匪浅。第一年强化学习英语，总体还是有效的，整个8008的英语水平都有提高。只是觉得当时教学资源分配不尽合理，主要力量放在了A班，对最需要帮助的C2班关注不够，没有提供足够的相应语言学习环境。这也就算一个小小的瑕疵吧。

曹少纯：虽然我以前对试点班教学资源分配有过一些负面评论，但我对英语试点班还是肯定多于否定的。这段经历对我的英语学习一直是一个鞭策和鼓励，到现在我还坚持每天听一两个小时的英语广播，读两个多小时的英语文章，可以说是受益终生。要是没有这个试点班，我的英语水平肯定要差很多，很可能也考不上中科院物理所的研究生，考不了托福和GRE，也出不了国，更不用说能比较自如地生活和工作在加拿大这样的英语国家。我在加拿大女王大学（Queen's University）写硕士和博士论文时更体会到这个试点的重要。我的硕士导师是英国人，博士导师是加拿大本地人，他们在我写论文前都告诫我说，他们不会改我论文的英语错误，我不能抄或改写别人的语句，一定要用自己的语词写每一个句子。当时真是花了很大的精力来写这两篇论文（总共400多页）。论文中的每个句子都是反复斟酌出来的。看了我的论文后，我的两位导师和论文评审教授们都说我的英语写作excellent（很棒），比大部分本地学生都好。听了以后，心里很是欣慰，我想这肯定要归功于我们的英语试点。

即使现在，我的工作也是对英语的听、说、写要求都很高。我的直接老板是Director General（DG，相当于中国的厅级干部），我经常要跟部里开会，给部里起草概要。在我应聘这份工作时，我的老板专门评估了我的英语写作水平。在老板的办公室里除我和一个波兰人外，其他四人都是土生土长的加国本地人，所以我们俩工作上比他们压力大，因为语言上没人家自如。但我们能在那里活下来就很不容易了。现在回过头想想，这一切的一切都源自我们的英语试点，一开始就把英语的重要性提到很高的高度。在此特别感恩母校和老师们的栽培。

二、感恩老师，教学相长

陈家森：英语试点班的背景就是改革开放。1978年年底，国家召开了一次自然科学的科学规划大会，我有幸参加了这个会议。当时，我们学校的党委书记施平比较有远见。他把握到了我们国家将来发展的目标，觉得我们应该走在时代的前列。所以他提出先搞一个试点班，让我们的同学和老师先掌握英语这个工具，然后可以向西方学习先进的科学技术。这就是试点班的由来。

如何组织试点班的教学，当时大家都没经验。有句俗话叫做“牛吃蟹”，我们只能边干边学。民国时期，上海有很多教会学校都用外语教材，但用中文授课。用中文来解释一些基本概念，对于学习科学技术来讲更有利，所以我们当时就采用了这样的办法。

因为很多老师以前是学俄语的，所以学校先请外籍教师对老师进行培训。由于普通物理教研室没有老师报名，学校领导决定让我和汪宗禹二位专业课老师来为试点班上普通物理课。领导要我们注意把科研的思想方法渗透到普通物理的教学当中去。一年级最主要是帮同学们把基础打好。当时，我们日日夜夜全力以赴。教学小组的4位老师每人负责一个班，习题本、习题课全都要看。我是教学小组组长，要对教学情况进行抽查。只有这样做，我们才能及时了解同学们的学习情况，及时发现问题，在后续的教学中加以解决。这既是对党的教育事业负责，对同学负责，也是对我们自己负责，让我们能在工作中不断提高。因为这段经历，我们教学小组（汪宗禹、杨伟民、唐文青和我）在1982年被评选为上海市劳动模范集体。

记得当时的副校长兼研究生院院长郐学文特别支持学生出国深造。从这个时候开始，学生毕业时都要写毕业论文了，学生的学习能力又提升了一个高度。

吴稚倩：我介绍一下当时外语系是如何配合这个英语试点班教学的。由于公共外语师资力量比较薄弱，当时就从外语系调了一部分教师过来，另外还有一些外语系的在校优秀学生。我们对试点班的教学方法进行了改革，不再只教单词和语法。任课老师分成3个组，分别教精读、泛读、听力、语法等。学生根据入学时的英语基础被分成A、B、C三个班，因材施教。

教材用的是英国教材《新概念英语》第1～3册。对教师来说，新教材也是第一次看到。我们经验不多，就拼命开夜车备课。今天听到大家的发言，感觉试点班没有失败，应该说是成功的。同学们对这一年试点感到受益匪浅。我们老师觉得这一年我们的收获也很大，改变了以前公共英语只是哑巴英语的状况。

朱卡的：在华东师大上学期间，有一两次我的物理考试不及格。我记得陈家森老师说的话："如果你不懂就来跟我说一下，你不用着急的。"所以我非常感谢陈老师，只有学生才会记住这些细节。当时主要是英语看不懂。但是后来有了进步，慢慢就读懂了哈利迪的《物理学基础》。我现在还在做凝聚态物理方面的研究。当时陈老师教了我们一些基础的凝聚态物理知识。作为传承，我感受最深的地方是，我现在批改学生作业都采用陈老师的很多做法。当时陈老师批改我们作业时非常认真，所以我给我的学生们批改作业也是这么做的，他们非常高兴。还有我们这里施芸城的妈妈（赵玲玲老师）是教我们光学、热学的，我记得当时她的光学教得非常认真、非常好。记得当时我们还有一门大学语文课，对我们的人文素养教育也是很有帮助的。

韩王荣：我考大学时，英文70分，被分入英文A班。我对英语精读课、泛读课、口语课的印象比较深，也受益至今。吴稚倩老师是我们的英语精读课老师，从《新概念英语》第1册教到第3册。20世纪80年代初，吴老师要教会我们知道什么是living room并不容易，因为我们大多数同学家里客厅、卧室是混而合之的。课本上画的蛋筒ice cream我们没尝过，教堂广场的迎新年钟声也没听到过……想来，吴老师为了备课，花费了大量时间和精力。在1980年，这套来自英国的课本，对老师和学生来说，都是全新的吧！在此，我要感谢当年的各位老师们，感谢你们为8008做出的一切努力。

施芸城：我在东华大学理学院物理系物理实验中心担任常务副主任。我是华东师大教师子弟，有些同学觉得师大子弟有很多优势或优惠，其实从学习的角度来讲，并没有很多优惠。我上我母亲（赵玲玲老师）的课，我是不太听她的话的。她从一个老师的角度来教育我要干什么时，我的感觉是，她是作为一个母亲来教育我的，就不容易听进去。大学期间，英语、机械制图、化学、天文学这些课程，都对我后来的工作有重要作用。我在工作中解决遇到的问题，仪器设计、做科研等需要的那些手段和知识，都是这些课为我打下的基础。陈家森老师组织过一个课外兴趣小组，实际上做的事情跟现在CUPT（China Undergraduate Physics Tournament，中国大学生物理学术竞赛）的性质是一样的。

林英：我高考的时候，英语是81分，物理85分。接到入学通知书，知晓第一年学英语，当时并不清楚为什么，但还是挺高兴的。入学后被分在A班。第一年的英语学习，本以为自己基础还可以，会比较轻松，没有料到大学的学习和高中完全是两码事。记得《新概念英语》第1册，一节课就是6课课文（其中1、3、5是课文，2、4、6是练习）。全英语教学，课后要背诵，还要预习。背诵不光是要把内容背出来，还要语音语调尽可能和录音相同。我们当时没有条件买录音机，只能去教室里听录音。这个节奏和要求，刚开始时真的不太适应。有一次上课开小差，被吴老师叫起来回答问题，就觉得吴老师真厉害！当时教我们泛读教程的是一位上了年纪的教授，刚开始的时候觉得这位老先生很严肃，一板一眼的，不过他教的内容真的很广泛，涉及面广，受益匪浅。

当时的教材是《新概念英语》，第一年学完了3册。后续大学英语免修考试和考研复习的时候，又把《新概念英语》复习了两遍。所以我前后学了3遍。家里现在还保留着这套教材。第一年的英语学习，对后续原版教材的阅读肯定是有帮助的。虽然在本科期间，没有入选CUSPEA的强化培训队伍，我对于自己能够顺利完成双语专业课程的学习还是挺欣慰的，在研究生时期，就能够很轻松地查阅许多国外期刊杂志和文献资料了。毕业后第四年，我加入了外企，可以与国外同事无障碍沟通交流，尤其在专业术语和词汇方面没有障碍，这都是得益于双语教学打下的基础。

后来我又参加了华东师大和荷兰马斯特里赫学院合办的MBA课程。其中一半以上是外教课程，论文是全英文的。因为有之前的学习基础和在外企工作的经验，这些工作完成起来也比较容易。

第一年开设的语文课程，印象中不是特别有意思。但是预备数学这门课，对后续的高等数学的学习还是一个很好的过渡。经过这一年英语的强化训练，我们这些人在同龄人中的英语水平肯定是高出一截。但是，因为我们当时的英语学习没有考级制度，所以后来在确定自己外语水平的时候无法定级，只能笼统地说“熟练”。另外，在工作中，当问起大学学习的情况，往往要跟别人解释为什么在大学里读“5”年的问题。但是，总的来说，这一年额外的英语强化训练，对自己的职业生涯发展是非常有帮助的。

荆彦平：我学英语是因为我觉得它很有用。英语后来成了我的一种生活方式，我非常喜欢，虽然工作上没怎么用到它。我在一家小企业工作，偶尔也需要跟外企接触，那时我们公司就派我去，去之前我临时抱佛脚也够用了，就是说，我们试点班那一年的基础打得是非常牢的。陈家森老师当年给我留下了深刻而良好的印象。他授课富于激情。我难得会请教老师问题，却曾向他请教过两个物理方面的。他当时没有立刻回答我，而是说以后想好后会答复我。后来我把这事儿都忘了。他出过差回来后抓住我，回答了我提的问题，令我非常意外。毕业前我也随大流去考了个研究生，但并没入选。陈家森老师问过我，说他熟识的哪个系的导师可以招我去读中国古代哲学的研究生。有时候我会犹豫要不要再去学一个新领域的东西。至少当时中国古代哲学没有吸引到我，我也没有任何沉浸到古汉语及文化这么大的领域中的思想准备，就没有接住前辈为我提供的这么好的机会。其实有一段时期研习古汉语及文化并不妨碍你同时或未来再去关注其他的方面。反正在我跟陈家森老师有限的接触当中，深感他不愧为师。

陆健：华东师大5年，老师们的教育培养给我和同学们的人生都带来了很大影响。我觉得，第一，是从深度和广度上开阔了同学们的眼界。对我们理工科学生来讲，英语有这么一种学法，有精读、泛读，还有一位女外教给我们上口语课，觉得很新奇，教材也让我大开眼界，我们用的是哈佛的英语版物理教科书。第二，是提升了眼力。第三，是奠定了眼识。原来大家认为进师大就是做老师，然后突然间我们进了英语试点班，老师说我们的培养目标不是一般的老师，而是要为社会输送有用的人才，这样，大家在学习和信心等各方面都提升了很多。

段军：吴稚倩老师不仅教学水平高，循循善诱，而且刚在新西兰做过一年访问学者，有海外生活的经历，对于课本里描述的很多西方衣食住行的细节可以解释得淋漓尽致。1980年的我们，对西方生活细节了解甚少，吴老师用亲身经历给我们描述，解释得非常通透到位。记得《新概念英语》里有一课提到salad（沙拉），说到salad就不能不提到lettuce（生菜）。当年的我们从来没有见过lettuce，吴老师的描述用了两个关键词，卷心菜和莴苣，形如卷心菜，味道口感如莴苣。几年后我来到美国留学，第一次去超市亲眼看到lettuce，马上想起了吴老师的描述，感到非常亲切，买回家亲口尝试，脆脆的，水水的，清爽中略带一丝苦味，哈哈，这不就是吴老师描述莴苣卷心菜吗？！

刘亿：记得刚开学就进行了英语分班考试，我被分在B1班。系里特别为我们年级每班提供了一台个头不小的放音机，记得是用磁带的，同学们晚自习时都抢着收听。我们这届学生高中以阅读和做题为主，听说能力比较差。进入华东师大后第一年集中学习英语，还有一门中文写作课，因此中英语都有不小提高。据说我们的英语老师都是外语系精心挑选的。教我们B1班精读课的钱老师是1977级学生，当时还没毕业，但已经很有教学经验了。泛读课贝老师上课幽默风趣，让我们在轻松愉悦的环境中学到了知识。第二年专业学习用英语原版教材，这在当时应该是华东师大的一大突破吧。大学物理教材是哈利迪编写的，同学们亲切地叫它“老哈”（中文版则叫它“小哈”）。物理老师都用英语讲课，非常敬业。我们经过上一年的英语集中学习打下了基础，得以顺利过关。由于基础扎实，8008同学的研究生英语课都是免修的，这对毕业以后的工作学习都有很大的帮助。5年时间对我们一生而言虽说不长，但终身受益。

杨荣发：记得有一次，吴稚倩老师要求大家准备一下，每个同学在课堂上用英语讲个故事。可能是过于拖沓的缘故，我直到最后一刻才去准备。在图书馆里考虑讲什么故事合适时，随手在书架上翻到一本关于成语典故的书，我灵机一动，当即决定用英语讲成语故事。当时主要考虑的是成语故事不短也不长，又有寓意，可以在两三分钟内讲完，从而比较适合。我没有想到的是翻译成语需要丰富的历史知识、雄厚的英语基础以及很强的表达能力，更不知道英语故事和汉语故事之间的细微差别。由于时间紧迫，我以直译的方式翻译了一个成语故事，然后略加修饰并悄悄地对自己说：“嗯，不错！”那天课上，由于表达叙事不够清晰直接，词汇使用僵硬，我的故事讲得不那么成功，还引起了大家的哄笑。虽然吴老师也笑了，但她仍然以肯定和鼓励的语气替我解了围，使我不至于过分难堪。记得笑得最厉害的是我的老室友朱瑜，他是我前面一个讲故事的，很潇洒，仅用两三句话简单直接地讲完了他的故事，得到了吴老师的赞许。

江旭东：从大二开始的物理系基础课教学，我们使用英语原版课本，中英混合上课，考试答题都用英语，当时感觉很新奇。但说实话，我感觉物理和数学用英语上课特别是使用英语教材，有点一知半解，效果一般。记得大学时代印象最深的一门课，就是南京大学物理系梁昆森教授写的《数学物理方法》。

这本书曾在相当长的时间里作为全国高校唯一的数理方法教材，不过当年考试时近一半同学“翻船”的记忆，现在还常常让我在半夜从噩梦中惊醒，虽然当时我勉强及格。但是我还是非常感谢母校华东师大给我们物理系的同学第一年系统集中学习英语的机会。我记得精读课英语老师是住在南京路石门路绿杨村和新华书店隔壁弄堂的钱老师，记得还有一位很克勒（绅士）的贝树浩老师也教过我们。当年我们精读课教材是《新概念英语》，每天一课，我们都会很认真地背诵出来，因为钱老师会当堂检查背诵情况，连周六在骑自行车回家的路上，我都会提前把当天那篇课文抄在小纸片上，一边骑车一边背诵。有时我会在长宁路西站遇到火车，在推自行车上天桥时不小心把纸片掉了。精读课钱老师曾用一段林肯的话教我们，至今我还背得出，并把它作为我的座右铭：“You can fool all the people some of the time, and some of the people all the time, but you can't fool all the people all the time.”（“你可以一时愚弄所有的人，也可以一直愚弄某些人，但是不能一直愚弄所有的人。”）一年英语试点班的学习，老师们给我们打下了扎实的英语基础。

三、善于探索，勇于坚持

孙坚原：我认为虽然华东师大不是、很可能不会是于比肩北大清华的大学，但我们可以成为善于探索、敢为天下先、敢于实践、勇于坚持的高校。有些理念由我们率先提出来，然后被北大清华采纳，那才是好。有一个很有意思的“第十名效应”，说的是老大有老大的好处，第十名也具有第十名的优势。最近我的工作调动到了深圳，我很有体会。以深圳为例，因为它不是老大，所以它就敢为天下先，就能出华为。深圳出华为，但深圳不会成为上海。我们华东师大也应该是这样：不做北清，不当教育界的上海，但可以为中国教育界提供华为！

荆彦平：进入大学多学一年专攻英语，是非常独特的安排。万事皆有利弊，回过头来说，对我们这些没有选择权的人，那只是如何借势因应的问题。我觉得若有弊端，就一条，晚一年出来工作。我们是第二届应届高中生考的大学，毕业后，在社会上有先发优势。晚一年这一先发优势会有削弱。但这一点随着时间的推移，其作用是递减的。而我们在英语方面的强项，在改革开放的年月，其作用一般是随时间递增的。何况，还应看到，当年是国家负担大学教育的成本，我们是额外多享用了一年。

当今社会越来越提倡创新的价值。当年增加一学年专攻英语的试点就是于当时环境下在高等教育上的创新。虽然几年后这一尝试就终止了，但并不等于创新失败，主要是因为后来环境变了，高中毕业生的英语基础没有那么差了。创新是在一定条件下发生的，解决其当下的问题。尽管这一条件未必持久，但解决当前问题的独特方法总是一种创新。华东师大当年敢为天下先的精神是值得肯定的。

胡炳文：物理系现在改名叫做物理电子科学学院，在座的都是我的前辈，40年的风风雨雨走过来，对华东师大人才培养的成功与否有所理解，能够把相关的信息保存下来，对学院来说是非常珍贵的。今天组织这样一个活动的目的，也是盼望、热情地盼望校友们能够梳理几十年的风雨历程，对未来物理学和电子学科的发展起到重要的作用。非常感谢各位校友提供的宝贵的历史的经验与财富。讲一下我自己的体会。座谈会的目的：一是为了编写“传承”丛书物理分册；二是希望我们的校友能够回到母校来喝喝茶，顺便指导一下我们年轻的教师，年轻的本科生、研究生、博士生们；第三是反思历史的本科教育，得到一些启示。试点班第一年的外语教学是无比成功的，后面的物理双语教学也很成功。我们现在可能要重新遴选这样一些优秀的外语教材，放到我们实际的教学当中。现在的本科教学趋于同质化，每个学校都在提所谓的拔尖人才培养，然后搞导师制、小班化等等。我们华东师大1980年就做了试点班的改革，培养效果很好，但是后续没有坚持稳定地做下去，值得我们反思。最后转达学院领导的一句话：我们将全心全意为校友服务，同时也希望校友们能够继续关心学院的发展，随时回来看看，谢谢大家！

（张知博根据座谈会记录整理，朱小怡修改定稿）

忆三年学科教学，论研究生学习生涯

王宗篪

我对研究生三年的学习过程深有体会，深有感情。我当时由苏云荪老师指导，苏老师鼓励学生自由选题。当时教育系和教科所的老师给我们教材教法专业上了一些教育理论、教育评价课程，使我接触到了布鲁姆（B. S. Bloom）的教育目标分类学和教育评价理论，于是我萌发了把教育目标分类理论与教育评价理论应用到大学物理教学的想法。这个想法征得了苏老师同意，使我明确了学位论文选题方向。我找了教育系老师咨询，特别是王刚老师给了我很多的帮助与指导，最后确定了"教学目标–形成性评价–实时反馈矫正的教学策略（简称OEF理论）在大学物理教学中的应用"作为学位论文题目。在开题报告会上，我的选题得到宓子宏老师的肯定。

一开始教学对比实验只在华师大物理系开展，后来宓老师联系上海交通大学物理系张馥宝老师，张老师很积极，愿意合作开展大学物理目标教学实验研究。大约是1987年5月下旬，我与上海交大张馥宝老师、高景老师组成课题组，我把目标教学的理论和大学物理课对比试验方案做了报告，他们很支持。按照我提出的方案，先把程守株编的《普通物理学》（力学、热学、电磁学、光学、原子物理学）按照知识、领会、应用、分析和综合、评价五个能力层次完成每个章节教学内容的教学目标编制，然后对每个章节教学目标按照二维表编制了形成性试题，最后汇编了《大学物理教学目标一览表》和《形成性试题集》。

1987年9月，上海交通大学新生入校后，对新生高考数学、物理成绩进行统计，结果显示无统计检验差异。于是从中取一个班为实验班，由张馥宝老师主讲，高景老师和我做助教，取其他上大学物理的三个班级作为对比班，每个班大约120人。在实验前，实验班与对比班进行了诊断性评价测试，对测试结果进行了统计检验，无显著性差异，说明实验班与对比班起点是一样的。《大学物理教学目标一览表》先印发给实验班的学生，实验班采用目标教学，对比班采用常规教学。实验班一章教学内容结束后，下一次上课先进行这一章的10分钟形成性小测，我和高景老师把学生形成性测试卷收走后，马上批改，张馥宝老师接着讲解下一章节的内容。等形成性小测试卷改完，第二节课张馥宝老师上完，留10分钟把改完的小测试卷发给学生，并由高景老师当场讲评反馈。实验班的学生对照教学目标课前有针对性地预习，课后对照教学目标进行复习小结，一个章节教学完成后，及时进行形成性测试和反馈，使得学生对一些教学内容的不正确理解得到及时矫正。大学物理学力学部分上完后，实验班和对比班进行了考试，考试结果：实验班考试成绩的平均分比对比班高出8～9分，统计检验有非常显著性的差异。实验结果令人鼓舞。接着热学部分、电磁学部分继续采用目标教学。

上海交大也把目标教学的研究成果在上海市工科物理教学研讨会上做了介绍交流。上海交大物理系分管教学副主任严燕来老师也很重视上海交大与华东师大合作开展大学物理目标教学研究工作，希望我毕业能到上海交大物理系工作，由于我已经成家且有小孩，因此只能放弃留在上海工作的机会，毕业后回福建工作。

我在上海交大做毕业论文期间，常常一早就从华东师大坐公交车到上海交大徐家汇本部，再从本部坐上海交大校车到上海交大闵行校区，与张馥宝老师、高景老师一起做大学物理目标教学对比试验，虽然辛苦，但是对比实验取得很好的结果，毕业论文也顺利完成，是非常值得的。有时中午坐校车从闵行回到徐家汇，张老师就叫我到她家吃午饭，我们建立了深厚的师生情谊。

我从苏云荪老师和张馥宝老师身上学到了严谨治学、敬业、爱生的精神。高景老师与我年龄相仿，在半年多工作中，我与高景老师建立了兄弟情谊。30多年过去了，在华东师大三年的研究生学习和在上海交大做毕业论文半年多的时光使我难以忘怀，时常想念。

丽娃河畔悟理

加庆波

一转眼，离开丽娃河畔已经14年了。毕业后我一直在政府部门工作，撰写的都是各种格式化的政府公文，当年的文学青年细胞在我身上已经沉睡许久。再加上忙于解决各种具体的工作事务，也没有时间来追忆大学里的似水年华和青春情愫。在飞往北京的途中，收到辅导员聂树伟老师收集校园往事的集结号时，我甚至有些茫然无措。但聂老师的“叨扰”迫使我打开思绪，“重回”丽娃河。

作为一名理工科直男，我不得不说在很长时间里，我对这条风花雪月的河都没有太多感觉，可能是因为我没有在河边留下过什么浪漫足迹吧。大学里，我绝大多数的课堂时光是在物理楼中度过的。一开始的大学生活非常理工科，每天就是教室、宿舍和食堂，三点正好串成共青路这条直线。毫无疑问，一名优秀的物理系学生，感情最深的应该是走得最多的共青路。我也很想成为一名优秀的物理系学生，把奖学金拿到手软。因为我是从农村考到上海的，为了不离学霸太远，我必须做最踏实和最努力的学生。但不管我怎么努力，也只能在物理系默默地做一名优秀的普通学生。我开始以为是因为物理系的学霸都天赋异禀，后来才发现踏实和努力是整个物理系的氛围，没有最努力，只有更努力。我非常感激在物理系默默的时光，让踏实和努力成了我的一种习惯。后来在工作中，听到上海市领导在不同场合表扬华东师大的学生普遍非常踏实和努力，我都会想起物理系的学风。

大学毕业后，我就和物理绝缘了，从事的工作和物理专业没有任何关系。

也有人和我说，没从事相关工作，等于白学了四年的物理，对我的人生没有任何用处。如果完全从实用的角度来看，确实如此。大概只有在动手维修一些简单的家用电器时，我才会用上一些当年学的物理知识。

物理有定律，人生没有定律。但现在回过头来看，会发现物理系的学习对我个人的成长来说，有“无用之大用”。物理是一门探索物质世界运行规律的学科，而且这一探索是建立在非常严密的逻辑体系之上。物理其实一直在教我们如何“悟理”，最重要的工具就是逻辑。物理系的学习让我经受了最为严苛的逻辑训练，形成了非常严格的逻辑思维。在工作中，逻辑思维就像一招“如来神掌”，帮我在很多杂乱无章的工作中迅速厘清头绪，从很多琐碎的事情中抓住问题的本质。

当然，当时的大学生活也不只是单调的物理学习，丽娃河畔厚重的人文底蕴也让我受益匪浅。老物理楼虽然坐标在共青路，但实际上就坐落在丽娃河的西岸，只是很长时间里友谊路上那长长的一排树挡住了我们亲近丽娃河的目光。老物理楼是物理学意义上真正在“丽娃河畔”的教学楼，后来当我发现这个秘密后，一下子就变得文艺了起来。我开始尝试着写一些小文章给校报投稿。因为投稿结识了校报的吴容老师，被破格招进校报做学生记者，混迹校报两年后，又有幸担任了一年的校报学生主编。三年在校报工作的经历为我打开了新世界的大门。

除了常规的采访、写作和出报外，校报有非常重要的“两会”，一是选题会，二是报评会。选题会有点像“吵架会”，几乎每个学生记者都可以提自己想做的选题，为了让自己的选题胜出，大家会吵得不可开交。更重要的是，报选题的人必须做充分的前期准备，去挖掘各种可写的专题，很多时候还需要主动制造话题、引导议题。选题会养成了我们关心热点、紧跟时事的习惯，也锻炼了我们的策划能力。而报评会更像一场“批判会”，负责该期报纸的同学简直就是一个被攻击的靶子，几乎每个学生记者都会绞尽脑汁“挑刺”，提一大堆“后见之明”，诸如报道如何写可以更好，专题怎样操作可以更深入，等等。我们对一个问题进行深入分析的能力由此得到了大幅的提升。此外，对学生来说，办校报毕竟是“副业”，还有繁重的学业任务，经常是一周的课排得满满的，但报纸又必须如期出刊。时间一长，练就了我们快速处理信息的能力，在最短的时间内，用最高效的方式收集信息、整合信息并形成文字。可以说，在校报工作的经历给了我全方位的锻炼。

工作后，不少领导同事都说我分析问题和做事情有人文思维，当我告诉他们我大学读的是物理专业时，他们都觉得不可思议。当他们了解到我担任校报学生主编的经历后，又会很自然地放下诧异。从物理中“悟理”，在人文中成长，文理之间既是跨界又是融合，我想这就是丽娃河带给我最大的滋养。

我的大学回忆：学习、实践、收获

徐蓓蓓

2003年起我进入华东师大学习，7年的时光，充实而美好。回忆那段时光的点点滴滴，依然被当年的热忱的自己感动，也更感谢母校多年的培育。

丽娃河畔，风华正茂的我们潜心学习，不断成长。师范类专业课、别开生面的社团活动、丰富多彩的学生会活动、应用心理学第二专业、图书馆和自习室常亮的灯、赢取全国金牌的合唱团、由我命名的《华实》校刊……我学习，我实践，我收获，我对教育教学的理解逐步深入，我对母校的爱也呈线性递增。

2007年对我来说是难忘的，首先，作为华师大首届“4+1+2”培养模式的师范生，那一年完成了“4”——本科4年的师范教育阶段的学习，即将开始“1”整年的中学教育实践——也是正式算工龄的第一年；一年实践期满，再回到大学进行“2”年的硕士教育，并由大学和中学共同承担最后两年的教育。这样的创新培养模式，是直接面向社会需求的，它的目标是要培养高学历、专业型和实践型的教师。母校对部分学生进行本硕一体化的培养，有效地促进了我迈向教育岗位的发展和成熟。

作为大四学生的我那时刚经历了直升研究生考试和工作单位的面试，正值华东师大闵行校区实验楼演示实验室对外开放的试运行时期。我们这批直升研究生的学生承担起志愿者工作。在崭新的实验室，划分区域、分工合作，在实验老师的指导下，各自熟悉自己负责区域的实验器材的调试和相关知识的讲解准备。我负责进门的刚体力学区域的讲解。前后准备了一个多月的时间，我们接待了一批又一批的幼儿园小朋友和中小学生。

7年，我在华东师大飞速成长。春华秋实，我的母校，永远爱你！

一些关于老物理楼的回忆

何妍

记忆中的物理楼隐在学校的西南部，不似拥有大片绿地的文史楼那么环境优美，也不如学校主干道旁的地理馆、化学楼那么交通便利，不过承载了很多的回忆。

还记得大一新生入学的时刻，那是我第一次远离父母的怀抱，离开自己的家乡赴异地求学。在这之前，从小学到初中再到高中，我只是在家与学校的两点一线中往复。那时的学校，方寸之地花上个三五分钟就能走完一遍。而到了这里，偌大的校园，细细走来，便是二三十分钟也不一定能完全走完。所以，对于当时四体不勤五谷不分的我来说，迷路是必然的结果。经过多番的问路与指点，物理楼最终被我标注为“毛主席像右手边的一条巷子走到底”，这是我对物理楼的第一个记忆。

在物理楼上的课程很多，很多全年级一起上的大课都在二楼的电化教室内完成。印象最深的高数老师闻人凯，她上课的时候总是充满激情，一个半小时的课程写满整四块黑板，有时候写了擦、擦了写，反复很多遍。而当时我们的座位也有特别的安排。辅导员于龙生老师要求我们按照学号并分班级入座。所以在电化教室的课，初来乍到的我们，整齐划一地坐在每一个规划好的位置上，上好每一堂课。关于迟到、早退和缺席的情况是少之又少。这样就坐还有一个好处，就是不需要起早赶来占座位。所以直到升入大二大三，专业课的教室转到了其他的教室，我们才开始后知后觉地自觉培养起拜托寝室大佬帮忙占座位的习惯来。

我还记得在物理楼上过一门关于光学的实验课程，有一位和蔼的老太太教我们进行全息摄影。在她边摆弄边解释桌上的“半透膜”“半反膜”之后，我们花了一个下午的时间，都拍出了一幅成功的个人作品，或是熊猫，或是什么动物，超有成就感。那时我们总要成群结队地前往实验教室上课，同时还害怕自己落单。可能是因为光学的实验室布置的要求吧，每个实验间都如暗室一般，密不透风。而我们前往实验室都要从物理楼的一扇并不熟悉的侧门进入，通过狭长的只透着一丝丝光线的走廊，才能进入到实验室。所以每周一次来回实验课道路，总是带着点寻求刺激的兴奋感。而有的时候，甚至还会“预谋”一下某位同学的落单，开个小玩笑。

物理楼一楼分布的则是很多间小教室，需要分班的英文课，我们在这里上了整整两年的时间。更多的时候，我们选择晚上来这里自习。因为比起其他的自习教室，这里虽然硬件环境相对简陋和艰苦一些，但也正是出于这个原因，找到座位的概率更高，也更能安心地自习。

我们这一届，在大三的时候就搬去了闵行新校区，成为第一代的“垦荒新青年”。在这之后，与物理楼的交集就越来越少了。再后来回到本部的时候，发现理科大楼建起来了，孔子学院、上海纽约大学似乎占据了物理楼的大半江山。物理楼里有关物理的印记正在逐渐地褪去，不过，这些物理的印记似乎在我心中又逐渐清晰了起来……

我的师大烙印

李忠相

时光飞逝，转眼之间，毕业已经十年了。曾经，很担心大学的很多美好回忆会随着岁月淡忘；实际上，这么多年后，那些回忆反而更加真切了。毕业的时候，装着满满的大学回忆憧憬十年后的自己；现在，带着十年来的工作体验回味难忘的大学时光。十年来，亲切的师长、可爱的同学、精彩的瞬间总是在不经意间浮现在脑海里。直到现在，总是时不时地打开师大的网站，依然能随口说出自己的师大学号，终于意识到，师大物理将是一辈子都不会磨灭的记忆了。十年来，师大和物理系各项工作日新月异，校友们在遍布全球的岗位上续写传奇，我所在的学校重庆一中也发展起了10人的师大物理的队伍。当年，师大定义了我们；现在，我们正在定义师大。

十年来，我小心翼翼地总结和反思自己身上的师大烙印。渐渐地，我发现工作中很多技能和理念，追根溯源，都源自大学期间的一些独特经历。

物理文档总是文字、图片、公式、表格等混合排布的。好多人在处理这些文档的时候会遇到不少困难，总是达不到自己想要的效果。这方面，我做起来得心应手，经常帮助同事们解决各种各样的“疑难杂症”。处理完后，他们总会问一句：“这些方法你是怎么知道的？好像没有什么课程教这些啊？”对啊，我是怎么学会的呢？我想，这得益于我大二从事了一年物理系系刊《悟理》的编辑工作。当时的系刊是用WORD编辑的。接手这份工作之前，要么是低估了这件事的难度，要么是高估了自己的能力。用WORD进行长文编辑，尤其是面对复杂多变的版面、临时的加稿撤稿、莫名多出来的空行空页怎么都删除不了、生成PDF后各种版面差错等诸多问题时，经常熬到深夜。为了解决这些问题，不断地请教、学习。当我编辑系刊游刃有余时，处理工作以后的物理文档就自然不在话下了。

我现在从事高中物理竞赛的辅导工作。作为非专业竞赛选手出身的我，如果自己去参加考试，肯定是拿不到金牌的。怎么才能让辅导的学生能拿到金牌甚至考出更好的成绩呢？怎样才能教给学生我自己知识边界以外的知识呢？怎样让学生超过老师呢？仔细思考之后，我从大三的专业课学习经历中找到了答案。当时，专业课难度比较大，每次听完老师讲课后，还是有不少疑点，怎么办？我发现最有效的办法就是泡图书馆，拜书籍为师。无论多么难懂的内容，找三本不同的书分别研读，整理理解三种不同的思路，一定会恍然大悟。于是，在竞赛辅导中，第一阶段我为师，教给学生基本的知识体系；第二阶段书籍为师，让学生自己去挖掘里面丰富的宝藏。学生最终能达到的水平远远超出我的意料。我辅导的学生在全国中学生物理竞赛决赛中获得4金12银11铜，2人进入国家集训队，30余人升入清华北大，70余人获全国一等奖。

很多中学一线教师觉得写论文发表是一件很头痛的事。大四那年，课程没有那么紧张了，我也早早地签好了就业单位，于是经常去图书馆翻阅中学物理的相关杂志，了解中学物理老师都在研究什么问题。当时，我把中学物理相关的六大期刊2008年全年的文章都认真阅读了一遍，里面所有的计算也都亲自验证了一遍。由此，我大概了解了各个期刊的风格特点，学到了论文的基本写作要领，同时也发现了一些文章的疏漏之处，写了一些探讨的文章投给相应的杂志。《物理教学》杂志将其中的一篇发表出来，这给了我极大的鼓励。

回想起来，当年无意之中的这些经历对我现在的工作有着极大的帮助。如果要给学弟学妹们一些建议的话，这些就是我觉得非常值得推荐的事情。除此之外，有没有最值得推荐的事情呢？女儿问："爸爸，你和妈妈是怎么认识的呀？"我告诉她："是在一个美丽的地方，当时叫做'闵大荒'。"

致青春，致母校，致我曾经奋斗和正在奋斗的地方

张路一

2019年，是我来到上海生活的第15个年头，也是与华东师大结缘的第15个年头。在这一年的岁末，回顾我与华东师大的这15年，所有有关青春、拼搏、努力、奋进、梦想，似乎一切美好、悦动的辞藻都会瞬间冲入脑海。

2004年，我考入华东师范大学，2005年，申请转专业获批，进入物理系学习。印象中我是为数不多申请转入物理系的学生，很多人感到不解：一方面是原专业并不差；另一方面，一个女生选择学习物理，还要降级转专业，身边人知道后的第一反应都是问："为啥？"唯有自己明白，只因"喜欢"。每天奋战在公式、演算、证明之中，每天穿梭于教室、自习室、寝室、办公室之间，生活简单却也忙碌。因为同时还承担了大量的学生工作，所以每天基本只有四五个小时的睡眠时间，因为年轻，也不觉得有负担。但是现在想来，那时候的自己确实太拼了，身体还是有些过负荷了的。

直至2006年的夏天，生活发生了转变，因为一个科研项目，我和我的小伙伴与舒信隆老师、景培书老师结识，从此我的生活轨迹中多了一处属于我和小伙伴们的空间——物理系的学生创新实验室，是系里提供给我们实现自己想法——属于我们的"磁悬浮列车"的地方。几乎每天晚上，邵慧、彭瑞、陈思和我，四个女孩子都会相约在实验室，从理论到实践，从头脑风暴到模拟实现，从一块磁体大小的选取到轨道材料的选择，从一个简陋的轨道模型到加工好的轨道成品，从实验楼里的鬼故事到手上被磁铁夹出来的一个个血印子，我们不

断讨论,不断改进,不断进步。

从2006年夏天到2008年秋末,两年多的实验室生活,让我们感受到实验的艰辛,有时候为了实现一个轨道功能,我们需要从大量的文献中进行检索、实践、再推翻重来,周而复始,往复实验,甚至崩溃到整个团队想要放弃。而每当这个时候,舒老师都会在关键点和关键技术上给出重要的建议,从精神层面到实践层面为我们注入强心剂;景老师经常在下班后安顿好家事后重返实验室,协助我们共同实现想法。

两年多的实验室生活,也让我们感受到真实的成长,我们从只会坐在教室里演算推导的大学生成长为北京路上的常客,经常为了寻觅一个合适的器件,遍寻北京路上的一家家材料店,为了节约实验成本,经常要比对推敲一个个器件的性价比,真真是比逛商城还起劲。现在想来,我们这四个女孩子似乎还没有一起逛过街呢。如果未来还有机会,真想相约去逛一次南京路。

两年多的实验室生活,更让我们提升了自己的专业成就感。当我们设计研发的磁悬浮列车第一次在轨道上行驶起来的时候,当我们的模型在全国教学仪器展评中获奖的时候,当我们的磁悬浮列车专利获批的时候,当我们的列车一步步地完善成为实验教具在实验中心展示使用的时候,从理论成功转化为实践的专业成就感在我们心间流动。正是这样一段难忘的科研经历,促使我们四人中最终有两人继续深造,完成物理学博士学位的学习,并且继续保持在科研状态,在全国知名985高校中继续从事学术科研,一人奋战在中学教育一线,还有一人,也就是我,机缘巧合之下放弃了专业选择继续留在这个我深爱着的校园里,为学校的建设与发展继续贡献自己的力量。

现在,距离自己研究生毕业已经7年了,每当经过物理楼看到研究生阶段的办公室窗口的时候,都会想起我的导师胡炳元先生的学术造诣与儒雅的风范;都想回到那个和师兄师姐一起做多国教育对比研究的时光,那无数个通宵不眠的夜晚,那为一个指标而争论不休的日日夜夜;都会想到全组人偷偷躲在办公室里玩桌游的美好时光。细细回忆这段青春过往，慢慢找寻自己那曾经的初心，初心依旧，继续前行。有机会还想和我的小伙伴们一起回到实验室去看看我们的磁悬浮。

未来的岁月，祝福我的师大，祝福我的物理系。

缘起丽娃，感恩终生

李文武

一、缘起丽娃

时光回到2007年4月，揣着306分的初试低分，我忐忑不安地来到上海，第一次踏入华东师大中山北路校区，走在美丽的丽娃河畔，心中对读研充满期待，但更多的是能否被录取的焦虑。

复试报到时，辅导员给发了一份导师名单，建议我们在三天之内选好导师。我拿着资料边走边看，踱步到电梯口，遇到一位风度翩翩的老教师。他朝我投来慈祥的微笑，轻声问道："你是来研究生复试吗？" 面对这么和蔼可亲的笑脸，我顿时压力释放，倍感轻松地答道："是的。" 于是我们一起进入了电梯，下到6楼时，拥挤的电梯有人要出来。老教师先迈出电梯，我也跟着迈出。当时觉得这位老师真有绅士风度，方便了大家，也方便了自己。再进电梯，人少了一些，老教师继续问我："从哪个学校来的？学的什么专业？都修过什么课程？" 我一一作答。、

交谈中感觉这位老师应该挺内行，我突然鼓起勇气问道："老师您是硕导吗？" 现在看来，这可能是我问过的最搞笑的问题。老师忍俊不禁，答道："是的。" 正愁着不知道选谁做导师，对这位老师印象也不错，于是我斗胆继续询问："那我可以选您做导师吗？" 老师回答："可以，你记下我的电话，明天来办公室335房间找我。" 我立刻对照资料里面的办公室信息，找寻老师的名字和简介。这时电梯门打开，我瞠目结舌地问道："老师，您是中国科学院院士？"

老教师还是笑眯眯的，答道：“是的，欢迎你。”就这样充满戏剧性，我幸运地成为褚院士的学生，开启了我的学术人生。

二、硕博连读

从2007年一直到2009年夏天，由于建设实验室，实验进展很缓慢，也没有好的实验数据。褚老师每次见到总是不断地鼓励我“做得很好，继续努力”，这让当时20多岁的我备受鼓舞，每天总有使不完的劲，周末也几乎从未休息。2009年下半年，我终于发表了第一篇SCI文章，褚老师很高兴，送了我一本他编著的书作为鼓励。为了锻炼我的英文水平，每次有国外专家来访，褚老师总是点名让我来介绍实验室，提高了我的表达能力。

当时我们班大部分同学都只读硕士，而我拿到了巴黎高师的读博机会，纠结着是不是要去国外读博士或者去公司工作。褚老师专门找我谈了一次，劝我留下来硕博连读，他觉得我适合做学术，而且前面的积累马上就要有爆发性的科研产出，不要轻易更换方向。当时褚老师正在审阅国外求职者的简历，他把电脑转过来给我看了一眼，郑重地对我说：“你在我这里读博，成果不会比这些海外博士差，可以毕业后再出去做博士后，见见世面。”

于是，我继续跟着褚老师硕博连读。接下来的博士阶段，在褚老师的指导下，我连续在《应用物理快报》(*Applied Physics Letters*)等著名期刊发表了十几篇文章，获得了教育部博士研究生学术新人奖。并作为8位优秀在校生之一，获得了首届华东师大校长奖学金特等奖。当校报采访我的时候，我信心十足地表示将来要以科研作为职业，褚老师的鼓励和支持让我坚定地在科研道路上一路狂奔。博士毕业论文成文后，有一天褚老师把我叫到他的办公室修改毕业论文。我按照他密密麻麻的修改建议，从早到晚改完后给褚老师再审阅，然后一遍又一遍地修改论文。后来，这篇毕业论文被评为上海市优秀博士学位论文。

三、在华东师大工作

博士毕业后，我去日本国家材料科学研究所（NIMS）等地做了两年的博士后研究工作。2014年10月，在褚老师的召唤下，我又回到华东师大，担任紫江青年学者。初为导师，没有带学生的经验，褚老师总是建议我们对学生要宽容，要以鼓励为主。在科学研究上，要独辟蹊径，不畏艰难，勇攀高峰；要选一个前沿方向深入研究，而不是挖一个小坑换一个地方。

由于我是新教师，实验室被分在较远的实验A楼。实验室建成之后，我向褚老师做了汇报。那天下着大雨，褚老师说："去实验室看看，我最喜欢到实验室走走。"于是我们冒着大雨来到实验室，我也向褚老师学习，让学生做了实验室介绍。褚老师问了一些基本问题，鼓励学生积极科研，学生都很激动。之后的几年里，褚老师每隔一段时间就会找我了解一下最新的工作进展，拿着笔和纸给我讲解研究思路，或者帮我修改申请书和答辩PPT。在答辩前，褚老师总是微笑地对我说："不用紧张，自信点，就像给学生上课一样讲。"在褚老师的指导下，我们的成果发表在《先进材料》等国际著名期刊上，我也先后获得3项国家自然科学基金的资助。

十几年来，每当我科研工作"山重水复疑无路"的时候，褚老师的点拨总能让我有"柳暗花明又一村"的感觉。每当我在人生的关键路口，面对各种机遇难以抉择的时候，褚老师的建议总能让我豁然开朗，茅塞顿开。每当我情绪低落的时候，褚老师慈祥的微笑总鼓励我不要轻言放弃。

我想，褚老师就是华东师大"求实创造、为人师表"校训的最真实写照，这就是榜样的力量，让我们有无穷的动力在科研的道路上坚持走下去。

忆　芳　华

——我的学长学姐学导们

宋书宇（2008级）

一、初识

第一次步入华东师大，迎接我们的物理系的学长学姐们热情洋溢，耐心为我解答一个又一个问题。我记得帮我拉行李的是索海峰学长，学习部副部长。我被他真诚、淳朴的品质所感动，所以进入大学的第一天我就决心要进入学习部，成为他的部下。来到宿舍，我们的学导张毅早已在宿舍等着我们。他带我们走遍了学校的每一个角落，哪个食堂的饭菜可口，哪栋教学楼的空调给力，哪层图书馆的沙发舒服等，都分享给我们。我记得那是傍晚的时候，我们几个男生在校园里面走啊走，原来校园这么大！第二天，学导又带我们去校园周边转了转，我清楚地记得那是我第一次坐上那班江川3路，途经交大“拖鞋门”，终点站是欧尚超市。我也第一次认真地去逛超市。回到学校，还有幸参观了学导的寝室，看见床头的吉他，桌上的电脑，亲切随和的学长们。我发现，大学生活真的像憧憬中那么美好。

二、成长

大学生活过程中，会有迷茫的时候。独立面对时，我很可能会不知所措。比如，第一次期中考试我有两门课不及格，顿时就像泄了气的皮球，不知如何是好。这时，赵传冉学长告诉我大学虽然不像高中，不需要全部精力放在学习上，但是也是需要把学习当作生活的重心。赵传冉学长在他们那一届是神一般的人物。我的顶头上司——学习部部长于龙娇学姐告诉我，赵传冉学长是轻松拿到国奖的人，虽然当时我不知道拿国奖的难度（后来才知道），但是从于龙娇学姐那羡慕的眼神中就可以感受到赵传冉学长的非同一般。当然于龙娇学姐也告诉了我大学学习的重要性，并且也用积极的学习态度与行动，成为我们的榜样。除了他们，还有白东碧学姐。有一次我给白东碧学姐打电话，但是一直没有人接听，到中午的时候，学姐回电话了。我得知为了让自己能够做到心无旁骛地去听课，学姐在上课的时候从来不带手机，我很是震撼。

三、传承

大二那年，受到学长学姐和学导的影响，我也幸运地成为一名学导。从学习上到生活上，我以学长学姐们为榜样，对下一届的学弟们给予关心与指导。让我感动的一件事是，那一年冬天，我病得很严重，我带的那四个小学弟中有一位叫余斌，参加了校园十大歌手比赛。我没能去现场，但是，其余的学弟给我现场直播余斌的比赛，我清楚地记得他说把这首歌献给他的学导。那一瞬间，我热泪盈眶。

四、芳华

后来，我上大三了。我的那几个小学弟有的也成了学导。我相信，在他们的带领下，下一届的学弟学妹们会更好地成长。缘分就是这么奇妙，我带的那几个学弟中有一位和我都是安徽淮南的。他毕业后去了淮南一中，我在淮南四中。有时候有一些市级研讨课、集体阅卷，我们就会遇见。遇见的时候，他没有叫我宋老师，也没有叫我学长，而是脱口而出“学导”。我想，在那最美好的时光，我们把彼此的芳华留给对方，成为心里那永不抹去的回忆。这就是华师大带给我们的烙印，让我们深深刻在心底！

如今我虽已成家立业，脑海中却时时刻刻涌现出大学的点点滴滴。那些学长学姐们，那些2008物理2班的同学们，你们都还好吗？

华师物理，你给了我成长的偶像
——催我蜕变的学长印象

董光顺（2008级）

我长在农村，从小在西南边陲的高寒山区里长大。或许是受小时候成长环境的影响，或许是在成长过程中受到的人文熏陶实在太少，现在看来，大学以前的我迷茫、内敛，貌似很少会对某一件事很执着。如果要非要找一个比较准确的词来描述，那应该是“缺乏信念”。

毕业多年，每每回想，我都倍感幸运，因为我的大学改变了我，以至于很多次在高三毕业典礼上，我都会对学生们说同一句话：“如果你未来的大学改变了你，那么，你将庆幸终生。”对于我，大学让我有了信念，而这种信念源于榜样。对于一个缺乏信念而又不甘于平庸的人，同龄榜样的力量往往更强大。

学长印象一：2006级徐永刊学长

起初对徐学长有了印象是在我们军训的时候，徐学长应该是物理系学生会主席。军训的第一天，我们正在站军姿，学长陪着当时的辅导员来到军训场地。他们当时站的位置离我比较近，我能够很清晰地听到他们的对话。学长举止温文尔雅，气度自然大方，恰是我心目中一直想成为的模样。正当我心生羡慕又对自己的出身有一丝自卑时，从他们的对话中我得知如此优秀的学长竟然和我是老乡，那种向榜样学习的信念变得越发强烈。后来，在很长一段时间里，我用半逼迫的方式开始了自己的蜕变式成长：从参加社团活动到组织社团活动；有意识地把自己的兼职重心从家教转向大型教育机构（我去了精锐国际教育），然后在暑期与朋友一起招聘校友独立筹办教育机构；从鼓励自己站上院系组织的教学技能大赛的讲台，到参加全国教学技能大赛。始于自我强迫到成为习惯，因为信念的支撑，我慢慢地将自己从不起眼的角落挪向舞台前端。

事实上，和学长的交流并不多，第二次对我触动很大的碰撞是在学长毕业前夕。学长被某一线城市的一所学校抢着签了，年薪超过10万元，这个消息在我们这一届很快就传开了。在那些年，这样的薪水足以证明一名应届大学生的优秀。很巧，在那段时间的某个下午，我和徐学长在图书馆从负一楼上一楼的楼梯拐角处遇上了，我们就站在那个拐角聊了一个多小时，在那一个多小时里，我向学长咨询了那些我困惑或好奇的问题。这一次聊天，让我第一次如此强烈而清晰地意识到学以致用的重要性，也正是因为这一次聊天，我开始思考什么样的教师才是被社会需要的，哪些素养是大学毕业时我们需要具备的。

学长印象二：2005级李忠相学长

如果说徐永刊学长是我大学时期综合能力成长路上的偶像，那么，有另一个尤其特殊的偶像便是李忠相学长。之所以说他特殊，是因为事实上，我和李学长几乎没有交集，唯一的简单交流是在我毕业的第二年物理竞赛带队时在杭州同桌用餐。

在业内，尤其是年轻一代的华师物理人中，李学长在专业层面是“学神”级的存在，也一直是我专业成长路上的偶像和标杆。第一次知道李学长是大一的一天下午，我和同学在实验楼做完实验后作为路人甲在办公室听学长们和毕老师探讨一个科创项目，听完以后，我问旁边的同学：“那个个子不高、如此聪明的学长是谁？怎么那么有想法？”那一次，我记住了“李忠相”这个名字。后来还听传言，他和另一位很厉害的学姐结婚了，回到了重庆。

从大三开始，我慢慢喜欢上在图书馆找一些比较有影响力的教育学专著和专业杂志研读，然后将自己的很多想法记在一个厚厚的笔记本上。有一天，我翻阅到2008年的一期《物理教学》杂志，惊奇地发现上面有一篇是李学长在大三的时候发表的，学长用扎实的专业功底通过定量计算有力地驳斥了另一篇已公开发表的有关成像的论文。如果你想让一个梦想还有余温的青年为理想付诸行动，那么，最好的方式就是让他看清差距。事实上，也正是从那时起，我才真正地开始重视学科专业。"用专业立足"也成了自己工作以来一直孜孜追求的成长方向。自那以后，我便有意识地去反思和研究一些自己平日里的小想法，终于在大四临毕业时在一份期刊上发表了自己的第一篇豆腐块，虽然期刊级别很低，更坑的是，直到后来我才知道所谓的"增刊"其实和正刊有特别大的区别，但是，幸运的是，我仍然因此傻乐了很久，也因此打开了教学研究的"自我认可"之路。反观自己从教的这几年，不得不说，有时候，盲目的自我肯定并非完全没有必要。

事实上，李学长的"学神"印象确实成了我职业成长路上永恒的榜样，以至于我养成了这样的习惯，大学毕业后，我还一直关注他的发展动向。有一段时间学长喜欢在"人人网"上发布他在教学中发生的一些轶事，我会反思其中的教学智慧。直到今天，他发表的每一篇文章我都会细细品读。更了不起的是，学长到重庆一中以后对物理竞赛的专注和投入，以及掌舵重一中物理竞赛后取得的骄人成绩，是我们诸多华师物理青年人难以企及的。

我和诸多华师物理人一样，十分感激那些在成长路上一直给予我帮助和鼓励的恩师，比如潘苏东老师、陈刚老师、黄蕊老师，即便毕业多年，也总是心心念念，因为他们，华东师大、物理楼在记忆中才有了别样的意义；因为他们，华师物理才有一批批如此优秀的学长学姐。我怀念那些一起成长、一起疯狂、一起吃喝玩乐的同窗，因为他们，河东、河西、7号楼才在我的记忆中显得不一样，也正是因为他们，我的大学生活才显得那么不一样。当然，同样重要的是，感谢"爱在华师大"，我在这里找到了我一生的伴侣。

无论何时，人的成长都是需要榜样的，那种让你崇拜的榜样。榜样，并非竞争对手；榜样，亦不是需要超越的目标。榜样于我，更多的是成长中的精神陪伴，因为榜样，我有了信念，懂得谦卑。所以，在最后，我想隆重地感谢那些成为学弟学妹们偶像的学长学姐，正是因为你们的存在，我更加真实地感受到上一所好大学的重要性，更加深刻地体会到“与优秀的人为伍”对个人成长的意义，“学长学姐印象”也是一所好大学、一个卓越的院系传承的一部分。

忆ECNU

孟宪宽(2008级)

东风夜放花千树,更吹落、星如雨。

宝马雕车香满路。

凤箫声动,玉壶光转,一夜鱼龙舞。

蛾儿雪柳黄金缕,笑语盈盈暗香去。

众里寻他千百度,蓦然回首,那人却在灯火阑珊处。

一首辛弃疾的《青玉案·元夕》道出了些许年前的自己,即便是再回首,那一段时期依旧是刻骨铭心。随着2008年的到来,一纸录取通知书飞到了我的手中:"孟宪宽同学,恭喜你被华东师范大学录取……"泪水模糊了双眼,是激动,是心酸,是对过去的释怀,更是对未来的茫然。

怀揣着种种,8月底,终于踏上了征途,第一次坐火车,16个小时的硬座,独自一人去向那个既陌生又让我向往的地方。火车启动的那一瞬,立于站台上的父亲泣不成声。忍着,努力地忍着,眼睛红了,眼眶湿了,从此以后,雏鹰就将脱离庇护。我紧握着拳头:上海,我来了;ECNU,我来了。

回想起当时的装束,即使现在也忍不住大笑起来。那时候不像现在,去哪里都是拉着小行李箱,穿着体面的衣服,浑身充斥着自信与骄傲。十几年前的自己,来自一个小县城,穿着高中校服,左手弯向后背托着一个大包袱,右手拎着蛇皮塑料袋,满满的都是衣服和被子等日用品。记得下了火车之后,就是这么一身装扮到了东川路地铁站,坐上校车,去体育场前完成了报到,又找到了指定的宿舍。在放下东西的那一刻，我告诉自己：这里，将会是一个新的开始；这里，将会是展现自我的一个舞台。也确实如当初的信念一样，大学四年生活改变了自己很多，也让我见识了很多，这些都将是我永不磨灭的美好记忆。

说起学校的第一任校长，我想华东师大的学子们应该都清楚他的名字——孟宪承，他的雕像矗立在图书馆左前方，个子不高，却充满慈爱与威严。临毕业前我还跑过去跟咱们的“祖师爷”握了握手。也许这也是我和华东师大的缘分，也正是因为名字的缘故（我叫孟宪宽），我在物理系里迅速被广大老师所认识（内心还是充满小小的荣耀），后来也有幸成为咱们物理系第一届“基地班”班长，学习、学术、玩乐从此开始，就像一支离了弦的箭，嗖——

还记得大三上学期，整个上海都充满了喜庆的气氛，因为世博会要来了，那是全中国的骄傲，是中华民族崛起之路上一块重要的里程碑。还记得当时学院组织世博志愿者招聘面试，整栋物理楼里都沸沸扬扬。在年轻人独有的热情和冲动驱使下，我也参加了报名。面试官当然都是学院的老师，包括我的辅导员黄蕊，记得我抽到的题目是用英语解读一下世博会“EXPO”。在面试结束后的几天，有一次在一起吃饭，黄老师笑着跟我说：“你当时是咱学院最好玩的一个，竟然把世博会分开来读：‘E、X、P、O’……”最终我如愿以偿地变成一颗“大白菜”，还是种在园区里的。

记得那一个月几乎全是在为志愿者的事情忙活，不过令我们兴奋的是，学院出面给所有志愿者请假，不用上课啊，不用上课，这是有史以来第一次我以如此正当的理由旷课这么多天却不会遭受任何处罚的一次完美经历。每天早上六点钟，穿着我们的白菜服在学校指定地点集合，然后进军世博园区。身为一颗优秀的“大白菜”，在完成自己本职工作之余，我还几乎走遍了所有的场馆。

印象最为深刻的一次，是我在加拿大馆附近的时候大声喊了一句“I love Canada”（“我爱加拿大”），结果人家场馆工作人员突然出现在我们面前（原来在我旁边有一条工作人员通道，但由于是跟整个场馆墙壁融在一起，压根就没留意到)，握住我的手，激动地说道："I love China, too."（"我也爱中国。"）他从自己身上取下国徽，亲手别在我的胸前，我们三四个都愣住了。当时我们都是以收集各个国家的国徽为趣，因此，这件事在世博会结束后的几个月里一直被我的小伙伴们吐槽。"白菜服"可谓是红遍大江南北，一直到现在，上海市的志愿者服装依旧延续着这一传统，可以说这成为上海一道美丽的风景，也是上海另一种独有的标志。

依旧是在大三，那年学校跟中国人民大学联合举办大学生暑期物理培训夏令营，我有幸参加，地点是在北京的中国人民大学校区。当时来自全国各地知名高校的物理系莘莘学子齐聚一堂，聆听业内大牛讲座，他们的思想，他们的学术水平经常是博得满堂彩。当然，除上课外，给我留下印象最深的还是人民大学的餐厅，餐厅中摆放的都是各种北方特有的饭菜，这对于在北方长大、连续吃了三年南方伙食的我来说，无疑是一场及时雨。每顿饱餐之后，我都下定决心再也不回华东师大了，我要在这里吃到毕业；结果我还是没做到。年少怎能不轻狂？几年以后的我甚至依旧在华东师大读研究生，因为这里是我的第二故乡，这里有我青春的回忆。

美好的时光总是不经意间就从指缝间溜走，转眼间即便读博也是到了要离开的日子。那天细雨蒙蒙，中山北路校区的大会堂前面，我们立于草坪上，咔嚓嚓，雨滴悬在了空中，呼吸也为此停滞，所有的回忆都凝聚在了这一张照片上：我们，毕业了。记忆回放：2008年我第一次来到上海，那一年，上海的冬天飘起了雪花，漫步在校园里，我们擦肩而过，有人说这是她在上海长这么大第一次见到雪。或许，是这位来自北方不起眼的小子带来的呢？

谨以最诚挚的感谢和最美好的祝福献给华东师范大学！

梦回师大：参加CUPT二三事

白海峰（2009级）

时光荏苒，与母校一别已经有6年多了。我是2009级物理系物理学专业免费师范生，现在我仍然清晰记得2011年学校60周年华诞校庆时的盛大喜庆场面，如今母校已经快要迎来70周年华诞，当年在母校的种种情景，在我脑海中重新浮现出来。

在校期间，我做过最难忘的事莫过于参加中国大学生物理学术竞赛（CUPT）。2011年的春季学期，物理一班的班长唐永成找到我说，学校准备在系里面选取一些学生参加中国大学生物理学术竞赛，问我愿意不愿意参加。我欣然答应了这个邀请，并且向唐永成推荐了我的山西同乡李文波。这样，物理一班迅速组建起了由唐永成、李文波、林爽拿、黄志斌和我参与的竞赛准备小组。当时竞赛题目选用的是国际青年物理学家锦标赛的全部12道英文题目，内容涵盖生活中遇到的各种常见却不易探究的物理现象。我们一开始就确定了“每人主要负责两到三个题目，每道题目有人牵头、人人参与、相互协助”的原则。

万事开头难。课题一开始，我们有过畏难，有过退缩，想到过放弃，但是我们还是相互勉励，相互监督。我们有时间就一起找资料，一起泡图书馆，一起在实验室讨论英文题目的准确意义，一起尝试动手制作实验装置……最后我们坚持到了校内参赛小组的对抗赛。

全国的比赛是在2011年8月份，在此之前的暑假我们小组做了大量的准备工作，放弃了暑假的休息时间，做了理论和实验的最后冲刺。在此过程中，我对我负责的有关多米诺骨牌倒下过程中的能量传递问题有了一些自己的看法，为后续的论文做了准备。

全国的比赛在南京大学进行。我们小组在比赛中与浙江大学、北京师范大学、清华大学等名校的同学同台竞技，由于准备充分，我们进行了充分详实的展示和有理有据的辩论，最终我们为学校捧回了三等奖的荣誉。这是第一届中国大学生物理学术竞赛，也是华东师大第一次参加。比赛中，我感到很多国内高校对此赛事非常重视，都将此赛事作为扩大本校影响力的机会。有感于此，赛后我向时任校长俞立中发去电邮，介绍了相关情况，提出一些改进建议。校长办公室及时回复了我的电邮，表示会了解情况并改进。

赛后，我们小组讨论后，认为我主要负责的有关多米诺骨牌倒下过程中的能量传递的课题成果创新程度较高，完成度最好，可以整理成论文在学术刊物上发表。此后，由于我忙于期末的功课和为后续学期的实习做准备，对论文的补充和修改工作一直没有落实。后来，学校的薛迅老师一直对我的论文给予指导，并且把我的论文投稿到相关学术期刊。在我本科毕业三年后的2016年3月，我的论文《高度线性增加的多米诺依次倾倒后能量的传递》最终在东北师范大学主办的《物理实验》上发表。

回顾我参加中国大学生物理学术竞赛和发表论文的经历，我感到母校的学术研究氛围非常浓厚，老师们讲授和指导严谨有加，同学们的科研素质非常高。母校的老师、同学对我的帮助和影响非常之大。特别是实验室的景培书等老师，对我进行了充分的指导，他们诲人不倦、治学严谨的态度，至今仍令我印象深刻。

2018年11月，我回到母校进行硕士研究生论文答辩，在实验室遇到了景培书老师。毕业几年来，景老师变老许多，看到此情景，我心里十分难过，不知道该说什么。后来回程的路上，我通过微信告诉景老师，生活工作不要太劳累，要记得劳逸结合。

前段时间我通过微信朋友圈看到母校修葺一新的第四教学楼，崭新的教学设施，明亮的教学环境，无不令我感到母校日新月异的变化。其实，在毕业后，我们这些校友一直在关注着学校的一点一滴的变化，每每有些好消息，总会在社交网络上刮起一股转发点赞的旋风。

刚毕业的那几年，常常梦回师大，躺在师大温暖的草地，远近树梢点缀着婀娜绰约的各色花瓣，暖风拂来，犹如仙境……梦醒时分，才知离开师大已经有些时日，且师大一去不返，常常因此能懊恼悔恨半日。

“求实创造，为人师表”，未敢遗忘。师大教给我的，我也将传递给我的学生。

恭祝母校70华诞，再续华章！

忆物理学科普教育基地

余登炯(2011级)

12月的筑城暖得不像冬天。木工师傅问我:“余老师,这些剩下的木板怎么办?”我望着那散落在阳台一旁的凌乱的木板,主材料已经做成柜子,剩下的边角料静静地躺在那里。耳畔回响着一句话:“有些东西可以保留下来,说不定在以后的什么时候,刚好就差这么一小点,要充分地进行废物利用。”在阳光洒下的微尘里,我看到了华东师大实验A楼的2层物理学科普教育基地走廊上的景培书老师。

和景老师的相遇,源于参加CUPT。学生自主实验室229,那时候成了我们队的“基地”,我们在这里准备参赛题目所需的实验、测量相关的数据等。作为队长我就经常死皮赖脸地去找景老师,还经常提出一些很奇怪的要求,而景老师总能想到办法尽可能满足我们的要求。有时,实在是对我们的实验进展看不下去时,景老师会给我们提一些意见;往往一个小想法,就能给我们新的思路。

来来往往多次后,我注意到实验室有个鱼缸,我喜欢鱼,因此经常帮他喂养实验室的鱼,如果养鱼的鱼缸断电或者出现什么问题,我们会第一时间通知景老师。CUPT进入全国比赛以后,去实验室更频繁了,只是我去的第一件事都是先看看养在全封闭的鱼缸里的鱼,去思考这个鱼缸的运行原理,感觉有点“不务正业”。

参加完全国比赛以后,觉得去实验室没什么事可以做,但是就是割舍不下实验室的鱼,还是经常去看看。还能时不时地在鱼缸旁边遇到景老师,我们会坐下来讨论一些问题，也提出一些自己的看法和意见。他聊起他小时候的愿望，去河里捞的鱼放到家里的鱼缸里，不管如何精心地照料，鱼总是活不了多久，而且鱼缸里的水也很脏，有很多鱼的粪便，不太好看。他当时就希望能够有一个鱼缸，时刻都保证鱼缸的水的清澈度，也能够让鱼一直活下去。到2008年的时候，他想起了这个事情，觉得自己也有时间和精力去做，便开始做实验，希望能够做出一个理想中的鱼缸。我觉得做鱼缸挺有意思，便参加了这个事情。由于所涉及的鱼缸的尺寸大小都有特殊要求，在市场上是买不到的，因此很多时候都是我们自己动手做。由于没有任何经验，每次都是搞得一手的玻璃胶。

和景老师一起做鱼缸以后，也算是正式开启了我的"屌丝逆袭"的故事。不再通宵玩游戏，早上7点起床，晚上10点半回，但是总感觉想做的事太多，时间不够。后来，为了更方便，我便带着电脑"入驻"景老师的办公室，一个月后发现电脑几乎没有带回过寝室，直接把寝室的网都给退了。鱼缸、实验仪器、电脑绘图、写专利成了生活的全部，很枯燥，但是很有成就感，很有生活节奏感。

在鱼缸前，放了两张小板凳，我们常常坐在那里，或是安安静静地看鱼，思考最近出现的问题，我拿着本子，将我们讨论的想法，用乱七八糟的笔画给涂画下来；或者聊聊目前一些时事；或是聊聊自己的过往；或是聊聊实验仪器存在的问题和不足，如何改进……

由于景老师负责物理学科普教育基地的管理，经常会有上海市或者其他地方的高中学校带着学生来参观实验室，有的时候也会在实验室里做一些实验，因此，常常需要一些同学去做志愿者，带领高中的学生参观，为他们讲解。我自然就成为景老师的助手，常常帮他联系班上的一些同学，让他们来帮忙接待参观人员。

在这个过程中，物理科普教育基地里的所有实验仪器，从原理、操作和使用上，我多少也得了景老师的"真传"。刚开始的时候，还有一些学生的问题我是无法回答的，也就是对实验原理不清楚。没办法，只能逼着自己去努力了解与掌握原理，学习怎么引导学生理解，这些都要不断地下功夫。经常是等参观的学生走了以后，我和景老师收拾实验室的时候，成了我解决问题的时间。他不仅告诉我实验原理、操作方法，甚至给我示范这个问题该怎么提问，该如何引导学生，让学生能够更容易理解。也就是在这两年的时间里，我对实验仪器产生了浓厚的兴趣，一直到工作以后，还始终坚持做实验仪器，也因此走到全国比赛的舞台上。

在参加全省教师实验教学技能大赛的时候，景老师远程助攻，细致到PPT里的字体、颜色都给我提出建议，进行修改；我们进行视频通话，对着我做出来的实验仪器，可以讨论几个小时。去参加全国比赛发挥不是很好的时候，景老师会站在更高的角度来帮我分析我存在的问题，也鼓励和安慰我。最后，我豪气地说："今年没有发挥好，明年再重新来，哈哈哈……"觉得自己被安慰过度了，飘起来了。

毕业后，在外出上海培训的时候，我见缝插针地回到华东师大，回到实验室，去找景老师。我们见面的第一件事，还是景老师带着我去看看鱼缸，看看他最近新做的鱼缸，分享在做鱼缸的过程中所获得经验和心得。我也跟他分享了自己在工作中的一些事情，以及自己在坚持做鱼缸中的收获。老师给了我很多指导，解决了我的困惑，让我能够保持进取的心一直向前走。当然，我也免不了带着自制的教具去找景老师，让他现场指导，提意见。感觉只要踏入实验A楼，便回到大学时代，没有任何烦恼，好像只有鱼缸和实验仪器上的问题。

毕业后，回到大学校园好几次，总要和景老师一起去研究生公寓的秋林阁吃饭，平常几乎从不喝酒的景老师，总会和我小喝几口，虽然不多，却能够喝得"面红耳赤"。聊聊分别后的所见所闻，发发牢骚，寻求景老师的指导，解决自己的困惑。每次在秋林阁吃完饭走的时候，都不得不匆忙地去赶最后一班729或者180，回培训的酒店。老师便骑着电瓶车带着我从实验A楼出发，经体育馆的地下通道，从16号楼的那个门出去。有一次偶遇查学生证，我俩真成了没有"证件"的人，景老师没有"教师证"，我没有"学生证"，各种解释后，才推着车出了门。路灯的灯光把我们的影子拉得老长老长，我们依旧热烈地聊着生活中的点滴。

公交车进站，切断了我们的聊天，我坐上公交车，转头看车窗外的景老师。我们没有太多告别的语言，景老师只是在寒风中向我挥手告别，喊着：“一路顺风，到了给发个消息。”我也挥手，或许是声音太小，被风声给淹没了，或许是，不想告别。公交车离站，可能闵行的妖风本来就大，吹得我的眼无法睁开。等我睁眼再回头看，景老师还在那里挥手，直到反光镜中的他越来越小，最后反光镜里的路灯一盏盏不断后退……

感谢实验A楼的物理学科普教育基地，让我在这里遇到了人生中最重要的人，也让我做了最喜欢做的事。我和物理学科普教育基地的故事依旧在继续，始终无法忘怀这里的人和这里的事。

附　录

教职工名录

A

安同一　安训国

B

白　伟　白　婴　白正阳　包新福　保秦烨　毕厚馥　毕志毅　边明华

C

蔡宾牟　蔡豪栋　蔡洪培　蔡继光　蔡佩佩　蔡琴芳　蔡炜颖　曹德群
曹尔弟　曹揆申　曹永祥　曹雨芳　曹运祥　岑育才　曾和平　柴志方
陈　刚　陈　国　陈　琳　陈　群　陈　晔　陈昌灵　陈大奎　陈德金
陈德智　陈富财　陈功元　陈国英　陈涵奎　陈宏范　陈惠钧　陈惠霞
陈慧产　陈家森　陈洁菲　陈金珍　陈缙泉　陈菊音　陈康宏　陈丽清
陈梦迪　陈慕清　陈佩芬　陈善华　陈胜来　陈时友　陈树德　陈素英
陈廷芳　陈希尧　陈贤尧　陈晓红　陈心和　陈修亮　陈扬骎　陈奕卫

陈永兴 陈越民 陈泽宇 成 岩 成荣明 程 亚 程齐贤 程文娟
程训伊 程奕源 程兆璋 储 蔚 储雪子 褚君浩 崔 璐

D

笪绣文 戴放文 戴官顺 戴惠英 戴如平 戴文恺 邓 莉 邓联忠
邓伦华 邓书金 刁庆霖 刁素珍 丁 军 丁建华 丁建平 丁晶新
丁良恩 丁艳芳 董光炯 董鹤梁 董维中 杜骏杰 杜群群 杜文林
杜小霞 段纯刚

F

范 忠 范焕章 范建民 范明霞 方存正 方俊锋 方锡刚 冯 涛
冯东海 冯洁嫣 伏寿椿 付元新

G

高 翔 高安然 高澄蒂 高建军 高念理 葛爱明 葛小燕 葛玉林
葛长根 宫峰飞 宫晓春 龚楚生 龚国芳 龚士静 龚跃岚 龚云卿
龚振东 巩志伟 顾澄琳 顾道鸣 顾浩然 顾丽萍 顾琦敏 顾文荃
顾逸铭 顾玉华 顾元吉 关力更 管琴飞 管曙光 桂力敏 郭 静
郭超修 郭静茹 郭平生 郭全宗 郭汝勤 郭三宝 郭以欣 郭迎春
郭增欣 郭姿含

H

韩定定 杭 超 何孟樾 贺德洪 洪武平 洪镇青 侯顺永 胡 鸣

胡炳文　胡炳元　胡国庆　胡梦云　胡世轮　胡式澄　胡瑶光　胡则梁
胡志高　宦　强　黄　昶　黄　贡　黄　坤　黄　荣　黄　蕊　黄宝莹
黄国翔　黄海燕　黄士勇　黄素梅　黄婺琴　黄学勤　黄延伟　黄燕萍
黄影芳　黄永仁　黄玉华　黄志坚　火真棣

J

贾天卿　江锦春　江一德　姜　凯　姜继森　蒋　旭　蒋　瑜　蒋传纪
蒋纯莉　蒋冬梅　蒋可玉　蒋文年　蒋燕义　蒋烨平　蒋玉秀　蒋元方
焦鸣国　矫慧敏　金庆原　金之诚　金祖琴　靳彩霞　荆杰泰　景　圳
景培书　敬承斌

K

康司坦丁（Konstantin）　柯学志　匡定波

L

赖宗声　郎权明　雷思诚　李　波　李　超　李　丹　李　辉　李　娟
李　恺　李　琼　李　巍　李　欣　李　燕　李　蓁　李白帆　李鲠颖
李桂英　李和祥　李会利　李建奇　李培健　李世春　李寿生　李文蔚
李文武　李文雪　李晓冬　李晓云　李亚巍　李艳青　李依萍　李泽云
李兆林　李志诚　林迪万　林国坦　林国斌　林和春　林建纬　林康远
林润清　林远齐　林长顺　林长伟　刘　洋　刘必虎　刘福生　刘根林
刘海萍　刘金梅　刘金明　刘锦高　刘敬德　刘梅萍　刘巧英　刘少华
刘胜帅　刘素珍　刘新福　刘仰申　刘煜炎　刘振林　刘中元　刘宗华
柳琏瑾　柳效辉　楼柿涛　卢　伟　卢辛沛　鲁学会　陆　婷　陆　浙

陆沪根　陆培芬　陆琴华　陆瑞源　陆兆坤　陆振伟　罗春花　罗振华
罗宗德　吕传兴　吕法川　吕思恭　吕玉娟　吕正芳

M

马　潮　马　雷　马　玲　马红梅　马继福　马葭生　马菊芳　马龙生
马婉英　马学鸣　马幼源　马兆先　马贞洁　毛　敏　毛定邦　毛嘉亨
茅惠兵　茅坚民　茅有福　梅　晔　孟道斌　宓子宏　缪　斌　缪克成
莫　燕　莫桂英

N

倪　锋　倪宏程　聂　耳　聂树伟　宁瑞鹏　钮建昌

O

欧阳威

P

潘　音　潘春辉　潘海峰　潘丽坤　潘麟章　潘苏东　潘桢镛　潘佐棣
彭　晖　彭德应　彭红祥　彭慧林　彭俊松　朴贤卿

Q

戚小华　齐红新　齐红星　齐瑞娟　钱　静　钱慧娟　钱景华　钱菊娣
钱申岑　钱思明　钱以宁　钱振华　乔登江　秦莉娟　裘奋华　裘兴发

瞿鸣荣

R

任　明　任孝榆　戎象春　荣静娴　阮建红　阮建中

S

沙以高　商丽燕　申　思　沈　明　沈　宇　沈成耀　沈国土　沈建国
沈珊雄　沈锡初　沈夏明　沈秀英　沈旭玲　沈耀民　沈仲钧　盛继腾
师浩森　石富文　石旺舟　石艳玲　史国英　舒信隆　宋　玮　宋也男
苏云荪　孙　琳　孙　沩　孙　尹　孙　卓　孙得彦　孙殿平　孙海涛
孙建康　孙皮华　孙萍儿　孙学超　孙真荣

T

谭叔婴　谭树杰　汤　凡　汤昌国　汤锦森　汤世豪　唐　焕　唐　明
唐风奇　唐建国　唐玲英　唐文青　唐晓东　陶国盛　陶加华　陶志銮
滕培训　田　丰　田博博　田庆翀　田士慧　童佩德　屠坚敏

W

万东辉　万嘉若　万培明　汪　静　汪海玲　汪红志　汪爕华　汪奕华
汪宗禹　王　鹤　王　杰　王　静　王　凯　王　玲　王　能　王　焘
王　伟　王　勇　王成边　王成道　王成发　王春梅　王纯伦　王东生
王基庆　王济身　王加祥　王嘉琛　王连卫　王梅生　王清芝　王世涛
王淑仙　王为骥　王伟瀛　王向晖　王小铭　王雪璐　王一达　王一谦

王永芬　王元力　王源身　王云珍　王振华　王正明　王忠俊　王珠凤
王祖赓　韦风萍　韦兆芳　魏　启　魏达秀　魏志发　温　旭　翁默颖
翁世俊　翁斯灏　邬学文　吴　鼎　吴　光　吴　健　吴　毅　吴　媛
吴　正　吴伯涛　吴昌琳　吴程里　吴东梅　吴建明　吴敏玲　吴肖令
吴宜南　吴奕凤　吴映南　吴宇宁　吴振德　武　愕　武海斌　王家晖

X

夏　勇　夏慧荣　夏若虹　夏善庚　夏永平　向平华　谢　微　谢宝美
谢海滨　谢文辉　忻佩胜　忻贤堃　熊　利　熊大元　徐　剑　徐　敏
徐　平　徐　瑛　徐　悦　徐干龙　徐淮良　徐家康　徐建华　徐静芳
徐俊成　徐力平　徐日长　徐少辉　徐士高　徐世祥　徐伟健　徐慰君
徐文柳　徐小云　徐信业　徐学诚　徐雪全　徐永祥　徐在新　徐至展
徐志超　徐志凡　许春芳　许国保　许学明　许兆新　宣道理　宣桂鑫
宣莹莹　薛　迅　薛士平　薛文年

Y

闫　明　严光耀　严抗美　严士兴　严月琴　颜振杰　杨　光　杨　静
杨　雷　杨　琦　杨　涛　杨　岩　杨　洋　杨宝成　杨宝林　杨炳文
杨昌利　杨德隆　杨凤英　杨广军　杨荷金　杨继锋　杨家骏　杨介信
杨平雄　杨为民　杨伟民　杨先芬　杨小伟　杨晓华　杨燮龙　杨欣怡
杨新富　杨义龙　杨玉明　杨运刘　姚　萌　姚　远　姚芳海　姚金仙
姚启钧　姚天军　姚为洁　姚叶锋　叶华荣　叶建中　叶俊生　叶士璟
叶永青　裔昌林　殷杰羿　殷克诚　尹秋艳　尹亚玲　尹子铭　印建平
游铭长　于洪浮　于淑兰　于尊涌　余家荣　余亦华　俞建国　俞永勤
俞钟俊　虞金兴　郁　可　郁凤珍　袁　翔　袁春华　袁德耀　袁会敏

袁建星　袁美英　袁清红　袁望治　袁运开　越方禹

Z

翟国华　翟海燕　翟宗德　詹清峰　詹文英　詹志瞻　张　潮　张　杰
张　起　张　怡　张　莹　张保仁　张蓓榕　张成秀　张德兴　张东韩
张峰慧　张敷功　张福民　张国华　张海粟　张涵生　张惠平　张建华
张金中　张开圻　张可烨　张丽娟　张丽萍　张美英　张平波　张青山
张清波　张箐华　张秋瑾　张人越　张汝杰　张瑞琨　张善民　张善明
张诗按　张婉如　张为民　张卫平　张希曾　张锡年　张晓磊　张钖年
张一龙　张媛媛　张哲娟　张振廉　张知博　张忠萍　章　明　章　琦
章　群　章继敏　章永明　章佑善　章元石　仉　君　赵　健　赵　琦
赵　强　赵　然　赵　欣　赵爱妹　赵安邦　赵安乐　赵芳瑛　赵建民
赵锦乾　赵玲玲　赵庆彪　赵荣开　赵荣青　赵振杰　赵志韵　郑国雄
郑利娟　郑梅宝　郑小妹　郑一善　郑正奇　郑志豪　钟　标　钟　民
钟　妮　钟纫工　钟亭芳　周　彪　周　杰　周　鲁　周　敏　周春源
周桂林　周桂英　周洪发　周纪言　周继灿　周嘉源　周丽春　周丽英
周先荣　周学松　周振平　周志荣　周志宗　朱　健　朱　晶　朱　墨
朱　伟　朱　章　朱广天　朱铉雄　朱佳媛　朱亮清　朱茂群　朱敏文
朱敏直　朱秋香　朱仁龙　朱守正　朱吾明　朱小蓉　朱小怡　朱秀兰
朱学琪　诸秀中　卓归生　卓宗亮　宗翠莲　邹　勇　邹兰英　左少华
张增辉

（由于历史原因，或未能提供全部名单。此外，部分材料为手写材料，故可能出现识别错误，敬请谅解。）

历任党政领导

1. 历届主任（院长）

蔡宾牟，物理学系主任（暂时主持系务工作），1951年9月—1952年8月；

张开圻，物理学系主任，1952年9月—1966年6月；

袁运开，物理学系主任，1978年6月—1979年12月；

陈涵奎，物理学系主任，1979年12月—1984年6月；

胡瑶光，物理学系主任，1984年6月—1986年10月；

徐在新，物理学系主任，1986年10月—1991年1月；

王祖赓，物理学系主任，1991年1月—1994年3月；

陈树德，物理学系主任，1994年12月—2007年11月；

张卫平，物理学系主任，2007年11月—2011年12月；

黄国翔，物理学系主任，2011年12月—2016年2月；

程　亚，物理与材料科学学院院长，物理与电子科学学院院长，2016年3月至今。

2. 历届党委（党总支）书记

焦鸣国，物理学系支部书记，1952年—1953年；

张婉如，物理学系支部书记，1954年—1955年9月；

张婉如，物理学系党总支书记，1955年9月—1965年10月；

杜文林，物理学系党总支书记，1966年5月—1972年9月；

卓　萍，物理学系党总支书记，1972年10月—1978年10月；

陈德金，物理学系党总支书记，1978年11月—1980年3月；

吕法川，物理学系党总支书记，1979年11月—1982年3月；

张振廉，物理学系党总支书记，1985年11月—1994年3月（1982年起，代主持）；

洪镇青，物理学系党总支书记，1994年3月—2003年10月；

孙殿平，物理学系党总支书记，2003年11月—2010年7月；

杨昌利，物理学系党总支书记，2010年7月—2010年12月；

杨昌利，物理学系党委书记，2010年12月—2011年12月；

马学鸣，物理学系党委书记、物理与材料科学学院党委书记，2011年12月—2018年4月；

李　恺，物理与材料科学学院党委书记，物理与电子科学学院党委书记，2018年4月至今。

3. 历届副主任（副院长）

郑一善，物理学系副主任，1952年9月—1966年6月；

陈德金，物理学系副主任，1960年4月—1966年6月；

郑一善，物理学系副主任，1978年6月—1982年7月；

余家荣，物理学系副主任，1978年6月—1986年10月；

万嘉若，物理学系副主任，1978年6月—1982年10月；

朱敏文，物理学系副主任，1978年11月—1982年7月；

邬学文，物理学系副主任，1979年6月—1984年6月；

陈家森，物理学系副主任，1979年12月—1984年7月；

桂力敏，物理学系副主任，1982年3月—1984年7月；

王　凯，物理学系副主任，1984年7月—1984年11月；

沈仲钧，物理学系副主任，1984年7月—1986年10月；

王祖赓，物理学系副主任，1984年7月—1988年9月（主持工作）—1991年1月；

钱振华，物理学系副主任，1985年9月—1986年11月；

缪克成，物理学系副主任，1985年9月—1991年9月；

潘桢镛，物理学系副主任，1986年11月—1993年2月；

徐力平，物理学系副主任，1991年1月—1993年2月；

陈树德，物理学系副主任，1991年1月—1994年3月（主持）—1994年12月；

钟亭芳，物理学系副主任（兼），1991年9月—1994年12月；

朱铉雄，物理学系副主任，1993年2月—1997年11月；

万东辉，物理学系副主任，1993年2月—1995年1月；

钟亭芳，物理学系副主任，1994年12月—1996年3月；

宦　强，物理学系副主任，1996年3月—2001年4月；

张希曾，物理学系副主任，1997年11月—2001年4月；

胡世轮，物理学系副主任，1998年10月—2001年4月；

黄国翔，物理学系副主任，2001年4月—2004年5月；

毕志毅，物理学系副主任，2001年4月—2007年11月；

马学鸣，物理学系副主任，2004年5月—2011年12月；

王向晖，物理学系副主任，2007年11月—2016年2月；

杨昌利，物理学系常务副主任（兼），2010年7月—2011年12月；

徐　敏，物理学系副主任，2011年12月—2016年2月；

毕志毅，物理学系副主任（兼），2011年12月—2016年2月；

程建功，物理与材料科学学院副院长，2016年1月—2018年4月；

武　愕，物理与材料科学学院副院长，2016年5月—2019年6月；

周先荣，物理与材料科学学院副院长，物理与电子科学学院副院长，2016年5月至今；

胡炳文，物理与材料科学学院副院长，物理与电子科学学院副院长，2018年7月至今；

武海斌，物理与电子科学学院副院长，2019年6月至今；

段纯刚，物理与电子科学学院常务副院长，2019年7月至今。

4. 历届党委(党总支)副书记

陈元炳,物理学系党总支副书记,1955年9月—1960年3月;

杜文林,物理学系党总支副书记,1960年3月—1966年5月;

林火土,物理学系党总支副书记,1960年10月—1966年5月;

冒维本,物理学系党总支副书记,1966年2月—1972年9月;

苏冀北,物理学系党总支副书记,1966年2月—1972年9月;

陆　一,物理学系党总支副书记,1972年9月—1978年6月;

陈德金,物理学系党总支副书记,1978年3月—1978年11月;

吕传兴,物理学系党总支副书记,1978年3月—1979年7月;

张振廉,物理学系党总支副书记,1979年2月—1984年7月(主持)—1985年11月;

余家荣,物理学系党总支副书记,1982年7月—1991年1月;

刘必虎,物理学系党总支副书记,1984年7月—1985年11月;

洪镇青,物理学系党总支副书记,1984年7月—1994年3月;

钟亭芳,物理学系党总支副书记,1991年9月—1994年12月;

孙殿平,物理学系党总支副书记,1994年12月—2003年11月;

高　翔,物理学系党总支副书记,2003年12月—2010年7月;

赵　健,物理学系党总支副书记,2010年7月—2010年12月;

赵　健,物理学系党委副书记,2010年12月—2012年6月;

李　燕,物理学系党委副书记,2012年6月—2013年12月;

马红梅,物理学系党委副书记,物理与材料科学学院党委副书记,2014年2月—2019年7月;

蒋　旭,物理与电子科学学院党委副书记,2019年7月至今。

学子名录[①]

1. 本/专科生

1951年

范庆誉　王同逸　陈不凡　张超群　王恒江　严思庄　冯汉珏　邵鸿鑫
袁祖华　黄振丰　张广德　黄树明　金一鸣　徐励华　刘昌彬　张忠贤
茅中良　顾树鹏　郑玉芬　吴永康　程正华　明尔兰　马瑾曼　叶婷丽
董淑珍　冯桂瑛　仲永安　聂增淳　张立鸿　卞长祥　张缠昌　许仲荣
杨志荣　洪良育

1952年

叶吉元　王秀江　卜子建　楼静月　董兆英　王云珍　何定友　刘正文
王加贤　杨熙敬　潘桢镛　方纬德　陆永烈　陈家森　罗德勤　吴春元
李德裕　殷杰羿　张瑞琨　雍秀珍　吴昌国　曹德祥　杨九如　钱开济
徐文柳　童自英　张锡年　金　森　胡靖仁　丁　源　俞菊初　沈成耀
夏振国　卢永瑞　吴朝兴　罗仁富　黄心平　桂永耕　秦洪福　耿　忠
葛　卫　刘文炽　吕斗文　朱敏文　王瑞玉　刘耀兰　詹朝英　韩学之
郑静斐　吴树棠　叶世习　许耀池　郭三宝　许河源　钟桂华　俞如炎
赖通才　王可祥　蒲鸿猷　汪明星　李绍得　陈廷煌　王晓霞　陈文藻
孙寿民　陶鸿源　黄婺彩　谢柳咏　傅湘云　张子廉　夏西平　沈福庭
傅宝琳　徐基华　陈正照　何士森　钱和发　俞洲环　朱五和　丁设卿
周鸣骧　黄咏琴　蒋绍庸　胡为民　陈锡茂　张世良　陈延沛　高振华

---

① 带*的姓名，代表学号和实际入学年份不一致，这里按实际入学年份排序。1951—1953年的名单，有可能相互混合。

吴新建　吴玉保　楼　星　孙缘漪　俞益生　陶存鼎　戚舜德　王敏倜
余祖誉　奚俊文　吴本寿　华襄文　刘友生

1953年

金之钢　王则明　阮仁棣　于贻清　连绍荣　陈柏林　陈索野　王才土
郭文宪　周民毅　周德根　宁宝根　毛毓芳　陆明望　姜贵树　戴乐天
陈元丙　张伯伦　陆振寰　黄振家　张芝玉　王根泉　孙曼丽　韩宝根
沈和圆　郑少民　郑铁珊　余美茂　杨惟馨　沈振汉　郭启坤　沈添水
李世仁　王津渝　陈金治　张国辆　陈祖骥　陈开宗　张金旺　吴如炉
陆士尹　林苡瑶　林火土　陈奕棋　朱蕴芳　庄连桃　徐志林　李瑞生
曹永康　陈克铭　刘以炎　蒋汉波　黄文初　李景白　胡效柏　仇兰华
李复龄　蒋镇航　王振陆　孙乃春　张泽钧　杨根林　何承森　乔根惠
刘嗣潼　沈仲均　季如生　嵇明宏　沈瑞兴　孙　华　钱希云　高守恩
徐瑞芳　高汝勤　陈家文　陈文彩　邢曼斐　汪奕华　张况韫　施多多
徐静芳　荣慧文　金美忠　吴　蓉　杨学藻　曹揆申　黄元熙　张念平
蔡清雅　周爱莲　张睿辛　周润芝　顾　瑛　陈　丽　赵玲玲　姚维明
沈正之　孙经俨　徐一飞　范　成　章康火　梁泰然　程　平　张秉芬
沈民权　惠士俊　刘敬德　崔馨逸　徐琴华　金明华　金文照　沈克琉
施尚文　曹贞武　余文敏　周琴斐　胡凤娴　金慧莉　胡信康　陈凤书
施文祥　蔡长源　钱学元　施火元　居正南　邵金山　张正大　萧定华
何天容　姚秋平　王永林　李锦华　倪鸿沼　唐增明　张美君　王维智
谢华阳　刘婉璇　苏永昌　庄玉树　陈　秉　张慧琳　朱美玉　陈荣棠
戈　援　袁彭绪　马凤霞

1954年

潘佐棣　张德俊　钟筱梅　张聿芬　陈英礼　朱祖萱　赖淑珍　翁默颖
张赋秋　陈如洲　魏曾超　夏彩玉　郑福海　林淑渊　黄庆中　夏宗经

韩宝麟 盛灵惠 沈性文 胡基琏 吴奇山 王宏章 杨惠伦 王兴杰
钱协高 张凤桃 马婉英 邓真宝 潘荣媛 张关荣 李 屏 吴庭竺
童嘉耀 沈一齐 杨碧灿 茆肖云 吴锡龙 王梅生 王聚星 许挺成
王嘉贤 柳淮图 周宗汉 罗贤民 徐章英 龚镇楠 虞哲宾 金元望
付家璠 徐钟懿 刘运来 林淑蕙 屈统明 张正夏 王南山 王瑞良
顾百绥 顾龙翔 于祥生 徐 娟 王天福 吕传兴 潘永新 严蔚天
朱殿雄 徐耀辉 朱世昌 何淑文 吴启太 蔡蓉春 梁修鸿 周继成
胡森林 金程浩 吴子文 王维雄 万国芳 李洪福 项尚达 黄璇璇
江长顺 吕春凤 叶和楚 楼露薏 王志希 成浚如 朱万信 骆文俊
于崇光 张敏良 袁关坤 苏逸明 韩益民 张全福 黄凤珠 袁炳辉
韩茂利 倪协泰 郭正泰 刘肇基 林住集 吴昌林 奚德义 高 钧
张明森 龚铁章 江国瑛 赵健秋 谷正太 徐传钊 许晓梅 王金藩
查振祥 葛绥章 费颂林 冯正豪 张锦华 梁子康 赵益轸 朱建新

1955年

孙 毅 奚味辛 汤金华 朱为中 桑学葆 王绍林 周红仙 吴文荣
余家荣 戴宝明 马远良 谢荣国 吴程礼 吴徽先 李友彰 陈国英
葛旦华 韦 斌 赵瑞国 王文冠 郑吉利 吴坤治 华厚馥 沈文进
林康运 瞿鸣荣 安同一 史进昇 沈树铭 黄利成 孙 毅 王金海
赵芳春 谈欣柏 唐 蓉 王厚鑫 庄根深 刘联璠 许培英 杨 栋
谢鸿谟 曹志浩 金仁宗 张德全 羊文贞 金丽芳 吴康瑞 谢 强
朱丽琳 蔡文杰 朱平福 邵有健 黄柏铭 陈兰生 陆志耀 程士伟
李海榕 石湘芬 宓子宏 王林森 陈正有 裘家骏 夏宗泰 金佩玉
杨 俊 倪芸芳 彭文英 宣桂鑫 乐嘉基 罗永福 林长溪 徐伟达
王荫庭 杨光明 陈 瑜 郑钟德 岑渭滨 张杰民 张杏善 石柏吟
陆明生 胡汝康 杨 珏 汪国维 朱敬铨 周生墨 龚国芳 储雪子
陈长文 汪国铎 于云龙 薛永祺 于业展 周炳辉 邱从元 柳云蛟

魏槐英　张钧棠　徐得名　吴彤舫　陈荣华　黄志达　王少华　张星辉
陆义成　薛筱琴　朱钦兆　王赛月　孙绛秋　姚超元　朱元雯　周碧峰
黄全勤　何苏麟　沈根荣　陈燕芬　陈贤淳　李莉馨　陈吉镛　周瑞馨
乐嘉延　钟振炯

1956年

王林妹　王家晖　王燕云　陈景雕　俞禄桄　朱鸿福　王悦恩　吴宗民
刘总成　朱良华　汪宗禹　林爱珠　陈　轰　张志麟　王闻天　杭武汉
章冠鹏　惠潼生　林文耀　范剑峰　梁华翰　祝瑞琪　汪永芳　洪国雄
刘良顺　俞瑞霞　吴清钦　高　同　张守义　柳明阳　许雪芳　华素英
朱琼英　金哲民　袁宏昌　林世龙　吴宜南　章明如　刘必辉　李仲明
陈国英　项玉华　赵焕基　庄定源　魏佩贤　朱学伦　屠多难　江天健
陈绍鑫　王逸隽　崔安庆　徐松涛　陈守川　蒋期平　杨雄生　陈育琴
袁承驵　姜士勇　马见慈　蚁石英　乔荣生　谢学枢　吴沧进　刘　旦
奚静平　黄楚娟　陈家义　赵兴波　王豫政　褚朝明　徐星浩　邵爱柏
王晶澄　汤天鹏　吴逸儒　陆中秀　刘成武　李　琨　柯保慈　张家皋
黄渭风　章久裕　吴美英　杨国平　莫庭芝　朱钦泰　徐在新　陆纯芳
饶大明　火真棣　朱长武　吴为评　陈贤尧　高庆芬　陈久辉　李铁城
高锦梁　丁锦飞　陈国栋　周纪言　金正明　周宁娟　茅百权　王福祥
蒋冬生　李光明　席与容　穆道成　李秀娥　沙淑华　张宗淦　周海标
石松青　周立济　章永义　沈仁和　胡永书　吴世成　蒋竹君　陶思堂
马利泰　邓家珮　李德武　王毓华　毕玉文　庄杰佳　唐国恒　俞先德
牛曼丽　邓法金　何振兴　朱良辅　刘达保　周日新　胡　琏　潘麟章
陆承基　杨定超　刘立荣　张定康　陈天仁　钟心懋　殷化凡　施南华
张仁枋　庄恒产　杨镇鄂　黄成础　陈中伟　戴宗俊　许国蓉　翁世浚
沙仲元　汪家禅　王　英　季洪彬　何家珍　张保仁

1957年

王保典	张美媛	陈士瑢	朱锡民	徐玉麟	陈绍闽	庄楚生	陆生祥
李永山	林远齐	金同随	咸金石	任行华	吴佩英	戎月娥	何霞鸣
沈秀英	刘贤儒	张正和	包新福	黄　贡	陆懋清	丁耀仁	任守乐
陶斯国	蒋志炎	曹文裕	赖宗声	袁家庆	赵义庭	苏冀北	章仁栋
周欣贵	钱传祥	叶上蓁	梁如鑫	王　来	张佑磐	徐　琪	张佩礼
倪鲁峰	陈佩蓓	赵庆芳	朱赉影	武瑞兰	施善定	王哲培	杨学恒
周寅康	马求良	马宏泉	汤龙顺	陈富生	吕炳乾	许解龙	顾永茂
高俊麒	童　星	林万荣	刘进木	王祖赓	许汝成	俞耀兴	冯云卿
孙似玫	王国泰	何志江	朱义贵	朱莪青	陆　正	万馥星	张士力
杨文英	张蓓榕	范章珠	朱敏莹	朱　云	张　莹	毛宗芬	丁盛华
姚国弘	程万钦	赵殿林	钟怡芳	杜国藩	柯金星	林鼎彝	郑毓兴
周根祥	张一龙	朱立成	张欣才	曹正元	叶俊生	罗宗德	苏　和
满　达	俞耀兴	徐焕嘉	钱国忠	王德咸	苏云荪	吴　灿	林文焕
张家修	华人炎	王怀康	孙杏君	吴蝶裳	许兆新	施琦君	诸欣欣
薛　敏	秦家达	赵发祥	陈希元	沈杏明	陈永明	刘西广	郭金鼓
蔡联辉	高占奎	钱振华	杨　琛	奚才清	薛毅风	翁荣生	沈文达
王志海	程复兴	方存正	章　群				

1958年

杨筱渭	浦珊元	魏　璁	崔承德	吴康龙	李茂萱	龚三晋	朱文宽
李白康	赵希仁	金国伟	吴阿和	潘淑纯	刘振华	陶遵甲	冯雪瑛
方兰弟	龚学剑	李喜瀛	石永祥	翁妙凤	乐俊燕	徐得波	叶加水
朱立鼎	黄锦涛	任丽珍	顾浩然	唐至平	马步蔚	项丽珍	杨庆岩
徐川寿	朱富根	夏慧荣	李渴望	阙奇财	温祝宜	应圣泉	殷富根
朱慧莲	张家智	翁祖德	裘新弟	严烈行	朱培莉	沈　法	陈肇郭
章柏仁	喻金德	严银妹	汪秀壁	虞关忠	韩鸿英	李绪光	陈克成

丁育胜　徐志忠　郭铭贞　周昭道　韩金立　王文钦　姚安根　邵雪娟
潘汉水　朱耀芳　冯云彪　胡介敏　田素雯　阮尚达　陈卓人　陆锦梅
夏德昌　胡蔚洁　冯兴涛　张国忠　徐君洁　傅炳章　陈瑞英　梁　华
达　荣　施赐华　姚依停　姚富全　邵培成　吴兴康　沈保中　朱美龄
吴联华　李玉海　陈业成　凌海珊　王　凯　严秀兰　金维煜　金光豪
施晓勇　童清玲　钱晋华　张毓东　修步德　陈国英　汪绳武　曹爱宝
朱锦宝　张高济　叶海明　刘美珍　郭明扬　许燕琴　马明元　周坚白
马德和　盛宣明　俞佩君　陆士杰　郑孝华　王莲芳　贺彩珍　吴德其
周赛卿　陈新生　曾昭端　李宗嘉　胡则梁　曹纪锋　章之华　蔡富英
叶德莉　范景华　郑衍祥　洪孝诒　许春芳　张永泉　周耀镗　张明根
朱连鑫　宋茂漪　顾国良　姚曼青　游宏镜　褚耀庭　陈正权　姚金仙
陈士杰　俞绍安　卜恒宝　吴兆麐　李志鸿　孔达辰　王少椿　陈雪珍
何忠廉　杨爱珠　毛银秋　蒋叔永　戴维丽　郑永范　詹家顺　李伯华
丁钦学　程本成　王祖英　王珍霞　潘乃廉　陶关祺　丁素川　王大平
熊清元　蔡棋楠　贾继昌　朱　明　沈荣生　王伯熙　李蜀辉　邹月星
吴家忠　谈秉彪　王　坦　谢贤敏　郑仲渔　钱杏清　朱德瀛　马毓萍
计雍安　吴仲冈　骆钦德　包汉涛　王　明　荣漪云　朱凤娟　黄云一
李瑜璋　丁方正　胡国庆　黄秀芳　曹菊华　张忠彭　刘思明　宗龙官
蓝之英　李建国　沈曙东　徐　铎　王依苹　马湘妹　成元吉　钱发生
成启新　孙千凤　泰国琪　杨文德　范其成　吴霭龄　徐文美　王昆成
奚振文　王振东　李咏梅　刘　莹　许志增　杨介信　张正中　王秀华
陈文来　杨妙龄　唐根弟　袁国蓉　王孟效　卓乃光　王秀基　陈希尧
叶　沁　冯天麟　王惠林　郭云琴　殷关泉　徐济强　刘同书　吴金梅
蔡忠义　陈家振　冒维本　吴贤彪　陈孝慈　杨周康　陈锡斌　庄祖舆
施振山　王国梁　江伯乐　邰星宝　孙蟾华　陈琴玉　徐金祥　陈桂芳
陶　琼　唐永康　郑彩霓　杨海春　唐俊杰　张珊珍　李翠琴　陆汉云
黄芙蓉　陈莱姝　楼松茂　江发林　许步云　陆新民　钱从廉　许心洁

戴黎明　张金卫　周文祥　张桂珍　方彩莲　唐根芨　张冬梅　虞志康
谈秀声　吴美莉　朱学文　吴缘珍　孔文宪　贺霞君　朱惠萍　闵士元
魏志山　曹宝隆　吴祈良　许锡根　阎永兰　裴爱珍　仇行芳　吴志英
平福华　黄培春　向孝娱　徐洪明　程德兴　曹本全　王菊初　柴文亮
沈志宏　杨建兴　樊丙颐　赵再钧　马龙生　汤青萍　祝佩琛　俞钟俊
吴大公　崔金香　凌长福　杨志云　王岳安　许定石　陈幼龄　潘祖震
方　荻　周新珍　杨品华　周永成　谢鉴如

1959年

吕奏琴　梅广华　黎树仁　何锡林　赵自渊　孟　勤　鞠元兰　梁国基
佩泰炳　蒋知之　吕大奎　张树中　朱小林　刘观群　黄国栋　肖德坚
林洞溪　张冠君　封茂煜　濮纯德　刘乃武　马如飞　黄祖斌　秦莉娟
石斯智　于锡芝　肖松林　乔　中　郭兴华　汤伟珍　周耘农　蒋以倡
刘仁庆　张明平　朱济生　郑基立　金雪芹　杨月德　陆建南　杨年慈
孙正铨　史帼英　李渭深　马光明　王琪云　张福民　王振亚　朱兆璋
蒋有成　梅初洪　刘汇川　余晓峰　李敦珏　裘永为　许松娥　彭书忠
汪鸿忠　沈杏珍　朱家骅　苏起武　张振松　谢庭瑞　许得柔　胡贻德
于佩贤　陈云湘　张冠寰　马云龙　朱一鸣　王宏元　杨静乐　沈炎璋
盛俊彦　陆秀康　曾　煜　潘一芬　沈望明　郭文仪　薛秉南　龚飞明
许志义　沈志同　萧传道　裘昆瀛　王雪瑜　黄傅忠　王正秋　黄素莲
孙材济　李衡芝　郦荣庚　刘秀娟　陆惠祥　王杨兴　袁宏兴　陆道芳
童申德　周树珍　陈明亮　陈贤本　徐羹衍　李明复　李昌骏　陆瑞征
谢金龙　周勤武　金秀珠　王关玲　周光耀　倪鼎文　张栋保　徐孖平
项立岐　应兴国　熊君清　吴肖龄　戴贵忠　钟玉麟　孔令达　孙秀林
严慧娟　吕后芳　陈元龙　程光文　黄耀阶　王云昇　费国铭　陆俭邦
张湘琴　徐　滇　王宝舫　蒋贻源　秦世俊　秦学生　李士征　冯大本
俞之山　吴克明　朱士平　张家和　熊源芬　杨树根　朱雪静　杨燮龙

唐发奎　谈　仁　王益秋　韩云山　傅光永　陈　锦　俞永勤　韩云书
虞和义　王　能　洪广鑫　胡玉堂　唐国鼐　蒋可玉　乐桂珍　张希曾
朱臣梁　王洪方　赵企云　李传伦　薛锦祥　王祖彝　翟尚华　李水冰
周慧君　方　正　王善甫　胡云仙　陈安树　周吾仁　杨宗坤　欧阳逢应

1960年

蒋雅英　蔡聪如　陈仲拔　胡明通　赵榕椿　李维钧　骆桂芬　沈可东
关万里　金佩莹　伏寿椿　王式民　朱绍宗　高国森　郭道义　陈耕诗
陈福生　金海昌　戚合东　刘德裕　刘锡旦　徐仲良　张经国　曹锦娟
周慧如　陈建国　徐永浩　洪新荣　俞国仁　严　正　吴学玲　高云龙
胡彬权　崔志强　张季龙　袁月娥　王筱贞　陈文有　徐桂枝　任至镐
黄国良　王楚强　王芸兰　吴华生　郁铭三　徐圣涛　郑良土　王秋君
朱育群　张福海　张赛珍　何国清　李加平　樊瑞月　凌绍熙　谢志衡
刘正亭　董惠娟　王之焘　曹兴高　王松渊　徐益培　孙锡兰　李寿生
雍增宝　王桂芳　吴怀华　褚根余　冯雨泽　周鼎发　高惠芸　朱正元
钱亦平　成元海　汪铿松　谢新萍　万水清　余红英　陈超明　俞见逸
蒋国林　张敏惠　黄锡生　戴镖隆　黄冬林　姜林生　毛显英　缪克成
陈敏惠　钱菊明　叶立安　吴振德　杨仁法　夏秀君　陈开福　杨银根
朱嘉龙　杨同椿　朱炳连　洪武平　刘宜根　陈庆发　何桂芬　詹冠生
杨俊生　黄成新　徐千朋　袁仁财　汤秀英　赖瑞生　顾晓清　陈雅珍
顾云娥　张元飞　严国飞　江小洋　王培中　钮建昌　陈巧珍　章以范
张　琦　徐惟鼎　王慎强　陶　杰　李秀清　张健庭　杜绍华　郑书谋
倪根祥　茅坚民　林国斌　邵丽蓉　邢玉棣　姚文英　杨义龙　高连根
胡尧章　潘寿娥　陆金坤　王凤仪　黄忠臣　李建国　张关龙　唐华官
陈雪珍　刘本良　周慧敏　杨启基　戴似华　吕瑞康　蒋雅英　张志良
林起章　周俞明　林华玉　张宽荣　张薇娟　叶月清　黄伟鑫　黄允生
刘绍坤　王玉洁　徐翠芳　陈金德　朱国基　华润芳　马萱文　董尚诚

骆玉其　邹伯祥　谢荣生　商传霖　周必巧　叶志雄　林胜榛　刘德兴
许诗赠　顾慧娟　王兆平　胡福庭　赵仲德　吴鏾芳　陈蓉蓉　牟廷绶
严育顺　黄世民　袁诗琴　卞道生　何信杰　黄月娟　张锦心　李小弟
凌　生　江一德　郭成川　林祥仁　董志澄　朱富林　蒋嘉娟　胡慧芳
陈嘉瓖　陆炎荣　邱廷甫　阮庆华　杨涤芬　丁诗煜　严瑞华　任学华
张菁华　何浩然　冯敦贵　黄自齐　徐贞和　刘仲谋　秦保凤　沈家英
范成荣　史黎生　雷瀛寰　丁曼琪　朱锡义　薛士平　邵洞义　姜继泳
方耀昌　黄孝飞　秦惠英　沈洁民　郑敏斋　林赛玉　熊庚捌　洪一平
陈信坚　王永章　朱学渊　郑莲芳　黄自强　江一心　董炳全　蔡佩佩
王　本　陆桃生　蔡孝慈　吴裔强　石遐龄　吴丹珠　刘必虎

1961年

史达观　徐超汉　姚薇薇　余丹菲　梅铱君　顾莎菲　萧玉雯　段银娣
胡英华　金莲花　王启高　郑长坡　罗经国　朱强身　杨士剑　谢长华
詹家源　许士平　邹继浩　严洪清　包志康　李绍良　何勇良　周正栋
陈敏言　蔡琼妮　陈圣如　张妙珍　施嘉鹃　史燕卿　范美林　张应善
薛焕定　刘国荣　游精斌　顾克伦　夏美桂　韩森龙　沈洪如　金文海
王兰根　陈邦达　徐　蓉　汤南萍　胡小英　俞爱娣　杨昭芳　周蘅仙
宋惠莉　应雪美　黄秀娟　钱有光　顾介铭　龚建国　吴钟奇　吴圣廉
朱菊伯　徐昌华　张新江　范荣椿　黄盛璋　李廷芳　秦家麒　姜祥宝
费志英　汪福珠　徐明华　姚日霞　陆韵娟　叶　渌　乐美琪　胡兆忠
王振华　陈伟立　赵明志　王坤才　陆顺龙　张志伟　陈子康　郑长清
崔绍泰　朱邦宪　陈荣元　魏颂华　张贵福　朱国珍　周蓓蕾　陈馨如
张维雯　戴秀英　陈立容　殷慧芬　张柏顺　杨柱石　林凤森　萧连福
钱振德　刘曾荣　郑克光　高雪官　任恒渡　刘卫民　朱绍福　陆世忠
潘永麟　严慰宗　李渭根　陆丽珠　费维仪　戎岭岭　蒋芝青　孙千红
余丽娟　水仲英　陈家驹　林长星　陆振毅　苏永彬　蓝维鳌　单民义

沈家骅　程正庆　程宗实　胡　隆　朱宋基　李少周　蔡希琰　朱佩泓
袁佩林　王佩佩　邹鸣友　张秋娟　顾梅君　周天文　汪孙兴　谢洪新
林谷祁　王正平　姚正平　杨殿中　蔡立勋　高衷德　董惠中　李家华
谢德基　李孝植　成伯云　高寿孙　高治融　马金娟　李树蓉　汪裘丽
许纪明　王杰莉　刘学昇　王仁华　戴宝庆　朱　煜　傅宗敬　黄世耀
王　仪　高祖福　李荣法　何林远　戚和通　余信成

1962 年

蔡富生　魏宗英　周兆玉　郑幼芬　瞿国凯　聂祖真　濮强国　孙宗建
关永康　李培君　姜华仁　王润如　穆　平　张国强　曹照贤　张国英
彭显能　顾学民　周雅娣　张世云　余春永　陈勇福　朱楚英　曹国权
卢绍康　许建军　屈晓英　徐国华　唐国荣　沈富荣　邬春懿　陈植芸
孙毅斐　杨永谓　孙国贵　蒋家麟　涂东明　杨玉龙　钱嘉瑞　周月华
张振旅　孙德稼　吴吉光　严绍恙　张敬和　李士辉　徐秋萍　季雅英
童昭康　杨茂桢　陈永民　查秀英　李宁国　凌德生　黄杰文　马胜男
沈建华　李世民　倪顺康　陈裴生　舒小生　周人琪　洪少洛　袁望曦
黄　熊　荣静娴　吴植理　庄翠莉　陶锡良　朱诗尧　孙新儿　崔子筠
舒明康　徐惠玲　张月娥　张　胜　鲁乾茗　刘美行　单培泳　钱松林
林昌宇　贝聿缦　沈学棋　宋宁生　张敦尧　张甫梅　姜志昌　姚桂瑞
毛庭光　周新昌　姚梅洁　陈建儿　阮慎芳　何永基　汤惠安　秦义甫
金龙宝　赵建国　陈霞珍　毛耀先　李乃周　刘剑雄　乐俊国　曹南生
吕炳男　蒋丽倩　陈中清　张丽君　陈雪林　柳关国　黄国良　沈荣华
许亚寿　朱顺生　施正和　陈政安　姚根发　葛宗强　陈炼珍　张伟华
王伯熊　潘庆岩　张重华　邓乔彬　张治国　阮　炎　蔡之侃　姚倍思
梁瑞云　陈小隆　白玉良　吴乃泰　姚永泰　贝新祯　陆海丰　史美玲
孙丹君　段毓平　仇关根　周世椿　夏梅声　顾云方　张志俊　何志强
张国铭　沈振雄　朱奕孝　金可珍　胡惠芬　李纪春　滕秉礼　杨人基

童国庆　钱辰同　秦荷琴　范盘生　龚家声　黄宪和　陆绍文　周银标
袁松才　凌国英　周鹤鸣　陶世聪　淡永根　庞坚清　王申酉　沈德祺
邰敬镛　李正丑　张秉忠　罗静成　蒋纪康　孙维强　郑志涌　杨裕泉
王滋庭　洪南新　翁蕴珍　陈荣大　葛宗全　侯兆年　叶加水　褚邦田
徐金龙　郭汉声　冯贻本　丁小妹　沈仁大　成浩明

1963 年

方来法　张启仁　沈子元　叶鹤群　戴韵瑾　顾明洪　林德华　秦令云
徐国守　张小新　吴　婉　周康宁　焦根香　王建中　陈韵和　姚安居
沈夔源　杨景明　周文龙　陈惠麟　吴瑜秋　邓渝安　梅定佳　蔡国清
朱德川　付宏兴　王宝华　孙同兴　徐昌群　余绍华　王惠玲　付嘉陵
林敏辉　黄立民　管良庆　叶莉莉　谢东藩　庄　飞　孙恩亭　周南圆
王荣成　黄醒康　宁　肯　沈顺妹　包泉根　王雪江　诸锡浩　李慧文
薛秋涛　王兆鸿　萧　倬　张敏翟　赵华芬　陈仁宾　叶千林　陈　建
尹逢池　赵　明　张昭栋　陈纪成　潘凯生　林桂珍　陈佩仪　夏运荣
向鸿章　倪嘉成　蔡次凯　沈岳义　孙德英　陈昇科　吴筱芳　王启守
周志江　查国良　瞿玉芳　邢　民　宋蕙帼　叶陈琪　窦明德　臧志伟
张圣良　张云龙　姜佑容　姜海清　陶保生　姚鹤良　沈晋源　张景秀
阮文亮　胡祖德　张宗芳　陶国琛　张大忠　楼海良　胡贤培　朱鸿茂
周志雄　申　瑜　应克毅　张俊泉　徐明隽　袁相富　丁绍威　吕　境
宋德翔　朱大兴　盛夔梁　阮据祥　沈　木　李明羲　王耀国　吴良福
苏让谦　张玲琴　许鸣周　钱文元　周士金　王一风　严俊康　秦根宝
胡敏敏　王福海　史万锋　田　羲

1964 年

张骏岚　成申英　周慧英　孙钟棠　俞承华　邬明朗　王麟华　陈守成
汪木林　许泳华　张志成　孙凯惠　王全善　金　成　包志新　陈其发

李登程　黄国基　李正中　周金华　奚其清　孙长发　金鑫华　刘兴发
王师礼　蒋惠芳　张月芬　柴一波　刘克敏　顾振林　李惠珍　周海芳
周道麒　赵佩兰　丁　澂　杨志刚　朱省南　钮吉尔　沈引之　江莉莉
徐妙严　张培英　蔡国平　单明达　咸海荣　孟晓羽　瞿德林　程　华
董长命　陈小珠　夏玉珍　蒋荣弟　刘承安　王官庆　惠荣珍　俞国亮
李泰业　李际训　江祥文　陈颂基　蒲忠欣　王嘉礼　马淑芬　鲍玲之
陈中玲　周向金　叶绍祥　赵士珍　李昌魁　杨可珍　顾惠民　郑美玲
钱碧清　葛文聪　龚绍璜　王兰珍　顾惠康　撒应顺　闻全生　芳清浚
黄影芳　陈君君　徐梅村　胡静宜　汪仲元　孙安琪　张梅芬　李明慧
徐安琪　沈懿箴　崔开海　张锦堂　李正喜　钮凯云　李嘉棣　汪三根
张国祥　郭婉姝　徐忠金　柳中棣　赵金国　徐树荣　姚金吾　汪锦单
金慧莹　程　欢　倪颂芳　陈宥东　王嘉昌　曹雪珠　张国金　杨立海
曹林娣　连水英　阮华铭　沈建国　陈为珠　叶华清　缪秀娣　张骥千
周志礼　刘景璋　应吉康　张耕宏　陈志恒　梁灏安　王万兴　金国桢
陆筱英　龚燕芬　陈玲菊　朱济贵　周宗敬　朱建时　沈菊芳　郑祖耀
徐仁俊　钮州林　蔡守乐　邵妙解　丁杏珍　陈申堂　戴秀珠　叶滨梅
史威文　单金成

1965年

陈勇福　周新华　徐嘉昌　孙培珠　周德国　唐义君　沈理民　陈笠渔
熊佩印　姚兴国　朱启兴　金正堂　曹聚德　仲跻平　程长庚　施贵随
费国钧　张延骏　吴金荣　王兰芳　裘瑞贞　郁美娟　黄瑞华　龚慧芬
刘一敏　林联盈　陈霞锡　姜慧珠　徐　雁　沈芝芝　吴美娣　吴　晶
伍敬美　程慧英　余约拿　李维森　林一坚　方步松　江美玲　谢永珠
林菊妹　曾来娣　戴澄枚　许伯荣　王长道　钱建昌　吴玉如　王立根
王关余　赣珍菲　江汀玉　阮美华　谢雅珍　刘文容　陈宝贤　谢永南
王接勇　杨国财　范焕章　魏菊芬　陶明芳　林雅钰　康一敏　杨莲芳

王锡智　赵根林　阮云芬　戚柏强　章惠康　范本学　王淑珍　陈振丽

董明珠　蔡菊香　蒋君明　邹娟华　王佃君　殷　齐　王经铎　程康华

顾百威　章怀琤　王佩如　郑爱玉　徐梅林　瞿毓芝　刘园英　潘意敏

商韶中　高治强　俞鑫华　石奇几　单金龙　张瑞祥　陆文宝　张湘君

顾凤珍　王美珍　麦嘉良　卢焕人　曹庆华　褚德茂　张志良　杨崇显

江亚君　陆秀琴　王美英　郭永蓝　柴庆荣　王金妹　郑祖芹　童国桢

吴　治　曹国胜　胡玉盛　傅鹤荣　尹子铭　范美林　包瑞华　黄文英

程爱仙　刘相国　陈考来　缪志成　罗梅君　顾健仁　金洪光　周鑫华

汪利清　金关英　黄国生　厉佳节　秦兆海　徐友龙　张国禄　郭聚凤

萧源源　周绥康　周建伟　金家振　沈兰君　房金高　赵菊英　范秀英

陈明珠　范惠才　裘明方　沈培弟　任关仁　李光才　徐光正　陈海棠

陈稚燕　沈贻芬　赵振华　朱学其　黄荣妹

1970年

杨文彪　沈爱武　谭柏武　蒋庭标　吴佺孙　袁美英　韩志娟　季秋菊

杨益闾　黄学华　娄渊学　乐庚保　朱凤泉　李裕人　戴聚岭　苗德昌

吕华乔　施桂琴　李　晶　张体红　钟家凤　刘翠娥　陈贵明　胡象斌

顾新民　徐金生　蔡守章　周功宝　顾鸿婷　段学江　杜明楷　王玉芬

李德松　冯铁笛　朱射章　王贵有　王交齐　蔡林娣　徐玉珍　黄　勇

阳茂解　韩其周　王汉生　贲义芳　王春祥　屠鸣岗　陈功元　姚士英

吕云生　陈品生　林爱祥　潘金荣　吴财茂　倪伟平　祁龙华　孙云峰

刘磁辉　蒋银妹　刘香花　段训礼　杨细花　王才娥　江玲娣　杜文生

徐荣良　张顺林　陈大奎　陈智勇　王永安　李根海　彭妙法　薛海根

陈文卿　李孟喜　冯定国　王玉芝　赵守荣　朱仁龙　邱洪德　孙永璋

吴玉珍　张孚安　杨光文　袁春根　王金雷　郭怀民　袁牛喜　柳雪霞

薛振清　胡正江　张辰海　曾景生　涂太元　杨法珍　孔凡雄　曹长英

李佩光　钟年录　冯淑凤　叶竹芬　李沛琳　桂忠义　袁衔忠　沈志勤

虞礼贞	颜怀智	廖光让	崔福臻	姚献群	张惠明	李　斌	张关祥
顾庆国	丁贵宝	庞顺安	范金龙	李志荣	王永高	周传云	王永强
金宣传	张杏英	杨安珍	李兰芝	王玉淑	王培昌	张忠宇	王祥云
陆仪仁	强胜华	王成珍	张建纲	黄家玲	芦胜芳	王洪开	傅廷亮
李殿昌	张春明	牛银汉	孙大栋	夏美华	徐　彬	张根祥	胡守观
滕晨曦	贾彬忠	李守桂	杨　志	徐声安	周小献	齐海林	欧阳林美

1973 年

唐珊美	陈菊兰	李菊菲	孙良贻	陈心和	赵建民	祝月琴	陈明珠
肖鸿雁	冯　真	曹裕根	徐光夫	马国胜	张友国	陈桂生	金春业
赵生昌	邢家盛	沈月莲	张莹珠	章华舫	斯慧芳	许文明	丁根龙
朱功一	曹家康	高明德	胡永昌	周齐钧	沈丽华	朱凤英	王民珠
陈朱娣	张兴国	徐阿金	陆雯森	顾绍山	王　晟	陈海强	俞国梁
浦汉沪	沈步英	吴根东	陈宝婷	屠业驹	曹祖康	陈国培	黄仁德
徐力平	李世钧	杨浩明	徐鸿德	张伯泉	徐建初	郭松柏	叶国荣
姚辰华	应鸿标	龚荣源	葛茂熊	赵兴祥	胡炳元	汪肖明	孙进龙
任惠珍	黄建国	孔美琪	刘声明	施　瑾	李月荣	翁德慧	徐慧芬
娄爱芬	沈德忠	张兆强	曹志明	舒信隆	薛鸿根	沈翠新	俞淑萍
陈铭南	鲍玲芝	邓爱娣	严士兴	徐念祖	苏金根	刘伟源	方荣青
王梨英	季雪萍	沙剑芬	刘庆兰	刘乐韵	顾原稻	石庆平	钱国平
刘建南	陈品高	陈康璐	范大成	夏文元	夏永明	韩松兴	张斐文
顾家琳	王广兵	徐依东	徐宏梅	戚爱华	方伯卿	方敏森	徐国良
陈增强	李培健	吴福华	叶爱敏	张月娣	张雅蓓	陈桂凤	柳云霞
潘裕康	何雪美	吴家骅	李玉敏	柴惠芬	都溢涵	董明荣	王新平
陆　松	翁卫军	李文荣	单萍霞	周　决	曾晓云	朱学林	赵林云
周莉珍	雷思诚	许建人	陶建业	顾履道	薛永华	朱晓星	顾大平
谢惠芳	姚韵芬	郑惠珍	周基玉	应毓贞	蒋根权	王忠俊	李家树

王志成　徐　寅　程庆新　汪紫闻　白玉妹　邱翔竞　王仲华　郭佩康
陶红妹　沈大维　张根洪　殷祖虎　郑宇源　陈　烽　朱浩金　任世海
石高文　林月球　顾兴娥　马菁华　杨惠英　吴美英　吴梅芳　郑忠华
黄启申　魏国忠　李桂芳　束兆庆　庞　衡　张际平　冯慧勤　任燕珍
钟亭芳　尤石峪

1974年

厉大林　陈闻天　张恒成　曹永奎　李品忠　顾宗雷　郑士雄　黄珠环
杨美华　杜　慧　丁永新　张　宁　王　力　吴祖仁　钱天铃　李家焕
闵吉娣　顾美芳　黄龚英　沈　毅　陆小玖　李肆成　潘少华　蒋宝全
华德尧　杨飞熊　徐凤歧　段继良　谢华兰　黄丽航　万天华　浦惠玲
孟海宰　马升陆　冯永熙　苏震占　张德龙　谢洪兴　张元仁　陈惠英
俞庆芝　王圆圆　潘小妹　陈德昌　朱国柱　裘国钧　朱启栋　胡陶陶
戴天乐　何国亨　柳慈平　范水兰　蒋韵和　阮宇英　唐伟芳　周鸿宾
陈国良　朱永昌　曾省忠　杨清浩　张叔亭　顾首光　王东美　刘湘君
余静萍　张音希　朱龙秀　俞根来　冯康乐　王建中　陈民强　吴德荣
顾汉栋　方江兴　马志根　杨　治　王本永　徐宝珍　蒋梅芳　赵玉萍
汪家华　宋纪春　张君腾　王建忠　蒋卫东　程嘉庆　吕小为　浦金奎
梅桂林　许蕊蓉　瞿洁华　陈树声　周　臻　王克雄　张林初　胡建国
潘立群　董培良　林　萍　周杏妹　王连琴　张蓉江　施林妹　戴祖根
王德庆　黄荣卿　刘君儒　张兆林　金耀礼　周伯笙　黄忠权　廖本仁
蒋善蓉　王慰新　蔡伟贤　洪莲卿　郑志钰　蒋燮刚　华永涛　郑尚文
王权良　陈兆昌　吴连法　郑继明　孙长光　陆美娟　沈惠华　马缘文
励　群　董五秋　杨巧珍　钱桂珍　陈德阴　陈锦安　周幽之　郭　健
张宏元　张振兴　盛立中　朱经亮　周志君　刘裁齐　朱小怡　施金娣
陆秀珍　何凤珠　毛慧琴　穆逢喜　沈旭昇　黄伟民　张志新　吴国胜
吴培生　沈亦斌　姚　刚　任惠珠　申莉权　郁荷英　成缉德　夏耀通

张　林　施迎平　蔡立宏　张羽球　陈文霓　郭鼎新　季志远　施则林
傅解英　梅兰珍　徐水娣　陈赛令　陈　炎　陈松年　朱洪观　周绍贤
王凯鸣　许伟彭　徐金龙　白致权　李西江　朱光华　朱金柏　张根良
郁家琪　汪保定　顾力人　俞为民　姚菊英　邱辉和　贺师军　程振铭
施党云　唐莹瑛　王佩弟　马以群　沈玉琴　朱敏民　高蕴雅　戴庆元
李学银　崔惠芳　周根扣　张德泉　卢广伟　薛黎影　胡惠娣　陈　美
杨兆庆　徐秉玫　金振兰　翟玉坤　贺镇海　李贤民　阴其俊　张　藩
严仲耀　章珠凤　王慧娟　刘秀珍　杨　堃　陈龙富　戴惠英　贺露露
洪盘华　丁润康　周鸿寅　刘根林　周文英　陆逸鸣　翟海燕　顾伟达
杨华元　肖金才　王小铭　董福娣　谭志芳　史兴华　王翠云　周　宏
黄美娟　陈　建　孙建民　王　奇　王惠琴　陈佳民　肖晓海　赵菊娣
安庆均　袁金桃　江家骅　周芬娣　王美云　居桂珍　丁良恩　汪百松
方松林　杨凤珍　李福鸣　王建国　孙玲娣　石林仁　吴丽珠　唐华平
徐林珍　蔡国静　秦以源　毛民龙　石　磊　楼莲芳　董镇国　吴元岐
庄蓓琳　薛迪铭　沈志清　瞿锡红　王雅仙　郭张妹　邵崇庆　沈国雄
张妹芳　王金龙　周秋荣　宦　强　陆梅芬　冯　英　詹玲玲　钱水免
陆德龙　李云宝　胡士元　周德建　殷乾浩　戴培康　周雅珍　陆伟成
张月芳　段秀兰　蒋光辉　金大龙　顾金海　徐燮毅　朱再珍　曹妙福
不哈力卡　何依西古力

1975年

任红妹　蒋婉英　杨月华　贺素珍　侯文兰　黄利国　周一飞　戴　伟
瞿福民　蒋建国　张　林　邵秀芬　李丽娟　韩福英　任在明　刘秀英
余强章　刘同星　顾君忠　高善庆　张忍杰　曹永稼　黎叶凤　吴肖如
谢志平　邓莉莉　余秋云　倪荣根　毛海龙　裘仲德　严宗基　王国清
龚润生　童玉蓉　徐杏瑛　梁意敏　李素珍　王　平　杨家骏　章　明
张建栋　朱德宝　杨金凤　张俐珠　冯信宝　朱伟华　陈美芳　李忻穗

叶振芳　杨志全　蒋近联　梁国栋　朱智顺　周学绎　刘庆杰　王锡良
葛介康　沈德敏　高承莲　刘敏芬　姜新露　毛巧凤　宋玉凤　宋欧虎
倪天龙　林妙善　邱永年　张后孚　殷洁芬　刘爱珍　胡萍琪　张宏芳
陈根娣　华理庭　王荣根　朱金春　石义志　余永范　沈稼园　翟琪珍
朱雅珍　桑爱凤　刘丁一　曹照莺　江春生　薛福荣　陈田初　屠福康
顾正卿　赵家龙　夏月珍　胡爱妹　雍淑兰　伏子兰　党新霞　汤永贵
李　平　诸永祥　韦金海　方晓平　王桂珍　何龙英　郁菊英　孙顺兰
朱惠丰　王振梁　谢炳荣　谢天福　陆沪根　刘锦麟　张继光　高立新
赵曙芳　吴玉梅　何曼华　张月莺　陈培康　忻云龙　徐定华　许五星
吴为革　郑　生　鲍玉斓　张智慧　蒋光薇　徐伟建　刘　东　闻新强
沙建军　李富国　项志良　海米提　高玉秀　赵秋枫　张德凤　黄晓梅
许如慧　陈树德　赵树忠　陈汉军　王如华　罗兴国　汪水娣　黄　倩
章慧琴　李秀珍　赵月珍　桑　珠　张金铭　陈永平　封解兴　郑妙项
郭跃华　程心一　高联群　戴银花　刘素娟　王幼珍　赵丽君　任顺龙
徐　建　李近安　胡根华　李　银　薛惠娟　张国芬　高银娣　周美龄
胡世轮　陈茂发　李佐成　顾群燕　朱　伟　李新祥　朱德凤
阿布都吾甫尔　阿布都热合满　白玛色珍　阿布都吾甫尔　扎西桑珠

1976年

虞珍娟　马龙英　高达华　杨积轸　朱凤妹　王妹妹　张大龙　田宏根
傅希先　彭永礼　卢成忠　朱绍忠　曹鸿珍　吴菊华　陆秀琴　詹薇佳
翁国芬　胡卫平　周佩英　张　勇　范学栋　陆建新　周黎明　张良仪
黄宝珍　吴文玫　周　颖　徐春霞　熊晓峰　秦崇芳　张家骥　刘阿毛
李泽民　徐元华　陈整芳　陈梁英　梁玲芳　张佩娟　朱　玮　戴建春
顾根福　高国喜　姜宪年　李勇方　孙雪亮　赵　莱　汤伟民　朱元戎
杜维力　陈建平　罗　帆　晏荣根　徐　杨　周美南　王引芳　陈惠珍
费英琼　李慎禄　徐宏强　高建刚　俞伟铭　殷国荣　邹玉生　郑利亚

高维英　徐丽芳　潘慎英　顾　萍　周忠明　董伟国　胡志光　王高初
洪小龙　王民雁　程建芳　王蓉娟　叶　健　曹凤仪　蒋怡清　黄志峰
杭云祥　赵伟春　孙文钢　张振中　王桂佳　朱建平　樊正瑛　赵伟然
徐传平　戚美丽　刘建谊　张　加　张佩菊　朱鸿生　杨兆华　冯申荣
陈德标　张彩高　夏惠明　史文财　朱万顺　许培忠　高艳华　唐文青
朱文华　赵丽娟　周引娣　张文强　张忠宝　丁福俊　曹庆宝　刘红根
吴国英　陈杏花　何金妹　吴冬珍　王玉珍　汪翔云　刘寅和　樊建平
郑文蔡　顾宏利　于志豪　纪翠莲　钱取华　李秀荣　杨雅萍　金顺发
顾宏定　凌洁华　刘民军　陈景强　龚肖勇　唐德林　朱润生　李德华
赵阳春　归丽华　史美华　潘荣根　沈勤妹　刘玲珍　张谷兰　王朝国
马文俊　曹仲民　沈银娣　杨宝成　李树起　张秋萍　周云芳　钱亦扬
陆慧慧　史士萍　布　扎　余　杰　唐根元　姚智敏　施小忠　陶燕敏
丁小燕　王桂明　钱玉珍　张卫国　任引妹　赵学先　刘春花　明世良
徐堇娟　陆永革　林香清　范正玉　付桂琴　吴正英　池士根　李习功
朱　瑛　李金妹　夏樟根　秦克坚　封锦云

1977年

郑永愉　许德霖　张　浩　丁斗根　孙小峰　陈于明　徐春晖　戴又善
杨悦非　龚　洁　张善民　马　建　刘　闯　陈明英　周国刚　张建人
谢洪军　张晓红　高文缘　钱国训　沙以高　李文蔚　史　逸　孙红彬
毛骏健　潘为平　徐子杰　张　鹭　冯　洁　周国兴　朱小萍　滕　鸿
江　建　张广宇　卫　菁　李　敏　胡智斋　邱仁耕　吴晓光　刘征雄
周家树　郝万平　张黎冲　王兆乾　孙　融　夏公葆　唐金谷　汪田丰
周　曦　孔信心　赵永年　赵崇恒　顾孝安　董亚宜　颜振杰　孙建康
孙杨仁　周根兴　郭　琳　俞宝祥　王正明　应俊峰　韦胜利　朱才福
王传诗　吕正芳　江　淳　王善为　许幼雄　张　璐　张培雷　毛尔望
李国兴　周履冰　马关金　葛长根　张涵生　蒋引年　陈自由　盛石淳

施亚玲　王凯雄　陆明昌　冯秉钧　姚卿元　方　瑞　黄培耀　汤盘铭
周跃华　方佳思　吴一新　郭　跃　郑　欢　吴意宁　浦心元　陈纯钢
周瑞熹　李忠敏　王伟鸣　潘永红　俞　奕　厉　威　陈科夫　王善平
李　淼　郭振义　李　琳　陆国强　叶伟明　张　欣　王愉铭　潘孔生
王升军　王　飞　阮　为　余安敏　黄　琦　纪　申　章文宁　龚时康
张　启　张　卫　王　曦　史　迅　顾安国　褚耀进　陈力山　袁元伟
秦　薇　黄大纯　王逸明　王增强　严　元　钟民强　金钧初　周祥华
朱守正　包　琪　钱申岑　周德明　沈　鹏　陈慕思　庄慕华　袁力行
高幼年　江伯声　陈迎华　蔡岱生　陈明德　王心园　王　鸣　胡晓潮
夏永平　朱普德　袁建星　顾小荔　汤南华　翁丙南　诸王坤　周逸童
宋丹为　万金华　顾玉华　黄学仁　张　恂　武作仁　刘锦高　丁志根
陈乾利　凌伟鸣　瞿怎复　吴力学　邵辅良　赵　健　周修光　杨佑伟
胡　壮

1978年

王卫东　孟庆翔　朱纪忠　姚关华　吴建平　朱　泗　唐积华　王　扬
徐淀方　李顺忠　孙秉纲　沈家如　徐　曙　张永良　周其红　邵洪源
黄竹波　潘　松　孙国宁　章　曙　姜弘文　林远景　周　迪　叶晓云
袁真智　吴国庆　江海清　张晓明　陈振华　徐毅毅　忻国华　戎甘润
崔赐铭　朱　弘　张　稳　道亚芬　陈予励　张居勍　朱文良　马建中
陈建德　汪永平　储成喜　孙树进　方　群　顾申莹　张　健　史荣林
佘　泓　葛正采　吴　强　赵虹霞　钱　雯　项　琮　桂　林　高兴安
许成钢　俞尘箴　张业胜　章佳强　高思鸿　马敬于　屠文华　徐文尧
赵　红　陈阳华　沈　琦　宋立志　江祖伟　吴承志　梁　捷　裘建孙
王文玉　浦子长　徐　政　徐建文　方兆敏　丁志刚　赵立行　瞿寿林
华自力　黄惟斌　浦天舒　曹明华　王　坚　顾健卿　张汉良　钱震海
李刚民　徐　铭　陈小禾　蔡家振　纪再华　蔡继光　姚英鹏　罗新元

徐广义　洪镇青　龙建煌　瞿　斌　姚若愚　丁国萍　李　琳　彭志敏
向日葵　余世英　方　宁　袁光宏　陈恒光　刘　亮　陈宪英　陈　钧
杨建荣　王六力　姜　勇　杜群群　茅冠华　汪学荣　郦　融　王一谦
杜方锦　朱炯明　朱祝彪　马　潮　梁建元　盛海明　唐　焕　朱国强
张治辉　沈晓安　黄矢荆　俞玉明　何　群　陈晓磊　徐敬华　李　戈
陈若嫣　周蓓文　曹珍年　颜景沪　朱介林　何其巩　倪弘熙　黄宗诚
顾鸿高　邵华均　刘震煌　宋榕美　方　洁　潘怀文　傅志真　许冬青
韩传尧　曹远明　戚越然　祝云舫　白晓明　姚德帆　钱　枫　佘明华
朱　伟　江小钢　戴柏诚　俞文斌　施加亭　季大雄　叶继昌　吴大雄
丁小秦　杨尔耀　戈一萍　匡明正　田　丰　张增辉　杨新毅　陈文国
陈　肯　高思范　马　陵　沈关林　徐健敏　金森灿　潘项正

1980年

沈　邃　孙坚原　贾中天　吴建俊　周庆勋　裴进明　陈承坤　王　莹
顾政平　王珊华　赵亚宏　施芸城　蔡文康　林　平　沈　欣　俞小强
黎志坚　向卫平　赵金欢　周勤晓　何洁宇　华晓初　王耀明　楼　萌
孟熙文　黎永健　林国利　魏传真　陈伟明　薛　牧　章晓红　殷静燕
祝维亮　林家明　钱　萌　王天佑　钦　雷　胡平岗　程紫燕　唐海红
陶志霞　卢永青　杨荣发　朱　瑜　倪晨鸣　达　力　刘剑锋　邵　诚
朱青生　陈碧云　陈春瑞　陈荣华　梁云龙　周左鹰　林卫民　叶　文
王金凡　段　军　葛　丰　薛莉芳　魏竹君　金　蕾　江旭东　周　淳
过耀中　顾　平　季鹏翔　肖　洪　王力坚　张　宇　陈向雷　董美娣
王　燕　袁　立　凌　云　周　牧　查伟年　张力平　林雪明　孙　群
陈明夫　周　键　王佩琍　朱　烨　曹少纯　吴　雁　邹昌球　刘寿梅
洪俊华　谢志宏　钟立红　刘　亿　过　卫　朱　青　於森勇　冯国鑫
汤金祖　孙公洛　叶伟钧　李　萍　白海萍　黄文文　张坚良　钟　民
韩王荣　马朝智　吴王杰　徐国平　章　琦　王　辉　段　韬　郑倚萝

黄　昕　郭建胜　黄红兵　蔡智勇　倪海宏　王今朝　田裕信　王　燕
王蓓琪　高　颖　高　静　宫雪梅　陈　郁　冯宇光　荆彦平　杨根金
姚　群　陆　健　曹洪元　谈晓洁　陈思文　王　玮　汤永新　商毛红
纪明泽　陈锦程　饶祖广　金克彪　俞汉钢　仇之光　汪　源　胡晓燕
骆　强　戴训虎　朱卡的　于　壮　徐继东　章步林　杨乃庆　朱志钢
袁　齐　袁　敏　林　英　周其陆　石　桥　杨晓东　朱　宏　李　钢
沈　磊　季国兴　汤晓燕　孙良芳　皇甫泉生

1981年

韩立明　吴学东　谢静波　黄剑波　朱定敏　顾梦茜　陈　同　张　渊
陈金西　杨阜基　叶昌明　李明君　严　华　许立明　潘　镐　欧肖锋
叶四清　王　隆　张　鹏　沈荣贵　潘　岚　陈奕冰　谢　平　干　宁
凌　坚　秦德豪　张　俊　陶　冶　陈万培　缪毅强　金之诚　陶思敏
张　青　任志山　韩仲杰　张　东　卢理正　何少华　刘志华　吴静波
邹积模　叶玉全　王钦余　劳纪林　王喜元　童卫旗　周　萍　朱　曦
范善德　何　坚　章一鸣　张源侠　周自斌　章　波　唐志文　石　华
贺雪晨　宋协榕　蒋树华　吴辛成　颜　明　池国平　王　柯　代　茂
郑　虹　王彦光　冯雁辉　汤依青　包　昱　邹晓庆　赵振飞　赵成斌
李志弟　陆淮君　华剑萍　姜锡儒　胡晏斌　沈国发　吴文良　陈燕芳
冯　斌　张　峰　沙天韵　秦明光　姚少波　杨贤武　鲍振川　陈　虹
田大伟　袁晓钟　谢秀兰　孙殿平　陈森彬　何美强　竺农范　陈　扬
戴建华　臧　绮　朱伟忠　罗大为　应忠杰　朱　冬　张和平　李恒力
罗琦琨　吴志伟　桑加清　陈慧丽　王敏靖　刘承德　陈　俊　许晓鸣
卢学坤　朱万贵　蔡志雄　孙华梅　赵景敏　于　铭　肖国梁　李　桦
江维龙　白　俊　刘雅利　曾观明　石庆年　舒其泽　祝伟明　万雪峰
江　明　郑毓成　蔡龙辉　彭永刚　郗洪发　李　巍　吴小倩　唐志诚
张　慧　蒋勇进　杨建中　吕　众　王文敏　沈一菁　薛穗林　张富明

刘　玫　陈　建　江　亦　王才艺　戴　科　王　焕

1982年

仲继洲　谢健根　马凯平　严　俊　沈智良　包　龙　吴迎潮　宁　俊
陈忠泽　罗继东　徐旭峰　宋士正　叶　原　汪宗方　汤国勤　周　群
施毓萍　蔡育康　陈　俭　夏加林　薛　伟　黄　巍　史广军　钱允玲
袁沙萌　丛　容　雷　芸　周传江　王满华　唐保清　毛　敏　钱立岗
衣雪青　汤学真　刘文华　张　俊　陈　戈　陶李敬　袁国华　蔡　彬
钱　路　陈　伟　朱国群　葛爱慧　方金林　方跃春　杨均杰　刘　索
陈大吾　王觉明　郑　红　何静霞　蔺翠霞　宋世峰　薛　宏　余素胜
张根源　余　辉　许　卫　陈　承　陈　瑶　陈玉芬　邹存军　杨　昕
刘金清　商平成　朱　刚　丁忠良　黄　伟　洪怡华　孟慧瑛　胡乾苗
马波涛　江林华　王成箴　彭芳春　潘苏东　吴晓初　范崇清　王艳霞
季静仪　何世清　张孟忠　何　琥　黄　强　叶枕戈　李　斌　钱海勤
何剑荣　王　芯　胡蓓芳　刘国营　万建平　王章野　韩德来　赵　宏
叶　杨　姜瑞炜　林　平　陈学琴　高　虹　项兆军　魏志聪　翟志华
吴一琦　刘平香　严　晖　周海云　刘文俊　刘嘉宁　秦　薇　朱良潮
柯炳河　陈　敏　赵正军　陈东军　俞长麟　李　明　史卫平　金　琪
张　怡　江长宁　沈建琪　肖　磊　王光明　董维国　史济辉　陆卫良
王礼帮　王　顺　舒海波　杨星星　郁　可　潘永乐　许伯强　陈献春
吕萃俊　鲍抒宓　唐卫东　刘晓芹　包玉敏　曾绍峰　万国林　周子昂
张晓冬　卞寿敏　刘　诚　印　忠　郑淑芬　陈迎霞

1983年

冯　洁　罗义林　赵云海　姚　盛　杨玉琦　倪　杰　任莉君　王　倩
陈　昶　顾宝根　张剑江　陈文志　裴芬涛　帅义华　刘文刚　孙国余
林　玲　叶俊华　辛晖明　胡维新　王正苍　周　竞　张　琳　晁　阳
刘文武　赵志平　周伟江　陈宗泽　吴光励　郑黎青　屠建明　赵　旦

钱裕民　蒋　雷　汤兰枝　于国英　关高鹤　颜华祥　刘开国　寇海军
宋　坚　鲁志昌　周宏文　严玉华　朱晓虹　潘　锐　张　愈　董毅浩
丁瑞军　陈少应　马骥华　常德彬　何玉军　李　明　高希常　罗　强
谢卫平　邢祥和　赵庆贵　黄胜强　陈建龙　魏葆青　闵喜珍　王　静
朱智萍　许　亮　胡震威　孙鸿杰　戴　崎　屠又新　袁礼坤　叶永青
经怀兵　程　蓉　徐　磊　吴一敏　罗文芸　高松凡　李　培　周京义
阳应文　丁文澜　徐其付　邝春伟　张新建　李保梅　卫修菊　章丽萍
李淑君　罗保平　黄建华　杨苏全　李　春　张燕军　宋　云　董国荣
杨荣钢　程国萍　黄晓菁　刘　敬　陈春霞　高建新　刘善太　郭绍忠
杨金宝　武云波　周永新　严　杰　周重兵　陈　莉　洪淑月　贾孝梅
何俊海　阮可青　黄志远　阮平章　陶丁炉　陈金海　卢长夫　王子忠
盛　星　乐嘉蒂　贾若萍　林　萌　丁玉萍

1984年

沈龙珠　谢嘉慧　张　萍　汪天富　林　海　刘　斌　姚火云　胡　伟
符　坚　李华东　章敏慧　孙玉秀　薛万祥　李桂利　谢红言　李　兵
吴　震　贺自立　曹克远　孙明锋　张　舲　叶建芳　杨仕文　梁宗岩
黄德宏　杨正明　周　晓　郭玉洁　曹　阳　李　坚　东　黎　顾　悦
屠海青　袁　松　卢　杰　沈怡强　谢晓敏　胡学成　蒋正明　孙成宏
张长珍　赵钟昌　彭　健　谢从满　李文海　舒正刚　陆月根　张国华
唐　昊　沈朝晖　陈　磊　陈佩琼　洪其同　甘德昌　周会兵　李劲松
黄耀忠　胡　凯　王伟清　沈徐镭　吕　军　陆维平　邵文远　陈宏东
赵昌明　施鸿青　周　伟　何贤文　朱　征　王学荣　李新奇　陈孝明
唐继军　朱臻斐　苏东风　刘培姣　徐小蓉　高　炜　张兆年　赵小敏
张有文　夏小建　常兴东　刘从兵　李斐声　刘大卫　王建良　策仁巴特

1985年

邹平送　李兴海　王萍　张曦　翁冠洪　解建军　王晓丽　宋利翔
刘涛　刘嵩岩　许卫民　张冬林　柳阳　孟红卫　顾国海　修恒江
李向卫　李珍　夏龙海　潘祺　庄坚　袁斌　张芾文　张亚敏
林普飞　金健勇　钱天虹　方红　姚晓鸟　何志勇　贺仲　董勇
梁心茂　孙新德　郭东辉　来伟　马兴勤　秦霞　董桐金　曾爱玉
贺磊　钱小兰　张红娟　陈向红　谈建龙　徐浩　汝学民　金春奎
徐灵华　雷泽贵　张秀梅　李群莲　马继武　徐文传　朱骏　李蕾
邢仲琦　蒋晓东　汪贤才　梅喜雪　孙健　余先伦　李文化　钟斌
王学明　赵宁兰　陈朝旺　农先胜　刘文保　戴斌　郭长春　祁庆
程平　张平智　李建勋　钟一文　桑芳华　王征静　蔡文杰　杨高红
徐玉红　朱尉平　邓瑾　张海勤　邢朝明　洪杏珠　陈敏敏　汪海静
刘唯奇　杨婕　杨勇强　沈伯信　卫勤　王斌斌　陈莉芬　周怡
石似玉　李真　黄光磊　浦国强　陈安萍　李志虹　葛炜　杨晧
章继敏　王翊　裴海洁　汤烈明　周君　俞震亚　叶大江　徐峰
陆建勤　王晓旭　邵清　张燕玲　姜瑾　胡笑颖　王华斌

1986年

陈田华　姜宇峰　郭强　马俊　杨振兴　刘东　曹正东　顾其南
王敏明　黄英　朱润生　徐新德　江明怡　王小雁　朱品昌　朱兴中
张庆华　高宝珩　丁明涛　李国建　潘保华　张才干　徐波　毛明亮
戴绿波　丁敏方　周珍斐　刘亚明　胡安文　张遥　郭义超　余春祥
张泉文　戴育良　许斐灿　贺日宁　李芝华　王全安　韩文学　郑俊义
韩蕊萍　黄小仙　黄华彩　俞晶栩　魏民　彭湘　陈伟明　江建平
欧茂初　袁佩峰　岳磊　靳琼　阮永红　徐伟峻　樊志伟　张林
王征　柯秉启　江红杰　谭冠男　张立群　黄义书　王君　吕建伟
华翔　孙军　周韶湘　胡海滨　李冀蜀　王真艾　叶明　马继统

邱天华　魏渝生　郑建忠　艾学仁　吴新华　刘咏梅　竺振洲　余国红
谢学俊　杨　兵　潘新发　张　岳　沈　怡　蔡文胜　李恩伦　张宏亮
王亚东　方其桂　马银晓　孙云芳　王琳琛　孙训尧　鲁世明　田　明
姜万明　叶之坤　王　敏　吴苏萍　陈文俊　周浩佳　顾洪兵　赵　忠
张建平　彭新红　周向辉　曲志新　周　涌　陈建兴　陈学宏　熊满川
邹平松　孙海雄　王　奕　胡月娟　吴　洁　樊新宇　周　岚　吴　茜
张利华　胡丛一　赵　蓓　邵　伟　陈志群　华　巍　陈　伟　李文捷
惠　敏　金静宜　韩　菽　周栋鳌　任军文　戴苏川　殷艳萍　杨　洁
陈会琴　杨坤沂　吴　安　陈依敏　毕　爽　乐　平　杨学雷　应　晓

1987 年

陈钟晨　董子建　朱建华　肖建渠　夏国文　顾华为　周天厚　黄友才
曾宏图　张普松　陶秋林　李永升　韦　兴　任　东　毛银坤　陈玉和
施　钧　徐惠钢　覃兆富　郭祥义　余　杰　张红军　李剑波　卢新渠
郭建新　沙天兵　张　茜　和青芳　施蕙菁　陈治萍　宋　君　周胜珍
高　伟　邓晓艳　贡咏梅　诸　雷　张　湧　韩　冬　廖宇凡　张　鹏
左渝忠　李福芳　许又泉　赵文广　徐华奇　徐　峰　戚海峰　蓝　天
许伟民　景志钟　韦文锋　王泽纯　顾绘权　李松毅　朱吾明　徐志松
陈典义　金　烨　苑长征　宋金榜　姜　军　王潮清　王　红　陈维冰
沈　犇　张　琼　李广莉　张激梅　郑沁露　曹贵荣　管　红

1988 年

王德刚　曾哲辉　李强辉　谢茂林　陈　鹏　田　健　姚光文　韩建平
许自新　周建华　马战宝　张鲁乾　翁昌荣　李孝兵　吕冀军　刘莉华
黄国盛　高　凌　莫红星　孙　源　易智勇　王德斌　张广富　吴　炎
黄　威　王立新　黄英鹏　李　明　金佩华　汤武莉　何惠芬　胡桂苹
谭建军　陈　伟　陈兴云　何文健　徐　前　朱　炜　杨　凯　张　宇

樊　琨　李香箐　冉隆奎　贺　平　韦汉忠　毛文涛　张伟平　段福印
陈　建　黄学军　范庆军　张伟春　张　晟　郭智勇　钟　浩　沈国土
陈　耀　刘文杰　孙　庆　蒋纶浒　李翠雲　王维新　陈　华　王明明
杨海雯　丁晓华　刘道广　李武凤　陈云林　许龙雨　郭江彪　张晓钧
刘成宏　潘春花　成品东　李晓玲　刘文洋　季明卫　邹柏林　周素芹
张　沂　苏成勇　季兆明　苗永清　乐焕江　杨兆瑞　顾迎春　蒋红莲
徐　彬　薛维兴　张学军　朱大肓　陈荣愷　张巧珍　商志东　葛晓斌
王风高　顾红胜　马一梓　徐秀成　蒋明齐　王彩凤　曹德群　刘加勇
孙珍和　朱义如　陈林涛　卞秀琴　还正洪　孙宁林　顾标庆　孙焕玉
蔡仁怀　孙月群　徐千林　罗　霞　蔡卫军　朱书林　赵　琴　王荣新
徐晓斌　王　军　陈　群　王金涛　李玉华　商学勇　许　达　苏晞明
李　芳　张正文　王　冰　潘景华　黄宇东　黄岳峰　包颖杰　黄　科
陈　辉　王　勇　徐继航　李　昊　王　中　李化冰　杨以群　施　静
陈　琰　陈雪莲　章颂卫　上官声标

1989年

张海磊　陈长观　毛宏斌　王　黎　桑　嫣　杨鸣华　李晓勇　林师伟
农胜海　昝风彪　刘旭东　袁海荣　卢本卓　吴　琼　巢　坚　张全林
杨险峰　胡海星　牟嗣珍　帅　庆　雷　宇　赵　军　徐万春　严　果
杜望胜　杨俊杰　彭文龙　赵体成　刘雪峰　牛海青　曹　晶　胡定松
金　添　吴　弘　陈　芳　黄巍昕　沈　理　刘　炜　许　雷　姜益民
周洁濂　邱红晓　杨险峰　周庆志　相瑞东　崔纪池　王甲池　宋贤新
李修林　房朝阳　王衍兴　周传清　鲁延辉　盛　彬　仇永昌　李新桂
孙红山　宫　鹏　张秀霞　尤　鹏　韩际飞　刘新亭　邵建成　肖　颖
杨心平　王淑焕　孔祥田　赵东溪　王　磊　张宽心　张林勇　冯保水
朱传俊　张志宇　孔建国　付长伟　郑　慧　郭　东　刘　炜　李　明
许　雷

1990年

李平梁　王荣军　刘渝民　刘远力　顾　曦　贾立群　许善玢　张云峰
茅微彧　丁　逊　杨　明　毛家菊　王作梅　陈延文　王海鹏　李学丽
陆　瑾　蒋　民　刘志力　冯进国　吴志春　黄建彬　周秋华　王　峥
王晓琳　马荣生　蔡如华　曹剑峰　蒋纯谷　沈金荣　田劲松　彭梦勇
谢建谊　杨忠钰　沈学东　吴　宏　张　峻　乐嘉琴　郑建国　杨振亚
涂　虬　朱　菁　李燕玲　贺　晗　林　云　王　林　陈春辉　张卫华
卢　智　应关祥　林海萍　严　颖　陈秋林　叶华伟　唐　玲　段海兰
刘　晔　许　勤　杨　明　彭立君　印　宏　罗启彬　周海浩　张　翔
夏家勇　朱降龙　刘　春　雷兴跃　李长余　曹爱标　曹长荣　李卫东
丁海涛　李玉成　范春辉　刘　刚　王登维　陈　俊　郭爱成　薛余斌
陈爱明　陈小青　徐兰凤　王新祥　王宪俊　胡宝林　朱继浪　王晓峰
吴宇春　王　康　张绍政　孙敏英　张梅娟　马学锋　宋金德　张国民
蒋立锋　陈如实　张其安　周　文　庄秀丽　陈　蕾　徐　皓　严　岗
张承锋　肖兆昂　王　劲　陈琪军　任野松　汤金全　王雪梅　胡春梅
李　刚　周卫刚　熊恒曙　杨怀林　温永刚　徐汉东　尹广圣　周文权
黄欲香　凌卫华　彭春宏　孙　伟　洪加怀　徐　通　顾奕光　张　隽
王　健　许志刚　李　军　金建民　陈　军　徐　干　顾向红　顾建良
董俊峰　王海清　毛远鸣　唐政权　吴　荣　马介明　朱元根　朱秀梅
徐燕红　曹汉斌　严　诚　钱倚天　徐红根　刘锡铧　张　恒　陆建华
徐雪明　王　平　赵　军

1991年

叶宏光　陈红英　黎　想　范毅清　田　强　冯志勇　丘　凌　周　曼
宋　琛　刘　芳　李　勇　邱火旺　胡海芳　任建航　殷　军　朱晓波
雷　震　毛华伟　马欲明　樊玉伟　王云松　郑江玲　周　永　潘登远
黄加临　韩子良　姚德华　郑　斌　周　凡　陈西芩　徐　晔　唐传明

汪贤兵　蔡东枝　牛　晨　沈在寅　王嘉宇　李筱娜　李　剑　张宝政
徐继晖　罗宇锋　涂壮志　陆爱华　余晓亮　杨　冰　吕　鹏　薛　莲
龚云卿　林立政　黄　炜　马雄韬　何建强　王晓萍　彭小余　李小平
廖海福　李德民　张鼎灵　宋　贤　张晚云　徐云娴　单方亮　盛全忠
包小军　马崇英　石　勇　刘桂花　沈玉军　王晓荣　卢功元　靳　亚
韩永虎　周国山　刘洪兵　刘　峰　袁步标　张广阳　唐　辉　夏正亮
陈　薇　叶从峰　何庆暹　靖　平　贾立山　成　琰　杨家富　吴文军
郭小忠　陈金屏　钱文中　潘颖茹　范卫庆　韩云霞　汪国祥　顾国华
黄拥军　景红军　陈玉林　唐纯茜　邹　剑　王　羽　钱敏雅　陈美丽
姚晓东

1992年

熊瑞勇　周忠华　张立琦　刘仁文　杨　娟　杨　薇　卫旭蓉　李阳明
李敏翼　施安兵　伍晓彬　颜有虹　罗　明　胡志远　任　莹　汤新文
杨小龙　王　宏　吴　昊　于利刚　卢晶晶　任莲映　杜　娟　黄少华
朱万辉　魏天新　王　辉　王明华　彭　健　李亚龙　江克全　陈　淼
崔红梅　黄　健　陈　巍　彭洪波　郑小平　林贤裕　邹方云　李陈怡
李天鹏　曹　刚　王迅宇　陈雄斌　张文献　戴放文　杭海静　苗翠芸
王　卫　沈建达　杨松武　孙贻莲　徐　飞　张海峰　瞿孝平　林山峰
郭浩东　郭小华　金　炜　吴蓉菁　陆智平　孙　健　仇正华　王　中
匡加艳　陈　军　张容晖　吴作宝　史爱东　黄红跃　孙景霞　钱丽花
殷志刚　俞寒东　陆红霞　时鸣珂　陈　强　陆　平　陆书红　李红梅
钟国清　胡本萍　张　清　吴国栋　张大军　张正广　戴建刚　任建林
孙喜刚　郑尧萍　王　阔　韩学豹　董晓军　邵从陆　吉建发　张举永
刘伏进　刘亚明　刘　平　周云成　李　平　张淑娟　伊成新

1993 年

李柏青	陈维锋	罗文水	白城堡	黄章永	王伯圣	王世臣	苏印宏
董希昆	项方聪	谢家祥	郭承杰	闫振祥	翁亦欣	罗荣山	陈奕龙
张建从	徐普宝	毕小保	徐　敏	俞陈虎	顾秋辉	金锦宝	沈树柯
姜建锋	王　志	赵武敏	朱真仁	田　卫	曾　琅	蔡永芳	陈新春
肖优优	王珏萌	乙晓彤	刘　莹	朱永春	曹红燕	王　瑛	陈　芸
熊世华	刘淑娟	魏　岚	王　飞	崔少华	沈爱芬	章艳林	王新强
季鸣明	袁　浩	唐正清	周会成	刘长生	李剑平	孟继生	周宏珍
花爱军	顾志军	陶建军	钱利红	王丽琴	周新明	韩梓刚	金　龙
浦赵刚	赵美霞	张凤新	许振强	马连水	刘东森	孙　伟	谷再玲
刘雄锋	朱忠民	骆哲生	王　潇	孙　一	袁原整	刘立静	纪效鸽
严同进	张文斗	吉洪干	张晓庆	童晓峰	陈　伟	周加胜	唐登研
朱荣钻	潘明峰	李相英	倪朝娟	颜　翔	惠春雷	李　烽	祝学栋
蒋一泓	郁建新	朱敏强	王　洁	唐守杰	翟清林	王　荣	时延凤
徐家强	庞松梅	姚毅敏	庞锦焕	金兆洋	赵庭毓	吴益伟	沈丽娜
王允非							

1994 年

王育东	平建新	钱永豪	沈春芳	潘　影	徐　芳	陈　亮	高雪琴
叶海峰	卢贯飞	徐玉龙	花晓涛	张铁珍	吴新平	陈仿华	吉二福
高怀祥	张　勇	刘新克	南志敏	郑孝平	胡秀敏	苏佛胜	郑胜海
王　君	陈　真	黄笑一	石　荣	王　勤	赵　鹰	陈　志	朱明富
丁　梁	傅　巍	张文熙	朱　雷	罗国虎	庄荣国	何建强	陈作亮
季文海	郑文强	冕小龙	夏作为	梅　杰	宫莹光	杨　彬	俞俊玲
巩　茹	李春燕	谢海艳	刘婷婷	周雁影	林冬梅	周和珍	林小燕
罗　婕	许　勤	刘　军	陈建斌	王玉钊	庞思信	张贵生	卞谦团
戴永刚	袁海江	刘铭锋	乐宁雄	魏旭东	李　勇	杜　旭	陈克忠

何　武　梅宝君　叶　通　张海宁　夏宏美　马　冰　姚　炜　庄　华
周晓东　申燕利　毛宏霞　佟明红　高毅芳　林为璋　刘忠盈　颜景华
刘建国　杨文华　张　鲲　陈志宇　毛晶淼　胡克林　吴震宇　张伟国
陈卫民　何伟屏　马成祺　韩绍虎　蔡玉明　冯德强　江凌云　俞敏敏
陈　婷　史　莹　杨蜀宁　邱小霞　李爱珠　杨艳芳　李　菡

1995 年

孙建清　高德祥　赵曙东　吉佩荣　徐宗清　袁　华　陈爱玲　徐爱权
吴为锋　王　殿　郭顺龙　周昀中　王火林　严　筑　应玲芳　沈必芳
应斌海　朱雄伟　包启招　俞晓敏　郑元叶　陈金铠　徐薇霞　王航远
倪雪斐　蔡晓洲　季育海　林　昶　陈荣财　陈国福　何建强　梁　锋
谷　科　高　渊　刘阳辉　臧霁晨　李　政　张　龙　胡　松　左小兵
周群慧　陈　斌　李锡安　袁初成　许朝雄　刘进军　苏卫峰　陆忠达
冯明明　刘运席　邓　昕　朱　颖　陈立强　刘　理　郑　恩　王治华
焦路华　刘孝瑞　庄　元　朱思文　陆大春　姚怀颖　朱柳波　丁建兵
赵　霞　朱惠民　赵永华　傅海滨　任海振　宋维芳　殷　磊　徐　宏
谢时晶　谢时晶　常　影　范孝勇　柏　青　高兰香　吴建国　刘　虹
梁世煜　李　梁　姚文英　刘小征　蔡启跳　王海芳　陈海华　汪　洋
张　年　孙智辉　吴　亮　王丽丽　陆青釭　孙建国　沈慧丽　朱　建
吴　刚　汪　颖　吴　灏　俞轶琼　秦利军　拜　梅　杨志军　邓新云
王秀娟　章琢之　林德煊　金　辉　杨廷林　全　磊　吴蓓蕾　彭晓忠
刘　军　柳　琼　吴升海　林　间　叶传晓　周春源　阿腾图格斯
上官光候

1996 年

顾剑峰　谷　济　朱晓馥　葛臻骏　陈　伟　潘永俊　陈　涛　彭佟毅
黄旭初　祝伟国　朱　宇　高　俊　薄一歌　徐懿斐　张寅骏　李　勇
李东海　蔡仲凯　杜家鸣　周　昕　翟　峰　解　进　倪怡慧　陆永箭

徐烈君 曹奕骏 郑菁华 徐　正 廖　栋 邬文敏 彭　彬 宋树彬
傅德健 李　澄 李文红 朱　磊 林　肇 丁　鹏 罗琼碧 张文健
蒋　赟 王　强 楼　峰 屈幼岐 陈　宇 黄春乐 熊　利 何青瓦
江　丽 陈慧霞 杨　妍 王秋霞 徐　雯 李景霞 郑春霞 梁　静
李姗姗 喻姗姗 陶红艳 周　琰 马　忠 张梁堂 刘怀敏 伍荣捷
陈建鹏 杜贯华 张　磊 陆　骏 韩　杨 罗筱栋 沈　锋 刘德春
沈　杰 陈海嵘 陆　欣 乔　勇 陶愉钦 陈浔颖 吴红娜 孟丽丽
陈燕萍 吕伊玲 蒋蓓蕾 田　静 邬文敏 宋在华 张桂斌 许文挺
赵永泰 彭攀林 肖金榜 陈祝富 林君雄 莫　爽 张　渊 吴群英
朱　峰 姚　诚 庄　东 於　亢 龚　雷 顾兆君 喻　晟 陈志蕾
马　岩 蔡婷莉 徐可捷 庄海金 戴雩文 王　蔚

1997年

徐　炜 陈石光 廖尉钧 闵　睿 王　超 张三军 沈晓康 冷江华
刘尔立 苗桂银 张　阳 管昕瑜 曹志恒 缪晨辉 谢　伟 倪祎明
翁煜菲 忻昭辉 韩　冰 冯佳伟 陈瑜婷 王　静 陈艳萍 王　俐
林　凡 冯　艳 谢　琎 杨　红 叶　红 吴承瑶 韩维维 陈　芳
朱　芳 丁利华 李　烨 金英子 甘雨洁 张立停 任志鑫 费　音
王喜芳 陈祝富 高正桥 郑炜宇 陈禾凇 林德民 王　巍 马金城
苏清水 黄锦波 陶化初 陈海燕 赖　勇 杨　震 董　明 施凯忠
沈志辉 马　骏 曾启明 徐伟华 冉　晔 仇英华 蒋　健 陈　捷
周海霞 高丽娟 圣　黎 徐凌之 顾培琳 王　珺 陆晨薇 沙黎晖
张一品 王祥申 张素才 张　衡 黄华升 吴庆翔 邵磊皆 戴嘉伟
王　健 陆　俭 张新华 盛琦琪 闻捷敏 蔡晓清 邵冬斌 徐　勤
顾靖华 郭　抒 林　海 徐洪良 谢华勇 徐志坚 沈健峰 王声子
张　帆 任欢菁 陈志蕾 李新娟 凌怡莹 周　琴 朱茵洁 陈　静
郑利娟 许美新

1998年

李小成 李自平 杨 勇 薛 岩 梁晓军 贾佑华 何 蔚 陈福成
周开军 陆瑞奇 何逸珉 吴 洪 袁 祥 何子安 王力何 林 凌
顾劭忆 马云亮 沈钰翔 孙文轩 张劲松 张媛媛 王玉锋 武 愕
陈玉丽 林玉玲 蒋燕义 萧 珺 袭建敏 郑 俊 肖 刚 任 睿
王清伟 张传磊 黄灿星 吴 昆 汤 皓 徐 晗 於 军 王 奇
夏斌辉 孟 飞 金 靖 周 杰 郑 旻 唐振华 姚继伟 徐燕青
李 贞 金非汎 李陆盛 俞伟林 袁 凯 赵 伟 王 勤 张莉莉
张 鹰 尹 蓉 黄琳玲 包 蕾 茅炜华 魏 萍 沈慧娟 龚 明
舒 琴 陈 婷 周志红 刘家美 宁今明 何明雄 付 强 罗来强
吴志明 李友汉 代 萌 王 辉 杨小知 李晶侃 喻 勇 李晚枫
姚 斌 王子焱 卢焕翔 周 威 胡昱化 邵 斌 王 懿 邵 祺
康海峰 徐佳军 陈 瑜 王 亮 方 莹 水纯磊 黄 华 方 芳
冯维晔 陈敏嬿 李 莉 郭 迪 辛立静 吴士蓉 于有琴 王翠萍
林方婷 程荣花 蒋武忠 王玉强 陈龄龙 冯 军 陈海山 贺 冬
吴 琛 张国强 吴 健 黄 海 端宏斌 戴春良 陈图南 吴 洁
杨国强 赵振宇 倪 晟 周 云 吴 光 杭 超 徐 俊 沈祯祺
王 鹤 钱 颢 乔 捷 姚淑华 张奇婷 陈 骅 秦呈妍 顾海霞
褚颖英 李乐军 赵蓓蕾 姚婵敏 章 颖 杨 泉 王英华 孙燕萍
贾彩丽

1999年

杨 涛 丁 一 李 俊 杨升木 陈修亮 沈雪松 潘周君 徐 刚
林颖玮 蔡诗鸣 王献辉 管斯良 谢乾屹 沈 琦 曹章轶 顾少杰
王 涛 宋 慧 潘海峰 郑星哲 任 杨 祁春媛 童舒娜 金 悦
曹 瑛 杨 铭 普 顿 骆士珍 许华军 胡婉约 吴晶晶 周 敏
薛赛根 陈和芳 郑勤勇 翁风波 舒飞燕 黄颖颖 竺浩军 郑晔豪

叶建宏　李　刚　沈　晋　胡　兢　黄良文　张　凡　严军国　张旭平
赵　青　骆钧炎　徐英姣　叶惠芳　陈　磊　姚伟平　王　新　林　震
林　璠　朱　烟　刘晖旻　张　挺　邱晔琳　徐晶晶　吴丽爽　周　领
陈肖肖　郜江波　倪　瑛　於　毅　谢　添　钱　康　吴建兴　黄玲爽
金侃君　周　洋　金　婵　潘卢超　朱　洁　冯方荣　叶建勇　孔潇潇
马迎春　汪春花　黄炜婷　李正晗　吴　江　范秀树　李桂凤　韦海峰
邹　阳　祝　沛　钱　伟　占伯科　陈晓东　童其倡　林　淼　何　憨
丁丽娟　王　捷　杨　珺　王莉莉　姜玉萍　吴勤盛　刘晓雪　张　亮
张哲娟　张　婧　张仁棋　赵水平　吴　浩　吴　黎　范瑞卿　宋子成
周　鸣　王佳璐　姚叶莉　宁瑞鹏　曹郑凯　贾海菲　杨赛丹　庞艳茹
周　玲　李　冰　李勇祥　任富华　李　洪　符方阳　罗　料　周丽娟
李沁沄　于绍欣　喻　磊　熊淑芳　苏裕建　王亚鹏　王丽丽　王雪岚
胡　纯　孙金煜　宁斐斐　吴锋利　叶　萍　杨　洁　薛　刚　戴春花
金张英　金黎慧　封玉林　姚　勇　陈晴霞　方侃侃　陆　煜　孙　鑫
陈嘉旎　马　骏　杜鹏远　李枚松　刘　颖　张　懿　杨万晶　王小龙
田宝平　杨晓春　李　刚　谢　敏　黄露露　傅彩霞　李　俊　张彦娜
蔡慧菁　周汉臣　林泽炜　朱佳斌　赵　青　张　亮　缪轶群　褚慧琴
朱晓妍　周华钧　王　庆　许韵画　唐　耀　徐春凤　于文英　奚冬林
朱　轶　周贞洁　赵　静　冷莉莉　张　婕　李　筠　干慧菁　盛　庭
徐振朋　温　良　吴　浩　宋　斌　扎　西　巴桑次仁　米玛次仁
格桑扎西　贵桑多吉　洛桑　罗布次仁　古桑久米　巴珠　平措扎西
泽仁顿珠　拉巴次仁　扎西顿珠　巴桑罗布　尼玛贵吉　德吉措姆
达娃卓玛　格桑德吉　扎西央吉　索郎桑姆　拉巴卓玛　次仁尼玛
格桑央宗　索郎央金　白玛措　次吉卓嘎　洛桑卓玛　其米嘎珍　央宗

2000年

纪逸群　奚肇卿　潘　沛　韩晓红　赵　炜　徐　宏　刘俊男　孟元晓

胡健军　程杰　包小燕　季文彬　邵仲达　姚黎明　姚雪军　倪士娟
朱将锋　朱力　李晓琴　李楠　陆征庆　陆晓辉　张遵麟　张建义
张婷　张帆　张媛　周颖　周明　金暋　金雷　任洁静
吴宏鸣　石光　王春梅　王沉　王俊　王彦　王岚　于中立
洪敏芳　顾敏霞　周丹丹　杨洋　胡阳　石梅　黄军利　陈培
包筱蕙　沈福鸣　胡宇　袁丽华　方芳　周靖毅　郑延芳　郑艳雯
喻铭伟　廖灿　张叶　陈义中　宗艳花　沈扬　张清　杜慧英
晏倩　曲媛　王锦隽　贲景文　温铮　张辉　林宏　林燕
王浩　王晶　王立基　罗璇　戴云涛　韦佳　袁静　沈丹
韦宁宁　陆巍　武晓雁　况凡　张文颖　陈中伟　朱相德　陈学恒
崔璐　吴亚男　卯升阳　夏颖峥　窦新存　周薇　沈景英　钱军
单立华　沈怡　陆金燕　倪菊兰　金刚　曾安生　曹伟　朱佳斌
张婷婷　周雄图　刘湘贞　王鸿　李艳楠　葛建忠　吴丽萍　谢黎忠
宝丹　严喆　柴军刚　刘玉　卫光　蒋丰佩　诸玲　顾竟
谢操　尹琦　安科　杨冬英　林涛　陆芸飞　朱晓良　郑丁葳
庄璟源　冉光辉　王晨　赵鸿伟　李海宁　张茜茹　刘文欢　王俐方
何俊　徐斌　余颖　张墩杰　徐炎　邓定桓

2001年

雷都　陈杰　苏仲才　黎遥　杨铁军　杨旋　周子超　苏昕
李哲　李延杰　曹笑吟　巫升伟　周泉　陈洪　李玥　刘磊
周庆红　涂俊辉　胡文剑　顾凡　彭树林　叶斑　张异　徐俊
翁波　蔡恒力　张伟　沈婷　李玮　华燕花　张丽　刘薇
刘冰　李会容　董华芳　钱静　翁文茵　陈璇　吕丽　刘燕
王皎皎　周绪桂　韦丹　缪瑾　李欣　杨蕾妮　钱婧　齐晴
张妍　孙敏　姜小平　张海顺　宋连青　杨正　罗文琛　董凌军
郝强　金旭辉　任祺君　林碧艺　王亮　施恺珉　周旻皓　印哲敏

朱玉元　张可烨　戴　越　季长江　柯　磊　叶　晨　张　弛　蔡　琦
叶雁萍　张颖婕　倪　洁　黄改燕　崔　懿　王　姝　曹　逸　蔡慧慧
龚嘉琦　任　旻　谭　波　曹海奇　邹　璞　刘　威　徐恺频　仇　巍
严自律　庄学伟　崔　翃　陶　真　陆剑清　徐先哲　张伟芬　李　霞
毛文娴　张　璇　陆　明　于春玲　裴　剑　徐　凌　金　瑶　文　文
岳　毅　王燚犟　肖文军　庄　坚　漆思佳　申　健　黄高峰　刘晓峰
程业文　毛轶颀　高　阳　王小龙　陆俊宏　卢海明　傅振良　甘　露
孟　钱　朱肖敏　骆安承　沈小英　李　艳　张燕萍　陆　燕　韩春艳
何　柳　史金文　陈怡佳　蒋　玲　马凌燕　于　洁

2002年

沈国华　潘知遥　王恒健　费邦冬　徐展阅　戴祎栋　赵　盛　张　捷
田　帅　范佳薇　周懿平　李　燏　胡晓晨　陈双飞　高雯婷　傅佳胤
刘玉兰　乔　静　陈　杨　许黎霖　苏　丰　张　志　周晓书　肖　勇
梁　富　李东超　方　芳　邓　立　黄德坤　雷宝荣　魏凤杰　唐光德
邬　娟　魏　莉　陈　盛　张菲菲　裘勇吉　黄金勇　曹　东　张蔚恩
许韫亮　许文怡　马晏骏　顾彦珺　丁　珺　蔡伟昊　吴志城　江　帆
俞亚星　李　璇　郑潇俊　裴定宜　高　斌　周　祎　苗　峰　司一坤
王晓霞　魏　一　雷文奇　韩　冰　郭芃兰　刘　毅　王　军　赵　平
陈航燕　谭玉蕉　黄焕泼　王　彪　潘抒涵　严晓梅　仇　妍　干露燕
鲁　策　王丽萍　李国辉　范成阳　李明俊　蔡　奕　黄佳宁　陈叶清
周　杰　陈　杲　周　奇　孙作孚　谢兆媛　罗曼春　郝云平　顾乐安
武丽丽　王　广　王永东　吴　峰　王　博　李　闻　薛　靓　刘永亮
周　娟　杜淑文　石凌燕　方　弘　李光亮　吕少成　吴祖辉　林丽锋
江　山　江雪飞　何　剑　苟士波　李　红　王婷婷　密　凯　周　哲
陈旭明　姜希泉　李安康　徐姝雯　陈春良　赵　博　彭春晖　朱庆扬
杨　波　陈震文　邵梦佳　林竹青　陈嘉月　王君原　范晓荷　加庆波

陈　超　陆　惠　陈　希　李牧宸　寇宁宁　李　进　王　飞　李　梁
王　琴　陈永祥　裴火炼　姜旭汀　赵　婕

2003年

周　涌　邱睿智　黄　睿　周子理　张　陈　朱贤斌　闫　明　詹方炜
李海波　尉　帅　傅　坤　陈广文　许佳毅　徐卓君　伍鑫学　王志伟
王　宁　曾　斌　黄腾达　杨蕴山　王少华　史庭梁　潘　玮　蔡　安
闵志雄　杨佳名　陈继刚　刘　佳　杨其燕　丁　琰　陈　蓓　栾洪霞
白　丹　王　玥　李少玲　谢彦一　方　苏　尚向军　严　序　陈华伟
吉　翔　马文锦　张　毅　张荔秋　张　磊　张　杰　张瀚驰　叶成达
谢　庶　程福平　许春范　杨　沈　严　顺　何余锋　曹辰毅　史子阳
张　超　徐　明　徐蓓蓓　高帅莎　王翼雯　郭　静　党瑞婷　池　琼
陈凤玲　吴　玮　顾晓蓉　廖超艳　张　媛　景寒星　奚　伟　黄　良
徐晓敏　吴肇琪　王一奇　王珧祺　闫　敏　洪祥远　于　博　安丰鹏
王瓅灵　孙立君　葛　亮　王茂峰　鄢富武　颜奕男　孙盛芝　陈玥斐
张丽琴　王　硕　张宇伟　李　霞　王静怡　韩　旭　王雯艳　金　昕
李冬青　宋　爽　吴雯倩　徐　嘉　郑　沾　刘　明　马义龙　侍行剑
戎彦博　钱犇犇　张　引　邓若汉　尹　虹　毛翠伟　康晓龙　季　弘
黄旻枫　赵健坤　杜正时　袁　帅　孙　建　简水仙　毛　琦　王　颖
张　杰　黄　蕊　郭瑞梅　顾　韵　周敏雄　何　妍　庞丕石　常钟文
朱利萍　张丁文　李　晔　旦增曲桑　旦增尼玛　格桑曲珍

2004年

魏玉萍　杨清竹　张文静　黄瑜琼　崔小芸　杨　洁　徐琼斐　赖佳颖
孙吉凤　周　丹　谢双双　欧阳映　苏　栋　唐慧谊　黄若朦　陶　醉
叶丛啸　王顺强　沈寅�　夏　辉　黄陆军　朱成杰　陈锦山　王金辉
蔡良术　范　盛　张玉熠　朱俊杰　张金中　严晓明　刘美妙　汤溢华

周玲　范洋洋　卢妍　蔡文琪　杨立英　许彬　朱倩蓉　傅灏瑄
周艳　罗世蕾　吴祥桦　宋永港　蔡寅　李斌　姚安愚　杨晓宇
陆伟　史文杰　李晓晨　陈通　沈斌　袁帅　季慧杰　刘铁健
曾波　杨洋　周大明　陈德禄　宋安康　黄凯君　李青　王钧洁
邵莺　王雪　刘黎　丁慧　仓珍　雷倩　姬瑞平　张贝贝
沈磊　王晓栋　孙霁　侯超　曹多靓　俞淼鑫　王锐　何忠荣
诸敏　唐闻君　伍平　戎思淼　张亮　李龙　王光玉　罗勇
沈纯全　徐哲　尚丽平　张潇依　陈璐雯　池英芝　胡肃文　吴婉如
翟丽芸　王国瑛　刘舒　杨琨　周侃　郑茜瑾　胡玲　何建嵩
王超　徐亚飞　刘亚柱　朱林浩　顾振兴　阚迎宝　陈永新　向勇
沈海明　乔建君　李卿　王沈杰　张勇成　刁福勇　朱哲　张立
韦磊　周志凡　叶捷　裘玮　热合曼·纳斯尔　穆合塔尔

2005年

凌慧怡　李旖旎　李晓庆　邵慧　吕甜　朱岩　王曦雨　施靖慧
汪珊珊　韦清漓　李倩　张梦霜　郝婷　李谷彬　王成杰　茅灵峰
何双骥　罗布　刘凯裕　金佳嵩　陈辰　虞健明　张昊天　刘晓伟
侯世尧　张明德　刘华伟　张鹏　董伟俊　向隽毅　黄坤　童颢
顾雍雯　冯晓露　卢铎　李思杨　王小凤　栾丽　朱晓博　崔彦婕
马雄燕　王梦馨　磨花丽　赵雪　钱林勤　周晶月　张苑芳　李松
金意卿　李忠相　李楠　潘佳　顾闻捷　颉琦　张瑜　张晓菲
王宗廉　汪洁民　莫光华　徐树　李强　王维　程伟　尤文彬
曲宏亮　王赟乐　史豪晟　李秀妍　张晔　李芳菲　朱丽萍　彭瑞
邓培颖　余玲香　陈靓　陈思　庄莹莹　牛静　曹春岳　程燕忞
曹琪　刘军　陈恒　叶强　沈渐　桂国峰　周喆　汤成
金荣　毛志坚　唐立勇　马江龙　黄俊　施鸣坤　张林　张超
周克彪　吴苗军　徐俊成　宋天文　陈丁茜　李妍妍　尹樱　宋坤钰

陈海琴　李春花　蒋亦文　唐海瑶　王莘蕲　王振霞　张莉青　郭超修
戴　珺　刘腾飞　徐　亮　周　敏　顾　俊　石理平　徐　进　钟凯锋
周寅啸　方明煜　周乃鑫　冉钦文　陆　肖　田　周　许成彪　彭　强
郭俊杰　郭晓东　伊帕尔古丽·阿不都卡的　再同古丽　旦增仁青

2006年

潘祎文　陈　丹　杨晨圆　吴筱燕　任静娜　吴紫瑜　陈　暄　李媛媛
焦晓源　聂纯阳　陈　星　杜玉婷　禹　雪　徐继仁　张万经　王林枫
钟剑峰　王洪钰　昝国锋　徐　俊　陈史嘉　郑　超　田长伟　张怡龙
文献荣　杨德珩　傅贾俊　陈　夏　袁　欢　董　仕　邓　波　沈宏辉
顾　川　秦偲晟　贺晶晔　王宇超　朱圆月　姚　遥　唐闻颖　何　茜
余　倩　张　虹　何玉娇　韩　婷　张　靖　黄　庆　张前焕　陈　诚
梁　龙　王兴俊　王海龙　沈之楠　金　亮　钱　前　王　敏　张希昀
邬兆龙　陈耿旭　高　成　崔轶斌　丁诺凡　夏慷蔚　史美琪　车　声
石皓晨　杨　涛　陈　璐　杨雪汀　冯　薇　董婷婷　杨　洋　时小勤
李宜轩　徐晓雅　李巧朗　彭辰婧　蒋雨薇　邢灵霞　吴庆博　张文臣
沈　吟　边　辉　江　涛　刘童麟　袁其章　甘肇龙　谭超华　沈旭玲
奚晓辰　徐进卓　王　健　沈　默　安　隽　程　强　刘骁威　姜正平
卞继鸿　姚双吉　林念念　张紫晴　高　琰　徐　佳　马慧佳　王小芳
陈　靖　冯　博　朱德文　周阮捷　江　洋　李　耀　苏浩玮　郑　鑫
刘洪雨　徐　航　张鹏程　冯　雯　丁明俊　邱维阳　代垣垣扎西拉姆
益西拉姆　努尔曼古丽·阿卜杜克热木　艾合买提·喀森　努尔比亚
索朗曲达　李青格乐

2007年

秦子淼　张　宁　张晓斌　刘清茹　阮梦婷　吴　琪　容　兰　王喆阳
李媛媛　徐转琼　张慧巧　朱　蕊　于龙娇　杨　伟　肖兴龙　杨　冬
张志达　云安权　姚　鹏　李学海　赵传冉　高　亿　李超东　匡志文

努　桑　李长根　刘　为　张　建　徐　驰　李竞轩　丁玉平　林大为
张　毅　徐德海　寇大武　李朋飞　刘苏玉　李全振　朴晶华　郭俊祥
谭浩杰　吕福全　张瑞峰　罗亚明　李祖凡　马小草　刘　博　王　珂
龙沈军　裴　华　魏　静　江盛丽　王梦婉　赵姗姗　黄　霞　徐　佳
邱海花　梁锦珍　秦朝玲　石华平　曹奕涵　曾　琳　尹肖肖　孔胜军
黄　孟　涂永铸　杨　鑫　司鹏举　李晨东　胡向勇　张继禄　陈万源
韦　蜜　张睿哲　窦斌川　赵　健　毛复生　沈缜诤　马林园　王元亮
陈　涛　李　霹　柳剑飞　周正伟　索海峰　王建秋　陈柳宗　张永辉
曾　帆　胡玉峰　胡　博　殷　明　马金平　韩晓宇　罗　斌　郑金平
卢菲菲　施霜霜　蒲秋静　刘雨溪　陆　洋　张静怡　曹　超　夏思佳
冯　斌　林唐宇　席澄宇　章　伟　熊智淳　王　舟　胡　彦　姚佳佳
郑公爵　倪　蓓　尹正强　张潇潇　孟　婷　金珅亦　严　辉　薛菡隽
龚盛夏　廖晓晗　盛敏敏　陈　虹　白东碧　陈小龙　金卓越　魏鹏琪
王　迪　陈　涵　凌　祥　张云鹏　江任之　鲍　荣　刘　行　王立松
杨　震　吴　敏　杨傲天　韩伟艳　其美卓嘎　木太力甫·阿吾提
艾克拜尔·赛买提　阿卜杜扎依尔·阿不都哈的　阿迪力江·穆合塔尔
拉琼次仁　艾克拜尔·阿布来提甫

2008 年

茅艳婷　吕　骏　高博遥　庹江闵　王　璐　吴　莎　石雪茹　李礎楚
牛晶晶　胡　丹　刘云勤　李　琴　马生梅　张邦淑　陈　晨　林悦明
黄　妍　杨丽娟　贺革非　杨　宇　吴　茜　易太忠　胡傢漓　胡晓洲
陈生辉　刘红波　张　榴　王　峰　张艳平　王　晶　周小虎　杨西才
吕俊君　张　鹏　张小周　陆　涛　字德福　颜　盼　祁华伟　任虎虎
何晓龙　罗文松　周碧华　朱冬冬　陈　俊　王少鹏　向昌发　查甫记
杨　豪　王　涛　石　翠　吴小艳　王晓芳　郭宏静　谢李团　潘　惠
闫鑫蕾　郑　丹　金　晶　谢清梅　王　婷　马若莹　李　喆　包丹丹

李　兰　董　超　江艳珺　钟玮玮　西吉尔　顾　岩　元　星　宋书宇
刘茂林　刘　勇　闵　佳　蒋　波　吴正富　姜　伟　董光顺　王　斐
朱徐栋　王　勇　付　蔺　丁晋华　程正明　蒙昌庆　王宇飞　罗元刚
罗振春　张巍巍　刘正秋　李晶义　范岩峰　罗　超　董槟瑞　寇　祥
马　维　刘家强　吴　怡　王　竹　杨巧及　薛　萍　黄薇薇　章　婷
曹恬源　陆骏神　王舒邈　黄　薇　宋　冕　钱卓妮　季彩峰　于金梦
徐文昊　吴奕玮　吴曈辰　侯越辰　马云强　高海蒙　陈　曦　孟宪宽
暴大小　张恩泽　沈　翔　吴越琪　周　晓　程　锐　谷　啸　郭　兵
黄生英　程雪梅　张海霞　林　雅　赵　盟　汪　瑾　高　琪　杨凤丹
代晓姣　卢姝娜　赵　莹　金春华　张雯婕　董维佳　崔明路　史旭东
陈俊彦　黄凌辉　张　涛　向泓屹　卓琛答　徐小三　徐　伟　张　量
朱春晓　勾文铀　刘世家　李　轩　严　棋　何文博　娄文静　张　梦
阿米娜·买买提　旦增朗杰　喀迪尔·伊米提　马衣奴尔·艾尼瓦尔
边巴努布　阿布拉江

2009年

莫大玮　郭晓波　叶　清　陈　曦　吴　琼　关沁媚　刘晏玮　李如琴
林爽拿　李梦丽　卫荷晨　彭海娥　李文波　蒋煜呈　许海珍　庄雅霜
锁　燕　苏　佳　关　雪　白海峰　苏鹏顺　聂昌涛　曾　超　邓嘉帅
唐永成　黄志斌　顾凌峰　刘小念　汪　强　张宏希　陈自强　孙　超
段　豪　吴　胜　王作远　田海军　李　鹏　陈扬辉　路绍勇　莫冬玲
张玉姣　温志新　班　琴　曾秀兰　李　丹　宗　臻　王思源　何玉芳
杨松霖　余　斌　蒋孝文　李　林　吕乃鑫　赵林森　李传健　吴　钰
何宇阳　郝　冉　郭小琪　李伟伟　盛诗琴　刘永梅　马秀英　顾晨晖
任建华　高金丽　刘朝深　杨　洋　秦自强　徐　峰　黄贞杰　宋　微
宋清华　李　昊　李一凡　唐　洋　黄盛福　何燕萍　刘冰洁　席小丫
蔡畅言　张颖筝　米　兰　曾　媚　陈爱华　曹小凤　饶凌月　罗　欣

刘旭莹　黄人凤　陈建萍　颜芙蓉　张俪萱　何　莹　杨　军　陈卫华
次　仁　刘全通　段泽华　颜吉超　彭若愚　蔡际阳　蓝　裕　彭展翔
苏文翊　刘　军　余　辉　李智欣　霍凌宇　刘燕鹏　王　力　杨文才
李金涛　王浩龙　李　伟　丁文超　王丹霞　张雪莹　蒋冰肆　闫甲璐
王雅仙　吴文杰　潘　祺　黄　佳　袁露燕　刘　力　白　皎　管明硕
孙　欣　王嘉旻　冯雅坤　潘斐然　韩耀武　陶　弢　吴彦龙　王成伟
苏泽昊　张　顺　李罗丹　方德鑫　郭超硕　汤惟昕　徐凡迪　陈中斌
郭亦文　乔　木　张慧聪　刘远钊　陆佳雯　李唯伊　韩成银　何飞龙
段东东　凌　晨　沈施帅　吴佳羚　杨曦媛　汪　旻　许诗蕾　崔　悦
王　宇　韩　洋　赵佳蔚　戚婷婷　程　思　林昕呈　黄皓月　林丽萍
张　茜　施一奇　蔡　佳　严嗣荣　李　巍　马　磊　周　俊　吴文彬
姚　栋　胡　喆　李　磊　孙　新　伊德日和　阿尔祖古丽·阿拉伍敦
阿卜杜克热木·吾普尔　洛松勒堆　归桑伟色　如孜·买托合提
布买日木汗·买提卡司木　艾合麦提·穆合塔尔　亚库普·苏力坦

2010年

吴　影　乌恩其　王文河　卢墨竹　邹理晶　张　艳　盛　倩　李　敏
高文潜　杨莉莉　左俊莹　乌日乐　林忆琳　王志丹　谭卓立　侯海燕
张鑫娜　董宇燕　沈雨华　石善菲　刘紫珺　邢姝婷　宋宛萤　陈　静
陈燕真　何　颖　赵珂洁　肖　媛　赵子尧　喻子勇　陈艺斌　顾枝洋
张　强　苏　柳　刘　剑　龚先彬　王　晗　付　博　熊　灿　敖其浪
姚志清　庄黎枫　曹兴伟　黄佳翰　冯文慧　胡万彪　姜　杰　许玲菁
叶　杨　倪　静　梁莹文　张　琳　倪　峥　张　灵　尤　曦　叶　靓
季柯伊　王　琳　杨　宁　葛佳宁　普　晋　肖　骅　王　茜　郑锦燕
杨彦婷　顾　欣　王山茶　张雅杰　文　利　周姝奋　崔晓冉　张羽娇
陈文丽　尚　义　周泽仁　罗　旭　杨明军　沈义涛　吴慧琪　苏丽明
张彬华　王晓东　陶文焕　李　捷　向昭辉　陈奕博　闭全忠　宋伟良

程旭东　李兴祥　树　业　何　耀　朱林锋　王　超　王　悦　刘逸凡
夏　岚　郑轶洁　汪　弘　王佩佩　吕文星　才　滨　王怡睿　吴　杰
满晓祯　邢侦赫　王语晗　陆冰晔　高　鸽　李小巧　陆　利　罗星雨
李　欢　吴灵敏　宋　阳　杨　岚　张国青　吴伟凯　沈　杨　郭飞蒙
罗　滔　房登阳　杨　磊　金薪盛　潘　越　陈佳彬　张凤麟　柏舜杰
洪世东　余　琦　鲍道阳　陈　煜　孙　宇　王莎莎　张潆丹　杨秀秀
郑任菲　陈　雯　张羽菲　韩梦玲　王　雪　赵晏艺　璩巧凤　樊珈均
陈冰心　王伟玄　吴妮娜　柏嘉玮　张　兵　周文昌　李军昇　唐　瑜
赵圣彪　林怀宇　周中能　李为东　陈立群　樊　准　张兆威　陈鲁敏
廖文俊　宋顺成　张家尧　陈　超　王森妍　张闻宇　江一帆　王　博
赵青泽　毛俊明　倪　智　索亚骥　张娜娜　向家艳　张安军　骆　慧
沈　彬　胡　芳　蕴　雪　穷达次仁　阿力木江·热合曼　土才洛杰
其勒木格　达瓦格桑　艾合麦提·亚库普　古丽娜扎尔·艾尼瓦尔
特日格乐

2011年

谢　怡　卫艳艳　肖　莉　翟竹梅　尹林娜　毛婷婷　李　醃　林亚萍
陈婷婷　宋圆圆　李　萍　刘　伟　陈晓芳　徐文凤　石东灵　褚　卉
李海云　陈兰兰　茅亮音　刘　兰　成可昕　吕家庆　施志豪　赵佃杰
蔡佳坤　廖　松　董伟平　刘作腾　杨正义　李峥敏　殷思源　杨作芳
薛　晟　谢冠伟　赵欣浩　童　睿　党耀收　李　锟　柴君先　张永香
牛亚琮　李　瑜　祝　璇　王丹燕　蔡晓萱　李小丽　陈　洁　留晶晶
多　兰　王雪芳　张　睿　韦红举　杨方方　舒风露　张彦婕　李　乐
吴爱丽　武桂欢　俞家蕾　李　行　徐正一　翟梦龙　张　辉　陆　晨
徐　来　陈庆涛　李伊杰　杨添堡　闫光辉　沈晓钦　许方舟　唐好杰
赵　晨　王星剑　毕冯博　陶　涛　兰孟韬　范晨成　闫　岩　吴　帆
唐晓萌　陈文涵　武诗瑶　伏　月　顾凯丽　徐佳琳　胡彩珠　崔缨子

毛竞业　张　骞　邢　怡　周婧滢　黄家红　刘姗姗　张亦喆　王璐霞
张柏维　韩美贞　王一达　陈　卓　王雪婷　余　滔　杨安然　杨冰逸
蔡芸晗　赵逸文　王冬东　徐　阳　彭锦发　谈　诚　李仲波　鲁浩东
蒋鸣桦　叶彬恩　张晓忠　李佶弘　杨志炜　糜　珂　田浩睿　冯元华
易　宇　于佳鹏　陶　冉　谢镇东　王佳琳　孙　涛　张玉珠　刘　然
顾乐华　郭　天　郭　然　钟海峰　谢　璟　竺申利　王培新　魏志方
胡林琪　林璆绚　刘易婷　王　宇　胡雅健　孙雪婷　黄珺菁　刘嘉佳
刘　石　葛　锐　陈子奇　施忠文　何自强　包旭敏　余登炯　王中平
邢一凡　高欢琦　陈浩磊　栗思远　赵耀楠　蔡心淳
帕孜来提·阿卜力克木　次旺多拉　格桑索南　木巴热克·木合塔尔
阿依努尔·阿布都热依木　斯日古楞　仁增加措　艾力亚尔·阿卜杜热合曼

2012年

陈伲廷　陈依萍　顾天豪　詹　爽　汪雨琦　杨　晨　唐川敏　陈思澹
黄子芸　张　琪　范　津　周　吉　潘红烨　张雨萱　李佳蔚　何　谐
王辞迁　李　静　曾　文　古　艺　刘　利　谭嘉豪　廖名传　孙裕斌
贺小鹏　张　原　陈辛夷　傅方杰　郑敏嘉　方　彬　张　涛　刘潇汉
沈　聪　张玉华　闫新元　王诗捷　邱　添　张方波　张　岳　王志峰
黄梦麟　邓雨君　邹雨哲　刘　杰　汪　静　杨　浩　史天喻　叶张东
赵轶勇　姚　磊　尹雪萌　杨玉姣　凌霁玮　孔　玥　陈章章　陈妍菲
茅志翔　施一超　相家琪　季　俊　赵　靖　韦贵锋　何烜坚　邹　城
胡俊杰　晏　冬　王智聪　李　赫　黄璐璐　杨汉雄　尤金权　欧阳文慧

2013年

于　海　王　洁　张超妮　姚　楠　吴雨嫣　郭校君　周凯依　彭　钰
牛艺儒　胡琳莉　王　丹　班仕宇　李莹莹　胡　啸　高梅森　孙　松
施　祥　孙　圣　林一石　於亥雨　赖田川　苏无忌　周志豪　杨　帆

华颖鑫 周韬 严嘉豪 王俊杰 何广华 白毅韦 徐金晨 王少渊
王志鹏 王袒苏 黄升智 陈熹 温歆 张钰伊 谢琰 杨涵雅
易音巧 王纯兮 肖义敏 沈雯婷 王源 田甜 俞亚丽 宁效龙
韩礼雷 沈晨炜 李自然 顾嘉玮 汪子莘 张引思 陈佳林 沈靖
何施博 徐培毅 娄家奇 茅天伟 俞快 欧阳天成 田旭佳子

2014年

包宇 鲍泂含 柴智宇 陈俊 崔豪 崔乾临 代灵鹭 戴晨
洪剑箫 姜笑攸 李鸿翔 李佳慧 李晓玉 廖俊海 林苡田 刘娜
刘灏颢 孟烨南 牛康玮 裴冉 史佳科 宛然 王瑞琦 丁舒悦
卞怡婧 薛伟晨 汪田辉 郭新旋 胡海林 樊帅宇 王思悠 王元麟
翁祺 吴倩楠 严璐瑶 杨屹 杨朱俊 姚丹 姚守权 殷缘
袁菁雯 张昊旻 张起帆 张译戈 张俞鑫 赵子朋 郑抒珩 钟慧敏
周宁宇 朱晨曦 朱戈鹏 邹丹 尹晓伟 张麟杰 朱毅佳 杨宁莉
王绍君 钟卓颖 杨赟 漆磊 廖昱鑫 夏昕 唐海碧 夏凌晨
屠宇晟 刘睿 梁效成 吴唯 张毅 叶超 张炜 许正倩
张悦晨 卫铖杰 黄佳炜 雍鑫 陈静 丁钰 余俊伟 徐鑫妍
孙博文 李闯闯 黄龙 潘导思通

2015年

徐宁远 余姝贤 林洋 唐子涵 刘晟 张一鸿 牟媛 戴羽
刘姝琦 娄海鹏 温斯琼 韦玲 夏双双 韩若中 陈枫叶 吴珂暄
聂昊 卢昊 冯与同 刘嘉懿 金涛韫 袁诗承 张柔 何衎
徐庆通 郭莉 张子宜 司旭 狄元丰 张文初 曹萌 潘彤
钟望阳 何森林 蔡宗旭 谢晓泉 谈冲 周黄梅 钟昊东 许金铭
徐龙军 朱斯萌 周莲蓉 陈欣雨 方心怡 王妍 鲍世昌 王润清
李皓尊 倪郁涵 仇渊亭 陆书玚 陆顺 魏晋 姜雯昱 娄硕

刘展欧　邱　晴　刘　婕　姜爱娜　石佳辰　林进威　李立富　许家睿
何心平　梁　尊　李晓霞　李文俊　袁丰毅　陈泽琰　陈伊淳　胡雯婕
陈万青　李子奇　雷　雪　张子麟　王　恬　王泽森　潘晟哲　张　衡
俞瑞祺　李辰豪　李　昕　胡兆炜　刘　旭　刘　爽　李　星　牟韶静
李春玉　吴梓境　王嘉钰　张晨明　刘佳颖　黎子琦　吴　迪　王金银
汪世琪　叶俊锟　丁　睿

2016年
黄婉慧　兰　标　陈　凯　李紫茵　吴　俊　胡立志　顾苏钰　周婧雯
汤继鸿　朱旻昊　汪　泽　刘富胜　刘宇峰　周润霖　张敬哲　偶　瑶
王　涵　逄奇凡　吴钰婧　易远忠　张一堂　王泽锋　杜文鼎　侯茂林
刘晨虹　王咏丽　江　涛　缪蓝婷　冯泰清　全　莹　刘娇娇　寿　嵘
冉镇槐　丁超璐　王佳昆　吴依伦　方振宇　胡　月　陈　悦　顾铭晨
董　晋　李俊东　邱祥泳　田　磊　徐志榛　胥艾妮　唐仁杰　梅佳奕
周　鑫　符传帅　陈　晨　高铭含　顾博文　刘俊涛　蔡羽洁　陈在洲
徐陈淳　刘晓彤　刘玥洋　叶　琳　李舒毅　徐仕煊　王雅静　柏媛媛
任颖慧　田大铖　张子璠　张智敏　张雨婷　李　磐　魏鸾仪　温兆阳
朱泓达　赵梓涵　陈懿瓴　王海杰　张崇浩　高益淳　杨鸿玺　朱　晔
李晓萌　潘　浩　何燕萍　杨函霖　陈　晔　王　昕　沈天宇　陈禹熙
徐书逸　杨希诺　蒋　辉　李东炫　陈唯清　曾乐成　陈曦航　荆沁雨
王嘉源　李一荻　郭恩凯　乔熙茹　刘　凡　漆兰婷　熊俊林　孙佳怡
刘路华　武金峰　田添阳　赖宣颖　李一凡　马瑶瑶　钱能森　周美佳
韦国福　廖俊波　向　臻　周科卫　罗佳滢　张　雪　屠恒超　蒋新彪
郑铭基　陈俊杰　克依沙尔·艾尼娃　木尼热·艾力江

2017年
林蓉蓉　苏　航　孙　可　程梦然　朱雯沁　梁宝月　张浩力　姜有明

杨若男　张菲菲　林涵容　安培波　张雅钰　彭君科　王佳妮　付蕾浩
吕　婧　李思颖　罗怿宁　禹　鼎　关敏世　黄嘉怡　鲁士萍　姜雨薇
安雅琦　黄佳颖　刘艳芳　米紫怡　颜承盛　杨佛灵　张云菲　李庆涛
罗茂娇　郭友猛　吴　琢　吴　薇　宋尧海　张　跃　牛原野　梅怡楠
赵国汝　郝尚佳　车兴阁　吴易难　园　园　武金彪　张文健　许　露
盛　颖　张　冉　李叮当　魏清华　缪渠成　王思仪　崔　童　袁梓峰
祁　凯　李映泓　王天羽　李宗珩　吕松泰　宋瑞雨　周晋羽　俞彦恒
李璟隆　尚晓文　段玉青　刘泽宇　黄　容　苏　虓　李旭阳　叶永泽
黄　昊　李璧丞　綦　懿　蒋天翼　潘　瑾　缪昳闻　喻　泉　蒋淇卉
袁玮羚　洪明星　许建琴　张惠淇　林子艺　杜宇涵　叶梓瑜　辛晓宁
李正淳　赵振基　靳璐嘉　袁　铭　何海燕　郝　麟　秦菱泽　王若曦
王若禹　戴羿隆　涂　艺　陈海伦　莫易丹　陈德华　崔晓慧　杨华煜
王庆茹　廖　娴　杨　英　刘　佳　蔡思羽　陈金锦　林泽鑫　杨　晨
王雨童　曹鹭萍　赵小凡　李　雪　窦琬瑶　何梦婷　许天乐　何季莹
丁翊凯　马大伟　江泓磊　陈　昕　丁聚文　沈哲欣　周雅晴　翟艳林
毛柯润　黄肖燚　何　维　李英豪　焦　敏　忻　静　陈星州　詹　淇
赖俊辉　高兆敏　刘　琦　陈　瑜　李　蕾　关人欢　马　兴　顾烜铭
梁旭生　程泽一　何慧沁　姚文昊　杨文玉　成　琳　刘　凯　余　洋
曲棋文　范一铭　陈银飞　王　瞻　李朋宾　地丽努尔·吾买尔
阿布艾维扎尔·阿布都哈帕尔

2018年

国泽镕　卢肖然　崔雯雯　方　颖　黎培胜　刘　丹　石文杰　韩　媛
王楚涵　李素龙　刘彦廷　苏方浩　夏思远　吴嘉雯　刘昕媛　路　婕
李浩源　王世奇　郎玉萍　西吉日　许珊怡　吕良熹　梁雄清　石玉月
李皿滋　张德宇　廖云港　吴毓韬　李　娜　董生祥　马　彬　王禧龙
刘文皓　王子文　王娜娜　朱智龙　李灿晞　何函遥　唐晓莹　叶政君

付金花　李哲宇　张绍哲　吴实超　施心怡　陈宣伊　李重周　许宇锋
李思雨　杨倬隐　黄　萧　李书锐　袁瑞英　冯明君　徐时锋　万宇轩
王浩宇　吴　煜　杨子豪　马惠洁　姜博洋　赵　轩　陈天缘　刘安东
程　睿　李　胜　王小燕　丁应星　吴家辉　杨　敬　冯柯嘉　潘晓铭
陈泠言　晏楠秋　孙溢阳　韦修俊　黄　鼎　张　业　罗嘉琪　陈宇鹏
魏　冰　曹瑜婧　王卫玮　沈逸凡　丁文君　郑　丁　张菀颖　闫铎泷
陈承琪　曾艺汐　钟易宏　徐浩文　孔宁心　何陶涛　李彤爱　张世纪
辛承臻　邢一衡　吴博奕　张樱露　刘　帅　张冰鑫　郭义斓　高浩飞
吴昀霏　普文玥　张皓翔　王致远　朱　迅　丁润康　冯　其　赵娴燕
郑　怡　陈正岩　郭新敬　潘旭方　李典雄　白珏垚　张子健　吴雨遥
蒋可欣　陈博文　许广胜　乔春阳　侯晓萱　黄泽江　唐　建　张湛研
肖晟昊　张宏毅　胡昳霏　余烁颖　马成才　柯善喆　黄文曲　冯钰娴
黄雅涵　王兵兵　张跃森　朱潜腾　杜晨鸣　张嫣然　刘宸宇　王愉炜
孙永欣　徐可心　赵景怡　吕沈益　闫智超　刘宸语　祝怡然　黎春桃
王啸坤　汪晓雪　钱　盛　王亚莘　石佳瑗　陈继南　张筱晨　张　琪
江　滢　阿力木·麦麦提　索朗拉姆　皇甫仪萌　宫殿锦丰
买尔哈巴·艾合买江

2019年

（1）物理类

史鑫威　秦菀静　田娅娅　武骁博　张忆辰　满　艳　蒙亭峰　樊嘉玥
文　雯　李直明　杨　岚　卢　艳　蒋晨熙　王心语　高昕彦　苏凌飞
罗含笑　覃林凤　贺　鹏　易雅雯　徐逸彬　连照林　蒋佳彤　韩林乔
辛　玥　刘文慧　刘　林　王新雨　叶伊涵　霍富强　杨茂黎　孙东林
何依宜　戴利君　姚怿炜　汪　鑫　郭晨阳　周占辉　高连霞　玉洪萍
李子规　张　雪　刘　璐　刘荣臻　蒙愉珍　褚豪杰　龙泽娜　补海丽
王骞玥　韩　聪　张雯晴　汪权栋　吴文彬　陈林菲　全正刚　刘佩笛

刘安帮　王彩玲　孙　慧　李　卓　焦耀辉　张　弛　黄思思　李欣阳
王　睿　李　晓　白惊宇　金天铭　陈　星　刘飞龙　马　红　熊佳凌
李静怡　熊雅文　万芳燕　叶亚运　谢蓝宇　诸胡超　余　玲　旭日海
陈柯亦　申　淼　吴婧文　李成渊　李宜阳　田　璐　汤子蕴　梁　辰
张擎天　潘积敏　刘天宇　娄星宇　陈康恺　严怡婷　龚泽文　徐佑旻
沈芝羽　徐正浩　赵淇儿　陈　煜　王沁悦　魏吉垚　陈丹怡　黄子昂
赵羚秀　周解语　曹子逸　陈俊宇　王琳溢　陈世伟　韩其臻　张煜洽
杨志祥　董兴习　吴雨洁　李欣鹏　崔　瑶　刘德锋　潘欣荣　张怡晨
胡祺悦　熊子洋　苏元亭　吴心海　张敏华　杨发庭　张朋城　苗晓雯
罗经纬　路似锦　须智杰　廖　静　沙瑞程　范雨葳　李　浩　张　良
丁又也　沈圆杰　李采琪　陈姚宇　金声耐　邱紫怡　程浩淼　曾庆津
徐治武　任　俊　杨雅婧　贺韵博　韩　策　孟雨晨　严远昊　沈辉辉
李悦彤　刘朝阳　陈艺欣　陈　鑫　翁哲彦　王仲毅　刘文溶　危一凡
程诗雅　周何凡　刘洁仪　姚斐屿　胡奥博　严志恒　陈泽钰　刘城豪
谢　庆　薛云龙　张钟鸿　都　熙　任　媛　黄　斌　周雨松　赵一航
沈子扬　郁晓敏　郭又溪　戴智浩　赵思涵　丁肇旸　袁心睿　沈奕翔
朱艳妮　牟函蜜阿依扎提·塔斯更　阿力亚·木合塔尔　格桑曲珍
阿卜杜热伊木·穆萨江

（2）电子类

夏志蕊　孙一辰　徐智航　齐子卿　茹衍翔　付静怡　徐　垚　胡宇辰
王英璇　隆明玥　郝翰星　楚晓鹏　余　甜　王于静　胡泽超　李　恒
冉江旺　尚治业　钱宇航　丁姝铭　冯竞瑄　刘梓谊　杨森森　占亮亮
杨健鹏　陈艺文　吴军亮　黄晓悦　毛禹皓　陈芳华　赵哲宇　李振宇
秦译舒　窦嘉琦　陈　宸　胡鑫宇　杨瑷萍　鲁亚东　范梓烁　杜筱熙
杨颖康　袁　真　邵怡晴　李柏良　张馨丹　施　令　周渤翔　杨　柳
唐鹏举　吕欣悦　安　雯　余子扬　宋　点　林耀辉　冉　茜　先怡冰
郑浩东　李丽莹　陈美豪　杭美娟　吴静怡　芮嘉卿　陈若离　宁显宸

孔禹心　彭昱铭　林颖卿　叶根才　林凡力　李天予　任　璐　路　颖
杨剑辉　李佳歆　李方方　姜宇阳

2020年

（1）物理类

董蔼萱　李梓硕　郑睿杰　李思如　郑子骏　马文青　顾　艳　元俊杰
孙　洋　王梓畅　郭子杉　陈　岩　王雨乐　翟　金　张　帆　程子嘉
王文泽　吉思仪　张英健　黄文丁　李一康　李庆一　李新睿　王雨萌
陈明辉　孙金晶　蔡溢丞　唐新林　平瞿澄　补　林　武德龙　王云圻
翁明靖　蔡泽慧　王文君　田北辰　邵均杰　刘越雅　谭泽凡　占乐轩
张继熙　吴芝波　李　睿　丁乙一　张豪豪　谢瑞贤　塔　娜　屈之硕
崔淇景　叶朱灿　李领海　蓝竞翔　刘星雨　林文璋　石立峣　蒙佳钰
汤鹏飞　张　业　张志杰　张云龙　王驭风　王帅克　王莘竹　马钲然
刘宗远　何致宇　丰沛尧　赵悍清　于责炜　杨紫陌　续昌贤　徐嘉英
王育斐　汪伟杰　史煜鑫　彭　鹏　李成林　孔岚鹤　金景奕　胡　悦
胡建辉　丁悦妮　陈禹旗　王爱玲　杨晓锋　李思锐　沈哲韬　黄子轩
徐子航　彭松松　王思佳　侯立远　周佳鑫　林美延　田兴雨　徐　一
王祥菲　刘枭鹏　赖嘉阳　陈文玉　王仕钧　卢　泽　马玉洁　张晨帅
李　玲　陈毓强　邹金桥　董雅沁　罗学文　施维佳　何坤钰　庞媛元
张博洋　梁宇昊　李金薇　杜昕雨　顾秦溱　潘　曈　刘彦宁　撒米多
傅诣涵　杨惠钫　徐　延　韩　婷　宋丽娜　兴　安　杨丽蓉　巩日汉
乔闪闪　刘宇翔　孙芷怡　赵一骁　秦慧萍　周夏俊　王　媛　朝格泰
王甲恒　李兆桦　王鉴纯　王昭毅　李星宇　周　洁　赵宇轩　廖泽宇
杨　颖　王骏杰　陈　敏　李泽锴　吴　择　薛　丹　姚承志　张倚山
李湘婷　李　俊　韦春丽　魏子繁　孙佳龙　邱　航　渠雯菁　胡旭东
张少鹤　蔡劭正　郭　灿　阙意丹　项华兴　曹馨月　程淏泽　唐子淇
刁　航　王新瑶　吴煜辉　赵月敏　王壬午　李　新　王佳斌　裴世源

舒　愉　宋艺晗　杨旋艺　刘梓谊　朱明宇　姜　森　杨都贝儿
索朗曲珍

（2）电子类

李　辉　陈雪松　梁菡洋　张喜珏　李云博　朱峻灏　王　彦　霍光辉
钱　超　许雪莹　周瑞锋　应佳豪　齐欣宇　刘滕阳　郑麦西　陈致宇
李俊瑶　蒋　瑞　徐秦禹　郑子悦　王蕴泽　王轶凡　王业锟　王莘竹
莫雨红　戴佳文　王锦涛　潘思臻　黄麒源　桑传业　孙荣欣　杨明正
徐为易　蒋　烨　翁家梁　董宏洋　李子瑶　赵博桐　赵佳逸　田云燕
李远航　阮靖峰　赵艺菲　顾崇可　郭家乐　金思琪　刘　杰　钟明昊
丁辰辰　朱志委　侯茂煜　洪思婕　邓生亮　刘　畅　易艾斯　李权恒
肖弋梵　冉　雪　郭山牧　马重菲　周炜健　徐　骏　周雨彤　周　晨
元　甜　陈泽凯　叶晨宇　黄雪洋　崔智一　张俊豪　王　璨　童　会
贺涵哲　孙景涛　梁纬恒

2. 硕士研究生

1953 年

刘雪成　王东城　王希尧　祖世泽　辛锦荣　石铁心　刘剑英　刘大飞
李兴春　王　锐　陆培森　林立未　郭本宏　林典要　殷付宗　胡　熏

1955 年

茅中良　袁祖华　胡效柏　李景白　将汉波　张训芳　蔡锡屠　张金山
庞瓒武　李亨真　邹荣华　张明忻　谭道鸿　郑玉芬　程正华　武建时
孙爱玲　米全芸　周瑞云　杨德荃　薛君敖　高子明　李佛生　郭静波
黄长春　黄树明　仇茵华

1956年

周寿鼎　俞雪珍　朴德政　李复全　龙哲生　李湘如　何家骆　黄唯志
杨匡宋　林秀国　张　森　章慈定　王绍璋　黄永仁　刘华熺　陆永烈
徐文柳　罗德勤　曹德祥　王秀江　岑业森　谭志雄　班忠恕　张令孔
杨四华　姚　琪　王之棠　冯月冬　吴格非　郑五喜　李荣润　曾绥祥
冯朝仪　李团香　伍建勋　冯长懋　黄大泉　罗仁富　蒲鸿僦　韩学之
黄嫈彩　郑静斐

1978年

高育德　毛廷光　吴敏金　周宝田　林建伟　蒋元方　张治国　茅坚民

1979年

李明义　孙乃华　陆成忠　章世全　徐蕴玉　张振旅　章　明　杨小伟
周克宽　陈建武　方　明　祝生祥　杨宝成　王正明　严　瑗　钮吉尔
戚　华　陈植芸　黄保法　吴佑实　陈心田　曹　磊　章惠康　史万锋
马民勋　张　潮

1981年

吴惠康　顾玉华　张　欣　袁建星　虞海平

1982年

梁　捷　陈鲁林　丁志根　潘　松　施钟鸣　颜景沪　庄　飞　杜群群
季大雄　陈　钧　田　丰　江小钢　朱祝彪　蔡继光

1983年

毕志毅　张开昌　李白帆　毛建昌　孟庆翔　李育崔　吴　晨　王　坚
潘　峰　潘兴旺　章宪权　张善民　方定法　赵忠云　陈惠忻

1984年

余世亮 徐子杰 潘尧令 沈一凡 郑 欢 汪永平 朱守正 张舒安
徐 曙 吴 冈 李鲠颖 许德霖 徐建文 李 敏

1985年

孙良方 黎志坚 段 军 王力坚 陈承坤 程紫燕 葛 丰 林国利
孙坚原 楼 萌 何洁宇 王佩琍 沈 邃 金 彪 石 桥 林 英
刘 亿 郭竹艳 唐 英 张雪涛 吴江海 胡陈果 徐德智 林克强
吕华平 侯春洪 王宗篪 胡东红 郑 杰 朱本源 沈 磊 吴王杰
胡智斋 戴建中 谈晓洁 章步林 张晓青 杨 斌 姚胜根 曹洪元
过 卫 杨根金 白海萍 于国安 徐继东 洪俊华 袁 敏 陈 郁
王 辉 宫雪梅 陈树德 胡炳元 张鸿伟 王 燕

1986年

杨 斌 陈洛思 史秋衡 应忠杰 袁银权 陈 俊 许丹倩 陆兴军
陈 虹 陈森彬 朱万贵 万雪峰 谢秀兰 舒其泽 鲍振川 董正泓
蔡龙辉 陈 德 郑毓成 曾观明 唐志诚 袁晓钟 薛 颖 张和平
钱 略 姜锡儒 李 巍

1987年

白志明 高云峰 潘怀文 张建文 周海云 唐卫东 韩德来 葛 梅
潘苏东 江长宁 林 平 沈建琪 王章野 潘永乐 刘志翔 徐学诚
李 斌 董正超 江林华

1988年

关高鹤 赵新梁 魏竹君 许立明 丁小明 吴光励 丁瑞军 胡海明
黄 慧 方靖淮 方幸明 卢长夫 曹明发 徐志君 厉 莉 陈国庆

葛　亮　郑　琦　杨荣钢　宋　萍　罗文芸　孔祥铭　盛宛云　许　亮

1989 年

胡耀祖　肖志钢　柴康敏　陈　柏　唐世钧　齐元华　汝学民　邓仕兰
施鸿青　徐小蓉

1990 年

颜　华　汪　彤　章新南　石艳玲　林　川　薛大力　张　岳　张晓峰
王学明　陈金海　李枯青　杜惠琴　彭新红　扬　兵　章峻睿　黄小仙
汪红杰　叶存云　潘永乐　许　亮

1991 年

戚海峰　吕幼华　高　波　张　量　叶义华　吕凤俊　朱吾明　何　瑾
贾志强　何　波　严　肃　张　勇　郭祥义　屈伦光

1992 年

李香箐　张红娟　赵文明　孙树峰　钱祖良　严家利　陈　鹏　毛文涛
沈国土

1993 年

李晓勇　罗会浚　李延安　朱善华　阮建红　李　扬　陈平彤　赵体成
肖儿良　夏长平　朱建华　赵　钧　郭继明　李阳春　向晋榜　王秀利
钮建兵　成金国　宋振凯　周　伟　曾晓东

1994 年

谢海滨　吴昌琳　夏小建　卢　智　程广斌　陈　刚　贾英翠　刘万红
贾立群　孙绪宝　李毅敏　段海兰　王　辉　简献忠　邓宏贵　杨晓华

刘远力　王荣军

1995 年

林立政　刘义保　陈春霞　朱晓波　龚天林　贾丽浈　李德民　李林高
黄晓橹

1996 年

周志发　张立琦　辛古拉　杨希华　彭连春　罗　明　卢晶晶　熊宏伟
范景荣

1997 年

陈　恒　齐红星　王丽英　李　祥　张衍亮　曾　琅　刘淑娟　富　萍

1998 年

朱金林　晏小龙　许　勤　林伟信　凯木尔　法　思　梅塞德　鲍勃凯
佟明红　庄　华　郑文强　赵咏梅　毛宏霞　季文海　鄢玉霞　赵西梅
高毅芳

1999 年

曹永生　陈　燕　肖鹏飞　李敏军　彭梦勇　张昌盛　吴升海　刘进军
梁　锋　许朝雄　牛瑞民　刘阳辉　蒋秀丽　郭占华　冯明明　高兰香
周春源　李　军　朱红兵　彭世萍　陆丁龙　赵　晓　江兴方　章琢之
吕建伟　黄海燕

2000 年

祖金凤　赵辉鹏　陶红艳　沈　杰　蒋　赟　姚叶锋　戴雩文　李　琳
朱小蓉　喻姗姗　熊　利　江　丽　陈燕萍　李小永　李小银　李本霞

卜令兵　乌马鲁　王治华　王新征　屈幼岐　钱方针　刘龙平　崔维娜
王文颖

2001年

叶　红　田　冰　林　凡　李姗姗　耿成怀　王　超　徐　旻　梁　静
黄庆华　郑利娟　陈瑜婷　陈艳萍　安丽琼　张志军　张三军　张　杰
徐怡敏　徐淑武　熊大元　武　愕　王宇飞　王　珺　秦小林　马红梅
李　伟　甘雨洁　陈　浩　姜　瑾　王蕊丽　王　强　李晓东　孙春柳
刘海艳　李晋芳　黄建华

2002年

王　青　李乐军　魏荣慧　贾彩丽　黄琳玲　程和平　孙明礼　李　伟
何为凡　张莉莉　辛立静　张晓静　张　磊　王　鹤　刘长东　孔旭新
陈　旸　杨　铭　萧　珺　吴　健　陆　俭　刘　刚　蒋燕义　赵振宇
章　佶　应许屏　许春燕　徐　瑜　徐　晗　吴　昆　吴　洪　吴　光
王玉峰　汤玲娟　孙敬文　梁　敏　贾佑华　黄云霞　丁维银　邓联忠
代　萌　陈光龙　林方婷　陈　婷　吴志明　吴士蓉　王英华　黄灿星
包　蕾　沈祯祺　周　杰　杭　超　刘晓华　刘金梅　陈东生

2003年

魏　准　周贞洁　张　杰　王立斌　刘仁臣　刘恩庆　于华荣　石　岩
李相美　李茂刚　陈榕珍　彭　敏　宁瑞鹏　刘　颖　黄颖颖　傅彩霞
薛民杰　徐志坚　陶龙玲　乔　勇　邓惠文　朱　轶　尹亚玲　杨赛丹
孙金煜　潘海峰　黄炜婷　胡婉约　陈修亮　曹　瑛　张　亮　张东升
忻昭辉　王霞敏　王慧敏　王二玉　孙海生　权菊香　吕勇杰　鲁红刚
刘　泱　李文雪　康海峰　解春霞　郝群玉　丁立涛　曹云玖　曹　琳
张哲娟　王丽丽　王莉莉　刘晓雪　林　璠　曹章轶　张俊华　张军车

王　美　孙林林　宋子成　倪　晟　孔　慧　甘志锋　李　筠　张　环
吴剑锋　孔潇潇　丁丽娟　王　莹　张金彦

2004年

崔　璐　王　晨　景培书　赵俊丽　武晓雁　朱晓妍　戴放文　唐　明
王　晶　周　昱　林　燕　周雄图　公维余　李艳楠　林　宏　毛启明
夏志国　杨　洋　张　清　郑丁葳　朱红兵　韩晓红　李海宁　赵兴东
贲景文　陈玉华　贾　鑫　李　玲　李　霞　刘润琴　刘新学　马　慧
彭　滟　饶小红　王　畅　王春梅　王丽霞　王希业　王燕玲　王义才
许智雄　翟　惠　张丽平　季文彬　任洁静　舒　婕　张遵麟　李　静
刘小征　刘志建　梅立雪　欧阳智　吴节莉　姚雪军　臧凤超　张成秀
严　喆　褚克平　胡石琼　谢涛嵘　边成香　丁建芳　高海霞　晋圣松
李　娜　卢相甫　潘家永　王海强　辛宏梁　杨　勇

2005年

蒋　玲　杨利平　文　文　张可烨　高成员　刘　丹　麻永俊　周银座
高　阳　叶雁萍　高玉凤　郭振丹　柯　磊　王　伟　许修兵　杨贵源
袁　立　张燕萍　董华芳　缪　瑾　钱　静　孙　敏　周绪桂　蔡　华
陈　杰　崔庆月　杜伟迪　符广彬　韩晓平　郝　强　黄　勇　黎　遥
李会容　李　贤　鲁翠萍　陆剑清　邵旭萍　宋　娟　陶　真　王翠翠
徐　佳　徐晓波　杨铁军　杨　旋　于鹏飞　张鸣杰　代博娜　李　娟
刘　燕　黄　淼　贾臻龙　姜小平　雷　都　刘　薇　马　芳　徐　凌
蔡知音　裴　剑　韩黎军　李　欣　董鹏飞　韩　婧　胡　鸣　李晓冬
潘海林　唐国强　王红敏　姚娘娟　张庚华　朱银存

2006年

陈　盛　刘　苹　徐晓锦　高吉明　李安康　李　梁　卢发明　路俊哲
沈国华　孙守田　杨东岩　包　鸣　陈航燕　高济禾　李铮铮　林丽锋

刘　燕　鲁萌萌　石凌燕　王春霞　王振堂　郑小青　陈慧娜　陈景霞
陈　艳　陈　杨　戴小民　胡小勉　兰太和　雷文奇　李传亮　李国辉
李　炯　李俊君　苗　峰　邵旭萍　王文丽　王亚玲　王永东　魏　一
徐爱婷　徐永存　许金山　许黎霖　杨　岩　袁燕飞　张　晖　钟　标
周庆红　周绪桂　朱亚楠　陈伟波　戴祎栋　范金华　高杨文　隋鹏帅
吴　云　谢兆媛　赵秋华　周　娟　陈　超　贡华连　史　芹　余文娟
张玉焜　鲍明丽　卞志强　董文进　都　徽　韩菲菲　何家康　梁　旦
钱燕妮　邵启伟　王润涵　魏　莉　朱明甫

2007年

和建伟　金　莉　毛　琦　徐蓓蓓　马如宝　潘召亭　任　娜　王健雄
王　硕　吴　晓　张　磊　郑　沾　蔡石屏　程祖军　郭守柱　李　鸽
李天军　栾洪霞　钱　敏　王　琼　王正安　吴雯倩　陈林芳　戴小民
杜　琼　樊碧璇　樊露露　方　苏　顾晓蓉　吉　翔　蒋海灵　李胜强
梁　炎　刘　佳　牟宗帅　孙盛芝　熊平新　闫　明　杨子建　于　博
袁　帅　张国万　张俊丽　张　艺　崔　洁　龚晓亮　韩　旭　胡翠红
梁　富　马　超　门卫伟　王丽嘉　吴　萌　奚　伟　严　序　周敏雄
曹美萍　黄　蕊　黄　欣　李　芬　王连坤　蔡凤萍　李海波　王松涛
王陶陶　吴玲娟　杨其燕　叶　萍　张丁文　张明昌　郑　兵　任　娜

2008年

黄若朦　赖佳颖　马冠中　翁文芸　曾　波　张文静　程　林　高建军
方　洁　刘　黎　刘苏娟　阮中远　朱成杰　朱　江　戎思淼　吴俊麑
张庆文　陈德禄　王　慧　伍　平　杨　惆　张　娟　韩超群　韩景梅
王　宁　诸　敏　鲍璐璐　边成玲　蔡　寅　曹　琦　池英芝　顾振兴
侯双双　简　轶　焦秀娟　李　静　陆培芬　马　婧　任　旻　杨　琳
叶　捷　余　朝　袁　帅　张潇依　张　燕　周　晶　周志红　曹红军

陈　鹏　何红燕　刘寸金　童玉琪　王擎宇　张金利　张一三　周志凡
李　庆　裴孟超　商　赟　沈海明　舒文芳　宋建会　王丽丽　魏　令
张　颖　崔　龙　丁　霞　刘广龙　詹　伟　丁　慧　刘菁菁　石建华
詹焰坤　苏芬芳　郑　彦　匡玉标　朱倩蓉　葛　杰　姬瑞平　盛　玮
魏　岚　张　婧　高建生　李桂波　阿茹娜（ARIUNAA）

2009年

王　晨　谢　柳　张路一　王柳娇　董　燕　李　猛　齐　鸣　张儒奎
申　琳　岳　娟　胡　瑞　黄小林　王小凤　徐碧霞　高　超　白雪石
程文静　方亚毡　冯亚辉　耿　娇　黄　坤　李　昊　李　敏　林庆鉴
刘聚坤　陆　涛　潘　佳　秦杰利　杨康文　张　凯　周　慧　周　君
朱蓓蕾　邓英超　高　雅　卢晨晖　王宪位　吴　华　陈华莉　刘清华
王前锋　徐俊成　徐恺频　薛红娟　尹大志　张　杰　张　敏　朱　岩
曹　振　丁小燕　姜彩虹　姜晨曦　任占英　肖　烨　陈　思　陆　婷
王　宏　王亚洁　刘青青　孙新形　王晓君　陈　杰　程　煜　邓培颖
蔡　艳　樊　华　刘超子　磨花丽　汪先江　杨秀芳　程勋亮　张　健
智　慧　陈　翔　黎规杰　梁　莹　曲　芸　山丽娟　王　倩　吴丽君
向　婷　李谷彬　曾　娟　郭超修　郭　慧　何文艳　彭雪影　唐海瑶
仝艳丽　王莘蕲　邓英超　霍燕燕　卢　鑫　孙尔林　吴婷婷

2010年

刘彩玲　杨美翠　岳晓婷　朱胜余　杨正丽　黄文文　李　娜　潘　蓉
王盼盼　徐代宇　杨　娟　张希昀　蔡忠洋　陈芒芒　龚　璐　洪先露
石英姿　王小芳　仲伟玉　陈　冰　崔连敏　黄丽娟　贾　宁　李丽琴
秦忠忠　余红玲　陈录广　范亮艳　高明生　何玉娇　胡冰洁　蒋雨薇
李　扬　刘华伟　陆　静　马锦波　彭　涥　沈　明　王　慧　王林强
许　莉　杨　炯　岳宗伟　昝国锋　张国毅　张　靖　赵冬燕　周淑娜

陈泰强 黄娟 黄同文 栾红艳 聂纯阳 许涛 张衡 周琳
朱平平 崔轶斌 陶武斌 都晨杰 冯鑫 潘校齐 石国娴 石磊
边辉 焦晓源 李希凡 王健 顾磊 何晓凤 沈霞 肖娟娟
袁韬 单璐繁 邓敏 董婷婷 郭漫 黄良玉 孔伟斌 梁荣荣
林念念 陆小亮 潘贤群 裴敏洁 施逸 陶占东 田洁 王天寅
王晓萌 王致远 吴美珍 徐俊 杨德珩 姚茂飞 周媛 朱圆月
吴霞

2011年

陈玉旦 侯晓灿 姜娜娜 欧阳映 陈力 陈宇佳 胡婧婧 田甜
翁嘉旋 戴彦 胡鑫 刘璟 邱吴劼 王朝清 王瑞平 徐仕磊
陈菲 冯奇 王磊 魏鹏琪 张红敏 郑琳 郭进先 钱鹏
邱诚 王海龙 闫雪 张静怡 曹胜魁 刁玉剑 董芳 段利云
胡彦 姜宏伟 姜松子 李智敏 刘畅 刘文卿 倪蓓 王成龙
王梦星 轩亚楠 杨宝峰 臧丽丽 张静 张雪 张亚娟 张岩岩
郑慧 郑呈斌 陈彦锐 嵇晓凤 刘勇 茅鹤杰 王尧 熊智淳
宣瞳瞳 俞钢 张金海 朱峰 宋维涛 唐宇 王中 卜凡兴
毛贵蕴 王伟 旭日 于波 张恒广 杨钧茹 陈志明 陈忠芳
杜海彬 高婉琴 黄建华 贾梦辉 贾相瑜 雷长勇 李艳杰 林冰冰
刘建平 刘金峰 刘梦薇 刘岩 彭娜娜 齐大龙 茹启田 商晓颖
宋敏 宋千林 席澄宇 肖旭东 许亮 杨祥辉 杨行涛 袁晨玉
张静 张盛祥 张晓航 张燕 郑公爵 周彬 周茜

2012年

戴柳苑 刘媛 刘瑷媛 孙佳琪 田长伟 曹奕涵 陈柳宗 陈涛
陈万源 丁玉平 窦斌川 高亿 郭俊祥 韩伟艳 韩晓宇 胡向勇
胡玉峰 黄孟 江盛丽 孔胜军 寇大武 匡志文 李竞轩 李朋飞

李　霹　李全振　李学海　李媛媛　李祖凡　林大为　刘　博　刘清茹
刘苏玉　刘　为　柳剑飞　龙沈军　卢菲菲　罗亚明　马林园　马小草
毛复生　裴　华　朴晶华　秦朝玲　秦子森　容　兰　阮梦婷　沈缜诤
石华平　司鹏举　索海峰　涂永铸　王立松　王梦婉　王喆阳　韦　蜜
魏　静　吴　琪　徐德海　徐　佳　徐转琼　杨　伟　姚　鹏　殷　明
尹肖肖　于龙娇　曾　帆　张慧巧　张继禄　张　建　张　宁　张瑞峰
张晓斌　张　毅　张永辉　张志达　赵传冉　赵　健　赵姗姗　郑金平
周正伟　朱　蕊　李　帆　廖宗勐　楼立洋　马胜飞　吴奕玮　张立业
张万航　赵艳萍　车赫南　陈树英　谷　啸　汪　瑾　张　骏　赵　盟
勾文铀　郭一欣　潘　伟　宋光耀　张　燕　杨胜彬　曹雷明　忻　俊
冯智莹　高　芒　韩明月　李　钰　彭　博　钱　怡　邵方方　宋艳红
孙　超　田佳欣　王　敏　王艳玲　翁鹏飞　肖　婷　谢君尧　谢丽娜
徐玮婧　杨巧及　张竹伟　赵智勇　程　锐　黎晋良　刘军营　陆　浙
茅艳婷　倪冰楠　宁　康　逄金鑫　王春波　魏莹芬　徐兴涛　赵凤阳
栗　庆　卢姝娜　张　欢　胡妍妍　金传印　刘向飞　饶成成　徐　力
张召阳　李雄杰　李　朝　滕　憧　白正阳　鲍泽宇　暴大小　常孟方
陈　琳　程　旭　慈雪婷　戴大鹏　邓书金　杜向丽　方银飞　宫晓春
顾振杰　黄　煜　姜建伟　李　浪　李　磊　李　晓　李召辉　刘长强
刘　洋　陆一帆　冒　飞　汤瑞凯　汤　毅　仝海芳　王　潇　向泓屹
徐大唐　杨太群　杨志刚　姚　远　张艳平　邹　琴　代晓姣　刘建平
阿卜杜扎依尔阿不都哈　艾克拜尔·赛买提　拉琼次仁　木太力甫阿吾提

2013年

管明硕　黄　隽　张　莹　张　宇　包丹丹　查甫记　陈　晨　陈生辉
程正明　董槟瑞　董　超　董光顺　范岩峰　付　蔺　高博遥　郭宏静
何晓龙　贺革非　胡　丹　胡晓洲　黄冬冬　黄　妍　姜　伟　蒋　波
金　晶　李礎楚　李晶义　李　兰　李　喆　梁锦珍　林悦明　刘茂林

刘　勇　刘云勤　刘正秋　娄文静　陆　涛　吕俊君　罗　斌　罗　超
罗振春　马若莹　马生梅　马　维　闵　佳　牛晶晶　努　桑　潘　惠
祁华伟　邱海花　任虎虎　沈　翔　石　翠　石雪茹　宋书宇　庹江闵
汪　月　王　斐　王建秋　王　璐　王少鹏　王　涛　王　婷　王晓芳
王　勇　王元亮　吴　茜　吴　莎　吴正富　西吉尔　向昌发　谢李团
谢清梅　闫鑫蕾　颜　盼　杨　豪　杨丽娟　杨　宇　易太忠　元　星
张　榴　张艳平　钟玮玮　周碧华　周小虎　朱铁平　朱徐栋　高莹莹
关红慧　郭　珩　李　军　王永伟　熊科诏　杨礼想　张　蓉　赵天义
冯啸天　陆佳雯　祁　健　宋玲玲　王雅仙　贺晋娟　阮璐风　王丹霞
袁　仲　曾庆子　赵　迪　黄　珍　任瑞敏　汤　扬　翟景景　张燕燕
蔡　昕　陈梅泞　崔浩琳　付晓彬　胡小诗　李　超　李　磊　李文静
凌宏胜　刘　擘　刘志远　潘　斐　王想敏　吴丽娟　闫晓静　张惠东
张记磊　张凯华　张雪莹　张艳艳　赵献策　赵欣欣　郑晓慧　付从龙
桂　洪　韩　洋　洪　明　蒋紫曜　吕雁鹏　罗玉丹　杨晓夏　余　伟
周广洲　朱　清　杜　娟　林锦文　潘　祺　王嘉旻　樊丽娜　蒋申骏
孟　琪　谭宏鑫　汪国明　张　伟　白　皎　曹　荣　曹潇丹　陈　洋
刁鹏鹏　丁承洁　冯百成　冯景亮　何泊衢　黄科翰　黄潘辉　颉　琦
黎建敏　李锦芳　李志鹏　刘　笑　祁　文　秦翠芳　师亚帆　宋其迎
孙　慧　王　超　吴文杰　吾利飞　郗慧霞　徐艺琳　姚云华　尹燕宁
张大伟　张　慧　张欣宇　张雅芸　赵　林　郑春杰　阿米娜·买买提
艾克拜尔阿布来提　边巴努布　旦增朗杰

2014年

李佳隆　吕丛爱　沈　杨　杨凯超　罗凤丽　王　钰　邓嘉帅　盛诗琴
云安权　曾　媚　李晨曦　聂啸宇　王语晗　王运超　王振华　魏文叶
温莉宏　吴大宇　薛骏凌　应立敏　赵慧媛　周文昌　陈　雪　杜　威
龚乾坤　杨培玉　郑任菲　韩　丹　李　峰　梁洪涛　刘　锋　刘逸凡

苗晓慧 王伟玄 陈兆丹 潘晓州 王 丽 温 荣 张 露 薄斌仕
郜玉娇 宫家玉 胡会萍 胡晋杰 胡 坤 胡牧云 黄丽洁 姜婷婷
李改英 李 天 廖囡囡 娄霄冰 罗 庆 罗雪娇 石佳檬 宋 阳
王 娟 吴 杰 姚俊江 张 波 张 慧 张 燃 郑铁洁 才 滨
贾祥坤 蒋婷婷 林宣怀 刘 泽 吕文星 施雨辰 唐红梅 王晋峰
于欣阳 张晨曦 朱 成 陈冰心 刘 合 孙丽芳 邢侦赫 郭一霏
欧湘慧 苏亚攀 徐 俊 张 宏 赵晏艺 张右梓 程 可 杜秉乘
郭姿含 郝 美 胡蓉蓉 胡竹斌 季琴颖 李 波 李丰材 李 睿
李上彦 梁 盼 林 康 刘格平 刘君阳 刘 沛 马建辉 倪 雪
牛 盛 戎有英 田帅珍 童正青 魏 斌 徐素鹏 徐文霞 徐正一
薛映仙 颜佳琪 颜佩琴 晏 文 杨瑞源 杨秀秀 俞千里 张 琦
周中能 宇文明华 MUHAMMAD REHAN

2015 年

黄雨寒 丘来金 舒 峥 王璐霞 肖展望 冯思宇 谷 阳 黄少峰
王 珏 郑荣炜 敖其浪 闭全忠 陈 静 陈文丽 陈燕真 陈艺斌
陈奕博 程旭东 崔晓冉 董宇燕 冯文慧 付 博 高文潜 葛佳宁
龚先彬 顾 欣 顾枝洋 郭晓波 何 颖 洪世东 侯海燕 胡万彪
姜 杰 李 捷 李 敏 李兴祥 梁莹文 林一宁 林忆琳 刘 剑
刘梦琳 卢墨竹 吕乃鑫 罗元刚 莫大玮 倪 静 倪 峥 彭若愚
普 晋 璩巧凤 尚 义 沈义涛 沈雨华 盛 倩 石善菲 树 业
宋宛萤 宋伟良 苏 柳 孙 新 陶文焕 王 超 王 晗 王 珂
王 琳 王 茜 王山茶 王晓东 王志丹 文 利 吴慧琪 向昭辉
肖 骅 肖 媛 邢姝婷 熊 灿 徐凡迪 杨 磊 杨莉莉 杨明军
杨 宁 杨彦婷 姚志清 叶 靓 叶 杨 尤 曦 张国青 张 琳
张 灵 张娜娜 张 强 张鑫娜 张雅杰 张 艳 张羽娇 赵珂洁
赵子尧 郑锦燕 周姝奋 周泽仁 朱林锋 庄黎枫 左俊莹 曹 亮

黄亚男　李　莉　李培育　李文影　刘恒聪　毛　俊　任宏红　申佳音
孙鑫军　王　彦　张加蒙　张加洋　万鹏程　于志飞　朱新予　补赛玉
成　阳　杜　涵　王　静　魏文娅　许贤祺　杨鹏里　尹　悦　柴晓茜
车治辕　贾　俊　王　嫣　王志章　杨　策　钟义驰　陈　丽　陈　卓
高鹏飞　高鑫洁　郭海清　郭　天　侯立峰　黄俊霖　巨　磊　李冬宝
廖喻星　刘晓静　陆海锋　宁艳群　戎晨亮　王一达　王　宇　吴金泽
徐国军　徐佳琳　杨雅楠　杨志炜　叶本晨　翟国强　张　苗　张润赟
赵　羽　蔡雯君　陈文涵　郭灵霞　侯树金　黄贤智　刘　月　楼孙棋
骆　慧　田人文　吴一姗　谢　磊　谢伟佳　徐英俏　雷鸣嘉　杨　帆
章　阳　陈印祥　池　茜　党　琪　韩海平　李凤琼　孙慧云　郁万强
赵　潘　曹凯强　陈　聪　陈凌霄　陈　龙　陈琦琛　戴　山　董凯龙
杜金鉴　冯　光　何自强　李　敏　李思瑾　李雪艳　刘博通　刘　洋
刘易婷　罗　昊　马俊杨　马　强　穆秀丽　南君义　牛佳欣　沈健伟
石雨馨　苏骏峰　孙兆玺　唐元开　王　苗　王　强　王雅倩　王　永
王煜蓉　武　莹　夏　梦　杨　超　杨承帅　杨永成　叶　佳　袁　越
张文斌　张文超　张羽婵　张佐源　郑　烨　周加胜　朱成成　朱志伟
补赛玉　彭　龙　胡芳蕴雪　其勒木格　穷达次仁　特日格乐　伊德日和
阿力木江·热合曼　艾合麦提·亚库普
BOUBEE DE GRAMONT LUDIVINE　SAINT-ANDRE EMMA

2016年

薛　萍　朱俊奕　毕冯博　蔡晓萱　柴君先　陈兰兰　陈庆涛　陈婷婷
陈晓芳　成可昕　褚　卉　邓　荣　丁文超　蒋孝文　兰孟韬　李　馣
李海云　李　锟　李　乐　李小丽　李晓峰　李　行　李伊杰　李　瑜
李峥敏　李仲波　林亚萍　刘　兰　刘　伟　留晶晶　陆　晨　毛婷婷
茅亮音　沈　彬　沈晓钦　施志豪　石东灵　舒风露　宋圆圆　唐好杰
陶　涛　王丹燕　王星剑　王雪芳　王中平　韦红举　卫艳艳　吴爱丽

吴　影　武桂欢　肖　莉　谢冠伟　谢　怡　邢　怡　徐文凤　徐正一
许方舟　薛　晟　闫光辉　闫　岩　杨添堡　杨正义　殷思源　尹林娜
余登炯　余　滔　俞家蕾　翟梦龙　翟竹梅　张安军　张　辉　张　睿
张彦婕　赵　晨　赵耀楠　祝　璇　丁郁琛　郝裕芳　刘长东　罗昭俊
阮伊静　孙　进　谭馥佳　武瑞琪　翟韩豫　朱晓聪　朱圆明　康　玲
林诏华　曲君怡　胡秀玲　吴书贺　谢海磊　马丹丹　冯橼庭　马祥明
王　婷　许　文　殷玉玲　李旭洋　鲁文亮　陈　朋　黄文峰　李碧琳
朱百强　何烜坚　褚琳琳　傅方杰　高　琦　胡　蓓　彭锦发　钱巧云
秦朝霞　童　睿　王　朋　王　睿　辛家祥　徐　帅　杨梦楚　余秋蓉
张　堃　赵　超　杜俊杰　葛　琼　刘慧霞　刘　杰　孙裕斌　杨　浩
杨以宁　叶　曼　朱　峰　朱占武　曹蒙蒙　胡　强　黄斌冰　李聿铨
毛武剑　倪　斌　王倩倩　文　玉　张　堃　张　奕　郑剑锋　朱　莹
王剑桥　叶建春　张健开　鲁　露　马　萌　潘　月　赵　玥　杨　瑜
李　杨　王城飞　魏发财　向　松　陈春花　方　晴　马嫣檬
阿依努尔·阿布都热依木　达瓦格桑　斯日古楞　殷玉玲　艾　迪
蔡微洋　曹烽燕　陈学智　邓泽江　郭恒娇　槐　喆　霍肖雪　姜若禹
蒋其麟　雷永清　李韩笑　李　静　刘阳依　吕　阳　潘诚达　庞程凯
裴春莹　彭欣欣　秦　璐　芮　扬　申光跃　孙　宏　孙雨昕　王　鹏
吴　真　伍　狄　张梦亚　郑天翔　白　亮　曹思敏　陈　昱　崔　奇
贺小鹏　江梦慈　廖宇娇　娄　格　吕树超　钱丽洁　谯　皓　秦梦瑶
谈　浩　魏天祥　闫姝君　张　蓓　张圆圆　吴舒慧

2017年

卞梦云　曹　波　黄思卉　李　赫　李慧芳　李　想　林建俊　刘　凯
刘彦东　任忠琪　眭健强　王振国　韦　玥　钟琦岚　周丽洒　韩玲艳
黄家维　陆建霞　王博冉　张　傲　张睿盼　毕艳芳　陈超锋　陈则文
方必成　霍思宇　李　静　李忠元　廖志广　刘　鹏　孟冰卿　潘廷纬

吴环宇　张　航　焦高锋　李莹莹　李哲涵　李振东　任志强　王　博
王倩婧　范　勤　郭勤皇　黄夏梦　任秀敏　赵佳鹏　朱　瑞　樊东辉
费　萌　李晓龙　梁　爽　谭继清　王强强　班仕宇　陈佳林　陈美玲
陈思瑾　丁子彪　董欣怡　刘　绅　马佳麒　孟馨茹　牛星星　乔文成
随　松　王必恒　王建印　王　铭　王睿迪　魏小娜　魏　彧　吴雨嫣
杨　帆　杨仲丽　易音巧　张　敬　赵玮玮　周芳芳　常鲲鹏　陈　玲
段家骥　郭　俊　胡　啸　毛疏笛　王　锴　武思宇　谢　琰　徐　妍
姚雪娇　易春蓉　赵　辰　周　君　周　鑫　李孟达　李　毅　任志鹏
艾　研　韩卓蕾　蒋小林　李琳秀　李昱岑　王逸凡　尹慧中　张文倩
钟　熠　卞亚杰　曹　楠　陈　壮　程宇驰　冯朝鹏　付　琳　管忠银
郭家兴　何一林　贺嘉杨　胡海林　黄渊凌　纪亚兵　姜　忍　蒋延荣
鞠丰合　李　宝　李佳欣　李建平　李连花　李媛媛　林御寒　刘光宇
刘焕章　刘士康　吕　萌　茅志翔　欧阳诚　钱小伟　强俊杰　任心仪
宋　瑞　孙常越　唐　鹏　王　娟　魏欣芮　武泽茂　谢戈辉　徐欢欢
徐　瑞　徐毅斌　许广建　晏城志　杨晓钰　杨振权　姚佳丽　余浩锋
余　胜　於亥雨　张　峰　张海燕　张　胜　张晓逸　张　琰　张　艳
张钰伊　章琼琼　赵　翔　郑　名　仲银银　周尹敏　周子皓　赵　威
孙雨昕

2018年

詹　爽　鲍　宇　曹浩宇　郭　静　郝常青　黄　敏　李　祁　李　强
刘　舟　沈起炜　万里宏　吴　琼　肖俊彦　袁长全　邸凤清　黄　迪
李　睿　刘少星　毛丹群　高瑞新　李振冲　张点墨　张海涛　张　慧
张　鑫　张　越　朱晓艳　陈　俊　方　波　梁　爽　陆天伦　孙　伟
王　强　陈超敏　陈　静　陈　磊　陈泽秋　崔阳阳　淡一波　董静贤
段　毅　何勇权　胡凯瑞　黄志坚　瞿　筝　梁佳琪　廖昱鑫　刘冬雪
王　睿　王少燕　王雪飞　王振宇　王志超　吴　洁　徐贝贝　姚守权

俞黄泽　张　炜　朱　千　鲍恺婧　陈依君　郭梦月　李　哲　刘宇柠
马小倩　吴　翰　席清华　夏哲涛　杨鑫良　余晨露　喻冰洁　张亚琼
郑欣宇　邹　磊　高　蒙　侯毅然　彭怀禹　陈在兵　贾世承　刘　健
罗　皓　佘长坤　谢国兴　钟咏蕙　蔡乐乐　程俊博　胡传柱　胡　乐
雷炜斌　李　敏　李　胜　刘玉琳　刘　媛　倪铭颢　潘志强　宋国强
肖　威　叶　倩　余　冰　张　婷　张　旭　周长远　陈屹聪　刘　欢
刘益廷　王烁博　辛明博　杨　乔　张　榕　陈　博　陈佳楠　陈天琦
陈晓彤　丁鹏鹏　董娜娜　丰竞彦　高　帅　郝雅琴　何欢荣　胡含佳
胡茗文　姜美珍　靳淑伟　李昊阳　李军依　李艳丽　廉熠鋆　梁家毓
梁友亭　孟德迎　孟　鑫　祁慧宇　齐启超　钱晨扬　钱佳丽　裘栩炀
石　惠　汪琳莉　王福芳　王家宁　王　莉　王梦雨　王鹏昭　王绪彤
王殷琪　吴琛怡　吴修齐　夏佳惠　徐婷婷　严　康　杨　广　杨小丹
叶玉儿　尹俊豪　张聪聪　张　堃　张梦婕　张　楠　张起帆　张　颖
赵启旭　赵天琛　郑文奇　周延芬　周　燕　毛丹群　韩江朔雪

2019年

曾逸涵　李志国　刘　成　罗　荣　牛　旭　秦夏童　任一鸣　谭积伟
王金金　贾奕柠　张　杰　季荣雪　吴洪竹　徐泽立　段少青　王姗姗
曹珂静　翟正蒙　王　凯　王艺星　赵艳艳　郑泽纯　黄艺漫　陆佳敏
毛　阳　吴天威　周永香　陈伊凡　徐又捷　曹春雨　梁炜杰　刘　攀
卢　晨　武泽亮　杨超楠　左承毅　郭海琴　刘姝琦　霍晓光　施泽平
王振宇　冯秀秀　付尚杰　梁　尊　徐　珍　余　毅　陈东玉　贾成林
邵倾蓉　史丽敏　苏行松　孙嘉诚　林建秋　孟　婧　张　博　赵健泉
甘凤玲　高婷婷　林　洋　邱　晴　慈　杰　李静雯　马开阳　孟凡越
倪梦莹　潘国栋　彭文武　杨　雪　尤晓萌　宋春雨　王　菲　王颖珊
郭　苗　黄志明　廖文姗　刘　雲　汤　伟　童嘉锴　俞瑞祺　张啸阳
张一鸿　钟昊东　叶金怡　郭　锦　黄宜强　龙碧宇　田晓华　王　松

杨　颖　张召凯　赵晓艳　何思凡　徐惜彦　陈加祥　李亚冰　邬志兴

杨　琛　曹　萌　段雪露　范佶杰　高　洁　解东平　金诚挚　李　鑫

刘德鑫　刘　珂　娄海鹏　吕天健　宋婷婷　魏　晋　张傲东　陈俊杰

董秀佳　房玉岩　李辰豪　袁丰毅　张枫茁　陈　犇　方迦南　谷俊蓉

黄晓东　李丹阳　刘雪梅　乔　蔚　王嘉彬　熊世萍　徐笑吟　陈旖旎

董安琪　姜雯昱　李　栋　凌　晨　庞山彪　施沈城　唐振强　王月洋

王泽森　魏梦梦　杨　青　岳文静　张虹桥　朱欣怡　左凌云　方志云

季杨旭　林俊杰　马永哲　王丹红　杨　帆　韩若中　李秀华　毛玉平

谢兴青　许金铭　袁　浩　赵泽楠　周黄梅　徐　萍　陈　瑶　曹春雨

施泽平　王振宇

2020年

潘一飞　于淑贤　林　威　吴荐钊　杨芷茵　朱旻昊　刘易文　崔志谊

周海峰　马文轩　王美玲　乔莉文　刘思琦　王　涵　赵　杰　陈　悦

刘成杰　曾　杰　夏　昊　蓝　湾　邱佳滨　赵　璐　王亮君　严雨婷

张　慧　霍柳香　冯心薇　刘娇娇　罗佳滢　谢伊文　柳　江　丁匀皓

郑　瀚　陈俊辉　薛珂磊　唐建立　杨　捷　丁文杰　杜润润　王强飞

蔡亦生　杨　帆　王子文　吕兴龙　董　辽　朱向炜　王海杰　杨鸿玺

鲍岳玥　李芳芳　李涵斌　徐瑞瑶　刘　凡　陈梦颖　顾苏钰　陈　晨

徐敬华　屠旭彬　王梦双　郭念睿　杨琛鹭　方佳乐　毛瑾玲　杨佳婍

王振龙　潘星宇　郭雪敏　姜立勇　唐颖逸　王　虹　张婷婷　管正鑫

何楠楠　刘　晟　华逸坤　李彦亭　隋峰锐　谭毅凡　曹贺淳　徐　葵

刘　函　魏　薇　徐叶慧　胡　尘　姜利来　魏金宸　胡立志　黄海铭

吴宇伦　张晓旭　葛　睿　李　昕　柳宇程　刘雪峰　宋承真　郁文浩

陈倩倩　王　东　时惠筠　蒋长欢　蔡　雨　童汉宇　张海民　陈佳奇

毛　伟　牛学中　林若冰　戴承琴　李瑞祥　汪梦秋　梁　菁　俞令伟

邹　倩　古　祯　吴佳楠　王　玲　王建国　赵子林　马原基　韩　冰

符　婧　郑婷婷　康汇钰　李雅楠　王昌文　郭　钰　张　蕊　袁　博
于婷婷　宋家莹　林雨菲　熊　磊　汤璐璐　陈子薇　崔凌瑞　廖文敏
汤继鸿　周婧雯　蔡羽洁　陈曦航　吴闻彬　杨函霖　舒丽莎　张晓舫
应大卫　张　雪　李舒毅　吴沛聪　温兆阳　何燕萍　王　昕　刘路华
陈禹熙　张诗雨　孟祥浩　郑　勇　李　冉　张　梦　周　婕　龚起昂
蔡赵杰　郑慧敏　左小亮　朱嘉瑶　丁　瑶　黄正齐　管江林　严东帆
朱琦琦　余文彬　门玉萌　赵　宇　翟迪迪　李星童　张雪姣　张梦琳
罗卫平　吕颖慧　宁明昊　张　涛　王佳伟　刘炳林　宋姗姗　龙明泉
刘思琦　李云康琪

3. 博士研究生

1986年
余世亮　张善民　孟庆翔　朱守正

1987年
李　敏　徐建文　杨宝成　陈　群　李鲠颖

1989年
金海燕　陆兴军

1991年
贾锁堂

1993年
李问红　吴先球　陈金海

1994年

黄燕萍　毛　敏　张　涌

1995年

邓仕兰　王新君　孙真荣　汪　瑾

1996年

王成发　谢海滨　张秋瑾　杨晓华　王荣军　邓　乐

1997年

王蔚生

1998年

蒋　瑜　韦凤萍　吴昌琳　杨希华　穆罕默德

1999年

朱善华　罗　明　冷　锋　张衍亮

2000年

沈国土　齐红星

2001年

林伟信　石恒真　吴升海　元以中

2002年

李玉琼　郭平生　梁　锋　吕建伟　孙殿平

2003年

刘宏玉　徐　勤　沈　杰　王正岭　张诗按　许友生　刘龙平

2004年

杭　超　李晓东　陈　婷　吴志明　郭建宇　黄建华　吴　光　吴　健
恽　旻　邓联忠　武　愕　张三军　吴　昆　徐　晗　李建奇　王　鹤
刘长东

2005年

黄　晓　武荷岚　许雪梅　李慧军　周　杰　王丽丽　林　璠　林方婷
李文雪　吴　洪　张　杰　孙金煜　赵振宇　朱纪春　贾佑华　尹亚玲
周　琦　潘海峰　彭　敏　张莉莉　刘　颖　方　芳　魏　准　林开利
王莉莉　程金科　蒋燕义

2006年

高兰香　黄　晓　张恩德　文　文　周　昱　周银座　胡　鸣　柯　磊
高玉凤　杨　洋　裴　剑　谢涛嵘　王燕玲　蔡　华　贾　鑫　杨　旋
李会容　刘润琴　刘　泱　陈　杰　韩晓红　郝　强　黎　遥　彭　滟
段正路　李　筠　钱　静　王　畅　张可烨　赵　旭　舒　婕　姚文明
赵辉鹏　李　娟　姚雪军　褚家宝　张燕萍　张哲娟　郑利娟

2007年

李　梁　梁晓明　唐　明　钱方针　包　鸣　周雄图　李铮铮　陈航燕
郑小青　胡石琼　李传亮　王永东　张　晖　李国辉　王文丽　郑丁葳
周庆红　陈　杨　赵兴东　高杨文　李　鹏　刘　薇　汪红志　朱红兵
朱明甫　张　清　杨　岩　钟　标

2008 年

顾长贵　王健雄　李　鸽　王振堂　吴雯倩　李　欣　张国万　龚晓亮
王丽嘉　雷　都　宁瑞鹏　刘小征　李晓冬　张丁文　李海波　钱　敏
麻永俊　任　娜　方　苏　熊平新　刘　佳　顾晓蓉　孙盛芝　陈瑜婷
蒋海灵　张　艺　侯顺永　吉　翔　李胜强　雷文奇　闫　明

2009 年

李　凯　张艳燕　张金玉　阮中远　许金山　陈德禄　刘寸金　边成玲
吴俊麑　周志凡　朱　江　魏　令　张斯勇　沈国华　周　娟　周敏雄
严　序　周晶月　宋建会　徐芝兰　李志强　吕　甜　朱　光　朱成杰
叶丽军　李安康　陈海琴　陆培芬　任　旻　石理平　魏　一　刘寸金
袁　帅　梁　焰　徐　进　李　静　马　婧　余　朝　周　敏　顾振兴
王振霞

2010 年

苏桂锋　耿　娇　张　凯　马红梅　程勋亮　胡　瑞　吴　晓　吴　霞
袁其章　方亚毖　李宜轩　刘清华　戈　星　门卫伟　裴孟超　张　杰
徐恺频　曹　振　姜彩虹　姜晨曦　李天军　刘心娟　王晓君　徐进卓
杜　琼　李　猛　高　雅　王宪位　程文静　李　敏　周　慧　刘聚坤
方亚毖　李　昊　黄　坤　郑　沾　卢晨晖　吴　华　张　健　潘　佳
杨康文　黄云霞　邓英超　徐淑武　白雪石　陈　诚　陈耿旭　冯亚辉
陈修亮　宋佳宁　朱　通

2011 年

徐克生　张希昀　孔　嘉　李　栋　宋　乔　蔡忠洋　陈小松　伍　平
张海燕　陈均朗　陈　冰　韩枝光　葛　昊　沈　明　杨凌云　昝国锋
尹大志　刘华伟　丁小燕　彭　渟　李俊杰　沈　洁　陈泰强　刘家庆

孙恒超　谭超华　李　阳　曾　娟　马超群　霍燕燕　王　迪　贾　宁
余红玲　周　侃　秦忠忠　袁玉峰　蔡　寅　陈　宁　李兴佳　王　琴
白东碧　沈旭玲　赵　健　黎永秀

2012年

毕宏杰　邱吴劼　王朝清　曹溪源　李　民　刘　源　卜凡兴　陈睿智
王　磊　郭进先　钱　鹏　邱　诚　张　茜　程雪梅　王前锋　陈伟波
蒋雨薇　陆　静　刘　勇　秦　伟　宣曈曈　潘海林　赵　华　雷长勇
秦杰利　陈志明　商晓颖　张洪新　俞宪同　王海龙　裴敏洁　齐大龙
齐迎朋　周　彬　贾梦辉　高　琪　张晓航　许　亮　刘　岩　刘金峰
闫玉娜

2013年

岳晓婷　张　艳　郭永亮　郑木华　车赫南　陈树英　潘　伟　吴　霞
顾振杰　刘文卿　彭　博　崔　龙　孙　超　罗　琦　黎晋良　李东升
徐兴涛　曹雷明　白正阳　徐大唐　李　磊　李　巍　忻　俊　刘　洋
邓书金　宫晓春　孟文东　常孟方　赵力涛　韩成银　冒　飞　贾相瑜
梁智富　刘凤娇　柳　维　王　颖

2014年

冯佳妮　黄　蕊　郭　珩　田昌海　熊科诏　包谷之　冯啸天　张　伟
赵　迪　王梦星　吴东梅　赵智勇　崔浩琳　邓雪爽　侯　显　闫　冬
张孝杰　蔡亚果　王　苗　黄海龙　郁彩艳　姚　远　刘峰江　郑春杰
夏英杰　冯景亮　罗大平　王　超　李锦芳　金　丽　李志鹏　徐艳霞
李召辉　宋其迎　刁鹏鹏　张欣宇　杨太群　许　朋　杨正海　尹燕宁
何泊衢　杨志颖　姚云华　黄达锭　金薪盛　李鹏飞　王美婷
KHAN ABDUL QAYYUM

2015年

周武雷　李晶晶　张知博　李薛　金芸　薛骏凌　王振华　温荣
杜威　杨培玉　郑任菲　赵晏艺　梁洪涛　刘锋　胡小诗　李超
张记磊　刘志远　付晓彬　郜玉娇　李家宝　李彦江　刘冬　刘笑
吾利飞　梁盼　张琦　程可　刘胜帅　张凯　杜秉乘　季琴颖
林康　胡慧琴　马建辉　李芳　李睿　张笑天　曹潇丹　和晓晓
徐正一　张爽　魏斌　徐素鹏　牛盛　胡蓉蓉　邱林琼　田帅珍
王晓慧　徐明远

2016年

徐王熠　曹亮　刘恒聪　张加蒙　万鹏程　季炜　杨策　魏文娅
韩丹　王静　许贤祺　蔚栋敏　娄霄冰　徐俊成　李改英　张燃
宋阳　邹锦堂　张晨曦　韩卢　李俊锋　夏超　孙兆玺　魏文娅
李波　寿翀　刘博通　沈健伟　南君义　朱志伟　朱成成　顾若溪
熊少杰　张佐源　邢一凡　马俊杨　张文斌　王煜蓉　杨承帅　曹凯强
陈龙　马强　戎有英　丁承洁　潘晓州　娄彦博　王伟　周廉
左众　郑烨　童正青　周中能　王雪力　刘易婷　黄潘辉

2017年

韩卢　李可　沈宇皓　熊少兵　闫梦阁　赵祎峰　徐旺琼　刘定荣
张有山　徐斌　付寒梅　徐冬冬　史丽云　吴大宇　林诏华　刘长东
韩礼雷　曲君怡　黄文峰　于志飞　钟义驰　朱百强　党琪　鲁文亮
马祥明　辛家祥　徐国军　赵羽　王艳玲　王伟　赵冲　余美东
李中元　李聿铨　万利佳　曹蒙蒙　槐喆　石则云　胡竹斌　王霄
王小月　雷永清　林钦宁　夏梦　艾迪　骆莉梦　谯皓　李韩笑
孙烽豪　申光跃　施皓天　伍狄　曹烽燕　何自强　蒋其麟　张羽婵
陈昱　潘诚达　李思瑾　任原　邓泽江　邹幸　吴真　张圆圆

罗力铭　欧盈涛　芮　扬　戴　山　刘阳依　谈　浩　林子杰　补赛玉
殷玉玲　DAD MUHAMMAD UMAR

2018 年

宗　晖　张继月　王珊珊　劳　婕　郑君鼎　郑赟喆　马茹茹　李丹琴
童　新　谢仁盛　龙永尚　俞　松　李桂顺　石春景　于志勇　董　维
宋怡丹　张新鲁　高国梁　耿福山　张亚娟　郭永斌　邱　骞　吴文杰
陈人杰　刘云鹏　蒋治成　张　涛　孙钰云　杜二伟　黄梦麟　卢小双
沈　阳　任鹏程　康　玲　魏发财　秦朝霞　余秋蓉　褚琳琳　胡　蓓
牟　悦　秦　璐　白　亮　刘婷婷　于昊天　郭恒娇　庞仁君　胡洁茹
彭成权　陈　飞　童继红　庞程凯　郑天翔　杨浩丹　张家豪　琚志平
陈颖萱　张　昆　彭道旺　曹思敏　赵　宇　宫安旋　杨　成　张思慧
郭晓丽　周俊霞　高战杰　QUTUBUDDIN MD　KONDAPPAN
MANIKANDAN　PERVEEN ATIA

2019 年

陈茂盛　陈璐秋　宋德志　王九龙　李成响　刘雨翔　林建俊　王振国
钟琦岚　周丽洒　杨　帅　赵鹏飞　庞　宁　张　傲　陈士国　曾　浪
霍思宇　陈超锋　王小艳　焦高锋　王强强　李昱岑　葛　迅　周　玲
吴　勇　曹翠梅　赵玮玮　杨仲丽　丁子彪　张　敬　陈思瑾　乔文成
王　锴　刘　慧　方　波　冯芷颖　张　宇　朱梦梦　强俊杰　薛园菲
唐　鹏　王春云　狄元丰　金涛韫　潘晟哲　吴　迪　周莲蓉　朱锦忠
宋云鹏　解梓怡　易李城　卞亚杰　程宇驰　何一林　纪亚兵　蒋延荣
李晓龙　吕　萌　任心仪　宋　瑞　武泽茂　谢戈辉　张钰伊　章琼琼
钱小伟　姚佳丽　胡奇武　吴　淼　薛映仙　张乾坤　刘士康　张中惠
王强强　MANISH

2020年

薛怀通　沈起炜　曹浩宇　郭　静　梁馨云　赵瑞璜　彭家鑫　李树兵
杜绅宇　夏玲玲　金椿乔　戴　凯　高彩芳　张　鑫　朱晓艳　廖昱鑫
陈泽秋　徐贝贝　冯　辉　王　睿　王　芳　邵丹妮　段　毅　刘冬雪
路春艳　丁浩杰　束翔凤　曾昭兵　刘芝伟　郭鹏生　闫赛超　许　文
邵亚萍　陈　举　冯晓钰　郭阳阳　许　瑜　冯光迪　胡钰晴　杨　帅
陈屹聪　王家宁　毛玉平　张青山　张　颖　王殷琪　金佩佩　王　健
梁友亭　刘富胜　姜美珍　毛晓丹　偶　瑶　韩若中　周延芬　王绪彤
陈　超　王泽锋　娄海鹏　姜冠宇　赵启旭　王鹏昭　周　琰　黄渊凌
祁慧宇　姜雯昱　陆晨旭　张伟华　郭卫军　吴美梅　张　亮　余姝贤
梁　爽　李昊阳　王泽森　刘　青　严　康　郭艳卿　梁家毓　周黄梅
陈　凯　丁鹏鹏

4. 物理教育(2002—2009年)

2002年

阙小周　邹新德　邹富华　邹凤东　周义龙　周土才　钟淦道　钟志军
钟晓斌　钟伟荣　钟国红　钟冬金　郑代周　张永权　张毅枫　张祥智
张文春　张思广　张顺良　张剑锋　张惠华　谢国渊　张质雄　张　敏
詹锦林　曾招进　曾庆根　曾庆东　曾庆彩　曾金花　曾德坚　袁松明
俞素珍　余晓群　游志明　游摇洲　游健云　游昉群　杨华金　杨灿文
薛福辉　薛德良　许月珍　熊太盛　谢亚平　谢雪英　蒋金锋　谢济勇
谢炳生　项思茂　伍永金　吴智辉　吴羽杰　吴颖雄　吴胜海　吴庆堃
吴朋宗　吴国辉　吴富英　王淦文　王颂阳　王如信　王金鑫　王　颖
王　勇　涂强春　童文海　童长明　汤显彬　汤晨怡　邱志敏　邱桂华
邱福寿　丘喜华　马联兴　马传根　麻莉萍　罗仲才　罗友联　罗金树
罗焕恒　罗锋炜　罗城辉　吕建礼　卢嫦宝　卢阳腾　卢显建　卢荣先

卢聚煌　卢进宝　卢建红　卢加亮　卢　健　刘运斌　刘伟琦　刘林祥
刘金彪　刘建裕　刘怀通　刘　彬　刘　辉　林榕华　林永健　林莹峰
林兴安　林小灵　林文海　林腾兴　林双标　林荣城　林秋水　林开茂
林俊杰　廖玮杰　廖水根　廖树俊　廖明洲　廖必胜　梁永华　李源江
李万山　李素琴　李守冰　李木发　李立平　李根材　兰　英　蓝希玉
蓝金春　蓝东生　赖智江　赖胜生　赖三秀　赖良基　赖　鹰　孔祥燕
揭衍亮　江兴海　江星辉　江全丰　姜文贤　姜贞发　黄兆崇　黄运钦
黄银发　黄一清　黄素芳　黄树贤　黄启芬　胡开发　胡长华　何永洪
何全发　何春红　郭志鹏　郭达辉　高振宽　高瑞琴　傅清海　傅建彪
傅鸿昆　范新连　范少坤　董祝元　邓振前　邓世渊　邓如玉　邓荣华
邓明平　邓家成　戴海忠　陈忠辉　陈幼玮　陈有钊　陈永进　陈益柱
陈星珠　陈小高　陈晓红　陈文略　陈霜冰　陈如闽　陈龙村　陈镜明
陈锦福　陈金鸿　陈发忠　陈　芬　陈　桦　陈　英　曹中桥　曹永发
曹香菊　蔡明举　蔡　坤　卜文玉　杨　谊　王尔东

2003年

朱　凯　钟继明　钟福胜　赵玉凤　张玉兴　张永洁　徐　辉　吴宗德
王一峰　王武乡　涂俊英　苏顶国　邱招伟　马龙财　罗清华　罗景辉
罗承秋　刘郁林　刘　胜　刘碧雷　林汉斌　廖永炎　李新发　蓝瑞仁
黄永生　黄　梅　胡毓秀　郭淑云　官怀西　方晓平　池　明　陈有波
陈万斌　陈炳耀　曹志超　滕子斌　钟　明　张雄辉　张树耀　张汉宇
章建辉　曾庆文　曾　健　曾朝恩　杨继明　许佩群　谢定英　吴锡海
王朝锋　石　玲　马元煊　马荣庆　罗重华　罗腾光　卢元兴　卢洪林
林永精　林文兴　林劲民　廖高华　李丰森　赖文铃　赖举宏　江德华
姜爱卿　简卫华　黄晓健　黄利元　范丽萍　范和春　陈奕妍　陈志军
陈家友　陈初标　曹永泉　曹佩高　沈海雄

2005年

胡正超　冯　欣　马　成　赵树全　张海廷　于亚丽　马四清　左再明
袁　亮　陶源平　仲　闯　周庆伟　薛春玉　秦　军　仇东升　张海燕
贾林江　崔建山　蒋保华　高　峰　梁国平　夏太银　田明奇　孙晓华
陈文远　杨应宇　孙宏双　孟学江　顾国祥　孙勇海　王亚军　肖国安
徐群芝　郭　红　于宝林　李立超　王刚林　曾永平　王禄财　林才明
张秀芳　郭云生　耿　伟　牟光愚　臧国华　王华峰　张明国　李　影
卢贤雨　姜红财　刘继文　彭　斌　刘永彬

2006年

荣　新　李家为　黄桂东　高长义　权　辉　季　松　赵洪强　段道广
韩　冰　马　涛　王茂法　赵洪安　赵恒梅　刘慎田　阚士彬　张兆华
朱永祥　王传华　申炳银　孙　山　刘　飞　杨旭安　陈国荣　戚红民
张　顺　石怀记　田　勇　郭庆苏　郭雷霆　王　磊　刘宝龙　高　华
孙　燕　陈　华　苗运奎　时　恒　时圣田　谢　峰　胡颂娥　畅淑轶
谷奴良　王献宏　刘晓春　彭建辉　吴迎冬　刘光明　莫限锋　吴　俊
戴福祥　杨文庆　卞伯杨　王　兵　田为霞　陈中波　张秀飞　陆国召
程利华　王成洲　季鹏程　王永春　李月云　杨爱民　殷志鸿　孙　健
许　永　朱爱富　王光华　周碧霞　陈其锦　王通成　王知文　唐余忠
顾强华　王　洋　乔海燕　范小忠　张仁朋　朱　燕　孔凡华　赵桂兰
吉永来　陈春官　何生洲　陈　祥　李正奎　袁桂洪　徐祥松　陈贵俊
李章军　李汉九　王红梅　陆东方　周通州　房玉华　饶火兰　陈玉春
李　惠　廖政伟　王启增　张　龙　陈　峰　赵　莹　陈中东　李传洋
李永锋　赵小建　程方荣　张良龙　李臣斌　李斯文　马开昶　卞志斌
王福超　杨　浩　姚月品　周　敏　孙福江　夏同新　葛乾铭　熊辰光
管荣生　饶智祥　张自强

2007年

周文江 林宁 孔宇宁 金文强 何金强 许海涛 王夫龙 黄波
曹银虎 唐建柏 张富钰 熊国华 裴爱华 薛锋 杨志刚 张标
陆伟国 杜法夏 王敬义 张凤云 鹿守贵 王利 段绍升 阚久路
潘显明 徐跃峰 张松林 王志华 鹿丙智 张永辉 王春芳 陈维凯
翟超群 袁威 李超 宋远亮 孟凡全 尹宏启 张道雨 李训友
沈利俊 杨井飞 唐君章 昂开文 陈文君 翟顺云 岳红霞 王建平
周宏静 张德君 刘继国 赵志希 席丽萍 鱼赟 杜文林 牛成斌
万乾龙 李玉芬 李家合 徐义 宋平国 张光志 孔祥明 刘吉敉
于法泉 张蕾 张利民 王桂华 张含忠 黄晓辉 杨雅琴 李玉
孙树通 黄复华 宗鹏程 徐红兵 周才俊 单广忠 徐浩 戴学标
徐达如 朱亚 于祥 葛静 朱正红 刘国兵 朱鸣 杨步洲
张剑峰 臧明 林永凯 徐以龙 李文榜 成建宇 倪云昌 王德志
陈仁安 张金军 陆林 孙中斌 黄曙光 刘超增 孙小乔 张加才
衡岩 尹成 朱新果 张勇贤 张建刚 连慧清 周剑锋 冯全霞
袁桂平 薛松林

2008年

陈志清 郑志刚 蒋荣山 蒋明鹏 刘林京 魏胜浪 钱跃华 黄广州
高杨 纪晓春 李大平 陈彦军 王琦 封亚锋 刘广中 杜朝礼
张凯 杨宝春 侯燕 邵浩 刘必勇 张宏大 于书侠 董志峰
高志华 袁培豹 鲁萍 严吉祥 胡秀道 张承才 张士超 吴满生
王鑫 陈其海 张红富 曹晖 薄海浩 胡道绪 王夫浩 李建民
谭志 陈星辉 罗传利 李祖民 张维彬 罗海兵 陈允华 陈伟光
王帮圣 鲍长江 张志艳 滕士超 仇广群 谢顶峰

2009年

卞金贵 陈德刚 林林 邱向东 李令军 陆裕仲 孙光辉 于贤超

丁成龙　王启铃　冯丽亚　刘春青　王素荣　黄春华　仇金娣　丁勺明
杨志明　唐　威　胡山东　王少坤　杨德军　顾金银

5. 其他未对应年份的人员

董兴其　江红杰

后 记

华东师范大学老教授协会在编撰和出版了《师魂》和《文脉》这两本颇具影响的文献之后，又拟定了在建校70周年之际编撰《传承》丛书的计划。丛书以建校时所设立的基本系科为基础，分别由相应的老教授协会分会负责组织编写各分册。在人力、物力和财力等方面，物理与电子科学学院党政领导从一开始就全力支持本书的编撰工作，以学院党委书记李恺和院长程亚为首的部分领导和部分在职教工直接参加了本书策划和编写工作。

在编辑本书的过程中，华东师大物理学科70年发展的壮丽历程和一系列传承创新的动人故事，不断地撞击着我们编者的心灵，使我们深受教育，令我们感动。下列几个方面的重要内容和闪光点，鞭策和激励着我们要努力组织编纂好这本书：物理学人以立德树人和教书育人为根本使命的信念与高尚的师德，教学改革、课程建设和实验室建设的丰硕成果，科学研究水平不断向上提升、一些科研方向上的创新成果不断冲击国际一流水准的历程，一支向科学高峰不断推进的中青年带头人队伍的逐步形成，在学校建立和发展新学科中及支边援外中的物理学科的"工作母机"作用。

在后记中，我们要热忱地向积极撰稿的老师们和朋友们，向为完成本书工作的编写组和采访组的同仁们，向校老教授协会的领导们致以崇高的敬意和衷心感谢。他们的敬业精神和极端认真负责的态度，使我们实为感动。我们还要感谢华东师范大学出版社的编辑们，他们所给出指导意见和要求，使我们少走了弯路。最后，还要向在这70年来所有在华东师大物理学科这块土地上辛勤耕耘和奋斗过的领导和教工们致以诚挚的敬意，他们是这70年历史的创造者和经历者，他们还对我们编写这本书的过程中产生的一些挂漏和欠妥之处采取了积极和宽厚的态度。至少，我们希望书中所列材料无大的错误，并完成和达到撰写、出版本书的宗旨。

格物穷理，追光明志；文脉绵长，传承不绝。

本书编委会

2020年12月